XIANDAI SHIHUISHUI CHULI
JISHU JI YINGYONG

现代石灰水处理
技术及应用

张行赫　编著

U0333068

中国电力出版社
CHINA ELECTRIC POWER PRESS

内 容 提 要

本书系统地介绍我国自 1949 年以来引进苏联的成套电站石灰水处理技术与设备、我国自行设计石灰水处理的技术与设备，以及 20 世纪 70 年代以后陆续引进美、德、英、法、丹等国石灰水处理设备约 50 年的实践经验和教训，并在总结经验教训的基础上，按照我国商品石灰原料供应条件和工程建设需要，论述所研制的并经长期运行考验的一套石灰水处理系统与设备的技术特点。全书主要内容包括水处理技术、行业发展与石灰水处理技术，我国石灰水处理的技术进步，现代石灰水处理技术，城市中水回用的深度处理，工业水管理（节水减排）与工业废水回用，石灰水处理用澄清池，石灰水处理用过滤设备，石灰水处理用石灰乳液的制备，石灰水处理用泥渣处理制备，石灰水处理的系统设计、设备配置与设备成套，石灰水处理技术的再发展。

本书可供水处理技术研究、教学、设计、施工、调试、制造工作者参阅。

图书在版编目（CIP）数据

现代石灰水处理技术及应用 / 张行赫编著 . —北京：中国电力出版社，2018.5
ISBN 978-7-5198-1744-2

Ⅰ . ①现…　Ⅱ . ①张…　Ⅲ . ①石灰 - 工业废水处理　Ⅳ . ① X703

中国版本图书馆 CIP 数据核字（2018）第 026974 号

出版发行：中国电力出版社
地　　址：北京市东城区北京站西街 19 号（邮政编码 100005）
网　　址：http://www.cepp.sgcc.com.cn
责任编辑：畅　舒（010-63412312，13552974812）
责任校对：常燕昆
装帧设计：张俊霞　左　铭
责任印制：蔺义舟

印　　刷：北京博图彩色印刷有限公司
版　　次：2018 年 5 月第一版
印　　次：2018 年 5 月北京第一次印刷
开　　本：787 毫米 ×1092 毫米　16 开本
印　　张：23.75
字　　数：558 千字
印　　数：0001—2000 册
定　　价：118.00 元

前　言

　　石灰水处理是一项古老而又年轻的技术，实用性很强，尤其是现代水在环保和节水两个大环节中处于十分重要的地位。从表面上看，石灰水处理技术并不深奥，工艺也不很复杂，但是在 20 世纪 60～90 年代，其实际应用中却因存在一系列技术问题（如堵塞、结垢、污染、磨损等），致使难以维持正常运转，为人们不接受和反感，从几乎无厂不用石灰水处理到逐渐被冷落和近乎遗弃。90 年代后期情况有了改观，人们在总结经验教训后设计投入了一套现代版的石灰水处理工艺设备，随后其得到迅速扩散发展，受到普遍欢迎，解决了当务之需。本书总结前几十年的经验教训，分析认识误区、错误及落后技术，提出一套行之有效的改进技术，使其获得新生。为防止重走老路，避免某些错误导向，使石灰水处理为我国节约用水和保护环境发挥更大的作用，本书将教训和经验一一列出，以求巩固成就，健康发展。

　　历史的经验之一是重新认识和树立正确的技术观念。过去我们没有把石灰水处理当作一项专门技术对待，而是将其视为一项粗俗的、肤浅的、无须探索发展的技术，过分轻蔑它，认为"谁没有见过石灰""只不过把石灰丢到水里，它就会反应而已"。本书将纠正过去轻蔑它的态度，努力阐述处理过程中各个环节的原理。石灰水处理作为一项完整的和较独立的处理技术，自有它的理论体系，也有它不同于其他水处理的技术措施和设备，以及运行管理过程。

　　经验之二是石灰水处理技术和应用工艺在于细节和全面。即技术需要成套，主体设备应当专用，全部系统流程都要符合其自身的特点和规律，不可忽视每一个小的环节和零件，大到澄清池的构型设计，小到阀门和管道的连接等，都要切实遵循石灰反应规律，不可用一般水利或化工反应概念去认识和对待。

　　经验之三是石灰水处理应用范围很广，可以用于处理单一物质，如去除暂时硬度，也可以同时处理多种物质，如除碱除硬的同时除硅除重金属有机物等；可以多级反应，也可以综合反应；可以作为联合处理系统的前处理，也可以承担独立处理的主工艺；可以用于给水处理，也可以用于污水处理或污水回用；允许较宽的被处理水的水质波动等。不同的用途需要不同的技术参数、系统和设备，只有设计合理并使用得当，就可以发挥其有效功能。

　　经验之四是为得到石灰水处理后稳定的水质，应当满足其必要的条件，如适当的水温、一定范围的进水水质、充分的反应过程、正确的系统组合、合格的药剂与设备等。

我国的天然水绝大部分属于重碳酸钙型水，恰与我国富存高质量的石灰岩对应，因此也是我国天然水适合石灰处理的原因。

作者自中华人民共和国成立之后的"一五"计划就亲身经历石灰水处理，至今已有60余年，身临其境，为让后来者也知艰难，也明优劣，故把所能积存的关系到石灰水处理工程应用的各种资料、照片尽多展示、评说，不在褒贬，而在明了。石灰水处理工程应用涉及面宽，将跨越学科界限，如石灰的制备与反应、颗粒物的澄清与分离、过滤、污泥的处理等，其中可能触及的部分作者将尽量予以述及和适当深入。

本书提出了一些新的理念和见解，但缺乏深入的研究，仅限于"实用"而已。石灰水处理技术及专用设备还有许多有待继续深入研究的问题。例如，生化处理与理化处理的衔接，残余有机污染物对后续深度净化的影响及抑制或去除（理化方法），膜前污染物的控制与检测（污染指数的改进），冷态浓缩防垢，污泥的再处理等。这将使石灰水处理和与之相关的技术发挥更大的作用，得到更好的发展。

水处理技术的本质体现，不在于水处理本身，尤其是给水处理，而在于水之适用。水得其用，是为最佳。锅炉、电子用水讲究纯化，而酿酒纯则不行，一条赤水河孕育着多少好酒。这应是水处理工作者的职责所在。

作者著述本书时尽可能深入探索，从实践中获取答案，并借此善告石灰水处理的使用者，不要投机取巧，不要盲目抄袭，不要以假乱真。须知：取巧虽可怜，投机致误国，假冒诚可耻，伪劣会败家。

本书引述摘抄了与主题相关的一些资料，故也可说是一个汇集。为了方便读者，尽力指明出处，鉴于年代久远，有的原件已失，可能遗漏，敬请谅解。汇集是一碗八宝粥，主料就是现代石灰水处理应用实践经验。

本书所涉及技术经验总结了诸多前人的研究成果或实践经验，借此致谢华丽娟老师、宋珊卿老师教诲。向现代石灰水处理技术最初形成和完善中做出贡献的曲玉珍、张迈毅、惠彦启、于长龙、郑其武、付宝珍、张一旭、杨占琴、张妙、李民、谷宏旺、李再东、王文魁、张瑞松、朱中澍诸高工致谢，向给予本书提供诸多技术支持和帮助的金久远高工致谢。特别感谢在应用我们所提供的现代石灰水处理设备过程中精心操作和提供实践经验及提出存在问题的技术人员和工人师傅。

编著者

2017 年 10 月

录于谦（明）《石灰吟》，咏石灰七绝诗赞之，步其韵勉和于后

原文
千锤万凿出深山，烈火焚烧若等闲。
粉骨碎身全不怕，要留清白在人间。

和 – 显圣
　人间清白实难见，污泥浊水绕身边。
　故交老友去复来，略施身手水变颜。
再 – 个性
　生就顽劣非一般，自幼亲水不惧酸。
　呼吸瞬间成顽石，随时沉积到处钻。
又 – 作为
　顺服天性任驱使，驯服野性拉磨盘。
　难得君身洁如许，换来世间活水还。
续 – 报复
　五八炼钢渣未尽，叹今"能人"步尘埃。
　率意糟蹋必报复，历史教训在眼前。

　石灰用于处理水是予人类的大贡献。咏之，识之，用之，依其真实性格，还今人之梦，是我辈之福，亦你我之责也。

目　录

第一章

水处理技术、行业发展与石灰水处理技术

第一节　水处理技术家族

天然的水不可避免地接触各种物质或大气，从而溶解许多物质，使自身成为除水分子以外含有多种成分的混合物。人的生存、工业、农业等一切活动都离不开水，与水并存的杂质有可能给使用者带来危害，因此必须对水进行净化处理，去掉有害成分，保证人体、机械、作物的健康和安全，这就是水处理技术的作用。用水的广泛性和差异性决定了它的分散性，城市自来水集中处理，仅仅是达到生活和工业用水的最基本的一般性处理。用水和处理水是并生的社会必然。

水中携带的物质并非对使用者都构成危害（或严重危害），有些或是有益，就不必要除尽，或由于经济原因，也可以用不同的处理方式去掉不允许存在的那部分物质，保留其他无害的物质。

人类的繁殖和生活水平的提高（社会进步），不断消耗更多的水，同时也污染水体。自然给予我们的接近可直接使用的水（淡水）资源日趋不足，加上地域差别，发达地区或工业集中地区缺水更加严重，节水即成为重要举措。水被多次或循环使用是实现节约用水的最有效方法，如河流的上游和下游多次使用早已是人类合理用水的自然现象，这是自然界普遍存在而必须遵循的规律，否则地球早已承载不了社会的运转。人的生活用水和工业用水也必须遵循这一规律才可以求得缺水局面的缓解。如果前级使用中没有妨碍次级使用的严重的污染（如温度略增、少量颗粒物、微量有机生物活动等），加之在自然流动中水自身也有所净化，那么后级使用可以直接或简单处理即可使用。当前级使用的水被污染到妨碍下一级使用时，必须经过技术处理使其恢复成为无害水，才能提供下一级使用（或自己再用），以求得水的再生。天然水经处理给人或工农业使用，是给水处理技术；用过的排放水为避免污染环境经处理回到自然，是污水处理；污染的水经处理回收再用是回用深度处理（排放时已有处理故称为深度处理）。水的循环使用是一举两得、并行不悖的一件事。

水的"严重污染"在我国普遍存在，同时我国人口众多，淡水资源匮乏，水的"危机"更加严重，阻碍着人们的健康生存和经济发展，为此水的多次反复使用和深度处理技术发展是珍惜水资源、提高水利用率的当务之需，相关水处理技术的发展也应运而生，与时俱进。

水处理技术领域是一个十分繁杂的大家族。这个大家族的形成不仅由于它的普遍

性——与用水并存，也不仅由于水质的繁杂性——水的良好的溶解性，更由于它被污染的严重性——现代工业发展和人行为的变化，还由于它要满足不同的水质需要。这个处理水技术大家族以技术性能大体划分如下：

（1）澄清过滤系列技术，即水中颗粒物或反应生成的颗粒物，在沉淀、澄清、过滤等设备中，利用自重、沉降速度差、截留或加入药剂所改变的理化性能，增大体积，增加密度，调整电荷，杀灭活性，最终从水中被分离出来。沉淀、澄清、凝聚、浮选、吸附、各种过滤、以致脱气等技术都可纳入此类。习惯将此处理过程称为预处理，其实这种说法并不确切。此过程具有很强的独立价值和意义，虽然水的净化可以有益于后续处理，避免其受到损害，但并不完全是为后续某种处理做的准备，如自来水的净化处理。石灰水处理是此系列的一个分支，既可澄清净化，又可降低碱度、硬度和含盐量。严重污染水的澄清净化也是不可替代的处理过程。

（2）药剂处理系列技术是最方便、最常用的水处理技术，它可以改变水中一些物质的性质、形态、性能，达到处理目的或辅助效果，其简单易行是其他技术难以替代的。这种技术广泛用于外部处理或内部处理，如用凝聚剂中和颗粒物电荷，用阻垢剂改变结垢物结晶形态，用酸碱调整 pH，杀菌灭藻，彻底去除氧、硬度盐等水中残余物，以及炉内和工艺装置内部的各种处理等。

（3）离子交换系列技术是我国 20 世纪 60 年代初发展起来的广泛使用的脱盐技术，至今仍不可或缺。离子交换工艺（系统组合）、离子交换树脂、离子交换设备（床类）、离子交换系统已经发展较为成熟，尤其在我国多种系统组合技术和设备品类齐全，多有研究和成效，如逆流再生（含浮床）技术、凝结水精处理技术、各种床体设计技术、各种再生液制备技术、各种树脂制造技术等都有较深入的研究和长时间的实践。

（4）膜分离系列技术自我国 20 世纪 70 年代引进第一套中空纤维大型工业海水淡化装置以来，逐渐在我国得到推广应用。由于与离子交换比较没有二次污染，在逐渐重视环境保护的前提下，随着卷式膜的技术进步和价格降低，这种技术从 90 年代开始发展很快，微滤（MF）、超滤（UF）、钠滤（NF）和电脱盐（EDI）等陆续得到工业应用，膜生物（MBR）技术把生化反应与膜过滤结合，加速反应效率。节能回收器的使用，降低了能耗，促进了海水淡化使用率的广泛提高。此前电渗析（ED）技术较早得到应用。新的膜制造技术并没有停止研制和应用实践，将有更广阔的开发天地。膜分离是冷态脱盐过程，可以避免热法脱盐，更加简捷方便，也更广泛。

（5）生化处理系列技术是污水技术中的主导技术。水的污染物十分繁杂，其中有机污染物更是多种多样，且危害更大，用一般物理化学办法很难治理，生物作用可使可生物降解的有机物（尤其低分子量有机物）分解无害化，其间的反应工艺、流程、设备、条件遵循自身生物化学规律和不同污染物形态设计。生化反应与其他技术或设备相结合的工艺技术有生物接触氧化、颗粒填料生物接触氧化、生物活性炭、膜生物反应器、曝气生物过滤等。随着生物反应技术研究的深入和污染物的变化，生化处理新技术也在迅速发展。工业废水处理技术更加繁难，是一些企业生存的决定性因素，是人类进步和健康的重要环节，是更待发展进步的技术领域，也是废水回用的第一步序。

（6）蒸发冷冻及其他技术（高频技术、电磁技术、防腐技术、清洗技术等相关理化处理技术）。蒸发脱盐是古老技术，包括蒸发器、蒸汽发生器、多级闪蒸、多效蒸发等。蒸发器在化学除盐普及之前是为高压锅炉等提供蒸馏水的唯一选择，至今仍然是海水淡化制备淡水的可选技术之一，污水回用处理或零排放技术发展促使新的蒸发技术出现，热浓缩结晶也是当前的重要途径。早年电磁水处理技术曾经风靡一时，近年高频水处理技术理论和应用设备发展很快，在低温防垢领域发挥作用。

每个技术系列都含有多种技术分支、多种工艺过程、多种专用设备、多种技术组合和多种反应效果。各自构成一个技术体系，研究、设计、制造、应用都仍在应用和发展之中。

上述几个技术系列中的一些主要以理化原理为基础，多用于给水处理，生活污水和有生物污染的工业排水的污水处理多以生化原理为基础，工程应用中有交叉，组成合理的处理系统。

水质净化技术与化工技术、给排水技术、环境技术、热能技术、控制技术等是近亲，互相关联，互相借重，互相穿插，互相渗透。

水处理技术如同其他技术一样都是逐渐发展起来的，都是随着社会需要而逐渐积累、逐渐深化的，更是多项技术互相比较、互相渗透而逐渐改进、逐渐成熟的，并不是互相代替、互相排斥。这是由科学发展的规律和人类认识科学的规律所决定。科学技术发展进步的前提是人类对科学技术认识的进步。20 世纪 60 年代，石灰水处理技术在占很大部分。60 年代后，我国大批量生产树脂，掌握了防腐技术，于是"先进的"离子交换完全替代了"落后的"石灰水处理而占统治地位，石灰水处理因技术"落后"几乎彻底被拆除，完成了一次"新老交替"。70 年代我国开始有了膜过滤，以后逐渐普及，到出现"三膜法"似乎可以包办一切，又以"先进"代替了"落后"。90 年代后，因缺水提倡污水回用，高度浓缩和有机杂质使膜污堵和结垢，"落后的"石灰水处理又回来了，离子交换也仍有用（特别是高纯水制备）。历史上一些技术发展的片面性和认识的局限性，对技术进步起了消极的作用。许多商业广告和论文成果的片面宣传、某些不当言论等都是误导的来源。例如，把 40 年代前的 V 形滤池当作新技术过度渲染。不同技术进步的发现和早晚，不是互相替代的关系，其各自都可以进步，都有特长和用武之地，新技术还在发现，老技术也可以进步，"我"所能掌握或认识的，不见得是最完美、最优秀的，可以有技术倾向，但不可有技术偏见，那样的认识将阻碍科学技术的进步。

第二节　水处理与水污染

大家都很容易理解"水处理"的含义，即用某种技术或方法处理水，改变它所含的物质，一般是指改善它的质量，使其获得净化。可是，"水处理"应当另有内涵，指用水去做什么事情，参与什么反应。例如洗涤，用净水洗涤水果、蔬菜，就是处理水果、蔬菜；用水冲洗雕塑石粉，即处理雕塑像；用水洗涤煤气或页岩气，也是用水净化煤气或页岩气，是煤气或页岩气生产的一个环节，都是水处理。这是水的一个功能作用，用水溶解或带走煤气或页岩气中需要除掉的杂质，是水处理煤气或页岩气，然后污水再被处理净化，是处理水。

水污染有两种寓意，一是水被其他物质污染了，一是（脏）水污染了其他物质。例如，印染废水或造纸废水未经处理直接排至河里，河水被污染，是不该发生的，错误的；而废水不是被污染，是一个生产环节，是必需的，是用水去处理，不属于被污染（是让它污染）。我们再去处理废水，也是必需的，正确的，也是一个生产环节，不是不得已的。如果我们不去处理废水，而是去处理被污染的水（河水），是错误的，本末倒置。上述洗涤煤气或页岩气是生产环节，不是被污染，再处理水是煤气或页岩气中一个生产环节，所以这类水应当在生产环节中净化，恢复使用功能后恢复使用，不能排给社会。

有时被污染是不得已的，循环冷却水在冷却塔中蒸发时与空气一起带走热量，同时也被空气污染（SS、S 等），溶解盐浓缩是正常反应，洗涤空气是不得已。

生产环节中的水只不过是一个媒介，水参与生产环节的循环，在于水要纳入生产环节的设计，不应视为当然的废弃物，这是许多工厂水系统设计不合理或水不能得到充分使用的原因。了解因果关系，才能使水处理环节安排在更合理的部位。

第三节　给水处理与污水处理两个技术体系的异同

给水处理和污水处理的共同目标都是改善水质，接受不同的水源满足不同的用途。水源不同和用途不同决定了技术路线不同、过程不同和习惯不同，以致理念不同，在发展中虽同根而生，但分枝东西。

在水处理技术大家族里给水处理和污水处理是两个领域，虽然二者同源于水，所用技术都包含在基本技术范畴之内，但是由于水源、水质和目的不同，二者的差异是明显的，主要体现在理念上。

中水回用从过程上和技术上来看介于二者之间，前续污水处理后连给水处理，欲做好回用水的事情，就必须了解其前的污水与处理，应用好其后的给水与处理。需要回用的污水处理应当考虑再处理并为其创造条件，承担污水再处理的给水处理必须创新工艺，实现高度浓缩净污分流的最终效果。从应用效果、应用技术和技术管理层面来看，深度处理技术应当用给水处理的标准、理念和技术习惯去实施，这是一个新课题，需要回用的污水处理不能仅仅停留在使排放达到标准，注意后续处理的技术衔接，给水处理也不能仅仅供水合格，需要更加注意污物的再排放。

这里首先论及污水处理和给水处理经常有联系，在概念或习惯上容易混淆的问题，即技术上的差异，才能做到合理衔接，明确技术发展途径。

一、二者本质的差别是功能性质和与用水设备的关系

给水处理是参与主体生产工艺的组成部分，或者是主体生产的一个环节，总之是与主体生产工艺紧密连接的因素，水质是构成这个因素的内在本质。水有时是主体产品构成的成分之一，它的质量直接影响主体产品的质量，如食品工业、医药工业、某些化工工业等，在它们的产品里，水是成分之一。水有时是主体工艺安全生产的决定因素，如火力发电厂。此时水的质量和供给系统必须完全与主体性能一致，只能满足它而不能制约它。即使不是其产品的一部分，也是其生产过程的一部分，其作用或影响亦如上述。给水处理后的水在使用中将逐渐被消耗或被污染。

排水或污水处理则完全没有这种性质，它不是河湖必要的构成因素，即不能说没有排水就没有河湖，排污水和污水处理只是对河湖的污染和减少污染，避免它对人体或社会产生危害，而不能说它是人体或社会必需的一部分。农业生产用水取自河湖，也不能说其中的排水是它需要的一部分。污水处理的目的是达到允许排放，排放后的水如果不再用不应当再被污染。二者的性质和作用完全不同。

以火电厂为例，水是热力发电过程中唯一的能量传递载体，所以它是生产过程的构成因素之一，即使是冷却水也是间接生产因素，要发电就必须有水。换句话说，一个电站可以"零排放"，不可以"零供水"。同时水对火力发电站安全生产的意义同样重大，化学监督（实际是水质监督）是电站三大安全监督（还有金属监督和高压电监督）之一，一台机组停运大修首先有权进入锅内的是化学（即水处理）人员，观察水对机组是否有损害。现代超临界电站的水处理和水质监督具有更重要的意义，包括经济意义（如轻度腐蚀或真空下降的经济损失、水处理的造价和制水成本）。污水处理没有直接关联的生产对象，所以不存在这样的功能和作用。同理，污水处理的优劣直接关乎人或生物的健康或安全，影响社会的文明与和谐，是构成现代社会进步和发展的重要因素，而这些和给水处理都没有直接关系。所以二者的功能和性质是有本质差别的，这些差异常常会形成人们对它们认识上的差异、技术使用上的差异、管理方式和习惯的差异等，不可因可能采用类似或相同处理技术方法而忽视本质的差异，否则很容易造成错误。

从事给水处理的专业技术人员，必须对主体生产工艺和设备有全面和深入的了解，掌握它的各种表现和规律性。水处理的内涵不仅仅是一个水质指标就可以表达的，水在主体工艺内的行为和反应，早已成为本专业的一个技术领域，甚至是主体领域。例如，设计或管理锅炉补给水处理首先必须了解锅炉内部或热力循环系统内部的（水）循环过程，以及循环过程的水行为和其影响的结果（腐蚀、结盐、结垢）、经济性等。污水处理不可能也不需要满足避免污水对它所排放的河道、湖海的用水者（人、工厂、其他）的具体伤害，并进行逐一调节或控制这些伤害。

二、计量的差别

污水处理与给水处理对水量的计量单位有区别，一个是 m^3/d，一个是 m^3/h，直观看只是相差 24h，只要乘以 24 或除以 24 就等值了。这种差别并不是简单地以天计量或以小时计量的习惯之差，而是由其各自特点决定的，给水处理量如果要用每天流量计量，将会引起很大误差，污水处理量如果用每小时流量计量，也会引起很大误差。小时流量比天流量更精确，工业用水如果不精确到小时，则会带来事故。例如，凝汽式火电锅炉补充水，虽然补充水量仅占 2%～3%，但也必须连续准确补充，以保持锅炉水位几毫米的允许波动，无论缺水与过水都将引起严重的后果，其补水系统或循环系统的储存水箱的容积只不过按 1h 或 0.5h 计算，其缓冲能力仅此而已。其他工业的工艺用水情况也与此类似，如果水是产品中的成分之一，供水的连续性要求将更高。如果以天计算公式定额，极言之，可以允许 24h 的水量在前 12h 供完全天的水量，后 12h 停止供应。而污水处理量则不可能以小时计，因为其波动可能很大，大城市波动率较低，小城市波动率较高，工业区更甚，因为它是随着人的生活规律而变化的，人在一天 24h 内的耗水量是不一样的，而且差异很大

（或可达到 1 倍以上），如果以小时最大计量则污水处理厂的规模会过大，所以它以天处理总量计量。

更重要的原因是服务对象完全不同，计量单位也就不同。仍按上述，给水的服务对象是锅炉或其他，它们在水处理设备的后面，用多少供多少，随锅炉（或工艺）用量调整，不允许间断，所有的主生产设备都是统一用小时计量，给水处理设备也只能用小时计量，从而避免计量误差。例如，锅炉的出力是 t/h（因为蒸汽不能用 m^3，水则用 m^3），供水量也是 m^3/h（或 t/h），因此水处理设备的出力也必须用 m^3/h（或 t/h）。而污水处理的服务对象在前面，来多少接受多少，不允许限制，来量有多大波动，处理量基本就有多大波动（有时设置调节池，主要目的是水质调节），完全不管后面，处理多少就排多少，不受限制。二者完全相反，一个取决于前，一个取决于后，一个波动大，一个波动小，特性不同，故所用计量单位需要服从其特性，这样才合乎科学规律。污水处理厂处理能力按 m^3/d，是指来水量（当然是排水量），中水深度处理是作为给水用，应当按 m^3/h，二者交接也要按小时，流量表（瞬时指示式，不论是累计式或积算式）也要按 m^3/h，要求供应中水量也要按 m^3/h，不能按 m^3/d，否则生产安全就无法保证。这里已不是习惯问题，而是安全问题。

因此，按 m^3/h 计量是指它的均衡性、保证性、可靠性，而不是乘以 24 或除以 24 的数字差别。

三、对待有机生物的差别

污水处理主要是用生化处理技术，故必须有生物存在，有的作为生化反应的营养，有的作为细菌繁殖的温床，如果去掉了有机生物、杀死了细菌，生化反应不复存在，污水处理也就失去了核心。给水处理（本身或处理后）残余的有机物，无论化学需氧量（chemical oxygen demand，COD）或生化需氧量（biochemical oxygen demand，BOD）几乎都是有害的，需要杀灭或去除（可能除掉程度因技术措施和需要不同），所以给水处理一般不可再用生化处理，当污水回用时，偶然有可能增加一级生化反应，也是因为前级污水处理效果不好而设置，其属于前一级污水处理的补充而已。二者的差别是相悖的，一个是依赖其存在，一个是必须杀灭并除去。

四、控制方式的差别

给水处理的服务对象在处理装置之后，即决定其数量与质量的因素是其产水的使用者；污水处理的服务对象在处理装置之前，即决定其数量与质量的因素是其供水的赋予者。这种关系也决定了处理系统设备的控制方式的不同。

由于服务对象不同，所以系统控制方式也不同，给水处理系统最后的供水泵接受用水处的需求量调节，再逐级向前反应，到总进水阀门，就是系统之前的水流量的控制是接受系统后的需要量信号，无论中间有多少级处理，经过多少级储水池都是这样。水的安全储备是最终产品水。而污水处理恰恰相反，系统前面控制系统后面，来多少水处理多少水，开多大风量、加多少药，受来水制约，其储水池也设在前面，起水量调节作用，同时起质量调节作用和酸化作用。试举一个常见例子，当回用中水处理采用石灰水处理或凝聚澄清时必然有澄清池，一般设有两个或多个，澄清池的进水阀门是系统水流量的控制门，此时要求来水为压力水才可以实现有效控制。需要说明，这里的控制含两个内容，一是根据需要量控制总处理水量，二是控制几个澄清池的水量分配（目的是按照本池的实际性能掌握出力和按实际水量控制加药量）。

污水处理的习惯是整个系统的设备从前到后利用高差逐级下落。常常有人提出在澄清池入口前设置一个高位配水池，均匀向各澄清池供水。事情虽然简单，但恰好反映出两种水处理的不同次序和不同理念，配水池方式只能用于来水控制，不能用于产水控制。试想，如果需水量大而来水量不足，所缺之水如何补？如果需水量小而来水量大，多余的水到哪去？再者，将一个池子的流量调小，其余几个池子的比例必然增大，反之亦然，这样就无法实现使出水质量好的池子产量提高，而使出水质量差的池子产量降低。

水质分析内容的差别也很大，污水的分析偏重于有机或无机污染项目，特别是有害物质的分析，用以观察生化反应效果，对于溶解盐类的分析通常不完整。给水处理则相反，其更重视溶解盐的分析，这些项目是运行周期、加药量、运行参数等的决定因素。这是由各自的用途和监管目的决定的。给水处理强调及时监督，随时了解水质变化，必需掌控一些关键的项目，如硬度、SiO_2 等。当不能实现及时监督时，则在系统设计时予以可控措施，如用离子交换除盐（当没有在线即时监督仪表时）以漏钠控制漏硬（或终点计）、以限量控制漏硅等。而污水处理则不可能也没有必要。

五、用途的差别

不同用途的给水处理有不同的水质要求，回用中水可以有多种用途，也有多种水质指标。水质指标是满足安全生产（或产品质量）的最低限额，欲获取更高指标会受到经济或技术条件限制，所以在具体项目设计或管理时也有调整。给水处理和污水处理水质指标的差异主要表现在溶解盐，污水处理主要针对有机污染物，工业用水更注重溶解盐（非溶盐在处理溶解盐前已被除去），由此引出处理技术和工艺有很大差异。

例如，火力发电厂的凝结水精处理则完全纳入蒸汽锅炉与汽轮机水的往复循环之中，在循环中水被污染（Fe、SiO_2、Na^+ 等），在循环中除掉。尤其当采用锅内加氧处理时，对水纯度要求极高（阳离子电导率小于 $0.2\mu S/cm$），必须随时保持水中含盐量的极低值。

城市中水回用于工业给水的情况比较复杂，其用途有所不同，如作为工业用水、循环冷却水或工艺用水（锅炉补充水、生产用水等）。它们对水质的要求各不相同，各种工业（电站、冶金、石油、化工等）差异也颇大，深度处理时是针对其用途对象的需要确定的。

工艺用水必须按照工艺规程满足其水质要求。循环冷却水也要按照不同的冷却方式（自然通风冷却塔、机力通风塔、喷淋水池、循环冷却池等）控制循环水的水质稳定，通过计算确定达到某水质指标，而且随负荷、季节等可变因素调节。循环冷却系统中影响水质的可变因素更多，所有溶解的和非溶解的都追求保留在可能产生危害的极限，互相影响，随时变化。虽然表面看水质指标较低，危害表现来得迟缓，但潜在危险更可怕。如果循环水采用旁流处理，水的处理与分配关系会更加复杂。

工业给水水质侧重于对用水设备或用水产品质量的影响，如锅炉、冷却设备、电子管、纺织品、药品等。虽然水处理作为一个车间，可以以水质指标作为考核，但不止于指标数据，其责任重在其服务对象的用水效果，即该厂最终产品的质量和主体设备的安全。而排放水水质所直接决定的是排水水质指标，并不及时掌握对人体或动植物可能造成的损害，也不可能及时调整。

生产管理也有明显区别，社会水系统的卫生监测和环境监测与工厂内部对用水的监测显然不同。从宏观来看，社会水系统的质量是政府行政管理，它自成较独立的运转体系，而企业内部它属于技术层次管理，多数是辅助环节，虽有时起关键作用，如在电站里就是按期安全生产的三大监督中的一个，但它必须服从企业生产的主工艺，必须按照主工艺的需求而管理、调整和改造。

六、质量控制严格程度的差别

对水质的质量实际评价也有较大差异。例如，锅炉给水水质硬度为0，二氧化硅含量小于20μg/L，每时每刻都要达到此值限。在系统设计时其处理系统不允许超标，如果一级逆流离子交换出水质量已经可以满足，周期终点监督仪表也限制在标准以下，设计中还要设置一台二级混床，才能可以确保产品水质不可能超标，水质测值连续平稳〔手工检测周期也是按小时（1～2h）〕。如果一旦发现水质有异常，即使异常波动（不一定超过标准），也必须查找原因并予以消除，甚至停止运行启动备用。污水处理则不然，查看生产记录大部分都在一定范围内波动，平均值也有波动，季节性差别较大，不同的厂、不同的处理方式差别也较大，甚至出现超标值，总体合格就认为正常，如果工艺系统或设备质量较差，水质经常性偏大或超标，也只能承认现实，很难及时处理或纠正。其他自然原因，如负荷大幅波动、季节引起水温过低、倒池清洗水质不好、细菌培养影响、大雨等天气干扰等都可能带来水质波动，一般不设额外补救措施，服从现实状况。前已述及污水处理厂的规模以天计量是因为存在负荷波动，即负荷波动是不可避免的必然现象，而负荷会影响处理后的水质，也是被允许的，而在工业供水则是不允许的。

排放污水的污染物中影响人体健康的控制项目繁多，要求也很严格，污水一旦超标，已定型的污水处理厂解决不了，在它们的已定处理工艺只能处理原设计已定的污染物，超标了只能超标排出，给水处理则不可以，必须予以解决。

七、原始水质资料的差别

由于处理方法、用途、标准不同，设计前所需掌握的水质资料差别很大，污水处理需要全面掌握各种污染物的含量，包括有机或无机污染物，特殊的工业污水（如制药、屠宰、电镀、造纸、制革等）还需针对一些项目进行更具体的分析。给水处理则需要全面掌握各种溶解盐的含量，而对污染物一般只需笼统知道耗氧量或具体一些的 COD_{Mn}、COD_{Cr}、BOD_5 即可。分析报告的格式和测试方法也有不同。

八、关于"深度处理"

不同用途对"深度处理"的理解是不一样的，有时差别很大。

"深度处理"在"污水再生利用工程设计规范"中有个定义，但很不明确，它把大多数水处理技术都罗列其间，至于深到什么程度，相差太大。"深度处理"的深度是根据水质需求确定的，这里充其量不过是"深度预处理"，仍然没有脱离对污水的加工过程，所以在讨论中水回用处理时，不涉及脱盐的程度。

这里是说在具体处理组合上的认识。例如，在传统污水处理的二级处理后又增加了一级混凝沉淀（或有过滤），可以说它已经有了"深度处理"，这种水有的也许可以直接再用，如用于对水质要求不高的部位，但是直接作为工业系统给水还远不行，还要再进行一次"深度处理"，两个"深度处理"在概念上容易混淆，因此仍然延续使用"三级处理"更妥当。

较高处理标准的污水，已经接近地面水环境质量标准，在环境卫生要求较高时，排向江河湖海的水似应这样，届时需要用水从河里取用就是了，就像发达国家或地区那样。

深度处理不可能代替一切，它只不过是针对被污染的水在生化处理后进行的再加工。深度处理后的水如何使用，是否需要更进一步处理，需要用户根据自身工业特点决定。以简单例子来说，深度处理水用于循环冷却水时，还要添加阻垢剂、缓蚀剂、杀菌剂，要降低碱度、硬度，甚至脱盐等，需要根据水质、N 值（浓缩倍率）、换热管材、综合供水水源等平衡设计确定，不是仅"深度处理"可以包含的。供给锅炉或其他工艺用水需要脱盐时，更要在工程的工艺设计中确定，所以膜过滤、离子交换等不属于中水深度处理。把二级处理污水只经过"深度处理"就供给电站锅炉、电子工业洗涤、纺织印染、化工工艺、制药等用水，以满足所有用途需要，是不现实的。所以产生对"深度"的不同解释，都源于对水质的理解不同，除去商务炒作外，给水处理与污水处理两个技术领域的不同是主因。

九、污水回用中生化处理与深度处理的关系

二者是相辅相成的关系，凡受到有机污染的水，深度处理必须在生化处理的基础上进行，生化处理后的水必须经深度处理才可工业回用。这里主要指城市生活污水，工业污水情况太复杂，回用时更要根据污染物和污染程度进行设计。

生化处理的作用主要是降低水中污染物的含量和改变污染物的性质，经生化处理的生活中水中残留的有机物大体包括：原态有机物（即污水处理厂被处理水中所含有机物）在整个处理过程没有得到处理而余存的部分；在降解或分解过程中产生的中间产物或衍生物；降解或分解最终产物没有从水中分离出去的部分。这些物质是深度处理的主要对象。既然它是生化处理残存的，那么仍然沿用原处理工艺效果必然不大，原来的规律和缺点将依然存在。有的工程因 NH_3-N 偏高需进一步除去而增加一级曝气生物滤池，这显然是对原污水处理有针对性的补充而已，是原污水处理本来应当完成的。这种头痛医头式的做法并没有解决深度处理应获得的全部内涵，经济上不合算。

经生化反应后污水中各类有机物降解为 H_2O、CO_2、NH_3 等，这些产物可以被分离，残余量也可以在深度处理中被分离。有一部分转化物是降解和交联的转化有机物，如胡敏酸、富里酸等，这些转化物的相当部分也可以在深度处理中被分离，但是如果中水中仍存在未生化反应或反应不完全的原始态污染物，尤其是低分子量有机物，则深度处理效果会较差。

对深度处理而言，生化处理水质的不稳定性是最需要关注的，在工程设计中得到的中水水质资料多是污水处理厂的设计指标，达到几级排放标准，前已叙及。所谓的达标常常是以天（或以月）为单位的平均值，不仅如此，污水处理方式不同、所处地区不同、管理不同等也都会引起出水水质的波动（表1-1）。

表 1-1		不同污水处理方式下的出水质量			
地点	邯郸东污水处理厂	包头北郊	山东潍坊	大连马栏河	山西侯马
处理方式	氧化沟	活性污泥	氧化沟	曝气生物滤池	三相流化床
BOD_5 （mg/L）	4～10	7～24	18.9	4～9	3
COD_{Cr} （mg/L）	15～25	68～104	22.7	14～59	15
SS （mg/L）	4～10	30～47	103	4.5～32	5
TP （mg/L）	0.8～1.5	0.98～3.4	0.92	0.4～9.4	—
NH_3-N （mg/L）	0.5～1.5	67～96	17.4	0.28～5.2	1～5
TN （mg/L）	7～14	48～67	—	—	—

这种差异或波动在污水处理中是可以接受的，在给水处理中则会带来困难和问题。

影响污水水质的因素很多，诸如：

（1）各种处理方法的出水水质差异很大。

（2）同一处理方式不同时期出水水质差异也很大，如曝气生物滤池出水 NH_3-N 高时可达 30mg/L。

（3）可能引起变化的因素，如季节温差、负荷波动、停运启动、进水变化等，季节差异会在一倍以上。

（4）其他人为因素，如管理、经济、利益关系等。

可以认为污水处理水质变化是经常的，稳定是相对的，这种情况不适应如电厂等对水质要求高的工业用水，至少应当控制其变化有一定规律或变化幅度在深度处理可承受范围内，以保证最终用水水质的稳定，但是在已经建成的污水处理厂再论及中水利用时，这种要求往往不现实。故中水深度处理技术必须可以缓冲或者承受中水的这种较大的水质波动变化。

深度处理必须更靠近具体使用对象，按使用情况量体裁衣。就像纺纱和织布与印染和成衣的关系一样，纺纱和织布可以不分男女老少，而印染和成衣应因人而异。

由此可见，污水的生化处理与深度处理二者在处理对象的性质、形态、数量上差别很大。

讨论给水处理与污水处理差别的目的在于让我们知道，做给水处理应当用给水处理的理念和习惯去做，做污水处理应当用污水处理的理念和习惯去做，不要以污水处理的理念和习惯去做给水处理的事情，也不要以给水处理的理念去做污水处理的事情，那样很容易犯常识性的错误而贻笑大方。这些理念和习惯是多年实践经验积累形成的，是有科学依据的，违背了它就会产生错误和误解。即使同样一类处理设备，在给水处理用或在污水处理用，其技术内涵也有不同或很大不同，必须深入认识和重新熟悉。例如，水的澄清池用来澄清普通悬浮物或有机沉淀物或硬度析出物或硅的反应产物等，其反应原理、过程、参数都相差很大，这不是过去曾熟知的、起到过重要作用的机械加速澄清池、水力加速澄清池、脉冲澄清池等结构差异（它们当初是按照除泥砂悬浮物设计的）所能涵括的。如果用三级污水处理习惯用的澄清技术的思路技术去设计膜前净化澄清技术，则不会取得良好效果，或引起许多问题。从事水处理技术的人，从开始学习入门起走的就是两条不同的路，从而养成了不同的风格和习惯。这是技术差异所决定的，处事则需要遵循各自的规律和习惯，否则差之毫厘将谬之千里。

新水处理技术（如污水回用）发展的一个新趋向是污水处理技术与给水处理技术的结合。二者互相渗透、互相借鉴、互相补充的新技术领域是在缺水世界和污染日益严重的环境条件下促成的。

第四节　石灰水处理在水处理家族中的作用

石灰水处理是沉淀分离水处理技术中的一个分支。石灰水处理最早用于降低碱度和硬度，故世人多称其为石灰软化。我国 20 世纪 90 年代开始城市中水回用时，其增加了除去残余有机物等功能，故称为石灰深度处理，成为城市中水工业回用和污水工业回用的必选技术。

近年来我国环境保护政策日益严格，提出了污水"零排放"的要求，而能源技术的发展（如煤化工技术、页岩气技术等）会生成大量严重污染水，加上所在地淡水资源匮乏，因此既减少排放又补充水源的污水处理回收循环使用成为优选途径。这些工业排放水的污染十分严重复杂，溶解盐和非溶解物两部分的污染物含量都很高，无论采用什么脱盐方法，为避免污堵、结垢、结盐、沉积等，在前期都要对这些危害杂质进行综合清理，最终彻底除污脱盐，达到清水回用，污物固体化（或以其他允许排放形态）无害排放。前期处理承担去除大量非溶解污染物和部分溶解盐并将这些物质分离出来固化排放的任务，也兼有为后续膜法或热法脱盐结垢污堵的作用。前期需要处理的物质包括：①悬浮机械颗粒物；②碱度和暂硬，部分或大部分永硬；③重金属、氟、硼、苯、酚、萘等；④有机或无机胶体物和较大分子的 COD；⑤SiO_2；⑥色味气等；⑦整体水处理流程的中间排放水。具有这些综合处理功能的只有石灰水处理。

石灰水处理是一项古老的水处理技术，廉价的原料和良好的效果历来吸引着人们，但是历史与实践告诉我们，石灰水处理技术原理直观比较简单，因而较少深入理解和研究它的反应过程及规律性。获得良好石灰水处理技术的工程实践效果确非易事，搞不好其本身设备与系统的堵塞、沉积、磨损、泄漏、结垢、污染等问题会严重发生，致使整个工艺系统和设备都不能运行，无奈废弃拆除屡见不鲜，更何况建设时粗制滥造、偷工减料、技术低下、真伪不分等混杂于市场行为之中，不仅造成用户的长期困难，而且极大地损毁石灰水处理技术的声誉，很长时期以来人们不得不放弃它。20 世纪 90 年代中因污水回用，在受到多年冷漠之后，石灰水处理技术重新受到重视。在完全更新技术成为一套较完整的现代石灰水处理技术后，石灰水处理技术迅速发展并得到广泛应用，至今大批电站或其他用水工程都复制了类似技术，石灰水处理技术为我国节水和保护环境发挥了巨大作用，重新确立了它在水处理技术中的地位和作用。

现代我国石灰水处理技术设备的出现始于 1998 年邯郸热电厂建成的中水回用成套装置，人们总结我国几十年来多次失败的历史教训，吸收国内不断改进的技术经验，经过试验研究，以新的理念创造性地设计出一套完整的现代石灰水处理技术。以工艺系统、澄清池、滤池、石灰乳液制备和泥渣排放为主的专用设备，经历十几年的运行考验，逐渐完成系列化，得到广泛应用，成为我国有典型代表性的石灰水处理技术成套装置。它从根本上解决了石灰水处理以前的种种缺陷，实现了与企业现代化同步的水平。邯郸热电厂石灰水处理技术的不断更新发展是我国石灰水处理技术的典型，并进入世界先进技术行列（技术鉴定评语）。

现代石灰水处理技术和设备除满足传统意义上的降低天然水与生活污水中的碱度、硬度、有机物含量等要求外，在处理工业重度污染排水时增加了新的功能要求，如除硅、除硼、除苯萘酚、除重金属、除永硬、大幅度降低含盐量、接受并处理系统中其他处理设备的排放物等，增加了许多新技术内容和改进设计。

现代水处理的意义是水的高度利用和免生危害。水中的杂质是水自身溶解来的（移入-合一），处理的目的是将杂质移出（分离），使污物分离的手段只有沉淀-浓缩和浓缩-结晶两种途径，前一种手段石灰水处理起核心作用。

所以石灰水处理是除碱除硬的主要手段，是城市生活中水回用的必用技术，是工业污水回用的基础处理。

第五节　中水回用深度处理的技术分析

现在习惯把城市污水经污水处理厂二级处理后的排水称为二级污水，或称为中水，在污水处理厂增加了一级凝聚澄清，称为三级污水，有人也称为中水或深度处理水。中水，以字意理解是中间状态的水，即还可以再用的水，还没有达到需要标准的水。这样凡中水再回用要进行一步处理，以满足再用时的水质要求［当然如果排水水质已经满足使用水质（如冲洗），则不需处理，也不必称为中水］。不同用途的深度处理其内容有很大差异，许多污水处理厂在改造，或加一级凝沉过滤，或加一级脱氮等，或想供使用，或改善排放水质，也称为深度处理，这与工业回用深度处理之间容易混淆。为避免认识矛盾，本章把达到二级处理排放标准回用的污水简称中水，把用户厂内设置的处理设施称为回用中水深度处理。

水处理技术都是由用水质量要求或环境对水质的限制而逐渐发展而来的，简单地可分为两大类，一类是给水处理，包括生产用水处理和生活用水处理，它已有百年以上的历史；另一类是污水处理，它是在人们认识到环境污染危害后才出现的，在我国三四十年的历史。两类水处理技术有较大区别：功能作用不同、处理深度不同、处理方法也不同。

从宏观上看，给水处理技术基本属于理化（物理与化学）反应范畴。无论药剂处理、离子交换、澄清净化、石灰水处理、膜过滤等大体都可包括在内。污水处理以生化反应为主，也用到如澄清、过滤、吸附等理化处理。

中水回用深度处理的主要目的是在生化处理的基础上进一步稳定和降低残余有机物含量和溶解盐。

中水回用处理在水处理技术领域中如何定位呢？从它所包含的技术内容看，它既不是习惯的给水处理，也不属于污水处理，应当成为遵守给水处理的规范与习惯的一个新的水处理技术分支。

用天然水加工成工业给水和用生活中水加工成工业给水，区别在于两点：受有机物污染严重和经过生化处理（减少数量和改变形态）。当前回用基本上是用于冷却水，它会给冷却系统带来什么问题呢？即深度处理要解决什么问题呢？实际上就是水中残余有机物及其衍生物引发的问题，最主要的是腐蚀——直接的或间接的腐蚀。在给水处理技术范畴用天然水补充时，研究冷却水系统的腐蚀有冲击腐蚀、应力腐蚀、晶间腐蚀、疲劳腐蚀、局部腐蚀、脱合金腐蚀、电偶腐蚀等，对腐蚀的原因和对应措施都有深入广泛的研究。例如，换热管的选材，对常用的各种成分的管材，在各种环境下的使用都做了详尽的规定。再如，冷却水处理，对不同冷却系统、浓缩倍率及成垢防垢等技术也都有深入的研究。但是，在用中水后所表现的腐蚀、结垢的特征和原理有很大的不同。不仅如此，因水源水质的改变所引起的大量的给水系统、进一步的处理技术、用水工艺与设备等的技术变化、问题和对策至今仍然缺乏深入的理论和实践研究。这些都应当归入"中水回用"（或污水回用）这个"新技术分支"的范畴。下面试举数例进一步说明污水回用引起的有关问题。

我们已经知道由于 NH_3-N 的存在不宜选用铜管，但是否所有水质和含量情况下都不能用？是否所有型号铜管都不能用？现在大多数使用中水的电厂都改用不锈钢管，不锈钢的传热效率低于铜，虽然壁厚减薄，无论在经济上或热效率上优略如何，都属被迫而为。况且早期使用中水的高碑店热电厂使用 B30 铜管，已安全运行 17 年，更早的邯郸热电厂凝汽器外的换热器也不都是不锈钢管材。那么它与其他有机物含量、溶解盐含量的关系对管材选择有什么影响？NH_3-N 的存在对其他有机残余物的腐蚀作用有什么影响？"NH_3-N"不是独立存在的分子，它是多种形态的 N、H 化合物，这种形态存在的化合物会产生什么影响？在已经大部转化为 NH_3，而且在水中以水合物形态存在，影响又将如何？虽有待研究，但截至目前尚未发现更多问题。《火力发电厂凝汽器管选材导则》（DL/T 712—2000）中规定，国产的凝汽器铜合金管 COD_{MN}<4mg/L，实际长时间在大于 20mg/L 条件下运行，迄今未发现问题。在用中水补充循环水时，需要关心的是可能产生的黏泥沉积和黏泥腐蚀、有机黏膜在传热管的附着和对热传导的影响、辅助药剂如阻垢剂、稳定剂、缓蚀剂、剥离剂等，以及其他辅助处理措施如胶球处理等的相互关系。

回用中水如果用于锅炉补充水或许多工艺用水则必需膜过滤，这是基于极低的有机物含量要求所决定的唯一选择，而膜的有机物污堵是严重阻碍的问题，膜前系统如何防止有机物对膜的污堵是较困难的课题。

总之中水（污水）回用不仅仅是深度处理本身技术，更重要的是因改用中水而对用水对象所带来的种种新的问题和对策的研究和解决。

下面举例说明中水回用深度处理作为"新技术分支"的重要性。邯郸热电厂在建成前曾进行了较长时间深入的实验研究，确定了深度处理方案和换热管材及其他防腐措施，这些结论对以后的建设和长期运行起到非常关键作用。但是试验中对残余 NH_3-N 在循环水系统中长期运行后可能进一步发生的事情没有试验和认识（重点研究了 NH_3 的存在对铜合金材料的络合腐蚀问题），导致运行两年后循环水 pH 降低，发生混凝土腐蚀问题，再次研究找出了腐蚀的原因（MH_3-N 硝化）和对应技术，保证安全运行至今，但是仍缺乏更广泛系统的基础研究，其后一些新建电厂曾加补充生化处理，但生化处理那些水质不稳定和残余有机物等问题依然存在，无味地耗费了大笔建设资金。

在中水回用中存在污水处理变为给水处理的衔接和改制问题。在工程设计中，明确污水处理厂可回用水量 50000t/d，简单核算可供水量为 2083t/h，如需水量也是 2083t/h，深度处理设备出力即是 2083t/h，那么将出现严重错误，因为污水处理的负荷存在不均匀性，即使每天实际可供 5 万 t 水，不可能每小时都能供 2083t 水，甚至可能一段时间连六七成都供不上。因此在设计的原始资料上必须按给水制定每小时的可供水量，并依此签订有效文书。

从以上分析可见，中水（污水）回用技术是介于给水处理和污水处理之间的一个新技术领域，需要了解其前污水处理的技术衔接，更需要掌握其后续处理的技术制定和用水对象的效果与问题，技术发展的内容也在于后续处理与用水对象引起的新技术课题。所以中水（污水）回用纳入给水处理，它的技术应用、技术规范、技术习惯、管理模式、技术知识等只能沿用和遵循给水处理的制度。

第六节　水处理技术的市场化与净水行业的形成

水对于人的重要性已无须多言，人之用水（直接的或间接的）几乎都是经过处理的这层关系，尚未得到广泛认知。处理水分散于其他各个行业里，如发电、建筑、石油、化工、电子、煤炭、交通、军工、纺织、食品、造纸、城建等，水处理在这些行业内部不过是一个不大受人关注的小专业而已。然而经历几十年演变它的重要性逐渐显现出来，随着现代工业技术进步和人民生活水平的提高，大大小小的水处理设备制造厂和水处理公司如雨后春笋般蓬勃发展起来，各类课题研究也成为更多大学和研究院的首选。如此空前兴旺的局面完全是根据社会需要自然形成的，不是人为主观堆砌的。水处理经济的快速成长，水处理技术的喜人进步，展示了它的巨大远景和重要作用。我国社会主义事业的高速发展，需要更多的好水，而我国严重缺水和污染，还在大量浪费和人为破坏它，是领导者和使用者的失位，也是专业工作者的失职。

在大发展中水处理名目繁多，技术是否成熟有效或产品是否合格耐用，优劣难辨，真伪不分，或因缺乏相关的质量标准（质量认知），也或因缺乏职业道德（职业责任），给国家和企业造成了很大的损失。众多从事水处理的商者面临市场和利益驱动，一方面努力翻新，或有所贡献，另一方面也有许多盲目性，更多的使用者因误解和缺少经验而遭受损失。至今国内众多同行仍处于分散状态，各自为业，随意而为，有的乘势获利，有的自消自灭，不乏志者而不得尽其力，智者而难能施作为。时至今日，应因势利导，把水处理的行业潜质挖掘出来，使其有序成长、发挥更大作用，成为当务之事。

从如上种种可以见到水处理已经形成行业之势，已具行业发展之机，已临按行业管理之要。

专业与行业的不同在于技术性划分与社会性存在之分。专业限于技术范畴内区别，于院校内学术之间，研究院所内的设置与课题之间等；行业存在于社会，重在技术实施和企业共同行为，二者相通但不相同。净水（水处理）业者分散以专业存在的状况，社会对净水作用的认识的不足，已经远远落后于现代社会的客观现实和客观需要。

工业发达国家多有具代表性的水处理同业组织和大型企业，它们的技术和产品带动和影响着该国家这个行业的水平和发展，为工业和民间用水的质量和安全提供了可靠的保证。它们的企业对研制新技术有很高的积极性，是新技术和新产品的主要基地，可以实现新技术研究的资金来源和获得市场效益的有机结合。有的放矢，有利可图，可使企业保持领先地位而不衰，国家持续受益而富强。

回想几十年我国水处理专业的维持，多靠自发性的个人努力和客观需要艰难前行。20世纪50～60年代我国仅有两个苏供动力厂（哈尔滨和上海）及后建设的东方锅炉厂内的附属车间生产苏联设计的软化器和过滤器，如果不同水质的工程需要其他设备则毫无办法。1963年大庆建设需要防腐离子交换器，不得已上书时任副总理才勉强筹得一些防腐材料暂解应时之急。那时几乎所有特需设备如树脂、设备、阀门、计量泵、水帽、衬胶管件、滤料、仪表等等几乎无一不是由需用方就事论事地自行研试、自行组织设计，寻求合作者制造，寸步难行。"文化大革命"前才有一个由用户（电力部）投资的水处理设备生产车间在江苏的一个小锅炉厂建成，依靠电力设计院集体设计图纸生产简单地常用设备。1978年为促进新的大规模建设需要，一批水处理专业工程师们联合签名致信时任三位副总理，建议组建大型专业水处理工厂，获得了批示，其后在有关专业人员的努力和市场经济孕育下一批国营和私营设备厂纷纷发展起来。80年代随着对环境保护的逐渐重视和污水处理厂的建设，污水处理设备和配件厂在一些地区大量出现，并渐成规模，水处理设备厂兴旺起来。90年代初，电力系统组织了一次由设计、施工、科研人员参加的大规模调查，在专业会议上提出了水处理单元生产的意见，学习了当时引进的单元成套设备，如检测锅炉水质的取样架、加药装置、酸洗设备、反渗透装置、凝结水处理成套设备，以及后来的石灰水处理成套设备等，这些都形成了市场化的成套装置，为更高层次的水处理技术发展打下了基础。其后工程建设也逐渐打破了完全由设计院供设备制造图，施工现场配拼凑制的手工作坊式的落后状况，而与生产厂家积极合作，在工程设计中选购他们的产品。在此基础上适逢改革开放春风吹来，一些专业技术人员挣脱计划经济束缚，投入创业大流中，创建了各种类型的水处理公司，把技术能力和生产能力结合在一起，为专业打开一个新的局面。但是，迄今为止工厂和公司虽多，但大部停留在泛泛技术水平，不少仿造抄袭，质量堪忧，无论责任，遗患很深。急需总体提高认识和价值，抬高地位和责任，改变放任漫游，遍地散沙状态。

历经六十几年几代人的不懈努力，我国在水处理技术的不同领域，已经占据世界先进地位。水处理设备制造、研究、设计、应用的广泛性和规模也领先。水处理产品、成套装置以及工程建设的市场开发，空前活跃。节约淡水资源和防治污染环境，得到党和政府的高度重视。我国水处理事业进入发展的最好时期。

水处理就其影响面、经济规模、技术范畴的广泛和深度，以及当前面临的严重水缺乏和水污染的形势而言，无疑是非常重大的领域，只是由于在过去计划经济下，人为划分的分散状态和认识不足，得不到应有的重视。虽然现在通过自身努力使水处理有了很大的进步，但仍然处于无序分散状态，多数认识也停留在面对严重水污染层面，技术上进展缓慢，套用者多于创新者，片面性较大。认知和管理的落后必然导致总体的进步迟缓和多走弯路，浪费资源。

水处理行业的形成应当包含的几个要素如下：①社会的认知，业者和管理者客观理性地了解其必要性；②领军企业和代表人物，具有相当规模的独立企业并拥有关键技术和新技术的研发能力，以及良好质量产品信誉与市场占有率；③院校专业设置，不断培育专业人才进行理论探索和新技术研发；④巨大的市场需要、深远的发展前景和良好的市场竞争环境；⑤对水处理技术有重要国际影响的学术活动，如美国有国际水会议、动力会议、海洋学会、电力研究协会等；⑥国家有关部门的认可和支持，如国家或国际规模的专业组织活动等。

水处理行业组织或骨干企业应当起到的作用包括：①带头向市场提供质优先进的产品，保证国家建设水平；②引领行业技术进步，有远见地自主投资研发国家和市场需要新技术和新产品；③团结和带领同业者行业自律，相互约束，坚持维护先进技术和良好质量，宣传和有能力识别真伪优劣，帮助维护消费者的利益和市场秩序，减少经济损失，抵制假冒伪劣；④团结合作，维护自身利益和权益，争取应有的社会地位，创造国家品牌；⑤协助有关部门制定行业技术发展规划，制定规章制度，了解国内外动态，协调有关各方面协作等。

我们期待着净水行业的起航，虽然它还要经历为人们认识的较长历程，但是必然能够成为现代水处理技术与业者的领军者。

第二章

我国石灰水处理的技术进步

第一节 历史的经验教训

石灰沉淀法水处理有两方面功能，一是降低碱度和含盐量，二是除去机械悬浮杂质，同时价格便宜、资源丰富，历来是水处理的首选技术。

20世纪50年代我国大规模引进苏联成套设备和技术，大多数中高压电站的水处理系统都是石灰水处理（如富拉尔基电厂、吉林热电厂、北京热电厂、吴泾热电厂、西固热电厂、户县热电厂、太原热电厂、重庆九龙坡电厂、成都热电厂、黄岛热电厂、郑州热电厂、第一汽车制造厂自备电厂、洛阳拖拉机制造厂自备热电厂、武汉钢铁厂自备热电厂等），其后我国自行设计电站的绝大部分，尤其是高压电站全部采用石灰水处理，因为只有依靠石灰镁剂实现除硅，才能保证高压机组不产生硅垢。其后四五十年石灰水处理在我国经历了四起四落的艰难过程。以石灰乳液制备工艺为例大体划分为四个时期：

（1）引进苏联技术时期使用原始块状生石灰，故称为"块石灰阶段"。石灰石经土窑烧制后直接供应使用，原料没有筛选、品位杂乱，土窑温度难控，自然通风不匀，石灰质量低下，有效含量（纯度）只有30%～40%或不足。使用时储存运输全部暴露，灰尘飞扬，消化时水汽弥漫，无处不堵塞，无处不结垢，十分艰难。同期国内自己设计的工程基本都是学习仿造，建设了大批技术内容几乎完全相同的工程项目，所有的技术缺陷和问题也都原封不动地保留下来。至60年代因生产安全性差、劳动条件恶劣、环境污染严重等原因其逐渐被离子交换所替代，它给人们留下的只是抛弃和厌恶。

（2）70年代引进的13套大化肥生产设备中，有8套美国设备的水处理是石灰水处理，原料采用粉石灰，使用电子皮带秤计量，因此称为"电子秤阶段"。此项技术的原料储存、计量、制乳、输送等阶段局部密闭略有改善，其他缺陷和问题依然沿袭。表面电子秤似乎可以计量准确，但最先发生损坏的恰是这部分。其后有一些中国设计工程仿制这种方式，结果也以失败告终。这个阶段开始带给人们一丝新鲜和希望，但很快又使人们受到再次伤害。

（3）80年代引进英国石灰水处理成套设备，人们开始认识到高质量石灰的重要性，下决心自己烧制高质量粉状石灰，因此可称为"自制石灰阶段"。石灰原料使用消化过的粉状石灰，储存在高位仓里。使用汽车罐车密闭运输石灰，气力卸车是本次引进的一种技术收获。但是在其石灰粉的二次计量中，粉仓防蓬堵技术和乳化技术都不当，致使无法计量和输送管道严重堵塞，多项类似装置不得已拆除改造。我们对这套设备进行了认真的学习和总结，从

17

中得到了很大的启发。这套设备曾有三四处仿造，但仍由于种种缺陷没有得到认可。

（4）90 年代我国自行研制碳酸钙回收再煅烧技术出现，称为"回收再用阶段"。石灰水处理的沉淀物是 $CaCO_3$，即矿石原料石灰石，将其收集再煅烧成为石灰 CaO，经消化为 $Ca(OH)_2$，又可成为石灰水处理药剂，可以往复循环。但是由于工业化技术不成熟，试点装置有缺陷，石灰粉后的整套储存计量乳化系统仍沿袭传统技术。虽然石灰原料可以实现回收，但处理系统仍不能正常运行，结果使具有良好前景的技术十分可惜地被弃用。

在此期间我国也引进了德国、捷克、法国、丹麦及俄罗斯的设备和技术。这些引进或自研制技术设备都先后对我国一个时期内的石灰水处理（仿造）技术产生了一些影响，其中不乏使我们开阔了眼界和在技术领域及发展上得到了启发，但是实际结果是由于它们的工艺技术和设备仍存在严重缺陷，即技术不完备成套，点滴局部的改进被淹没在另外卡脖子环节上，不得已现在大都被拆改难觅其踪了。正反两方面的经验教训都使得我重新认识、全面总结石灰水处理工艺技术经验，在此基础上重视每一个细节，重新设计建立一套自己的实用石灰水处理成套技术与设备。

这四个阶段的石灰水处理情形可以用以下几组照片概略显示。

照片 2-1 为天津 PS 厂引进的俄罗斯石灰制备间的石灰库，它与当年引进苏联时期的石灰制备系统的制备情况大体相同，即"块石灰阶段"的样子。散装运来的土法烧制的原状石灰被堆放在敞开式库中，用时由人工操作的抓斗抓起吊到旁边的溶解池或消石灰机内。操作工人和抓斗一起在石灰库里的上方沿单轨吊车移动，满屋石灰飞扬，汽雾弥漫，环境十分恶劣，工人佩戴防毒面具才能进入工作。

照片 2-2 为河北 XHY 厂仿英 PWT 设计工艺系统中的石灰搅拌箱，左侧是搅拌箱，盖子已被掀开，箱外堆满溢出的石灰粉，右侧进口的"电子计量秤"（一种用作计量的螺旋输送机）交付运行后很快就由于堵塞等原因而损坏，工作时上方的计量斗将大量灰倾注进搅拌箱中，箱体容纳不下的灰从人孔等处溢出。搅拌箱不能乳化，水与石灰粉团被送出，在管道里形成膏块堵塞，如照片 2-3 所示（北京 GBD 厂）。

照片 2-1　引进的俄罗斯石灰制备车间的石灰库

照片 2-2　仿英 PWT 设计工艺系统中的石灰搅拌箱

照片 2-4 是在北京 GBD 厂澄清池停运时可以见到的，大部分与水接触的设备表面都结有较厚水垢。照片中没有出水溢流槽，是因为其结垢太多且存在构造缺陷而被压塌拆除了。

照片 2-3　仿英石灰输送管运行三个月
的结垢照片

照片 2-4　仿英石灰石灰水处理澄清池结
垢垮塌出水槽拆除后照片

图 2-1 是引进的美国 LA 型石灰水处理澄清池，其反应流程、设备结构、技术参数等均不适合石灰水处理，故运行后事故与技术问题很多，最突出的如底部泥渣用设在平底池板上的一个环形排泥管导出，管道堵塞，泥渣淤满池底，搅拌桨被埋，致使搅拌大轴扭断。

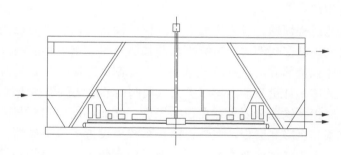

图 2-1　引进的美国 LA 型石灰水处理澄清池

这四起四落前后经历 40 余年，这些石灰水处理设备的失败都是由自身技术落后或技术缺陷带来的，分别举例如下：严重的管道堵塞致使系统无法运行，如一套仿英系统 470m 石灰乳液输送管路一个季度就因堵死而更换（照片 2-3）；俄罗斯供块石灰储存仓环境十分恶劣，无法操作（照片 2-1）；几个阶段引进的几种形式的澄清池出水水质严重不稳定，导致处处结垢，甚至造成设备垮塌（照片 2-4）；滤池滤料结块、石灰乳液泄漏四溢更是屡见不鲜；法式澄清设备反应时间不足，靠大量助凝剂控制出水浊度，垢污和絮花堵塞斜板孔道，因大计量助凝剂引起后续的 UF、RO 膜污堵，石灰水处理后通道淤积，每年需多次停池人工清理；LA 型澄清池无刮泥设备（图 2-1），泥渣排不出设备损坏；滤池多用表面过滤技术，阻力大、流速低、截污量小、周期短，石灰水处理澄清后残余颗粒物性质不同，表面过滤技术容易结垢或黏结；系统控制自动化程度低或不当控制，如用清水 pH 作为控制信号源，延迟两三小时的信号，不能对药剂计量和水质起到的控制作用，设备和系统不能实现全过程优化运行和无人值守；处理中水时对 COD、BOD、NH_3-N 等胶体级颗粒物去除率低；整个流程处理工艺和设备不配套，互相制约，任何一个设备或管道阀门故障都可能引起连续故障，最后不得已拆除废弃；这些装置环境条件很差，废液、废渣、排液都超标，往往是厂里文明生产的死角。

40 年来每个阶段耗资总额都在数亿万元（以现在额度估算）。反复几次大规模失败的历史经验告诉我们什么呢？主要是对石灰反应的技术特性认识不足和对应的技术措施不当，违反石灰水处理性能反应的基本规律，盲目迷信进口设备，前后处理过程的技术不配套，即使选用个别的现代技术设备也不能发挥作用，很快便难以维持最基本的生产运行，最终只能被淘汰。总结历史教训，归纳其主要原因如下：

（1）对石灰特性和反应过程规律缺乏正确认识。不可以只从反应式上认识石灰水处理，石灰水处理的基本特性是低溶解度，高活泼性，以至于凡接触到它的每一个节点都能充分表现出来。石灰的运输、储存、计量、消化、溶解、输送、反应和泥渣排放等都与一般化学药品有较大区别，当对这些特性认识错误或不足时，只能提出错误的设计（设备设计和系统设计）。即对石灰水处理的技术内涵认识片面、肤浅、甚至错误。

（2）对不当技术引起的严重后果认识不足或责任心不强。对局部问题可能引起连锁反应以致全面问题估量不足。对石灰制备到石灰水处理过程的技术配套性和技术连贯性不了解或漠视。不知道每一个系统设备管件等的技术细节都可能招致整个流程损害。不清楚只有对水质、原料、管理等不可避免的变化采取（预备）对应的合理措施或变化，才可以使其发挥持续完好的作用。

（3）设计的工艺过程烦琐。以为添加很多流程或设备可以实现自己想达到的目的，岂不知越复杂带来的麻烦越多。例如，为解决加药量的计量，俄罗斯、英、法等国都沿用先浓后稀再计量溶液体积量的方法，三次计量、三次配制、三次倒运，自身增加了沉淀堵塞的概率，而且最后的体积计量只能用容积类泵（用阀门节流法就更加错误），而此类泵性能对颗粒物质造成的磨损及输送量要求存在很大矛盾。又如，过饱和石灰乳或低质量石灰有很多不溶物，为克服其沉降和磨损，多数设计在系统中设置多级捕砂器，试图将砂粒截留下来，这种做法不仅人为增加堵塞之处，而且把石灰有效部分未溶物一并截留，从而形成新的堵塞点和环境污染。

（4）技术参数、技术措施错误。引进的英式石灰溶解器总停留时间仅 1min，混合强度低，进料量忽大忽小，致使出口溶液水与粉团共存。引进的法式澄清池反应时间远低于粉状颗粒石灰需要的最低溶解时间，又没有再循环，不可能完成反应。引进的英式变孔隙滤池用 V 形池结构，偏流严重，周期之始滤层呈现空砂"过滤"，水和颗粒物一起穿砂而过，为照顾滤层细砂不被翻起仅允许很低强度清洗，从而使滤层不能恢复清洁，形成截留物周期积累或细砂丢失。低温石灰水处理澄清池清水区设计的上升流速（表面负荷）反而高于水温 40℃ 的上限值，PWC 型澄清池清水区的流速为 1.15mm/s（实际运行只能达到 0.8mm/s），法国 Densadeg 型澄清池清水区的流速达 2.8mm/s，甚至 6.25mm/s，数倍于常见参数等。

（5）盲目选择或不当选择设备。关键设备质量不过关或不符技术性能，如美式石灰制备系统使用敞开式电子皮带秤，用闸口挡板和皮带转速控制粉量，不仅粗糙难调而且在粉尘飞扬环境下极易损坏。"机械加速澄清池"原来是按照我国几十年前江河水质单纯凝聚澄清作用设计的，局部刮泥（或无刮泥），处理对象是悬浮物，没有石灰溶解反应过程，故不能把"机械加速澄清池"用于石灰水处理。美国 LA 型澄清池平底构造，没有刮泥，内设环管排泥，池径为 26.8m，结果池底淤泥堵塞，造成大轴折断、搅拌桨损坏。英国 PWT 池型反应室构形设计和单纯凝聚的澄清池相比有较大改进，但没有考虑石灰溶解及产物结晶水的安定性低，内部和出水槽结垢严重，出水水质较差，实际运行出力值只有原设计值的 70%。有人把原设计用于悬浮泥渣的浓缩池用于石灰水处理，而二者的沉降规律完全不同，而且沿相反方向主观臆断地扩张其规格，会给生产带来严重后果。

(6) 石灰原料品质过低或专用设备供货混乱。我国没有水处理用石灰国家标准，也没有专用商品供应市场，虽然已经在一些地区普及粉料商品供货，但质量差别很大，有效成分含量为 30%～90%，差者含量更低，并且时有波动，相应加入量的计量很难控制和排渣量大增造成排泥系统的问题。

原本我国市场没有水处理专用设备或石灰水处理专用设备的生产供应，环保市场发达后，环保产品一拥而上，不仅优劣真假难辨，而且现在市场操作的混乱和选择的盲目性甚于过去，仍然大量重复着历史错误，低水平的竞争和误导性宣传，以及低价选择很容易导致牺牲质量和可靠性，很可能毁坏设备，从而导致新一轮失败。

(7) 对程序控制的重要性缺乏理解或控制点不当。必须严格遵守操作方式或程序，必须设置合理可靠的程序控制设施，不可以人操替代。

(8) 最值得思考的是四次起伏每次开始总会得到一阵吹捧，甚至掀起学习照搬的高潮，而对缺点毛病遮遮掩掩，缺乏认真细致的分析研究和总结经验教训。这是造成更大损失的根本缘由，此风至今仍在延续，实在可虑。

石灰水处理主要设备的具体经验教训将在第六、七、八、九章分别论述。

总结历史教训的目的是使今人不再犯同样的错误，但现实远非如此，许多今人不仅重复着过去的错误，而且创造着更严重的错误。前人的错误可以是由于技术落后、经验不足，今人的有些错误却是不可原谅。例如，鄂尔多斯某厂近年新建的一套污水处理回用装置，见第六章第三节和第八章第四节，一组石灰水处理设备建成仅试运一个月即停运拆除，石灰水处理后的膜脱盐设备堵得运行不下去，供应商只能送一套膜的离线清洗台，与在线膜并联工作。据知建成而不能使用的并非此一例。抚顺某厂建成一套石灰水处理，没有排渣设备，任其流淌到旁边的场地里成为垃圾场。后文也将举出种种事例，希望可以起到警示作用。作者曾在设计部门工作，1958 年"大跃进"时设计了一座江心泵房，在"节约"高潮中将厚底板 1m 盲目地减少到 0.3m，最后不得不将泵房全部炸毁，领导批评：这是建设社会主义还是破坏社会主义，从而制止了更大的违背科学的貌似革新实则损害的损失。此语重意骇，音犹在耳，仍有现实警示作用。同理，过去了半个多世纪，犯同样的错误，破坏更严重，可惜并不是盲目的。

总之，历史经验反复教训我们：要从实践中认识石灰制备和反应的全部规律，从理论上得到提高，形成符合国内条件的完整技术，从整体工艺到技术参数树立正确的技术理念，摈弃错误的习惯，相信自己的实践经验和理论积累。路总要靠自己走，不能盲目信任国外技术，应当充分消化才可借鉴有益的东西，长期的生产运行考验是鉴别的最好标准，要他为我所用而非我为他所掳。同时，也要警惕市场无视技术质量、忽视技术作用的无序竞争行为，这更容易引起破坏性的后果。

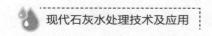

第二节　对石灰水处理技术的基本认识

石灰水处理最重要的本质特征是它 [CaO、Ca(HO)$_2$] 及其产物（CaCO$_3$）的两面性，顺之获益，逆之为害。

石灰水处理具有多种反应功能的优越性和难以驯服的破坏性，认识石灰水处理技术发展的基本点是在切实掌握性能本质的基础上，遵循它的规律，最大限度地调动其分离水中有害物质的作用，找到最经济合理的克服其可能造成事故障碍的稳妥措施。

石灰水处理是最古老的水处理技术，早在一些现代水处理技术出现之前，人们就懂得使用石灰净化水。它既是药剂处理，也可有助于澄清，简单而便捷。1953 年我国第一个五年计划开始，主要依靠苏联进口成套设备，他们提供的电站或自备电站里的锅炉补给水处理基本上都是石灰水处理或石灰-钠离子交换处理，高压锅炉使用石灰-镁剂除硅-钠离子交换处理，当冷却循环水需要的浓缩倍率高时其补充水处理或旁流处理也需要石灰水处理。苏联和东欧各国的石灰水处理是常用技术，据介绍 1983~1985 年，美国用于给水或污水处理方面的石灰耗量增加 100%~300%，德国的天然水水质与我国相近，石灰水处理也是其常用的技术之一。直至近代，随着环境保护意识的增强，工业用水量大幅增加，石灰水处理的经济性愈显，水被污染所带来的复杂性，使石灰水处理的作用范围得到扩展，其逐渐成为给水处理、污水处理和中水回用不可或缺的常用技术。

石灰水处理是有广泛用途的水处理技术，常见的如高碱度水处理，处理后水中残余碱度为 0.6~1.0mmol/L（与水温有关），原水碱度值越高经济性越好。我国的淡水资源中无论地表水或地下水的水质都属于重碳酸钙型水，溶解盐的主体是 Ca(HCO$_3$)$_2$，故当总含盐量高时选择石灰水处理经济性较好；中水回用深度处理、城市生活排污水或一些工业排放水经生化处理和简单净化处理后的水，可称为中水，进一步处理可以进一步降低有机污染物和其他污染物的含量，有机物去除率为 40%~60%或更高，从而使波动较大的中水水质得到较稳定水质；调节水的 pH，可以按照不同用途在 HCO$_3^-$、CO$_3^{2-}$、OH$^-$ 碱性区域内调节水的性质，或除去（或部分除去）一些盐类；去除悬浮杂质，如经浓缩的冷却排污水处理时含有的机械杂质或失稳的成垢颗粒物；除磷、油、硫、硅（溶硅或胶硅）、重金属、氟、硼、苯、酚、萘等。与酸法处理比较，石灰水处理还可以减少碳排放量，以处理水量 $Q=3000m^3/h$ 和百个电厂估算年排放碳量可能减少达 20 万 t。

石灰水处理属于以物理化学反应为主的处理过程。石灰水处理用于降低碱度时先进行化学反应，其后水中的溶解盐转化为难溶盐，过饱和部分经沉降差而分离。石灰水处理对于有机物和诸多污染物以及微颗粒的分离，多为吸附作用，视为理化过程。石灰水处理用于处理中水时先是化学反应，后是理化和物理（吸附和分离）反应，理化反应是主导反应。

石灰 [Ca(HO)$_2$] 是难溶物质，与 CO$_2$、HCO$_3^{2-}$ 的反应产物（CaCO$_3$）也是难溶物质，这一特征贯穿全部工艺流程始终，所有的系统、设备、管道、配件都要符合这个特征所需遵循的规律性，使用按照它的特性设计的专用设备或选择适用设备，否则将带来严重的后果。

石灰水处理的反应产物 CaCO$_3$ 是成垢物质，有活性期，很容易与各接触物附着而形成硬垢。经澄清分离后的清水中仍然存在过饱和的 CaCO$_3$，也仍有结垢倾向，其成垢的可能性强弱与其活性或残余量有关。

与 $CaCO_3$ 共同分离沉淀的沉渣中的主体是 $CaCO_3$ 和 $Mg(OH)_2$，也有 $Ca(HO)_2$、原水中的悬浮物、添加的凝聚剂和助凝剂，以及石灰水处理中的其他（如重金属）反应产物，或被其吸附携带的物质等。当原水含盐量很高时，沉渣量也会很大，沉渣的性质也与一般天然水的沉淀或澄清的沉渣有很大的区别，故此石灰水处理的排渣再处理、"浓缩"、固化等都要因渣而异，都要专门设计和处置。虽然 $CaCO_3$ 仅是还原态的石灰石，但是其他水中的分离物是否都无害，原来是微量存在、分散的，浓缩固化后对环境又有什么新的影响，都有待进一步研究。

建立水处理用石灰质量标准是石灰水处理的技术基础之一，石灰水处理要用粉状石灰，首选熟石灰 $Ca(HO)_2$，不推荐用生石灰 CaO。水处理用石灰原料的生产制造方式对产品质量有很大影响，必需限制用研磨方法粉化石灰，因为那样可以很容易将石灰石煅烧不完全或过度煅烧石灰石，从而降低成品质量。

良好质量的 $Ca(HO)_2$ 具有巨大的表面积和表面活性，在运输、储存、输送、溶解、反应等过程中表面容易被钝化，即与空气中的 CO_2 或水汽结合被钝化而失去活性。石灰的表面活性是水处理用石灰的重要质量指标。所以煅烧后的石灰以致其在中间储存、运输、消化、陈化、粉石灰的运输、储存等都应处在密闭的环境中进行。水处理石灰的消化只宜用高温消化。

石灰水处理后的清水中必然有残留的过饱和 $CaCO_3$，其残留量越少水质越稳定，活性越强对后续过程危害越大，故降低残留量（在一定温度下）和消除残留活性是重要的技术指标。应当检验澄清后的清水的"安定度"，它是测试石灰水处理后水的安定性的唯一指标。

照片 2-5 所示为石灰水处理的澄清池出水区结垢的状况。澄清池的出水区位于全过程的后部，已经完成反应过程，主要作用当是沉淀分离。由于池型设计不当或运行管理等原因，澄清池仍然延续反应过程，或有 $Ca(HO)_2$ 的延迟溶出，或 $CaCO_3$ 产物没有充分度过活性期，处于此状态的 $CaCO_3$ 与结构件接触，很容易附着逐渐成垢，局部有垢便更加容易聚集，不用很长时间即可形成白花花一片。

照片 2-6 是第一台投运的中水回用石灰水处理的邯郸热电厂 1 号澄清池实况，运行多年后清水区的池体构件与水接触处仍保持钢防锈漆原色。

照片 2-5　石灰水处理的澄清池出水区　　　　照片 2-6　邯郸热电厂石灰水处理澄清池
　　　　　　结垢的状况　　　　　　　　　　　　　　　　出水区无结垢情况

我国具有丰富的和高品位的石灰石矿藏，大部分省份都有优质的石灰石矿，不仅是广西、贵州、辽宁、江苏、北京等地区，那些美丽的钟乳石岩洞都蕴藏着优质的石灰石，只是缺乏市场化工业用高质量石灰制造企业，历史习惯是民间小规模土法生产，质量很差。我国没有水处理用石灰质量标准，难以促进这个行业的发展，甚至会使人们产生无论何种石灰都可以用于石灰水处理的错觉，还有的企业错把石灰石的测定方法（测定 Ca^{2+} 含量）当作石灰质量的测定方法（测定可溶 OH^- 的含量），把所有的 Ca^{2+}（轻烧的和过烧的 $CaCO_3$ 中的 Ca^{2+}）都当作有效成分，结果相去甚远（至今通行于化工、建筑行业）。专业化的水处理用（和其他专业用）石灰生产，是我国工业现代化一个的合理发展趋向，是西方先进技术国家早已具备了的社会习惯，工业品市场商品化石灰不仅保证石灰水处理技术的发展，而且兼得保护环境和节省资源的好处。

工业应用中应当注意研制或选用石灰水处理的专用设备，不可以用其他水处理用的类似设备拼凑组合，如澄清池（器）、过滤池（器）、石灰乳液制备装置、泥渣处理设备（包括脱水、结晶设备）等都属专用设备，都要专门按照石灰水处理反应技术的特点设计并经过实践考验证实适用。石灰水处理系统设计要与专用设备的技术特性相衔接，互为支持，实现技术配套。

石灰水处理的所有系统设备不得有石灰粉和乳液的泄漏，不应有乳液和渣滓的随意排放，以保证室内外环境大气、下水道与其他车间达到同样的水平，设备的监测与故障有可靠、实效的技术措施，实现无人值守。所有系统设备实现程序控制和远操远控，粉系统和乳液系统必须达到完全的密闭运转，人员巡回地域的空气中总悬浮颗粒和飘尘达到 GB 3095—2012《环境空气质量标准》二级标准。

当石灰水处理后的清水直接使用和需要进一步脱盐处理时，清水水质指标和工艺设备技术参数应有某些区别（更严格），后期脱盐用膜法或离子交换也有一定区别。不同工业（如电站、冶金、石化、城市）即使是相同用途（如冷却），也要注意其不同的技术性质差异和要求。

城市生活中水回用石灰水处理与工业废水石灰水处理也有较大区别，构成被处理水的水源往往由多种水源混合构成，而且常处于变化中，虽然石灰水处理可以起到一定的缓冲调节作用，但是波动较大的如温度、结垢物、溶解盐、有机物等对参数控制和出水水质都会产生较大影响，切实掌握原始资料，了解变化规律是保证良好水质的必要条件。

石灰水处理的工艺系统虽然近似，如澄清-过滤-加药、运输-储存-计量-输送等，但是随着原水水质和用水质量不同，也有差异，中间的调质处理有较大变化，而且同样重要。

第三节　城市中水回用的石灰深度处理

城市排放的生活污水经污水处理厂生化处理后达到国家二级排放标准的污水，如果拟回收再用习惯称为中水。回用处理主要指把达到排放标准的污水（中水）加工成工业其他用户的水源水，变排水为给水。

达到国家二级排放标准的生活污水与给水的区别主要是有机物污染，即围绕人体生活用水所产生的污染，如人体洗浴及排泄物、食物及其废渣、生活垃圾及其水携带物、人体或生活所需要的有机或无机化工品和药物、城市内动植物所涉及的排泄物等。这些污染构成的对水体的污染主要是有机物的污染，固体物在污水处理中已经得到清理，可溶性无机盐污染量较少，城市人体生活用水都是自来水，环境治理较好的城市一般很少混入工业排水，所以污水中溶解性无机盐基本上就是自来水中原有的量，由此得出中水处理的目的就是针对这些被污染的有机物。

二级污水处理后的水质波动性很大。例如，华北某电厂用中水 2000 年 2 月 COD_{Cr} 最大值为 52.46mg/L，最低值为 4.64mg/L，2003 年 NH_3-N 最大值为 38.91mg/L，最低值为 1.47mg/L；山东某电厂用中水 2004 年 5 月 COD_{Cr} 最大值为 38.4mg/L，最低值为 15.4mg/L，BOD_5 最大值为 31mg/L，最低值为 12mg/L；河北某电厂用中水正常 NH_3-N 含量为 $0.08 \sim 0.56$mg/L，实际运行曾常年高达 $10 \sim 25$mg/L。中水水质的不稳定性是普遍现象，多种原因都会引起水质波动，如季节的影响、倒池的影响、负荷波动的影响、清洗的影响、培育细菌的影响等，这是由生化反应的自然规律性所决定的。然而工业补充水却不允许频繁或很大的波动，因此不能单纯依靠生物处理而使供水水质建立在不确定性基础上，深度处理一个很重要的目的就是改变解决水质的不稳定性。

中水中的有机物是污水生化处理完成后的残余，有溶解态、半溶解态和大胶体（或胶团），除非最后有 RO 过滤，否则不可能除尽。一如前述，中水作为循环水用时只要达到可容忍程度（无害）即可接受。为此一定要能除去一部分有机物，在可能的条件下尽可能多地除去，这是深度处理的另一任务。

在补给循环水且浓缩倍率高时选择外部处理（如石灰水处理、弱酸处理），以除去部分的硬度和盐分，在溶解盐过高或浓缩倍率高时，还需要脱盐。在现代工业给水处理中，需要除盐时多数选择膜法处理（或作为预脱盐）。膜法处理前基本都进行了较好的预处理（除非深井水），所以很自然地把中水深度处理（外部处理）与外部处理或预处理合一，即深度处理兼有两种功能。这是中水深度处理的又一任务。

以上几点说明深度处理方案的设计针对性很强，即按照该工程的机组组成、水平衡情况、水质特点等诸多因素选择经济合理的系统与设备。

有机物会带来什么危害呢？危害的程度有多大呢？这是用中水后必须回答的问题。从十多年的运行观察中认识到，直接用中水作为循环冷却水时需防止腐蚀，再除盐时要防止污堵——对膜（或污染——对树脂）。NH_3-N 对设备的腐蚀情况已经比较清楚，从邯郸热电厂的前期试验中已经明确，凝汽器的换热管道一般不用铜合金，因为氨与铜可以形成络合腐蚀，更换为不锈钢或其他耐蚀金属可以解决这个问题。残余 NH_3-N 还有可能给混凝土设备带来腐蚀（后节详述）。COD、BOD、细菌、病毒等在热力循环过程的腐蚀情况还缺乏研究。有机物在循环过程中聚集成有机黏泥，沉积到冷却水管会产生更严重的腐蚀；有机物还会在管壁生成有机黏膜，影响传热，也会引起腐蚀；微生物繁殖及其分解产物和某些菌类可直接对某些金属造成腐蚀，锅炉补充水使用中水时水中残存的有机物也会对汽轮机低压缸造成腐蚀。为此回用中水深度处理的主要目的之一就是减轻或消除这些腐蚀，或者作为抵御或防治腐蚀处理的一个重要环节。

大型工业用水和城市杂用水的用水性质不同要求也不同。冲厕、道路清扫、绿化、冲车以致施工，允许偶然或短时间断或水质的某些波动。工业供水的稳定性很重要，水量要连续稳定，水质要性能稳定，这是和排水的重要差异。排水上半夜多排一点，下半夜少排一点，水质夏天好一点，冬天坏一点，都是正常现象，而给水则不行，否则会影响到工业生产的安全性、经济性。

在一个大型工程建设中，如火电站工程，供水是它的基础条件，但又是辅助工艺，它不会因此而冒很大风险，但必须保证其发电主体的安全、可靠、稳定。我国当前公共设施的管理水平和保障能力很不充实，从已经用中水运行的厂看，二级处理污水水质尚未完全履行承诺达到的设计指标，甚至水量的连续供应能力都未见达到，一个大型工厂谁都不会把自己的生产命脉拴在这样的基础上，交予别人掌握。所以基本上都是把深度处理设置在本厂，以确保在任何可变的技术条件和社会条件下，都能够掌控和调整，确实保证供水的可靠性。

工业给水一般包括工艺用水、锅炉补充水、冷却用水、生活用水、厂区杂用水等。如果水源是中水，这几种不同用途的水其质量也有差异，大体可分为几类：对于前两者，深度处理只是它的预处理，冷却用水可视为它的外部处理的一部分——净化和除碱，后两者主要是净化，当然生活用水用作饮用或洗浴时往往另引自来水。在实际工程设计中往往不是这样简单，技术上存在重复、交叉、混合等，要复杂得多。当作为预处理时，其后很可能有脱盐设备，无论是膜法、离子交换或热法，都必须考虑后续处理设备对污染、堵塞、腐蚀、结垢等的要求，经技术经济核算在满足最终水质下前后处理的关系。当作为冷却处理时，必须考虑与浓缩倍率、设备材质、节水与再排放等的关系，特别是兼顾高浓缩倍率下脱盐脱碱和系统经济性的关系。

从现在已经采用生活中水回用的情况看，中水回用处理方案大约有这样几种：石灰水处理、凝聚澄清、补充生化-石灰水处理、膜生物反应器等，在众多电站工程中基本上都使用石灰水处理，仅有一例是单纯凝聚澄清处理。由于电站较早使用中水，国家审查凡靠近城市有中水可用的地方都要限制必需使用中水，所以至今已经达到普及的程度。

电站工程使用中水多选用石灰水处理是基于以下原因：

（1）邯郸热电厂是第一个使用中水实际运行的电厂，取得了良好的效果，成为成功效仿的先例。

邯郸热电厂与高碑店热电厂都是利用城市生活中水为补充水早期投入运行的大型工业企业，都是采用石灰深度处理，分别于1998年9月和2000年6月（中水）投产，迄今运行19年和17年，解决了在缺水地区建设电厂的严重障碍。

由于这是我国大型电站使用中水的首次尝试，具有开创性和风险性，虽然十多年来经历了一些波折，但是保证电厂长期安全稳定运行是成功的主要标志，它们的意义不仅在于其自身，更是给十多年来的大量推广起到示范作用。

（2）石灰水处理可以取得稳定的出水水质，有效克服生化处理由于季节、倒池、负荷波动等带来的水质不稳定性。

邯郸东污水处理厂二级处理排水的水质见表2-1。

表2-1　　　　　　　　　　邯郸东污水处理厂二级处理排水的水质　　　　　　　　　　mg/L

物质	含量		
	最大值	最小值	平均值
BOD_5	56	3	14
COD	39	10	24
$NH_3\text{-}N$	13.4	0.01	3.25

此类波动对于污水处理来讲应当是正常的，但对于给水处理来讲是不正常的，这是深度处理首要完成的任务。石灰水处理因具有使水质稳定的特性而受到重视。石灰水处理对残余有机物的去除率，与入口的含量和性质有关，含量越高去除率越高，因含量大其中大分子部分也大。例如，邯郸热电厂初期几年所用并非纯中水，而是含有中水（经二级生化处理）的作为城市下水道（直接排污）的河水，水质近于污水处理厂的进口水，黑混恶臭，经石灰水处理后仍勉强可用。

从国情看，污水处理厂投运不正常，水量多变和水质大幅跳动，为取得可靠的水源基础，选用适应性强的石灰水处理势在必行。

（3）多种残余有机物可以被除去。中水中残留的有机物可能有没有被完全生化分解的废水中的有机物残余、生物分解过程产生的中间产物中没有排泄掉的部分、生物分解后的产物中没有分离出去的残存物。这些有机物都有可能在石灰水处理中不同程度地被分离掉，其中尤以酸性物质，如富里酸等，可以与水中某些易分离物发生吸附聚合等反应。

（4）大幅度降低暂硬和溶解盐分，有助于提高循环水浓缩倍率，大量节约耗水率，降低水成本。这是多数设计者选择石灰水处理的重要原因。凡用中水皆因缺水，凡缺水必须要提高浓缩倍率，从我国普遍的重碳酸盐钙型水质特性出发，高浓缩倍率下外部处理选择石灰水处理也是必然（限于排放和经济原因不可能再用弱酸等处理）。

（5）自主控制运行参数，根据用水的运行工况调节水质，满足主机需要。水是主体为发电（火、核、水）的企业里能量传递的唯一载体，是与发电过程紧密相连的一部分，在火电厂现代技术下（超超临界参数）水的质量关乎主机炉运行的安全和经济（热效率）性。虽然国家制定有统一的水质质量标准，但是各厂多根据本身机组工况制定本厂具体执行的标准，并依照实际情况调节。中水回用处理是构成给水处理的一环，也需要按要求管理和调整。邯郸热电厂运行十多年来就做过多次调整、改进。

水源水质逐渐变差是我国水源水的又一普遍现象，因此膜法脱盐也成为常用手段，膜法过滤的技术关键是进水清洁度（包括暂硬），故石灰水处理也是良好选择。

（6）设备便于管理，无须特殊构件，自主维护。石灰水处理虽然体形较庞大，但都是由常规机械设备构成，较容易维护和管理，不像膜如果损坏只有更换，一旦污堵更难处理。

（7）经济性较好，所用药剂全国各地基本都可以就地解决。石灰是主药剂，我国遍地都有，而且原料品位都高，只是多数烧制质量不好，但石灰制备技术已经解决了较低质石灰的使用方法。

（8）适合大容量处理，适合大型工程用水量大的情况。以电站为例，常见一期工程两台机循环水需水量为 $1500\sim2200m^3/h$，冶金企业需用量更大些，现有石灰水处理澄清池单台出力为 800、1000、$1200m^3/h$，已可满足所需。

（9）排渣不增加污染。石灰水处理的排渣中除 $CaCO_3$（石头）外都是水中的污染物，极少出现额外添加的物质，不会构成二次污染。

在特殊水质条件情况下可以使用无石灰水处理的中水回用深度处理。在大连 TS 电厂运行的曝气生物滤池（位于城市）采用单纯凝聚澄清处理（由于水质特殊，专门设计的水处理系统），已运行 12 年，运行工况稳定。前置的污水处理为曝气生物滤池，后续有膜法脱盐处理。这种处理方式要求中水水质较好（溶解盐含量也低），较稳定。由于单纯凝聚反应渣密度小，所以助凝剂（PAM）的剂量略大，超过石灰水处理剂量的许多倍，澄清池容积也要增大，清水区上升流速小于 0.4mm/s，比石灰水处理澄清池的一半还低，故总投资额增大，在原水碱度很小时（不需除碱，如小于 1mmol/L），运行费较低，如需要除碱，运行费将高于石灰水处理，如照片 2-7 所示。

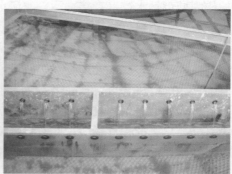

照片 2-7　大连 TS 电厂出水照片

第四节　工业重度污染排水回用

　　工业排放水中的工艺系统废水水质非常复杂，污染程度也重，与城市生活废水比较有机污染物变化很大，溶解盐污染也很严重，是社会严重污染的主要来源。大型工业企业的污水防污染与回用是同时并重的，此种处理包含分离非溶颗粒物和溶解盐，使净水回用，污物可排。石灰水处理多用在有水回收的处理系统中。至今的技术发展和经验，只有部分工业企业的污水可以兼顾合格排放和净水回用，它取决于总体经济性和技术可能性。处理系统中溶解盐的分离，如果采用膜法脱盐，对于有机物污染严重的污水则困难较大；如果选择热法脱盐，则硬度去除困难较大。至今接触到的工业有烟气脱硫废水、石化废水、煤化工废水、冶金冷却废水等的污水回用处理。

　　烟气脱硫废水、石化废水、煤化工废水等污水再生化处理后的水质大致情况如下：较高的 Ca^{2+}、Mg^{2+} 和 Cl^-、SO_4^{2-} 含量，总硬度可达 500～600mmol/L，Cl^- 含量达 5000～10000mg/L（30000mg/L），SO_4^{2+} 含量达 2000～20000mg/L。SiO_2、悬浮物与溶解固形物含量分别为 100～150mg/L、2000～10000mg/L、10000～45000mg/L。冶金废水含有油脂。脱硫废水处理后的水中重金属含量基本达到排放标准，超标物质是氟化物，但是要核算进一步浓缩后的限值。

　　石灰水处理作为基础处理，其主要作用包括：

（1）去除水中的机械杂质（悬浮物）；

（2）除去绝大部分暂硬度（碳酸盐硬度，同时除掉碱度）、部分或全部永硬（非碳酸盐硬度）；

（3）降低总含盐量；

（4）除去大部分胶体 SiO_2，部分溶解 SiO_2（按需要）；

（5）除掉大部分大分子 COD，部分胶体 COD；

（6）除去大部分苯、酚、萘、硼、重金属、大部分氟；

（7）可将 $NH_3\text{-}N$ 绝大部分进行无机转化等。

在处理系统中石灰水处理与脱盐处理互相配合，石灰水处理去除非溶解盐和相当部分的硬度盐，沉淀物直接排出，脱盐处理分离其余部分溶解盐。石灰水处理（和其他辅助处理共同）还需具有对脱盐设备产生的污堵、结垢、腐蚀等的预防功能。工业污水回用处理系统是一个完整的系统反应技术，不仅仅只有石灰水处理基础处理和脱盐设备，还要有把这两部分有机联系起来的合理的水质反应过程和设备，也许还包括石灰水处理之前或脱盐之后。以上各种构成一个整体，技术完整的系统水（质）平衡设计是灵魂，只有在充分理解和全面认识的基础上才可能设计和提供正确的工艺。

在工厂的水系统设计中，虽然已经注意节约用水，但多没有以水质平衡关系建立专门水分配和排放的合理关系，往往使各种排水随意混合排出，其中包含工艺废水和冷却排水、浓缩水或离子交换再生排水、雨水和生活排水等，各种水不仅水量差异大，水质差异大，而且排放方式差异也很大（瞬时排或连续排），有的温度变化很大，对处理设备运行造成极大的干扰和困难。众所周知，水处理技术对溶解盐、非溶解盐或油脂三类物质的差别很大，如果把分别含有这三类杂质的水混合起来，那么必将大大增加处理技术的复杂性，而且使处理量倍增，经济性变差。因此，工厂内水系统的合理组合与设计是污水再用或零排放的前提。

第五节　其他方面的石灰水处理

一、锅炉给水处理

我国最早的锅炉补充水处理是石灰水处理，主要是软化和除硅。暂硬高、永硬不高的水用石灰-曹达磷酸钠系统，暂硬、永硬都高的水用石灰-钠离子系统，补充高压锅炉用石灰镁剂除硅等。这些方式现在虽然已经很少见到，但是对于一些特殊水质还有实用的价值，如对于含硅量特别高的水、暂硬很高的水等，这种方式仍不失为一种经济实用可选方案。

石灰水处理残余碱度是恒定的，只与温度和澄清设备有关，无论进口含量多高，用同一个设备即可达到同样效果，故经济性好。

石灰水处理相对其他处理方法具有不增加二次污染（如离子交换，再生废液盐分增加一倍多），水耗低（如膜法多耗水约25％），原料普及，运行费用较低等优点。缺点是占地略大，设备较复杂，运行管理较麻烦等。但石灰水处理技术和设备已经实现全密闭全自动，可以完全改变人们对传统石灰水处理的脏乱印象，具有其明显的特点和竞争性。

二、循环冷却水处理或旁流处理

循环冷却水常是耗水最大的部位，它由三部分组成，即蒸发损失、风吹损失、排污损失，损失量与循环水量成比例，前两者损失率是自然损失，与季节、负荷、塔型等有关，不可人为调节，排污率是变数，与浓缩倍率直接相关，可按需要控制，需要减少排污率，提高浓缩度即可实现，按盐类平衡计算

$$n = \frac{p_1 + p_2 + p_3}{p_2 + p_3}$$

式中　n——开式循环冷却系统的浓缩倍率；

　　　p_1——蒸发损失，%；

　　　p_2——风吹损失，%；

　　　p_3——排污损失，%。

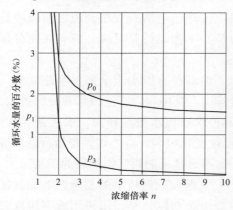

图 2-2　自然通风冷却塔蒸发排污损失曲线
p_0—总补充水量；p_3—排污量

由图 2-2 可见，当 n 值在 2 左右时，p_3 与 p_1 的损失水量相当；当 $n < 2$ 时，排污率 p_3 将大于 p_1，水量损失很大，因此缺水地区不会选择低 n 值。曲线显示两个转折点为 $n \approx 3$ 和 $n \approx 5$，$n \approx 3$ 是重要拐点，之前曲线下降很快，以百万千瓦电站为例计算，$n \approx 3$ 较 $n \approx 2$ 排污率由 1.3% 降到 0.6%，排污量由 $1700 \sim 2100 \mathrm{m^3/h}$ 降到 $800 \sim 1000 \mathrm{m^3/h}$。$n \approx 5$ 排污率为 0.25%，排污量为 $300 \sim 400 \mathrm{m^3/h}$，收效降低，可是水的处理却要上一个档次。电站的循环冷却耗水占全厂总耗水的 80%，故欲大幅节约用水必须提高 n 值，提高 n 值意味着同步提高循环水中的含盐量，也增加了各种盐分可能对冷却设备引起的结垢、结盐、腐蚀、磨损等危害。经验告诉我们，当 $n \geqslant 4 \sim 6$ 时，采用石灰水处理是较好选择。

循环冷却水的旁流处理是高浓缩倍率下一种节省的处理技术，能利用原水中 CO_2、HCO_3^- 在 CO_3^{2-} 析出的平衡作用，处理更高的硬度和含盐量，从而降低处理水量，还可去除冷却塔带入水中的空气污染物，如 SS、CO_2、SO_2 等。循环冷却水的旁流处理能除掉循环水中析出的大部分过饱和 $CaCO_3$。旁流处理与脱盐结合回收的净化水可以提高一级使用，也可作为自身补充水。旁流处理选择石灰水处理可以使水质获得全面改善，但是需要克服稳定剂在药龄期内的干扰。选择单纯过滤时，只能滤除颗粒物，水质处于 $CaCO_3$ 的稳定（或亚稳）状态，有部分水损失和需单独处理反洗排水。

三、锅炉或冶金工业的酸洗排水处理

石灰水处理是最佳选择，无论使用何种酸洗剂——盐酸、硫酸、氢氟酸、柠檬酸、醋酸等都可以得到较好的中和排放效果，可以同时降低其中缓蚀剂和钝化剂的含量。

四、工业废水回收

电力、冶金、机械、石油、矿业、电子等行业的大量用水是冷却或洗涤，其污染物大体为浓缩物或携带物，水极具回收再用价值。如果污染物是颗粒物，如铁、悬浮物、某些油类，经凝聚澄清即可得到净化，但是污染物不一定单纯为一种物质，常伴有溶解性污染。这种情况下石灰水处理可以发挥更大效能，使之循环中不致累计增高。循环冷却过程中因为水的蒸发损失会使溶解盐浓缩，如自然通风冷却塔的蒸发损失为 1.3% ~ 1.5%，浓缩倍率常选

$n=3\sim5$，循环水质超过极限时会产生结盐、结垢、腐蚀等，从而严重损害冷却设备或降低传热效率，而维持较低浓缩倍率（$n=2\sim3$）运行的排污水量很大，如一台 600MW 机组的排污水量为 $500\sim1000m^3/h$，一个厂按 4 台机组算排水量达 $2000\sim4000m^3/h$，可满足建设一个同样容量的节水型电站的用水。这部分水回收再用时除需要除掉部分碳酸盐硬度外，还需除去从空气吸收的杂质，浓缩的溶解盐类通过脱盐除去，石灰水处理恰可作为它的前处理。

在这些用途中所用石灰水处理工艺系统和设备虽然相似，但需要根据具体工程有所调整。其间一个重要技术指标是石灰反应时 pH 的控制，即对残余碱度形态的控制。例如，城市污水回用中石灰水处理用较高 pH，即 $pH=10.3\sim10.5$，此时水中有过剩 OH^-，有利于对残余有机物的去除和 NH_3-N 的转化。某些水质条件和污染情况只需要控制 pH 在 $8.5\sim9.5$ 状态下运行，水中有 CO_3^{2-} 和 HCO_3^- 存在，或者控制 pH 在 $7\sim8$ 范围内，水中有 HCO_3^- 和 CO_2 存在。现代石灰水处理技术都可以做到。

五、石灰回收技术

石灰水处理的原料是熟石灰 $Ca(OH)_2$，反应产物是 $CaCO_3$，$CaCO_3$ 即石灰石，经煅烧成为 CaO，熟化又成为熟石灰 $CaO+H_2O \Longrightarrow Ca(OH)_2$，$CaCO_3$-$CaO$-$Ca(OH)_2$-$CaCO_3$ 之间可以反复制取和使用，而且在处理水时所沉积的 $CaCO_3$ 的数量大于投加的 $Ca(OH)_2$ 的数量，因为产生的 $CaCO_3$ 中有一份是从水中 HCO_3^- 中分解出来的，$Ca(HCO_3)_2+Ca(OH)_2 \Longrightarrow 2CaCO_3+2H_2O$。这种方式在美国的俄亥俄州的戴通市早有工业应用，我国在 20 世纪 80～90 年代也曾做过多次工业尝试，回收和再煅烧是可行的，当时仅因石灰水处理系统本身技术原因而搁置，而这部分技术现在已经解决。

六、自来水处理 pH 调节

自来水水源被污染或其他原因造成 pH＜7 的情况，水呈酸性，为调节 pH＞7，可以用投加石灰水处理方法。

自来水石灰水处理需要注意两个问题，一是杂质沉渣（原料所含未溶物渣），一是不稳定碳酸钙结垢。自来水所用澄清池不是石灰水处理专用澄清池，设计中未考虑此因素，故容易出现问题。在 pH＜8.34 时，水中的碱度只存在碳酸和重碳酸，它们的溶解度都比较高，不应当有 $CaCO_3$ 及其不稳定问题，但是这种情况只有在石灰乳是饱和溶液或接近饱和溶液时才有可能，为此石灰乳液的制备最好是饱和溶液或接近饱和溶液，这样还可以用 pH 计直接测量水质，避免延时反应造成 pH 假象而难以监测的困难。

城市自来水净化处理习惯选用的澄清池不是按照石灰水处理设计的，如果采用常规投加方式，随过饱和石灰乳液带入的渣滓和未反应颗粒会给澄清池带来麻烦，尤其是当加入点在进水管道或进水分配井等处时，后果更加严重。将投加的石灰乳液制成饱和溶液或接近饱和溶液可以使这个问题迎刃而解。

第六节　我国石灰水处理技术的现状

作者 60 年来亲身经历了我国石灰水处理技术的设计和实践，感受过学习引进、仿制建造、修改拆除、反思研究、设计运行等反复失败和成功，认真反思和总结，从别人那"取长"，从教训中"识短"，取得了诸多新识，在不断实践中逐步走出一条新路。从近十几年来由邯郸热电厂始陆续投入运行的大型设备的效果来看，石灰水处理必需的三种主体设备——澄清池、滤池（器）和粉石灰制备装置，以及其工艺系统和泥渣处理设备，较过去有根本性改观，明显优于老式设备和已引进技术设备，这是我国的自有先进技术。

从 20 世纪 90 年代开始，我们在深刻总结我国石灰水处理 40 年来的经验教训的基础上，经过试验研究设计出了一套全新的石灰水处理成套技术和设备，从根本上解决了石灰水处理设备的堵塞、沉积、磨损、泄漏、结垢、污染等技术常发弊病，拥有了自己一套完整实用的技术措施，为石灰水处理广泛应用打下了基础。这套设备是按照全新的技术理念和技术路线设计的，可以做到：

（1）全套设备技术性能一致，出水质量优良，长期连续安全运行，环境达到文明生产标准，自动控制实现无人值守，装置内水的零排放（除渣内含水外），低能耗，无污染，少占地，高效率，经长期考验适应现代工业水质与环境要求。经历近二十年运行考验、大型工程应用实践，经多次改进形成了一套较完整成熟的技术和专用设备。其中石灰水处理澄清池有单台出力 $Q=250\sim1200\text{m}^3/\text{h}$ 的 I 型、II 型和 III 型，以及特高出力 $Q=1800\sim2500\text{m}^3/\text{h}$ 的 IV 组合型；深层过滤滤池有单池出力 $Q=210$、270、300、400m^3/h 的 I 型、II 型、III 型和 IV 型；石灰制备单元有各种储备容积的 I 型～IV 型和用于自来水系统的 V 形设计。用于中水回用深度处理的整体工艺系统也日趋完善，以满足不同二级污水水质条件和不同给水水质需求。

（2）随着淡水资源日益短缺，环境污染要求更加严格，新能源技术的开发，在煤化工、页岩气、脱硫废水等严重污染水处理中，石灰水处理技术与设备也可满足其特定水质下的水回收和最低限度的排放。

（3）石灰水处理设备与技术仍在发展与完善中。我国的应用技术从过去计划经济体制下以专门研究机构为主还没有真正过渡到市场经济体制下以企业为主，石灰水处理这样专业性强但涉及面宽的技术，在缺乏系统试验研究下已经取得了一些初步成果，随着应用面的扩大，新问题的不断出现，专业技术人员的共同努力，其必将得到新的成果。

（4）有资料载世界工业化以来石灰作为强碱性原料是产量之冠，其中处理水用量占相当重要部分，发达国家对石灰水处理的使用从来没有放弃。石灰于钢铁工业、化工工业、环保工业、建筑工业都是不可或缺的物资，我国近年借助脱硫和中水回用使石灰使用得到一些回暖，我国的广大地域储藏着高品位的石灰石资源，但是至今作为一个经济大国，我国仍然没有高质量石灰市场化生产和供应，人们不得不接受分散的、无法监管的小窑生产的低质石灰。

当前我国处于并不成熟的市场经济，并不完备的法制社会，以及人民识别能力不足的情况下，一些人为了取得自身利益，不顾长远、违背科学、投机取巧，技术抄袭窃取自不可免，担心的是在对石灰水处理技术内涵并不理解和消化之下，不分场合条件盲目套用，以致乱改乱变，可能会带来更大损害。更有甚者，为获得订单，偷工减料以低价的伪劣品欺骗用户，以致造成好不容易恢复的认识元气——人们对石灰水处理的畏惧心理，成为新一轮的历史反复。经历过历史教训的从业者多已老去，如再重复历史则更加艰难。

石灰水处理系统和设备规模很大，一旦建成很难改造，有严重或根本性缺陷时只有废弃拆除，后果不堪，当有前车之鉴。

第三章

现代石灰水处理技术

第一节　石灰水处理反应的基础知识

一、二氧化碳碳酸盐的平衡[1]

CO_2 体系中 $C_{CO_2}(T)$、$C_{HCO_3^-}(T)$ 及 $C_{CO_3^{2-}}(T)$ 的变化取决于水体的 $T℃$、ΣS 及 pH 而呈现一定的规律。

$T℃$ 和 ΣS 通过对碳酸解离常数的影响，pH 由 a_{H^+} 变化而制约着三个分量相互间的比例。它们之间错综复杂的关系可以由以下分配系数方程加以说明。

已知 $\Sigma CO_2 = C_{CO_2}(T) + C_{HCO_3}-(T) + C_{CO_3^{2-}}(T)$，并根据 H_2CO_3 的表现解离常数表示式，可以推导出各分量占 CO_2 分量的相对比例（摩尔分数）公式如下

$$a_0 = \frac{C_{CO_2}(T)}{\sum CO_2} = \frac{a_{H^+}^2}{a_{H^+}^2 + K_1' a_{H^+} + K_1' K_2'}$$

$$a_1 = \frac{C_{HCO_3^-}(T)}{\sum CO_2} = \frac{K_1' a_{H^+}}{a_{H^+}^2 + K_1' a_{H^+} + K_1' K_2'}$$

$$a_2 = \frac{C_{CO_3^{2-}}(T)}{\sum CO_2} = \frac{K_1' K_2'}{a_{H^+}^2 + K_1' a_{H^+} + K_1' K_2'}$$

式中　a_0、a_1、a_2——三个分量在 ΣCO_2 中所占的比例系数；

　　　　a_{H^+}——水溶液中氢离子活度；

　　　K_1'、K_2'——碳酸的第一表现电离常数和第二表现电离常数。

从各分量的摩尔分数随着 pH 的变化曲线（图 3-1）可以看出：

（1）在不同 pH 条件下，三个分量的摩尔分数都随 pH 而呈现出规律性变化，在常温下：

在淡水中：

pH<6.4，$C_{CO_2}(T)$ 占优势；

pH>10.4，$C_{CO_3^{2-}}(T)$ 占优势；

pH=6.4～10.4，$C_{HCO_3^-}(T)$ 占优势。

在海水中：

pH=7.8～8.5，$C_{HCO_3^-}(T)$ 占优势；

a_1=0.94～0.81，a_0=0.02～0.19，a_2=0.04～0.10。

（2）随着氯度（Cl‰）和温度的增大，曲线移向左边。这是由于随着海水离子强度的增大和温度的升高，H_2CO_3 解离平衡向左移动的结果，反映了氯度与温度的改变对表观解离常数的影响。

若把图 3-1 中分布系数 a 的坐标改为对数坐标，即可得到分布系数 a 的双对数坐标关系［$\lg a$-pH 关系，图 3-2（a）］。

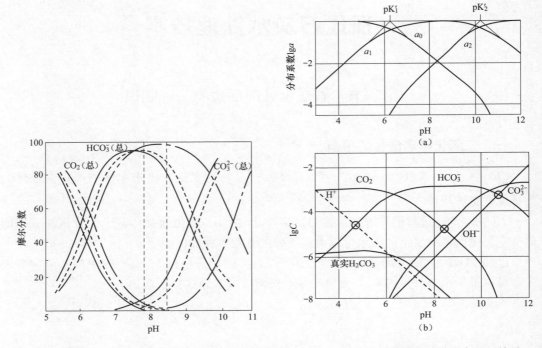

图 3-1　CO_2（总），HCO_3^-（总）和 CO_3^{2-}（总）的摩尔分数与 pH 的关系

垂直虚线表示海水的近似 pH 范围；实线表示 25℃，19‰氯度；虚线表示 0℃，19‰氯度；中心线表示 25℃，纯水。

图 3-2　二氧化碳体系三个分量与 pH 关系

（a）$\lg a$-pH 关系图；（b）$\lg c$-pH 关系图

二、碳酸盐的溶解与沉淀[1]

（一）碳酸盐的溶解与沉淀平衡

水体中金属离子 Me(Ⅱ) 的碳酸盐的溶解沉淀平衡可以用下式表示

$$MeCO_3 \rightleftharpoons Me^{2+} + CO_3^{2-}$$

在天然水中较为典型的是钙的碳酸盐。纯 $CaCO_3$ 有两种不同的结晶形式，即三方晶系的方解石和斜方晶系的霰文石。当 25℃、101.325kPa 时，方解石和霰文石的 K_{sp} 分别为 $10^{-8.34}$ 和 $10^{-8.22}$，方解石比霰文石的溶解度更低，所以在以下的讨论中均以方解石为代表。

对于 $CaCO_3$ 的纯水溶液，由于溶解度低，离子强度小，K_{sp} 近乎等于 K_{ap}，即

$$K_{sp \cdot CaCO_3}（方解石）= C_{Ca} \cdot C_{CO_3} = 10^{-8.34}$$

取负对数得

$$-\lg C_{CO_3}+(-\lg C_{CO_3})=8.34 \quad 或 \quad -\lg C_{Ca}+P_{CO_3}=8.34$$

按该式可作以 P_{CO_3} 为主变量的表示 $CaCO_3$ 溶解度的对数浓度图。图 3-3 为 $CaCO_3$ 和 $MgCO_3(-\lg K_{sp}=5.0)$ 的溶解度对数浓度图，Ca、Mg 直线的上方分别表示 $CaCO_3$（方解石）和 $MgCO_3$ 的过饱和区，而下方为相应的未饱和区。

必须指出由于天然水中含有多种成分，沉淀形成的条件也复杂多变，常出现多晶形现象和同晶代换作用，纯固相很少。例如在海水中，钙、镁的碳酸盐混合在一起形成相对稳定的白云石 $[CaMg(CO_3)_2]$；在淡水中，由于 Mg^{2+} 很少，则形成 $CaCO_3$（方解石和霰文石）。在有机体沉积为主的碳酸钙中，霰文石占优势。水中 Sr^{2+} 的存在也有利于霰文石的形成，而其他条件下则以方解石为主。钙、镁矿物（以碳酸盐为主）的稳定性如图 3-4 所示。此外，水体中常有许多悬浮物和胶体物质，沉淀出的无定型物质吸附在胶体上发生微粒增长和结晶作用。例如海洋，特别是热带海洋中，以及有机物高和富营养化的海湾中，结晶磷灰石 $Ca_{16}[PO_4CO_3]_6F_2$ 是附在方解石异相核上形成的。

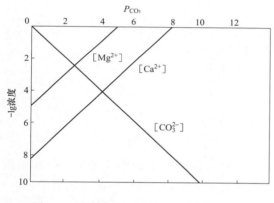

图 3-3　Mg^{2+} 与 $MgCO_3(s)$ 平衡和 Ca^{2+} 与 $CaCO_3(s)$ 平衡对数浓度图

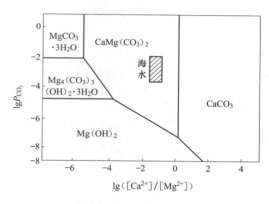

图 3-4　Ca^{2+}-Mg^{2+}-CO_2-H_2O 系统中钙、镁矿物的稳定性

（二）两种典型状态下天然水体的碳酸盐溶解沉淀平衡

在自然界水域环境常遇到的是碳酸盐、水和大气构成的 $MgCO_3$-H_2O-CO_2 平衡体系，在这种系统中除了碳酸盐固体物质的溶解过程外，还存在着碳酸的电离平衡和气-液之间 CO_2 之间的交换，按照气/液界面 CO_2 的交换情况讨论两种典型状态，一种是与大气隔离的封闭体系，另一种是与大气进行 CO_2 气体交换并达到溶解逸出平衡的敞开系统。

1. 在封闭水体中

游离碳酸以及其他形式的碳酸化合物的总浓度可视为一个常数，其中 CO_3^{2-} 的浓度随水体 pH 的变化而变化。反映在 lgC-pH 的关系图上，若以碳酸的二级解离常数 pK_2 为界，pH 值在 pK_2 前后其关系曲线的斜率分别为 +1 和 0 [图 3-2（b）]，水体中受碳酸盐溶解平衡控制的金属离子的浓度也随着 pH 的变化而改变。其平衡浓度反映在 lgC-pH 关系图上，平衡曲线的斜率依次为 -2、-1 和 0。不同斜率变化的转折点的 pH 也在 pK_1 和 pK_2 附近（图 3-5）。在 pH 较低时，各种金属离子的碳酸盐的溶解度较大。在 pH 较高的情况下，水体碳酸盐析出，并在一定的 pH 条件下呈悬浮状态。不同碳酸盐呈悬浮状态的 pH 大致如下：碳酸锌为 8.5、碳酸镉为 9.0、碳酸铁为 9.5、碳酸锶为 10.0、碳酸钙为 10.3。当 pH＝11 时，出现碳镁石（$MgCO_3 \cdot 3H_2O$）悬浮物。

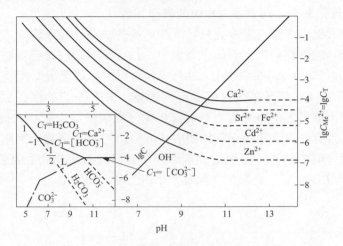

图 3-5　在封闭体系中 $MeCO_3$ 溶解度与 pH 的关系

曲线中虚线表示 $MeCO_3$（固）处于热力学不稳定情况

2. 在敞开系统中

气相与液相之间进行 CO_2 交换，CO_2 参加水体中的反应：

$$MeCO_3(s) + CO_2(g) + H_2O \rule[0.5ex]{1.5em}{0.08ex} Me^{2+} + 2HCO_3^-$$

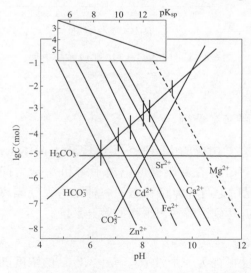

图 3-6　CO_2 分压一定时，$MeCO_3$（固）

溶解度和 pH 之间的关系

左上方小插图表示纯 $MeCO_3$（固）悬浮物的 $lgC_{Me^{2+}}$
与 pK_{sp} 之间的函数关系，虚线表示水碳镁石
与 pH 之间的关系。

该反应与碳酸的两级解离平衡、CO_2 的溶解逸出平衡及碳酸盐的溶解沉淀平衡有关。

$$\frac{C_{Mg^{2+}} \cdot C_{HCO_3^-}^2}{P_{CO_2}} = K_{sp} \cdot \alpha_s \cdot K_1/K_2$$

由于在没有外加酸碱的情况下：

$$2C_{Me^{+2}} = C_{HCO_3^-}$$

$$2C_{Me^{2+}} = \left(\frac{K_1 \cdot \alpha_s \cdot P_{CO_2}}{4K_2}\right)^{1/3} K_{sp}^{1/3}$$

若将 P_{CO_2} 定为 $3 \times 10^{-2} kPa$，并且将上式取负对数后得到一 $lgC_{Me^{2+}}$－pK_{sp} 的关系为一斜率为－1/3 的直线（图 3-6 左上方的小插图）。

当敞开体系达到 CO_2 溶解逸出平衡时，二氧化碳体系各分量浓度的 lgC-pH 关系图上，$C_{CO_3^{2-}}$ 为一斜率为 2 的直线。溶液中与碳酸盐达到溶解沉淀平衡的不同金属离子浓度在 $lgC_{Me^{2+}}$-pH 图上表现为一组斜率为－2 的直线（图 3-6 主图）

若选定 $MeCO_3$-CO_2-H_2O 敞开体系作为讨

论对象（$P_{CO_2} = 3 \times 10^{-2}$ kPa），以 $CaCO_3$（方解石）的溶度积（$pK_{sp} = 8.34$）在图 3-6 左上方的小插图上查出，$-lgC_{Ca^{2+}} = 3.3$，再将此数值在主图上查出：$pH = 8.4$，$lgC_{HCO_3^-} = -3.0$，$lgC_{CO_3^{2-}} = -5.0$，即这一敞开系统中的有关离子浓度：$C_{Ca^{2+}} = 5 \times 10^{-4}$ mol/L，$C_{HCO_3^-} = 10^{-3}$ mol/L，$C_{CO_3^{2-}} = 10^{-5}$ mol/L，这反映了天然水体中有关离子的大致情况。

如果天然水接纳含有酸碱物质的废水，或由生物的作用引起酸碱的变化，会引起水体中 pH 和金属离子浓度的改变，但只要是敞开的并且达到 CO_2 溶解逸出平衡的体系，金属离子的浓度与 pH 的关系仍符合图 3-6 表示的状况。

海水也是一个敞开体系，通过试验可确定碳酸盐在海水中的沉淀-溶解平衡的平衡常数。例如 $CaCO_3$-CO_2-H_2O "海水模型"，是把方解石放入含有海水电解质的纯水中制成人工海水，将此人工海水在 25℃ 和 101.325kPa 下与大气达到 CO_2 的溶解平衡（$P_{CO_2} = 3.3 \times 10^{-2}$ kPa），其 $pH = 8.34$，$C_{Ca^{2+}}(T) = 1.50 \times 10^{-3}$ mol/L，$C_{CO_3^{2-}}(T) = 3.95 \times 10^{-4}$ mol/L，由此计算碳酸钙（方解石）的表观溶度积

$$K'_{sp \cdot CaCO_3} = C_{Ca^{2+}}(T) \cdot C_{CO_3^{2-}}(T) = 5.94 \times 10^{-7} \text{❶}$$

式中　$C_{Ca^{2+}}(T)$、$C_{CO_3^{2-}}(T)$——溶解 Ca（Ⅱ）和 CO_3^{2-} 的总浓度（自由离子加上与介质离子的络合物的浓度）。

但是对于表层海水（$pH = 8.2$），典型的测定值 $C_{Ca^{2+}}(T) = 1.06 \times 10^{-2}$ mol/L、$C_{CO_3^{2-}}(T) = 3.87 \times 10^{-4}$ mol/L，其离子积

$$C_{Ca^{2+}}(T) \cdot C_{CO_3^{2-}}(T) = 4.1 \times 10^{-6}$$

与相同条件下 $CaCO_3$（方解石）的表观溶度积比较，可计算出过饱和系数

$$\Omega = \frac{C_{Ca^{2+}}(T) \cdot C_{CO_3^{2-}}(T)}{K'_{sp} \cdot CaCO_3(方)} = 6.9$$

以上计算表明：表层海水对于碳酸钙（方解石）是过饱和的。

（三）影响 $CaCO_3$ 生成和溶解的某些因素

在碳酸盐成岩作用中，因为天然水 $CaCO_3$ 的过饱和度通常并不高，而且不存在机械扰动，不易发生均相晶核，所以许多研究侧重于多相晶核的生成以及晶体成长和溶解的速度。研究表明，少量外界溶解成分在界面上发生的变化显著地影响了晶体的成长速度和结构形态。界面上的吸附物质是晶体生长的抑制剂。例如，方解石晶核的生成和晶体成长中的"晶体抑制剂"有溶解有机物、正磷酸盐和聚磷酸盐等。这些物质吸附在晶体的活性生长位上，阻碍晶体表面单分子层扩散过程。

另一类抑止作用是由吸附于活性生长位上的阳离子或阴离子所导致的。例如，充分水合的 Mg^{2+} 可以阻碍方解石、磷灰石和许多其他矿物的生成。吸附在晶核或晶粒表面上的离子可参与加入正在生长的晶体，形式所谓的固体溶液。这类固体溶液常常比纯固体更易溶解。Mg^{2+} 很容易吸附在方解石表面上并且加入晶格中去，所以方解石的晶体生长强烈地受到 Mg^{2+} 的抑止，但 Mg^{2+} 并不吸附在文石表面上或加入其晶格中，因此海水文石晶体的

---

❶　海水温度（T℃）和氯度（Cl）与 K'_{sp}（方解石）的关系为
$$K'_{sp} = (0.1614 + 0.02892Cl - 0.0063T) \times 10^{-6}$$

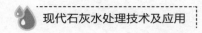

生长不受 Mg^{2+} 的影响。

某些抑止作用不仅会阻碍晶体的生长，而且会延缓其溶解。痕量有机物和磷酸盐可以抑止方解石在未饱和水中的溶解，吸附了有机溶质或磷酸盐的晶体表面具有活性的点位，使离子更难脱离，从而延缓了溶解。

此外，水生生物参与碳酸盐的形成。经研究发现，包括碳酸盐的许多矿物在生物沉淀中的晶体化合物，其最初晶核产物介稳矿物相或无定形水合物相，在许多水生生物成熟的矿化坚硬部分仍发现有无定形水合物存在。在 6×10^8 年的地质历史时期，水生生命过程已不同程度地代替了海洋中的无机沉淀过程。除了碳酸盐以外，最近 20～30 年来，人们又发现了许多其他生物沉淀物，如硅化合物、蛋白石及某些磷酸盐矿物的沉淀。

三、暂硬与永硬的软化[2]

（一）硬度的沉淀

形成硬度的组成物主要是 Ca^{2+} 和 Mg^{2+}，它们同水中的其他矿质离子的关系概况如图 3-7 所示。硬度的化学沉淀一般依靠石灰或石灰苏打来完成。在 Ca^{2+} 的去除过程中，石灰使游离 CO_2 和重碳酸盐离子转变为正常的碳酸盐离子。这就形成了较不溶解的碳酸钙沉淀（$K_s = 4.82 \times 10^{-9}$），并能通过沉降处理得以去除。为了沉淀 Mg^{2+}，必须具有 OH^-，以便形成一个 $Mg(OH)_2$ 的不溶解沉淀物（$K_s = 5.5 \times 10^{-12}$）。碳酸镁的（$MgCO_3 \cdot 3H_2O$）的溶解度则比较高（$K_s = 1 \times 10^{-5}$）。为促进 $Mg(OH)_2$ 的形成，0.44～0.66g/L（2～3g/gol）过量的石灰剂量是需要。这称为过量石灰水处理。

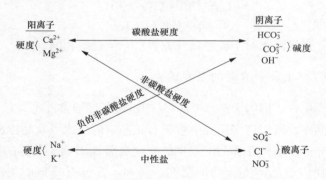

图 3-7　Ca^{2+} 和 Mg^{2+} 同水中其他矿质离子的关系

假使天然存在于水中的 SO_4^{2-}、Cl^- 和 NO_3^- 数量超过 Na^+ 和 K^+ 的数量，也就是说假使水中含有非碳酸盐硬度，则缺乏足够的碳酸盐离子以去除 Ca^{2+}。在此情况下，应投加苏打为这些 Ca^{2+} 和来自过量石灰的 Ca^{2+} 提供所需的碳酸盐离子。冷法软化所能去除的 Ca^{2+} 和 Mg^{2+} 比理论上低。这同最终沉淀的迟缓性和反应室与沉淀池大小的经济极限的综合状况有关。

用化学沉淀法软化的水，其成分是组成物质的浓度和它们的解离作用的函数。假定在建立平衡时，Ca、Mg、CO_3、OH 以沉淀物和离子两种状态存在。当组成物的根的浓度以 mmol/L 计时，则下列方程式必然成立（式中下标符合 s 和 t 分别表示沉淀物和

总量）

$$[Ca^{2+}]+[Ca]_s=[Ca]_t=a$$
$$[Ca]_s=[CO_3]_s=x$$
$$[CO_3^{2-}]+[CO_3]_s+2[HCO_3^-]=[CO_3]_t+2[HCO_3^-]=b$$
$$[Ca^{2+}][CO_3^{2-}]=4.82\times10^{-9}\times4\times10^6=1.928\times10^{-2}$$
$$[Mg^{2+}]+[Mg]_s=[Mg]_t=c$$
$$[Mg]_s=[OH]_s=y$$
$$[OH^-]+[OH]_s-[HCO_3^-]=[OH]_t-[HCO_3^-]=d$$
$$[Mg^{2+}][OH^-]^2=5.5\times10^{-12}\times2\times10^9=1.1\times10^{-2}$$
$$[H^+][OH^-]=10^{-14}\times10^3=10^{-11}$$
$$[H^+][CO_3^{2-}]/[HCO_3^-]=4.69\times10^{-11}\times2=9.38\times10^{-11}$$

如果假定 OH^- 同 HCO_3^- 作用形成 CO_3^{2-}，并除去之，则 HCO_3^- 必定精密地接近于零，于是可近似地采用下列方程式

$$[Ca^{2+}]=a-x$$
$$[CO_3^{2-}]=b-x$$
$$(a-x)(b-x)=1.928\times10^{-2} \text{ 或 } x=1/2(a+b)\pm\sqrt{\frac{1}{4}(a-b)^2+1.928\times10^{-2}}$$
$$[Mg^{2+}]=c-y$$
$$[OH^-]=d-y$$
$$(c-y)(d-y)^2=1.1\times10^{-2} \text{ 或 } y=d\pm\sqrt{1.1\times10^{-2}/(c-y)}$$

其中，$0\leqslant y\leqslant c$，$[H^+]=10^{-11}/(d-y)$。

当所投加的石灰数量只相当于 CO_2 和钙碱度时（普通的石灰软化），则遗留在溶液中的 HCO_3^- 将接近地等于 Mg^{2+} 和 Na^+ 之和减去 SO_4^{2-}、Cl^- 和 NO_3^- 之和，其条件是这个差数是正的，而且 HCO_3^- 必须接近于零的假定并不适用。

（二）铁和锰的沉淀

无机性亚铁（Fe^{2+}）和亚锰（Mn^{2+}）化合物的溶解度是很高的，而高铁（Fe^{3+}）的化合物的溶解度则很低。四价锰化合物的溶解度也很低。正因为如此，当水中缺乏溶解氧时，无机性铁和锰是处在最高浓度的溶解状态。但是强酸性的废水，如排放自矿区的废水，即使存在有溶解氧时，也可能含有大量的溶解铁。存在于含铁和含锰水中的阴离子，同硬水中所发现的大都是相同的，如图 3-7 所示。在同有机物质相结合的情况下，铁和锰是非常稳定的。

对溶解氧含量低和 CO_2 含量高的水进行曝气，将加入具有氧化作用的氧和通过 CO_2 驱使 pH 升高。两者都具有降低无机性铁和锰溶解度的效应。但是，存在的数量相对少以及可能留在溶液中的数量相对微小（铁和锰合并在一起小于 0.3kg/L），从而使沉淀作用大为延迟。因此，实用上，絮凝的速度是通过接触法和依靠催化剂来加速的。为了达到这些目的，一般使水沿着焦炭或碎石滴滤或使水流从下向上地通过接触材料。铁和锰的沉淀物积储在接触表面上，并催化氧化亚铁与氧化亚锰的沉淀。石灰石是一种有效的接触介质，因

为它具有碱性反应。软锰矿（MnO_2 矿）具有高的催化能力。铁细菌和锰细菌可能在接触表面上大量繁育。滤池一般也是处理厂的一部分，因为它们也具有接触作用，并且能去除细菌的分散沉淀物。

转变 $1mg/L$ Fe^{2+} 为氢氧化铁，只需 $0.14mg/L$ O_2。因此为了这种用途，需要的曝气是很小的。强烈的曝气不但可能引入过量的氧，也可能去除过多的 CO_2 和改变硬水中碳酸钙的平衡并沉淀出细微的、分散的 $CaCO_3$。在 pH>7.1 时，正电荷的氢氧化铁颗粒可能被吸附在负电荷的碳酸钙颗粒上，而遗留在胶体悬浮液中。对于有机物含量比较高的水，也可能要有节制地进行曝气处理，因为过度的曝气可能产生较稳定的胶体。采用高锰酸钾或氯来氧化有机物质可能有很大帮助。氧化剂能破坏铁和锰的络合物，并氧化被释放出来的铁和锰。这就形成了氧化物的沉淀。

采用石灰使铁和锰从硬水中沉淀出来同钙和镁的沉淀作用十分相似，处理的效果也完全接近。假使保持系统同氧隔绝，则铁沉淀为氧化亚铁（FeO）或碳酸亚铁（$FeCO_3$）；锰沉淀为水合一氧化锰（$MnO \cdot H_2O$）。按溶解度（7.1×10^{-15}）计算得到的（Mn^{2+}）（OH^-）^{2} 的溶解度在 pH=9.0 时为 $3.90mg/L$（以 Mn 计）。pH 每升高一个单位时，溶解度降低为原来的 1/100。（Fe^{2+}）（OH^-）^{2} 的溶解度则要小一些。因此 Fe^{2+} 和 Mn^{2+} 只在 pH 分别为 9.5 和 10 时才能沉淀。

四、石灰水处理与水中溶解盐的常见反应式

$$Ca(OH)_2 + CO_2 \Longrightarrow CaCO_3 \downarrow + H_2O$$
$$Ca(OH)_2 + Ca(HCO_3)_2 \Longrightarrow 2CaCO_3 \downarrow + 2H_2O$$
$$Ca(OH)_2 + Mg(HCO_3)_2 \Longrightarrow CaCO_3 \downarrow + MgCO_3 + 2H_2O$$
$$MgCO_3 + Ca(OH)_2 \Longrightarrow Mg(OH)_2 \downarrow + CaCO_3 \downarrow$$
$$MgCl_2 + Ca(OH)_2 \Longrightarrow Mg(OH)_2 \downarrow + CaCl_2$$
$$MgSO_4 + Ca(OH)_2 \Longrightarrow Mg(OH)_2 \downarrow + CaSO_4$$
$$4Fe(HCO_3)_2 + 8Ca(OH)_2 + O_2 \Longrightarrow 4Fe(OH)_3 \downarrow + 8CaCO_3 \downarrow + 6H_2O$$
$$Fe_2(SO_4)_3 + 3Ca(OH)_2 \Longrightarrow 2Fe(OH)_3 \downarrow + 3CaSO_4$$
$$H_2SiO_3 + Ca(OH)_2 \Longrightarrow CaSiO_3 \downarrow + 2H_2O（进一步参阅以下有关除硅章节）$$
$$H_2SiO_3 + Mg(OH)_2 \Longrightarrow Mg(OH)_2 \cdot H_2SiO_3 \downarrow$$

石灰水处理的离子式表达如下

$$HCO_3^- + OH^- \Longrightarrow CO_3^{2-} + H_2O$$
$$Ca^{2+} + CO_3^{2-} \Longrightarrow CaCO_3 \downarrow$$
$$Mg^{2+} + 2OH^- \Longrightarrow Mg(OH)_2 \downarrow$$
$$CO_2 + 2OH^- \Longrightarrow CO_3^{2-} + H_2O$$
$$Fe^{3+} + 3OH^- \Longrightarrow Fe(OH)_3 \downarrow$$
$$Ca^{2+} + SiO_3^{2-} \Longrightarrow CaSiO_3 \downarrow$$

纯碱处理时

$$CaSO_4 + Na_2CO_3 \Longrightarrow CaCO_3 \downarrow + Na_2SO_4$$

$$CaCl_2 + Na_2CO_3 \rightleftharpoons CaCO_3 \downarrow + 2NaCl$$

$$Ca(OH)_2 + Na_2CO_3 \rightleftharpoons CaCO_3 \downarrow + 2NaOH$$

磷酸盐补充处理时

$$3Ca(HCO_3)_2 + 2Na_3PO_4 \rightleftharpoons Ca_3(PO_4)_2 \downarrow + 6NaHCO_3$$

$$3CaSO_4 + 2Na_3PO_4 \rightleftharpoons Ca_3(PO_4)_2 \downarrow + 3Na_2SO_4$$

$$3CaCO_3 + 2Na_3PO_4 \rightleftharpoons Ca_3(PO_4)_2 \downarrow + 3Na_2CO_3$$

$$3MgCO_3 + 2Na_3PO_4 \rightleftharpoons Mg_3(PO_4)_2 \downarrow + 3Na_2CO_3$$

$$3CaCO_3 + 2Na_2HPO_4 \rightleftharpoons Ca_3(PO_4)_2 \downarrow + 2NaHCO_3 + Na_2CO_3$$

$$Na_2CO_3 + 2Na_2HPO_4 \rightleftharpoons 2Na_3PO_4 + CO_2 \uparrow + H_2O$$

五、石灰水处理对其他杂质的去除

石灰水处理可以去除较多的有机物及 SiO_2 等，石灰并没有像碳酸盐那样直接与其进行化学反应，而是主要依靠吸附作用。石灰水处理去除有机物有待更深入的研究。以下摘引关于表面络合吸附理论的一些内容，从一定意义上解释去石灰吸附作用原理。

关于表面络合理论汤鸿霄等在《水体颗粒物和难降解有机物的特性与控制技术原理》[3]一书中是这样描述的：

水体中固体颗粒物与溶解物质之间界面上的相互作用有多种。溶质在固/液界面处升高浓度，达到在固/液两相之间的分配平衡，通常称为吸附过程。与此同时，可能发生表面络合、表面聚合、表面沉淀等各种反应。通过吸附及电荷作用使颗粒物失去分散稳定性可称为凝聚，颗粒物之间相互作用聚集则称为絮凝过程。颗粒物界面上还可以进行表面氧化还原、生物氧化、生物絮凝等生命活动有关过程。

水体颗粒物中最常见的矿物是硅、铝、铁等的氧化物和氢氧化物，例如 Al_2O_3，$FeOOH$，SiO_2 等，它们在水中不论是晶体或无定形状态都在表面上化学吸附着配位水，经过解离而形成大量—OH官能团，构成羟基化的表面。

界面上羟基在溶液中可以加质子或脱质子，呈现酸性或碱性，表现为两性基团，这也可看作一种表面配位络合反应，表面羟基可以在溶液中吸附 H^+ 及 OH^-，调整固/液界面的酸碱平衡。

非氧化物矿物界面的表面络合、层状硅酸盐与黏土矿物、许多天然矿物的表面显露有羟基，如金属氧化物、氢氧化物和某些不定形硅酸盐，它们可直接进行界面羟基配位已如上述。另有一些矿物，如层状硅酸盐、碳酸盐、硫化物、磷酸盐等各有特殊性，需对表面特性及界面配位专门加以考虑。

碳酸盐如 $CaCO_3$、$MgCO_3$ 等是自然界中普遍存在的矿物，与它有关的许多过程都由其表面特性控制着。方解石（$CaCO_3$）的研究中发现，它存在着随 pH 值变化的电荷及零点电荷点，电动测定表明，Ca^{2+} 是方解石的电荷（电位）决定阳离子。碳酸盐界面可以吸附或解吸 H^+、OH^-、HCO_3^-、$CO_2(aq)$ 等化合态，$CaCO_3$ 的表面电荷在投入酸或碱时会增加或减少。因此原则上，固体碳酸钙的表面电荷，与水合氧化物时一样，可以从酸碱滴定曲线上确定，但其程序要涉及更多问题，因为除了电荷决定离子的吸持以外，还有附加的碳酸盐溶解和沉淀效应。

天然水体和水处理过程中的有机物包括各种天然有机物和更多种类的人工合成有机化学品，它们以各种形态结合在颗粒物表上，随颗粒物迁移、沉积、沉淀、过滤，并且进行包括降解在内的各种界面反应。有机物的界面吸附和降解是环境水质中的重要过程，特别对有机有毒物的环境效应起着控制作用。有机物的吸附作用一般说来要比无机离子更复杂些，它可能是一系列与颗粒物相互作用的综合过程。水溶液中的有机物可能受到憎水作用的排斥而趋向界面，它们可以置换颗粒物界面的水分子，与表面以范德华力、偶极-偶极键等弱作用力结合，也可能以氢键、静电力或者生成专属作用化学键结合于固体表面，还可能这几种作用兼而有之，这决定于有机物和颗粒物的结构特征。

水体中的有机物化学品主要是非极性化合物如萘、四氯乙烯、异辛烷、氟利昂-12 等，还有一些虽有一定极性的化学品如利谷隆（linnuron）、阿特拉津（atrazine）等除草剂也属此类。由于水溶液本身的极性和氢键结合性，这些化合物并不强烈倾向于在水中溶解而具有憎水性。不过大多数矿物颗粒也具有极性表面，很容易与水分子形成氢键结合，而非极性有机物则不易取代与矿物表面结合牢固的水分子，因而很难与矿物表面形成专属化学键。

另一方面，天然水体中的颗粒物往往在无机矿物周围还包围着有机物层，它们可以是蛋白质、木质素、纤维素等生物高分子，也可以是微生物或光化学作用下部分降解和交联的转化有机物。后者主要是腐殖酸、胡敏酸、富里酸等，在天然水中有机物占重要地位。颗粒物中这些有机物比矿物的极性表面更容易结合水中的非极性有机物，可以在不必排除水分子条件下与颗粒物结合。因此，非极性有机物有时在土壤和沉淀物的颗粒物界面上也会有较大的分配比值。这时，非极性有机物即使是溶解在固相有机物中，它们在固相有机物与水溶液之间的分配系数为

$$K_{om} = C_{om}/C_{w.\,neut}$$

$$K_d = C_s/C_w = f_{om}C_{om}/C_{w.\,neut} = f_{om}K_{om}$$

式中　$C_{w.\,neut}$——非极性有机物在液相中的浓度；

K_{om}——固相中有机物与水溶液两相之间的分配系数；

C_s——有机物在固相中的化学浓度；

C_w——有机物在液相中的化学浓度；

C_{om}——固相中有机物结合的非极性有机物含量；

f_{om}——有机物在整个固相中所占的分数。

实验表明，此时 K_{om} 即类似于辛醇值 K_{ow}，成为非极性有机物在天然有机物与水之间的分配常数，而且与它们在水中的溶解度有逆向线性关系

$$\lg K_{om} = a\lg c_w + b$$

式中　c_w——非极性有机物在水中的饱和溶解度；

a、b——常数。

由此又得到 K_{om} 与辛醇值 K_{ow} 之间的线性关系

$$\lg K_{om} = c\lg K_{ow} + d$$

式中　c、d——常数。

非极性有机物在颗粒物/水之间分配的线性数值见表 3-1。

表 3-1 非极性有机物在颗粒物/水之间分配的线性数值

中性有机物	a	b	c	d
芳香烃类	0.03	−0.17	1.01	−0.72
氯代烃类	0.70	+0.35	0.88	−0.27
氯-S 三氮杂苯	0.41	+1.20	0.37	+1.15
苯脲	0.56	+0.97	1.12	+0.15
氯酚			0.81	−0.25

　　有时水体中所含有机物并不多，而矿物颗粒表面与憎水有机物的直接作用就变得相当重要，某些地下水会有这种情况。由憎水作用促成的吸附尚难排除矿物表面的水分子，而只由范德华力、氢键或偶极作用与表面结合。

　　水中的有机物时常含有可解离的官能团，例如—COO⁻、—NH₃⁺、SO₃⁻等。它们随溶液条件解离而使有机物带有电荷。如果有机物的分子链节不很长而可解离基团在一端，就属于一端亲水，另一端憎水的二亲分子表面活性剂。

　　可解离有机物与荷电固体表面的相互作用会有静电效应，并可与表面进行配体交换反应。与表面电荷异号的有机物将被吸引到表层水层中成为其外围异电离子，而电荷同号者将被排斥到表水层外。如果有机物能够取代表面上的配体如—OH，将发生表面配位反应而生成化学键，这有可能存在于有机物结构中具有很大部分憎水基团，而且电荷可以得到平衡时。

　　当有机物的链节数超过 8～12 或有多个可解离基团时，吸附将更复杂化。首先，由于有机链的增长其憎水性和向界面迁移的趋势加强。其次，多个可解离基团将更容易与界面形成化学键结合，而且可以多点结合，从而更大范围地覆盖在颗粒物表面上，甚至形成多层吸附。不过，由于聚合物在溶液中的迁移相对缓慢，实际控制了吸附进程的速度，可能造成不平衡吸附状态。与此同时，不同有机物的竞争吸附将更显著，使颗粒物在有机覆盖层中的组成与结构十分复杂，难于定性和定量。

六、石灰水处理在实际应用中的问题

　　在工业应用中有许多不容忽视的实际问题，并不能从通常认识的化学反应中得到解释，这些问题在实际应用中的不同阶段往往起着决定性的作用，为了正确认识它，需要树立或者转变一些习惯的技术理念，在这里作为基本认识提出，是强调它的重要性，分述如下：

　　(1) 溶解与反应。石灰是难溶物质，20℃时的溶解度为 0.165%，工业配制的乳液浓度远超出此值，即为过饱和溶液，溶液浓度一般为 2%～5%，呈乳液状必然含有大量未溶颗粒物。逐渐溶解过程是层层剥离，表面先溶解，溶解物脱离母体，或直接与邻近的离子反应，产物脱离母体。而石灰与水中 CO_2、碱度等的反应是离子反应，瞬间即可完成，石灰需要溶解（在溶液中成为离子态）后才进行反应，颗粒状石灰的溶解速度很慢，故完成全部反应的时间取决于溶解速度。试验得知粒度约 200 目（筛孔 0.074mm）的石灰在除盐水中的完全溶解时间为 60～90min，如果颗粒表面被钝化则需时更长，说明完成反应的时间至少在 60~90min 以上。

水中溶解盐的反应如下：

$$Ca(OH)_2 + CO_2 = CaCO_3 \downarrow + H_2O$$
$$Ca(OH)_2 + Ca(HCO_3)_2 = 2CaCO_3 \downarrow + 2H_2O$$
$$Ca(OH)_2 + Mg(HCO_3)_2 = CaCO_3 \downarrow + MgCO_3 + 2H_2O$$

"这些反应进行的速度是相当快的，但晶粒形成的速度却是非常慢的，需 1.5~2h。在进行石灰水处理的过程中，硬度对晶粒的形成速度是有影响的，硬度越小则反应就越慢，温度会加大颗粒结晶的生成速度和加速晶粒的沉淀，这是因为温度高时水的黏度会减小，胶体状物质及 SiO_3^{2-} 会强烈减弱晶粒的结晶过程。如果胶体状物质很多，沉淀反应会减慢，以致使水的硬度由于加入了药剂反而很大。"[4]

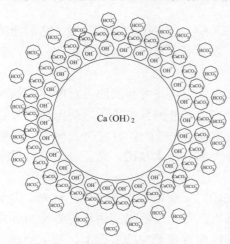

图 3-8 石灰乳液过饱和 Ca(OH)₂
溶解过程被钝化示意图

（2）石灰的表面钝化。固体颗粒石灰在水中的溶解是在颗粒表面进行的，当水中含有如 Ca(HCO₃)₂ 或 CO₂ 等酸性物质时，即刻就会与颗粒表面溶解的部分发生反应，不断溶解和即时反应即因为颗粒表面具有活性，反应过程所耗时间十分短暂，反应产物 CaCO₃ 就停留在颗粒表面原位，如果不被及时移去，即包裹在颗粒四周形成一层 CaCO₃ 外壳。CaCO₃ 溶解度很低（25℃时 6.9mg/L），阻碍 Ca(OH)₂ 的进一步溶解，形成表面钝化，从而失去表面活性，如图 3-8 所示。石灰表面钝化现象在石灰的消化、溶解、储存、输送、反应过程中都可能产生。

（3）活性期。石灰水处理对水中的 CO₂、Mg(HCO₃)₂、Ca(HCO₃)₂ 的反应产物是 CaCO₃，当它的生成物达到过饱和浓度时由水中析出形成微晶核，在晶核的活化中心定向生长成为较大颗粒，即晶格生长直至聚集为大晶体——石灰石。石灰石为多晶型，有方解石、霰石和球霰石。在晶格生长中生物聚集或结合主要依靠其活性，而此活性在一定条件和一定期限内不同，此间我们暂称其为结晶活性期，当发展达到一定程度后逐渐减弱以致失去活性。在结晶活性期内容易聚合和结垢，结晶的后期当失去活性后则不容易聚合或不结垢。石灰水处理由 Ca(OH)₂ 与 Ca(HCO₃)₂ 等的反应生成 CaCO₃ 的全过程都是在澄清池中进行的，这个全过程中的 CaCO₃ 生成开始到完成结晶即渡过活性期是（石灰水处理的）主要反应过程，活性期的活性对结晶和结晶长大是有利的，要给予发挥活性和结晶以帮助，使其尽快尽大地长大。我们也希望利用此活性更多更好地吸附其他水中欲除去的杂质，共同结晶或聚合，以便达到去除的目的。CaCO₃ 的结晶活性不都是有利的，如果它延续到澄清池的后部或出水中，就会发生结垢，所以我们也希望在澄清池内的一定范围内完成或渡过结晶活性期。

与此相类似的认识早在 1950 年苏联的《蒸汽动力设备的水处理》[5]一书已有所论述：各种药剂的软化效果，和软化进行的速度无关，这种反应速度一般都是很大的。其效果主要决定于难溶于水的反应生成物结晶过程的速度和结晶充分与否，以及这些结晶物质转变成颗粒分散的泥垢过程的充分性与速度。

（4）粉状石灰的水润、乳化、溶解。工业石灰原料 $CaCO_3$ 经煅烧成为 $Ca(OH)_2$，轻烧的石灰和高温消化的石灰粉可以成为高质量的水处理用粉石灰原料。无论 CaO 或 $Ca(OH)_2$，在使用中均需制成 $Ca(OH)_2$ 乳液。（有人提出把石灰粉直接投入澄清池，这是对石灰乳化、溶解、输送、计量、反应等诸多过程的作用不了解的错误观念，在深入理解上述各阶段的意义后会得到纠正。）为促进溶解和提高反应效果及改进乳液制备环境，现代技术多用粉状原料。良好的乳液应当是颗粒固体彻底水润和充分溶解的均匀分散体，即使过饱和颗粒 $Ca(OH)_2$ 也是被 H_2O 分子所均匀包裹，乳液呈浑浊而均匀，无粉团存在的难于沉淀的无钝化状态。良好的过饱和乳液的制备，需要动态下的混合，激烈的搅拌和循环，只要具备足够的强度和时间才可以有效地克服自制现象发生。所谓自制即粉团，当石灰粉注入水中时，很难做到按颗粒完全分散地与水结合，常见的是许多大小粉团，即内部是粉，外部被水包裹，中间逐层被水浸润和饱和，此时水很难再进入内层，是为自制现象。此类粉团是使石灰系统发生诸多事故的重要原因。

（5）粉状石灰的粒度、密度与有效含量。在推荐的水处理用石灰质量标准中以"有效含量"标识成分量，不用"纯度"。"纯度"往往指测试 Ca^{2+} 或钙盐含量，会带来很大误差，因为同样是 $Ca(OH)_2$ 会因煅烧程度或消化效果而影响溶解性，溶解不好的部分虽然仍是 Ca^{2+} 但是是无效的，何况存在其他钙盐。密度反映煅烧质量，粒度反映消化好坏，优质灰的视密度接近 0.5。粒度影响溶解速度和有效利用率以及清水安定度，我们认为水处理用粉石灰成品粒度最低为 180～200 目。机械磨制品是掺假的良好手段，故不建议用此种加工办法。为了加速反应，应增大比表面积，粒度越小比表面积越大，故优质的石灰粉粒度要更细小。

（6）有效反应。有效反应指在澄清池中石灰乳与被处理水的反应中，石灰所含有效成分所能发挥的效率。过饱和石灰乳液由于有固体颗粒的存在，其钝化速度远快于溶解速度而很难反应完全，会有一部分未能溶出被排泄出去。提高有效利用率是澄清池设计的重要指标。此外，与凝聚剂反应的消耗、过量投加等也是无效消耗。

（7）深层过滤。石灰澄清处理后的清水过滤，必须使用深层过滤技术。深层过滤指水透过的整个周期内，不会形成表面过滤层或上层过滤（见第七章第三节），颗粒物全部渗入滤层内部且在各有效滤层内被逐层截留，至出水达到质量要求，保持周期出水水质始终优良，无穿透现象。深层过滤的基本特性是阻力小、流速高、截污量大、周期长、大出力、易于清洗、可彻底恢复等。

以上提到的种种与石灰水处理有关的技术观念，是设计石灰水处理系统或设备的必要基础理念，优良与劣质的不同往往在此认识的差异。历史给我们的教训，应当不得用其他药剂通常反应知识对待，树立对石灰水处理的正确理解，改进应用设计技术，取得现代水水处理的应得效果。当看到石灰水处理系统设备上出现的堵塞、磨损、结垢、溢出、排泄、扬尘、水质异常等时，不应认为这是不可避免的现象。当进入石灰制备车间看到满地灰浆、设备管道敲得坑洼斑痕、系统设备三五天就要停水检修时，也不应认为这是正常状态。应当充分发挥石灰水处理所具有的去除水中各种溶解的和非溶解的杂质的功能，任我调控，

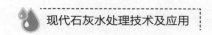

使其在改善水质的整体系统中发挥重要作用。

第二节　石灰水处理的水质

经石灰水处理的水中溶解性和非溶解性盐类都会发生变化，非溶解物因凝聚澄清或被吸附携带分离得到净化，溶解盐因与石灰反应生成碳酸盐或氢氧化物，溶解度降低析出而沉淀分离，后者是石灰水处理的本质，故欲除去物质的溶解度是决定处理后水质的关键。盐类在水中的溶解度随周围条件的变化而变化，如温度、pH、含量浓度、总含盐量、相关离子含量、有机物、反应时间、反应环境等，残余度更是与药剂剂量、是否添加阻垢剂等处理过程的附加因素有关。石灰水处理后所能获得的最好水质，颗粒物的含量可降低到小于 1mg/L，溶解盐的含量可降低到接近其溶解度。

石灰水处理多数置于整个水处理系统的前端，虽然也有作为单独处理工艺（如循环补充水处理）或单独辅助处理（如自来水调节 pH）的，但进一步除盐或污水回用深度处理都是前端的基础处理，其功能作用是整个系统的一部分，故其处理后的水质不设固定指标，过度处理不但不经济，也没有必要。下列所述指标根据用水目的和系统中辅助处理的水质，其中石灰水处理合理承担的部分应按技术经济比较在设计中确定，在调试时优化。况且，许多处理系统设计都是联合处理，如防暂硬结垢，在计算浓缩后极限暂硬范围内，计入阻垢剂的作用后，再确定石灰水处理的水质指标。其他水质项目均如此核算，从而得到石灰的综合水质指标。

一、悬浮物

石灰水处理澄清池的出水悬浮物含量用水流所携带的颗粒物量表示，也可用 JTU（杰克逊浊度）、NTU（散射浊度）、FTU（乌洛托平-硫酸肼）间接表示。用 mg/L 计量，即悬浮物质量比。这种测量方法所测量的颗粒物不单纯反映其数量，也与质量有关。石灰水处理澄清后残余的颗粒物主要是以碳酸钙为主的聚集物（或絮凝物），因颗粒密度原因，比单纯原水澄清残留颗粒物质量略高，故同样数量下的测定值也略高。

当用浊度表示时，可在一定程度上反映水中有机物、（无机）胶体物及颜色的影响。

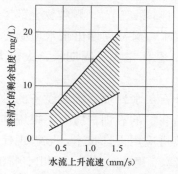

图 3-9　悬浮澄清池中澄清水的剩余
浊度与水流上升流速的关系曲线[6]

石灰水处理的清水 SS 含量值，是直观判断澄清池运行好坏的标识，而 SS 含量高低并不单纯代表"澄清"的好坏，其他影响的因素更重要。石灰水处理反应过程的合理性，包括药剂的加入、混合情况、活性泥渣利用、循环倍率、温度等，反应不好的时候甚至会出现乳白色高度分散浑浊状久置不沉的现象。

图 3-9 是苏联 цНИИ 类型澄清池的工作参数。在推荐的负荷强度和常温下，所设计的新池型实际运行中的出水 SS 含量在正常运行时不大于 2～5mg/L，最大不大于 10mg/L，过滤后不大于 1mg/L。

二、硬度、暂硬（碱度）、安定度

1. 碱度

"在给定温度下，用足够的石灰剂量所处理的水，其碱度理论上取决于 pH 和 Ca^{2+} 的残留浓度，后者决定 CO_3^{2-} 是否完全沉淀分离。其公式计算如下

$$A_c = 10^{3+pH}\frac{K_w}{f_1} + \frac{4 \times 10^6 K_{spCaCO_3}}{f_2^2[Ca^{2+}]} \times \left(1 + \frac{f_2}{f_1 \, 10^{pH}K_2}\right)$$

式中　$[Ca^{2+}]$——澄清水中 Ca^{2+} 的含量，mmol/L；

$\quad\quad K_w$——水的离子积；

$\quad K_{spCaCO_3}$——$CaCO_3$ 的溶度积；

$\quad\quad K_2$——碳酸的第二级解离常数；

$\quad\quad f_1$、f_2——一价和两价离子的活度系数；

$\quad\quad A_c$——澄清水的残留碱度，mmol/L。

深井水经石灰水处理后的碱度用上述理论公式计算的数值与实际情况是吻合的。但对于地表水，其澄清水的碱度始终比理论值大得多，这是由于处理过程中所生成的沉淀物结晶具有不完全性。对于不同的水质，沉淀物的结晶条件是各不相同的，其区别取决于一系列因素，首先是水中有机杂质的不同成分，因为有机杂质是沉淀过程中的抑制剂，起着保护胶体的作用。因此用计算的方法决定所要求的残留碱度实际是不可能的，但通过理论计算可以大概估计碱度。一般水中 Ca^{2+} 残留含量越大（即原水中含有较大的非碳酸钙硬度），残留碳酸盐碱度和全碱度就越小，若同时采用凝聚处理，增加硫酸亚铁剂量也会减少水中碳酸盐碱度。所以地表水经石灰或石灰凝聚处理后，澄清水中残留碱度根据运行经验采用表 3-2 中的数据。

表 3-2　　　　　　　　　　澄清水中残留碱度经验参考值　　　　　　　　　　mmol/L

Ca^{2+} 残留含量	>3	1~3	0.5~1.0
碱度	0.5~0.6	0.6~0.7	0.7~0.75

残留碱度的组成成分取决于石灰水处理的工况：①当维持澄清水为'氢氧根'工况时，氢氧根碱度为 0.05~0.15mmol/L，其余为碳酸盐碱度；②当维持澄清水为'碳酸氢根碱度'工况时，碳酸氢盐碱度为 0.05~0.15mmol/L，其余为碳酸氢盐碱度。"[7]

2. 安（稳）定度

"对于沉淀法处理后的水，安定度是一项重要指标，因为使用不稳定的水，在后边的管道和设备内会发生后沉淀作用，造成管道结垢，过滤材料或交换剂上发生碳酸盐沉淀。不安定度是偏离安定度的程度，以 ΔA 表示，为随后所含结晶物浓度的减少值，水的碱度和相应硬度的降低值。一般不安定度为 0.05~0.1mmol/L 或更小，最大允许值 $\Delta A = 0.15mmol/L$。"[7]

3. 澄清水残余硬度

澄清水的硬度（H_e）取决于残留碱度和非碳酸盐硬度，添加凝聚剂时也与剂量有关，其值按下式[7]计算

$$H_e = H_y - A_y + A_c + K$$

式中 H_y、A_y——原水硬度、碱度，mmol/L；

   K——凝聚剂剂量，mmol/L，不添加时此值为零；

   H_e——澄清水残余硬度，mmol/L。

暂硬是水中在低温下的主要结垢物，是石灰水处理首先要除去的硬度盐。

天然水中的碱度基本是 HCO_3^-，当 pH≥8.34 时出现 CO_3^{2-}。故产生的 $CaCO_3$ 首先分解出 HCO_3^- 并排出 CO_2，这个过程在冷却塔内是顺畅进行的，在石灰水处理的澄清设备内也可以进行。无 CO_2 排出系统（如 RO 的浓水侧）虽然已经超过 $CaCO_3$ 的溶度积，但由于 CO_2 没有排出，与 CO_3^{2-} 仍然处于互相平衡状态，pH<8.34，成垢率很低。$CaCO_3$ 的溶解度随温度升高而降低（表3-3），处理时适当提高水温可减少残余 $CaCO_3$ 含量。受树脂（过去用磺化煤）耐温限制，石灰水处理曾控制水温40℃，此时运行剩余 $CaCO_3$ 含量低于 0.6～0.8mmol/L（高于理论值），为便于操作加酸中和后可控制 $CaCO_3$ 含量低于 0.35mmol/L。

表3-3   不同温度下碳酸钙的溶解度[8]

温度（℃）	碳酸钙的溶度积 K_{sp}	温度（℃）	碳酸钙的溶度积 K_{sp}
0	9.55×10^{-9}	25	4.57×10^{-9}
5	8.13×10^{-9}	30	3.98×10^{-9}
10	7.08×10^{-9}	40	3.02×10^{-9}
15	6.03×10^{-9}	50	2.34×10^{-9}
20	5.25×10^{-9}		

石灰水处理后镁的残余硬度直接受 pH 制约，当 pH≥10.33 才有可能产生 $Mg(OH)_2$（见图10-2），超过饱和浓度的 $Mg(OH)_2$ 才有可能析出而沉淀，氢氧化镁 [$Mg(OH)_2$] 的溶度积为 5.5×10^{-12}，实际残余含量小于 0.2mmol/L。pH<10.33 时，理论上水中没有 $Mg(OH)_2$ 沉淀物，此时镁多以 $MgCO_3$ 和 $Mg(HCO_3)_2$ 的形式存在，而 $MgCO_3$ 溶解度较高，一般情况下不会析出，循环水冷却系统可不予去除。

石灰水处理可以有多种运行方式，不同温度、不同 pH、不同药剂与剂量下，得到不同的残余硬度和钙或镁的含量。

4. 镁的残留量

"石灰水处理的清水中，一般都含氢氧根碱度，因此就有镁沉淀发生，直至镁含量达到与 pH 相适应的平衡浓度。镁的残留量采用下式计算

$$Mg_c = \frac{2K_{sp_{Mg(OH)_2}}}{f_2 \times K_{H^-}^2 \times 10^{(2pH-3)}}$$

式中 Mg_c——镁的残留浓度，mmol/L；

  $K_{sp_{Mg(OH)_2}}$——$Mg(OH)_2$ 的溶度积；

   f_2——一价和两价离子的活度系数；

   K_{H^-}——$Mg(OH)_2$ 电离常数。"[7]

当实行附加磷酸盐处理时会产生磷酸钙沉淀，为防止生垢而加入磷酸盐是为了生成松软的沉积物（炉内处理），二者都涉及磷酸钙的析出。当水中有正磷酸盐时，它与钙离子反

应生成非晶体的磷酸钙，呈如下关系：①（pH、温度因素）＞（钙因素）＋（磷酸盐因素）时，磷酸钙过饱和；②（pH、温度因素）＜（钙因素）＋（磷酸盐因素）时，磷酸钙未饱和。各因素见表3-4～表3～6。

表 3-4 磷酸钙饱和 pH 下的 PH、温度关系[8]

温度（℃）\ pH	20	30	40	50	60
6.5	15.87	16.18	16.50	17.04	17.20
6.6	16.24	16.53	16.88	17.38	17.56
6.7	16.61	16.88	17.24	17.70	17.88
6.8	16.95	17.22	17.60	18.00	18.18
6.9	17.24	17.57	17.92	18.31	18.49
7.0	17.61	17.92	18.24	18.59	18.78
7.1	17.92	18.25	18.56	18.88	19.08
7.2	18.23	18.57	18.86	19.18	19.36
7.3	18.53	18.86	19.14	19.44	19.66
7.4	18.81	19.13	19.42	19.72	19.94
7.5	19.08	19.40	19.70	19.96	20.20
7.6	19.35	19.66	19.96	20.22	20.46
7.7	19.60	19.92	20.20	20.46	20.70
7.8	19.84	20.17	20.44	20.69	20.94
7.9	20.08	20.40	20.68	20.92	21.18
8.0	20.32	20.64	20.92	21.16	21.40
8.1	20.54	20.86	21.14	21.37	21.64
8.2	20.76	21.08	21.36	21.58	21.86
8.3	20.98	21.29	21.58	21.81	22.06
8.4	21.19	21.50	21.78	22.02	22.28
8.5	21.41	21.72	22.00	22.23	22.50
8.6	21.62	21.94	22.22	22.44	22.70
8.7	21.83	22.15	22.42	22.66	22.90
8.8	22.04	22.36	22.62	22.86	23.10
8.9	22.25	22.56	22.83	23.08	23.30
9.0	22.46	22.76	23.02	23.28	23.52
9.1	22.66	22.96	23.26	23.48	23.71
9.2	22.86	23.17	23.46	23.69	23.92

表 3-5 磷酸钙饱和 pH 下的钙因素[8]

钙硬度 CaCO_3（mg/L）	钙因素	钙硬度 CaCO_3（mg/L）	钙因素	钙硬度 CaCO_3（mg/L）	钙因素
1	15.00	40	10.18	350	7.36
2	14.10	50	9.89	400	7.18
4	13.19	60	9.65	500	6.89
6	12.66	80	9.28	600	6.66

钙硬度 CaCO₃ (mg/L)	钙因素	钙硬度 CaCO₃ (mg/L)	钙因素	钙硬度 CaCO₃ (mg/L)	钙因素
8	12.28	100	8.99	800	6.28
10	11.99	120	8.75	1000	5.99
12	11.75	140	8.55	1200	5.75
14	11.55	160	8.38	1400	5.55
16	11.37	180	8.22	1600	5.38
18	11.22	200	8.08	1800	5.23
20	11.03	250	7.79		
30	10.55	300	7.56		

表 3-6 　　　　　　　　　　　　　　**磷酸钙饱和 pH 下的磷酸盐因素**[8]

正磷酸盐 PO₄³⁻ (mg/L)	磷酸盐因素	正磷酸盐 PO₄³⁻ (mg/L)	磷酸盐因素	正磷酸盐 PO₄³⁻ (mg/L)	磷酸盐因素
1	9.96	12	7.79	60	6.4
2	9.35	15	7.60	65	6.33
3	9.00	20	7.35	70	6.27
4	8.75	25	7.16	80	6.15
5	8.56	30	7.00	90	6.05
6	8.40	35	6.87	100	5.96
7	8.27	40	6.75	110	5.87
8	8.15	45	6.65	120	5.80
9	8.05	50	6.56		
10	7.96	55	6.48		

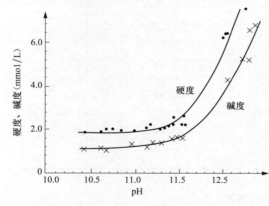

图 3-10　石灰水处理时出水残余硬度、
碱度与 pH 的关系

当配合磷酸盐处理（石灰-曹达磷酸钠）时，水温提高到 98℃，总硬度可降低到 0.3°~0.5°（德国度，1°约等于 0.357mmol/L），其中暂硬将更低。也可以在常温下使用此处理方式，只是残余硬度高一些。

因某种需要（如去除有机物）而增加石灰剂量提高水的 pH，"由于出水 pH 提高，虽然出水有机物下降，但出水硬度及碱度均明显上升，如图 3-10 所示。"[9]。

三、硫酸钙

石灰水处理时添加钠盐以降低永硬的含量，以加入量控制残余永硬含量。在低温下永硬首先可能产生结 CaSO₄ 垢，故以其判断是否可能结垢。此值缺少实践应用的经验，循环水浓缩和膜浓缩也有某些差别，故将不同资料值均录载如下（表 3-7）。

表 3-7 　　　　　　　　　　　　电力设计规范附录推荐循环水水质指标

项目		低 pH	高 pH
pH		6.5～8.0	7.5～8.8
悬浮物	（mg/L）	200～400	300～400
$\rho_{CO_3^{2-}}$	（mg/L）	5	5
$\rho_{HCO_3^-}$	（mg/L）	5～150	300～400
ρ_{SiO_2}	（mg/L）	150	150～200
$\rho_{Mg^{2+}} \cdot \rho_{SiO_2}$	（mg/L）	35000	60000～75000
$\rho_{Ca^{2+}} \cdot \rho_{SO_4^{2-}}$	（mg/L）	1.5×10^5～2.5×10^6	2.5×10^6～8×10^6
$\rho(Ca^{2+} \cdot + Mg^{2+}) \cdot \rho_{CO_3^{2-}}$	（mg/L）		2×10^6～4×10^6
ρ_{Cl^-}		根据管材决定	根据管材决定
COD、BOD、NH₃		根据所采用的杀菌剂决定	根据所采用的杀菌剂决定
以 CaCO₃ 计			

"美国某公司提出的硫酸钙指数为 $I_{CaSO_4} = [Ca^{2+}] \cdot [SO_4^{2-}] > 5 \times 10^5$，如加入阻垢剂可提高到 7.5×10^5。日本某公司提出的硫酸钙指数 $I_{CaSO_4} = [Ca^{2+}] \cdot [SO_4^{2-}] > 1 \times 10^6$。西安热工研究院提出的硫酸钙指数（水温 45℃）为 $I_{CaSO_4} = [Ca^{2+}] \cdot [SO_4^{2-}]$（均以 mg/L 计）$> 2 \times 10^6$，加入 1mg/L 聚羧酸类阻垢剂可提高到 4×10^6。"[8]

不使用缓垢剂或分散剂的循环水水质限值见表 3-8。

表 3-8 　　　　　　　　　不使用缓垢剂或分散剂的循环水水质限值[10]

结垢类型	限值
磷酸钙	不超过溶度积
污水中的碳酸钙	不超过溶度积
硫酸钙	$[Ca^{2+}]$（以毫克/升 CaCO₃ 计）$\cdot [SO_4^{2-}]$（以毫克/升 SO₄²⁻ 计）$= 500000$mg/L（以 CaCO₃ 计）
硅	$[SiO_2] \leqslant 150$mg/L
硅酸镁	$[Mg^{2+}]$（以毫克/升 CaCO₃ 计）$\cdot [SiO_2]$（以毫克/升计）$= 38000$mg/L

由上可见，各国所推荐的数据：$[Ca^{2+}] \cdot [SO_4^{2-}]$ 最小值为 5×10^5 mg/L，最大值（加阻垢剂）为 2×10^6 mg/L；$[SiO_2] \leqslant 150$～200mg/L；$[Mg^{2+}] \cdot [SiO_2] = 38000$mg/L 和 60000～75000mg/L。

四、二氧化硅

"任何硅酸凝胶皆由硅酸聚合成硅溶胶，硅溶胶再经胶凝形成硅酸水凝胶。硅酸的聚合过程并没有完全搞清楚，戴安邦等对此问题做了大量研究，提出了在不同 pH 范围内硅酸聚合的两种机理。他们认为在水玻璃溶液中不存在简单的偏硅酸根离子（SiO_3^{2-}），偏硅酸钠的实际结构式为 $Na_2(H_2SiO_4)$ 和 $Na(H_3SiO_4)$，因此在溶液内的负离子只有 $H_2SiO_4^{2-}$ 和 $H_3SiO_4^-$，二者在溶液内随着外加酸浓度的增加而逐步地与 H^+ 结合。具体过程如下：

$$\left[\begin{array}{c} O \\ | \\ OH{-}Si{-}OH \\ | \\ O \end{array} \right]^{2-} \longrightarrow \left[\begin{array}{c} OH \\ | \\ OH{-}Si{-}OH \\ | \\ O \end{array} \right]^{-} \longrightarrow \left[\begin{array}{c} OH \\ | \\ OH{-}Si{-}OH \\ | \\ OH \end{array} \right] \longrightarrow \left[\begin{array}{c} OH \\ | \\ OH{-}Si{-}OH \\ | \\ OH_2 \end{array} \right]^{+}$$

（1）　　　　　　　　（2）　　　　　　　　（3）　　　　　　　　（4）

在碱液或稀酸溶液内，原硅酸（orthosilicic acid）（3）和负一价的原硅酸离子（2）间进行氧联反应，生成硅酸的二聚体（dimer）。具体过程如下：

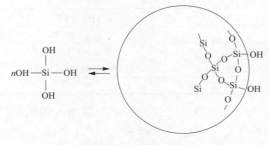

（2）　　　　　　　　（3）

图 3-11　胶态 SiO_2 质点形成示意图

此二聚体又可进一步与（2）作用生成三聚体、四聚体等多硅酸（polysilicate asid）。在形成多硅酸时，Si—O—Si 链也可以在链的中部形成，这样可得到支链多硅酸。多硅酸进一步聚合便形成胶态 SiO_2（colloidal silica）质点，也就是通常所说的 SiO_2 溶胶。按 Carman 的观点，可用图 3-11 表示由硅酸聚合成胶态 SiO_2 质点的聚合作用。

研究表明，胶态 SiO_2 质点由无序排列的硅氧四面体所组成，粒子内部无孔隙，粒子表面为羟基所覆盖，视介质 pH 不同而有不同的表面电荷以及不同程度的溶剂化膜，因而其稳定程度不同。

在强碱性介质中，SiO_2 主要以原硅酸根离子（1）和（2）存在，且二者皆荷负电，故不易发生凝胶。当加入一定量的酸后，溶液中生成一部分原硅酸（3），此时溶液中主要以（2）、（3）两种形式存在，最易发生聚合反应，故凝胶加快。当继续加酸时，原硅酸（3）的浓度越来越小，使聚合速度减慢，胶凝时间增加。

SiO_2 等悬浮分散体系中加入高分子溶液（如部分水解的聚丙烯酰胺），在一定条件下也会出现负触变性（触变性是指在外力作用下体系黏度升高，但静置一段时间后黏度又恢复原状。）"[11]

"硅酸是一种比较复杂的化合物，它的形式很多，其通式为 $xSiO_2 \cdot yH_2O$。例如，当 x 和 y 等于 1 时，分子式可写成 H_2SiO_3，称为偏硅酸。当 $x=1$，$y=2$ 时，生成的 H_4SiO_4 称为正硅酸。当 $x>1$ 时，其生成物称为多硅酸。

当 pH 不很高时，溶于水中的 SiO_2 主要呈分子态的简单硅酸，至于这些溶于水的硅酸到底是正硅酸还是偏硅酸的问题，现在还有争论。硅酸显示出二元酸的性能，但它的酸性很弱，电离度并不比水本身大很多，所以当纯水中含有硅酸时不易用 pH 或电导检测出来。

当水中的 SiO_2 的浓度增大时，它会聚合成二聚体、三聚体、四聚体等，这些聚合体在水中很难溶解。所以随着其聚合度的增大，SiO_2 会由溶解态变成胶态，以至于成凝胶从水中析出。

SiO_2 在水中的溶解度很难测定，因为影响它的因素很多。图 3-12 所示为 SiO_2 溶解度和 pH 的关系，可以看出在 pH 约为 8 以下的相当宽的范围内，它的溶解度是恒定的，这是由于固态 SiO_2 和分子态 H_2SiO_3 之间呈溶解沉淀平衡关系，即 $SiO_2 + H_2O \rightleftharpoons H_2SiO_3$。"[12]

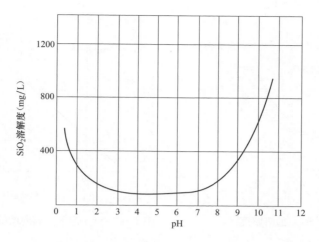

图 3-12 SiO_2 溶解度和 pH 的关系（25℃）

"SiO_2 与水之间有式（3-1）～式（3-5）的反应，所以溶解度与这些平衡有关。

$$SiO_2(S,石英) + H_2O \rightleftharpoons H_2SiO_3 \quad lgK = -3.7 \tag{3-1}$$

$$SiO_2(S,无定形) + H_2O \rightleftharpoons H_2SiO_3 \quad lgK = -2.7 \tag{3-2}$$

$$H_2SiO_3 \rightleftharpoons HSiO_3^- + H^+ \quad lgK = -9.46 \tag{3-3}$$

$$HSiO_3^- \rightleftharpoons SiO_3^{2-} + H^+ \quad lgK = -12.56 \tag{3-4}$$

$$4H_2SiO_3 \rightleftharpoons H_6Si_4O_{12}^{2-} + 2H^+ \quad lgK = -12.57 \tag{3-5}$$

以上这些常数都是 25℃时的，式（3-1）～式（3-5）数据取自 Lagerstrom，溶液中有 0.5mol/L 的 $NaClO_4$。

由式（3-1）和式（3-2）可知，石英的溶解度比无定形 SiO_2 小，所以从热力学而论，前者更稳定。但当温度较低时，石英和水之间的溶解度沉淀平衡进行得非常缓慢，以致在通常情况下它们不会建立起这样的平衡，所以 SiO_2 实际的溶解度取决于式（3-2）的化学平衡。

根据式（3-2）～式（3-5）可以求得如图 3-14 所示的溶解度曲线。图 3-13 表明，当 pH 在 9 以下时，SiO_2 的溶解度是恒定的。其原因为在此条件下离子态 $HSiO_3^-$ 的量非常少，水中硅酸化合物几乎都呈分子态 H_2SiO_3，而水中可溶解的分子态 H_2SiO_3 的量是恒定的，这用式（3-2）可以说明。当 pH 大到超过 9 时，SiO_2 的溶解度显著增大，因为此时 H_2SiO_3 电离成 $HSiO_3^-$ 的量增多，所以溶解的 SiO_2 除了会生成 H_2SiO_3 外，还要生成大量的 $HSiO_3^-$，如式（3-3）所示。当 pH 较大，且水中溶解的硅酸化合物量较多时，它们会形成多聚体，如式（3-5）所示。图 3-13 上的虚线称为单核墙，表示多聚体量达单体量 1/100 的情况，阴影部分表示水中溶解的多聚体已超过 1/100。"[83]

SiO_2 溶解度和温度的关系如图 3-14 所示。

"活性硅（或称反应性硅）是 SiO_2 溶解于水所形成的硅酸，因此也称溶解硅。非活性硅（或称非反应性硅）是与钼酸盐试剂不起反应的那部分 SiO_2，通常把非反应性硅称胶体硅，但严格说二者有一定区别的"[13]。

锅炉补给水除硅的目的是防止其在锅炉内热浓缩而结垢，或蒸汽携带其在汽轮机通道结垢。石灰水处理后在冷态运行下高度浓缩也可能结垢，如循环水系统或 RO 浓水侧等。

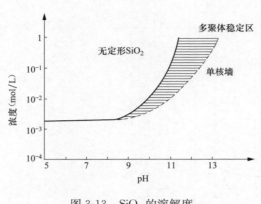

图 3-13 SiO$_2$ 的溶解度   图 3-14 SiO$_2$ 溶解度和温度的关系（pH＝7）

循环水在 DL 5068—2014《发电厂化学设计规范》中有参考推荐值，低 pH(pH＝6.5～8.0) 下极限值为 150mg/L，高 pH＝(7.5～8.8) 下极限值为 150～200mg/L。RO 浓水与其近似，只是工况有别，但缺乏可供直接使用的验证，故仅予参考。

常温石灰水处理后，"硅酸化合物降低的程度取决于水中分离出来的镁量，若水通过早已析出的浮渣层，则硅酸化合物会大大降低，其残留量一般为原水含量的 30%～35%，不低于 3～5mg/L"[7]。

中温下石灰水处理温度 40℃时加镁剂除硅可稳定控制在不大于 1mg/L，常温下（30℃）常规剂量可降低到 10～5mg/L。实际运行处理工业污水时，投加镁剂由 34（溶硅）mg/L 降低到平均 8.75mg/L，最低 3.32mg/L，不加镁剂时降低到平均 13.87mg/L，最低 2.96mg/L。

五、硼、锶、钡

锶和钡都是难溶物质，其 18～25℃时的溶度积见表 3-9，25℃时硼酸、硅酸的溶解度见表 3-10，石灰水处理除锶、钡静态试验出水水质见表 3-11。

表 3-9   锶和钡 18～25℃时的溶度积[14]

物质（电解质）	溶度积 K_{sp}
BaCO$_3$	5×10^{-9}
BaSO$_4$	1.1×10^{-10}
SrCO$_3$	1.1×10^{-10}
Sr(OH)$_2$	3.2×10^{-4}
SrSO$_4$	3.2×10^{-7}

表 3-10   25℃时硼酸、硅酸的溶解度

元素	pK$_1$	pK$_2$	(pK$_1$+pK$_2$)/2
硅	9.25	10.15	9.70
硼	8.11	11.21	9.66

当硼酸、硅酸在原水中只有较少的含量时，其也容易在 RO 浓水侧结垢。也因其溶解度低，所以在石灰水处理中可以大幅度被除掉。

表 3-11　　　　　　　　　　石灰水处理除锶、钡静态试验出水水质[15]

水质成分	原水	单纯凝聚	石灰-凝聚	纯碱-凝聚	石灰-纯碱-凝聚	烧碱-凝聚
浊度（NTU，度）	35	28.4	9.25		3.91	3.59
COD_{Cr}（mg/L）	48	31	30		32	25
总硬度（mmol/L）	6.9	11.26		11.16	3.6	7
总碱度（mmol/L）	8.1	4.2	3.6	4.8	3.6	2.1
Ba^{2+}（mg/L）	0.28	0.28	0.061	0.082	0.003	0.007
Cr^{2+}（mg/L）	3.17	3.17	1.01	1.57	0.089	0.14
pH	9.13	7.05	8.92	8.67	10.53	10.82

试验可见石灰水处理（包括纯碱和烧碱）可以有效地除去钡和锶，去除率分别为 70%～99%和 50%～97%。

六、有机物

无论何种用途的给水，其中的有机物都是有害的，只是程度不同。COD_{Cr}（COD_{Mn}）一般难得除尽，RO 过滤后残余很少，但在 RO 之前凡有必有害，所以这个限度仍然需用综合方法解决。有生生物在给水处理中必须杀灭，避免在水处理过程和通水系统设备中滋生繁殖。

在石灰水处理系统之前，应给杀菌剂的投入留出充足的反应时间。当城市中水回用时，杀菌剂可选二氧化氯，它可减少对 NH_3-N 的反应消耗，也可以用氯，但它可生产氯化铵而消耗部分氯量。

石灰水处理后的残余有机物量与进水有机物的形态与含量有关，当进口含量大，大分子（或分子团）多时，去除比例大。石灰水处理后的残余有机物量也与澄清设备设计有关，石灰水处理反应颗粒产物或活性泥渣能够与有机颗粒接触良好，被吸附的概率大，结合牢固时，去除效果好。实测结构良好的澄清池，当投加助凝剂时，COD_{Cr}有效去除率为 50%～60%，不投加助凝剂时，COD_{Cr}有效去除率为 30%～50%。NH_3-N 有效去除（含转换）率与 pH 有关，pH 为 10～11 时达 80%～90%或更高。

七、重金属

重金属在高 pH 下的碳酸盐或氢氧化物的溶解度都很低，在石灰水处理时较容易被析出而沉淀分离。一些重金属的溶度积常数 K_s 如下：CaF 为 4×10^{-11}，$Fe(OH)_3$ 为 3.8×10^{-38}，$Cr(OH)_3$ 为 6.7×10^{-31}，Hg_2CO_3 为 9×10^{-17}，$Mn(OH)_2$ 为 2×10^{-13}，$PbCO_3$ 为 7.5×10^{-14}，$Zn(OH)_3$ 为 4.5×10^{-17}，$Sr(OH)_3$ 为 3.2×10^{-4}等。

第三节　石灰水处理的反应

现代石灰水处理在用于污水深度净化处理和水的回收时具有更多的功能，但就其基本性能而言，石灰水处理的主要反应生成物是 $CaCO_3$ 和 $Mg(OH)_2$，其他重金属的氢氧化物含量很少，不影响主体过程，其中，依我国水质特征钙盐占主要成分。$CaCO_3$ 和 $Mg(OH)_2$ 的性态有较大差异，因此了解 $CaCO_3$ 和 $Mg(OH)_2$ 的演化过程，对于正确认识石灰水处理、设计处理设备和选取技术参数有重要作用。苏联热工研究院对石灰水处理技术有过深入的研究，特别是对静态悬浮泥渣层的净化作用有较多研究成果。现代石灰水处理在处理污水时，面临水中含有大量胶体物和除去胶体物的新课题。下面就石灰反应过程有关资料摘录介绍如下：

一、碳酸钙结晶与氢氧化镁析出物

"石灰与溶于水中的二氧化碳及重碳酸钙、重碳酸镁的作用过程由几个步骤组成：①进行化学反应，生产难溶性化合物——碳酸钙和氢氧化镁（它们组成胶体体系）；②由胶体体系转化为粗分散状态；③粗分散结构的增大和从水中除去这些物质。

石灰-苏打软化时，需从水中除去二氧化碳、碳酸盐及非碳酸盐硬度。用苏打石灰软化水时的残留硬度值如下：水温在 10℃ 以下时，为 $1.5\sim2.0$mmol/L；水温在 $20\sim40$℃ 时，为 1.5mmol/L；水温在 $70\sim80$℃ 时，为 $0.4\sim0.6$mmol/L。

由于结晶，碳酸钙从水中析出。碳酸钙颗粒具有严格的对称形式，强度高，不能承受残留变形且遭受破坏后无法复原。这种性质是缩聚-结晶结构所特有的。

氢氧化镁则以无规则相互连成网状结构的单元颗粒形式析出。这种结构属于凝聚类型，强度低，在其骨架的网孔中含有大量水分且具有触变性。

由于晶胚（初始颗粒）自由表面能的作用和在其与液相的界面上溶液过饱和的结果，生成物质的晶体。溶液过饱和层位于离晶胚颗粒表面一定距离的地方。在上述距离范围内，由于固相从溶液中析出，溶液的浓度沿该表面的方向减少。位于过饱和层各固相表面之间的这一区域称为'结晶场'。

形成由相反电荷离子组成的链是结晶的开始阶段。此后，链联合成更大的集合体，沉淀在晶胚的表面上。由于溶液局部过饱和的结果，形成晶胚。局部过饱和可能在药剂加入处，以及热波动或溶解物质量波动的地方发生。此时，离子或分子的分布与其在该物质的晶格中的状态相适应。建立这些条件的可能性取决于物质浓度及其扩散速度。物质扩散规律和晶体成长速度规律的数学表达式是相同的。

在已有固相表面上结晶需要的能比在自由体积中形成晶体需要的能少。在曲线形的表面上，特别在凹处，结晶进行得比平坦处要快一些。此外，如同吸附剂那样，晶胚使结晶加速进行，水的机械杂质颗粒也能够起到类似作用。颗粒的晶体结构和溶解盐的晶体结构越相似，它们对结晶过程的作用就越强烈。

存在于晶体及组成晶体的离子和分子上的溶剂化膜阻碍结晶过程。只有当除去了此膜后，结晶才得以进行。溶液相晶体表面流动能促进这一过程。晶体界面受溶液的冲洗越激烈，晶体成长越快。

升高温度和水的搅动，可以增加出现浓度波动的概率和波动的强度增加，以及形成溶液过饱和状态的概率增加，使'结晶场'消除或减小其尺寸，从而加剧物质相晶体表面移动。当提高水温时，物质移动加剧，这是因为分子扩散速度加快，而搅动形成更为剧烈的紊流扩散。此外，随着温度的升高，水的黏度减小，并为消除溶剂化膜和较少中间层的内压创造了有利条件。水中的碳酸钙颗粒是结晶的核心，使结晶易于进行。

在澄清器中，建立了有利于水净化过程的条件，使水处理在水力搅动各固体颗粒剧烈扩散情况下与大量悬浮物接触中进行。在固体颗粒表面上进行溶解杂质的结晶、胶体的凝聚和粗分散相杂质的黏附。

在水除碳和软化过程中，同时从溶液中析出碳酸钙和氢氧化镁。氢氧化镁影响碳酸钙的结晶过程，其作用如同表面活性物质或变形剂。

应根据形成的沉淀物组成的特点来确定处理水搅动的强度。对于碳酸钙结晶，较大的搅动速度是有利的，而对氢氧化镁及其结构形成则会产生不利影响。由此，悬浮物形成的过程可能受到破坏，碳酸钙晶体将脱离氢氧化镁而独自形成。此时，悬浮物的物理参数和水净化效果恶化。

在形成粗分散相时，对于沉淀物的不同组成，必须有不同的最佳 pH：对于碳酸钙，其值为 9.5～10；而对于氢氧化镁，其值为 10.5～11.3，所以在共沉淀时，上述不同物质的除去率不可能达到其理论最大值。水用混凝剂处理有助于形成泥渣胶体相，随后，在混凝过程所必需的 pH 下，粗分散相转化并扩大。这可以提高混凝处理时水的软化效果。

水软化和除碳过程中所形成的沉淀物颗粒表面能阻截和吸附机械无机杂质和有机杂质，由此得到某种程度上的澄清和除色。在这种情况下，氢氧化镁起着主要作用。但是用这种方法除去的杂质量较少。当水中的杂质含量大于氢氧化镁泥渣量的 10%～15% 时，要求附加混凝处理。"[16]

二、活性泥渣的利用

在设计石灰水处理的主要反应设备中，苏联设计的石灰水处理澄清器与时下我国见到的从西方引进的设备型式和技术理念不同，其中在苏联的石灰水处理澄清理论中最受到重视的是"悬浮层"的研究和应用，他们针对"悬浮层"有深入的理论研究和实践。20 世纪 50 年代及其后在我国引进并大量仿制的 ЦНИИ-1А 型和 ВТИ 型澄清器中，我们在运行中也深刻感受到"悬浮层"的技术效果和意义，它比其他利用泥渣循环泵回流少量泥渣（回流含水污泥量占被处理水量的 5%～20%）的做法效果优越许多，当积渣情况好的时候，出水水质清澈、安定性能良好。此类澄清器的设计，是将被处理水反应所产生的全部产物——活性泥渣（或泥渣具有活性的时候）"积留"在水流的通道上，形成局部浓缩悬浮层。此悬浮层是含有泥渣的水流向上流动时，泥渣逐渐沉积下来积存而成的，聚集的泥渣对后来水中的泥渣起阻滞过滤作用，帮助更细小的泥渣黏附或吸着在接触的泥渣上，泥渣层不断上移并长大，也逐渐老化，下边的新鲜泥渣较小、较轻、活性好，上层的泥渣已经长大，活性减弱，将被淘汰排出。所以活性泥渣层是自下而上地自动更新的（照片 3-1）。

活性泥渣层具有较大的密度和表面积，有利于微小颗粒更多的碰撞可能；具有较小的孔隙率，水流蜿蜒其间可获得较长的停留时间；具有很大的表面积，可提高接触概率；泥渣不断地新陈代谢，保持较好的表面活性，有利于发挥吸附性能；泥渣在静态下蠕动，不至于被激烈搅动破坏打碎等。该型澄清器结构的"悬浮层是处于水在静止滤层中过滤和单个颗粒自由沉降两者之间的自由状态"[16]，几乎全部石灰反应的析出物（除少数大颗粒可

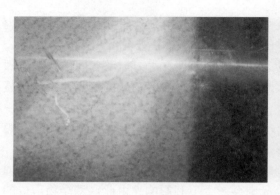

照片 3-1　邯郸热电厂中水回用动态试验活性泥渣层的实际影像

能直接沉淀）都被托起而进入泥渣层。从泥渣的性能计算式中可见，它的黏度、雷诺数、流动性（层流或紊流）状态等都有利于使水得到更好的净化。

动态平衡"层的固体颗粒始终处于无规章运动状态（循环），并伴随有局部浓缩和稀释（浓度波动）以及层表面的小部分区域有个别的波状或间歇升高的现象，因此又称其为沸腾层。"[16] "杂质的去除是在它们与它们与非均相固体颗粒接触下进行的（吸附和黏附的结果）。接触的概率在很大程度上取决于该体系固体成分的循环。"[16]

"当液体绕固体颗粒流动和液流各局部组成的通流截面频繁而有显著变化时，在非均相混合物中形成速度脉动。水流具有沿整个混合物截面平均分布的特殊的局部紊乱性，而稳流脉动能引起液体宏观质体（克分子）间动量的交换。这种交换比分子间的交换更为剧烈。分子间的交换是形成液体一般性黏度的原因。由此可见，非均相混合物具有较大的黏度，这种黏度按照上述动量交换的特点称为克分子黏度。除克分子黏度外，液体-固体颗粒非均相体系还具有另一种性质——当量密度。这一密度影响悬浮物非自由沉降的速度、黏度波动、澄清器悬浮接触层内悬浮物的移动，以及悬浮物向层外的移动。

在悬浮层中，特别是在澄清器接触介质中，固体颗粒在层内和层外进行剧烈地扩散。固体颗粒向悬浮层外运动的上述特点说明，颗粒移动是由浓差扩散引起的。

由于悬浮颗粒的聚合而使接触介质悬浮物和水中被除去的杂质截留在悬浮颗粒上，这都是不同类型的分子相互作用（范德华力、伦敦力、离子键力）的结果。这种情况下所发生的互相接触颗粒表面层的连接称为黏附（黏着）。"[16]

苏联推荐的 ЦНИИ-1А 型和 ВТИ 型澄清器水流从底部旋转进入器内，同时加入石灰乳液和凝聚剂，历时约 10min，利用旋流混合后即稳流反应约 35min，通过悬浮泥渣层约 25min，此间流速逐渐减低，由 1.5mm/s 减低到 0.8～0.9mm/s，便于悬浮颗粒在此停留下来，清水区约耗时 50min。此型池混合区和反应区显然容积偏小，没有再循环下更显反应时间不足，但可以为悬浮泥渣层的形成准备充分必要的条件。

活性泥渣悬浮层对去除水中微小的颗粒物，如无机或有机的胶体物，有十分重要的意义，对保证被处理水的最后质量有决定性作用。

三、水中的胶体物

现代石灰水处理技术用于城市中水回用和工业污水回用处理时，面临严重的有机污染和溶解盐污染，在这些污染物中含有有机和无机胶体残余物，当石灰水处理后的水进一步处理回用时，这些污染物是主要危害物。分离这些物质，需要在石灰澄清处理过程中更多地认识和利用吸附作用。

"超细颗粒物质外观在 $1 \sim 100nm$ 范围认为是胶体，当处于此范围的颗粒中分子能级的间距与热能、磁能、电能、光子能量相当或更大时，量的变化会引起某些理化性能的变化"[11]。超细颗粒的特性如下："①比表面积大。例如，平均粒径为 $10 \sim 100nm$ 的超细颗粒，其比表面积为 $10 \sim 70m^2/g$，故具有优良的吸附和化学反应活性。②易形成团聚体。由于超细粒子的表面能很大，粒子间易形成团聚体，给粉体的收集带来困难，因此经常采用分散在溶液中进行收集"[11]。

"因为胶粒的大小常在 $1 \sim 100nm$ 范围内，故每一个胶粒必然是由许多分子或原子聚集而成的"[117]。溶液中先生成胶核，胶核选择性地从溶液中吸附溶液中电解质的阳离子，荷正电，该电解质的部分阴离子同时也被吸附在阳离子周围，构成"吸附层"，没有被吸附的阴离子则扩散到较远的地方，构成"扩散层"。"胶核与吸附层中的反离子组成'胶团'。胶团分散于液体介质中便形成通常所说的溶胶"[11]。这种描述说明：大分子物质（如蛋白质、石花菜、淀粉、藻酸等）质点上的电荷大多是表面基团电离的结果，即胶团具有电离作用。

"由于在水溶液中质点总是结合着一层水（其中含有部分反离子），此水和其中的反离子可视为质点的一部分，故在电泳时，固液之间发生相对移动的'滑动面'应在双电层内距表面某一距离 Δ 处。该处的电位与溶液内部的电位之差即为 ζ 电位。可见 ζ 电位是表面电位 ψ_0 的一部分。表面电位也称热力学电位，它是指粒子表面到均匀液相内部的总电位差。然而 ζ 电位的大小取决于滑动面内反离子浓度的大小。进入滑动面内的反离子越多，ζ 电位越小，反之就越大。"[11]

"水中主要有机杂质是从土壤中冲刷下来的腐殖质，其组成为腐殖酸、富里酸及其盐类。池水中的腐殖酸基本上处于胶体分散状态，当 pH 提高时，能溶解；酸化时，形成黑色的絮状沉淀物。腐殖酸分子量为 $1200 \sim 1400$，含有 $52\% \sim 58\%$ 的碳、$3.3\% \sim 4.8\%$ 的氢和 $34\% \sim 39\%$ 的氧。腐殖酸羟基基团上的氢易于被阳离子所置换，由此形成的盐称为腐殖酸盐。钾、铁和铝的腐殖酸盐是难溶的，而钠的腐殖酸盐是可溶的。腐殖酸能与铝和铁的氢氧化物形成胶体分散度的络合物。富里酸（白腐酸和阿朴白腐酸）平均含有 $45\% \sim 48\%$ 的碳、$5.2\% \sim 6\%$ 的氢、$43\% \sim 48\%$ 的氧。它们与钾、钠、铵、镁和两价铁形成可溶性化合物，而与三价铁、钙和铝形成难溶性化合物。"[16]

"分散体系中颗粒相互碰撞的概率大于单分散体系中颗粒相互碰撞的概率。可通过水的搅动来提高这一概率，这种搅动引起比分子扩散强烈得多的紊流扩散。

在氢氧化物的粗分散悬浮物表面能够吸附离子、分子和不同化学组成的胶团。因此，悬浮物可能具有胶体相所持有的性质，即与稳定剂有关的凝聚稳定性，功能上与双电层结构相联系的电荷，以及电泳现象。吸附某些物质，尤其是吸附称为保护性的亲水胶体，会降低氢氧化物凝聚的能力，凝聚物表面吸附有机物是水除色过程的基础。

胶体相和溶液相的氢氧化物本身具有被吸附到水中的粗分散杂质表面上的性能。存在这些杂质时，凝聚过程的速度和效率得到提高，这是因为在粗分散颗粒上发生凝聚物质电解质的浓缩；这种物质能促使新的固相生成，这一现象可用来进行水的分级凝聚。在此过程中，混凝剂分两批剂量依次投加。在投加第一批剂量后，生成胶体相和粗分散相，并在其表面上吸附由第二批混凝剂形成的氢氧化物。此时，能成功地加速絮凝的形成和改善悬浮物的物理参数。"[16]

第四节　石灰水处理的凝聚与絮凝

为避免混淆，本节采取《胶体与表面化学》一书的表述，对于聚集作用（aggregation）、聚沉作用（coagulation）、絮凝作用（flocculation），"用聚沉作用定义无机电解质使胶体沉淀的作用；用絮凝作用定义高分子化合物使胶体沉淀的作用；在不知为何种药剂，但能使胶体沉淀时，则笼统地称为聚集作用。"聚沉作用简称为凝聚或凝聚剂，絮凝作用简称为助凝或助凝剂。在不同资料中对凝聚（剂）和助凝（剂）的名称和含义差别较大，如称絮凝者，有的指凝聚，有的同指凝聚与助凝。在以下引用资料里，只可沿用原称。

"水处理中的混凝现象比较复杂，不同种类的混凝剂以及不同的水质条件，其混凝机理有所不同。当前比较一致的看法是，絮凝剂对水中胶体颗粒的作用有三种：电性中和、吸附架桥和网捕卷扫作用，这三种作用有时同时发生，有时仅其中一种或两种机理起作用"[17]。称呼或对称呼的理解也不尽相同，这里"'混凝'指整个凝聚和絮凝过程，'凝聚'指胶体的脱稳阶段，而'絮凝'指胶体脱稳以后结合成大颗粒絮体的阶段"[17]。

石灰水处理产生大量反应产物，虽然由于碰撞等可以结合成长，但仍然基本处于分散状态，为加速澄清分离和获得更清澈的出水，需要添加凝聚剂和助凝剂。石灰水处理反应产物的性质与常见天然水中的悬浮物不同，水的环境条件也不同（温度、pH 等），故应在了解凝聚剂、助凝剂性能的基础上，结合石灰水处理沉渣特点选择和操作。石灰水处理的产物，主要是 $CaCO_3$，依靠其活性，自身成长和发展，投加凝聚剂在选型和剂量等都应当有助于这个过程，并兼顾 $Mg(OH)_2$ 的相互影响。

一、凝聚和助凝的原理

石灰水处理所需要的凝聚和助凝与天然水中颗粒物的凝聚作用，其原理相同，即消除颗粒所带负电荷的障碍，使其互相接近克服分散状态，在 ζ 电位接近零的情况下，颗粒之间较容易靠近碰撞而聚合长大。石灰水处理的主要产物是 $CaCO_3$ 和 $Mg(OH)_2$ 颗粒，它们一般也带负电荷，是需要凝聚的主要对象。$Al(OH)_3$ 和 $Fe(OH)_3$ 带正电，与水中颗粒物发生中和反应。"在分子内聚力作用下，胶体颗粒聚成粗大的集合体。"其凝聚速度取决于三个因素：①颗粒吸引范围的半径，它取决于颗粒中心之间的距离，在此距离内发生聚集；②布朗运动的强度，它取决于单位时间内颗粒相互碰撞的次数。布朗运动的强度由分子扩散系数 D 表示；③体系的初始浓度。

这一关系可用斯莫卢霍夫斯基公式[16]表示

$$n_\tau = \frac{n_0}{1 + 4\pi D r n_0 \tau}$$

式中　r——颗粒吸引范围的半径；

　　　D——分子扩散系数；

n_0 和 n_τ——凝聚过程开始时和经过时间 τ 时的分数相颗粒的数量；

τ——经过时间。

铁盐或铝盐凝聚剂投入后首先进行水解，"一般可用下述通式表示金属阳离子 Me^+ 的水解反应

$$Me^+ + H_2O \Longrightarrow MeOH + H^+$$

由该反应式看出，水解速度 V_r 与金属阳离子和水的体积克分子浓度成正比或者只与 $[Me^+]$，即混凝剂的投加量成正比。水温每升高 $10\,℃$，水解速度常数增加 $2\sim4$ 倍。从表达式 K_r（水解速度常数）$= K_w/K_k$，K_w（水的离子积）$= [H^+] \cdot [OH^-]$，K_k（金属氢氧化物解离常数）$= [Me^+] \cdot [OH^-]/[MeOH]$，可以得出对于水处理很重要的结论：水解程度越高，可以保证生成解离常数越小的金属氢氧化物。氢氧化物解离程度通常用溶度积 $L_p = K_k[MeOH]$ 表示。当温度为 $18\,℃$ 时，对于 $Al(OH)_3$，L_p 为 1.9×10^{-33}；对于 $Fe(OH)_3$，L_p 为 3.8×10^{-38}；对于 $Fe(OH)_2$，L_p 为 4.8×10^{-16}。可见三价铁阳离子水解比铝和二价铁阳离子水解进行得完全"[6]。

我们知道，混凝剂水解产物的溶解度越低，水中最后的残余含量越少，水的清洁度越好。"从溶液中沉淀铝和铁的难溶水解产物的计算和试验求得的 pH，与原来的盐阴离子有关。例如，对于 $FeCl_3$，$pH=7.0$；对于 $Fe_2(SO_4)_3$，$pH=6.2$；对于 $FeSO_4$，$pH=9.5$；对于 $Fe_2(SO_4)_3$ 和 $FeCl_3$ 的混合物，$pH=6.5$。根据某些作者的数据，水解产物在等电状态时具有最低溶解度。""铝和铁的水解产物沉淀和溶解的 pH 值见表 3-12"[6]。

表 3-12　　　　　　　　　　铝和铁的水解产物沉淀和溶解的 pH

阳离子	开始沉淀	完全沉淀	开始溶解
Al^{3+}	$3.3\sim4.0$	5.2	7.8
	3.0	7.0	9.0
	4.4	4.8	—
	3.9	—	7.8
	$2.5\sim3.0$	6.0	~10.0
	4.5	$5.5\sim7.0$	8.0
Fe^{3+}	$1.5\sim2.3$	4.1	14.0
	2.2	3.2	—
	—	3.5	—
Fe^{2+}	$6.5\sim7.5$	9.7	13.5
	—	9.5	—

"铝和铁的水溶胶中的结构形成可以看作：第一阶段形成连续的空间网，并在水动力作用影响下破裂；第二阶段为老化过程，破裂的结果是生成微絮凝，在进一步结合中再长大。

原有颗粒的大小和形状对结构形成的速度有很大影响。平稳的搅拌和提高温度能够加快结构的形成，因为这使克服颗粒间剩余能峰的概率增加。颗粒的相互作用发生于那些聚集稳定性消除得最彻底的部位。因此，结构的性质首先由颗粒脱稳的程度决定。

由于随着同金属阳离子结合的羟基数增加，定向速度降低，因此，二价金属氢氧化物具有晶体结构，而三价金属氢氧化物具有非晶体结构。许多研究结果都证实新沉淀的铝和铁氢氧化物具有非晶体结构。虽然水和层阻碍结构的整齐排列，但氢氧化物仍会渐

渐结晶。

介质的 pH 强烈地影响 $Al(OH)_3$ 和 $Fe(OH)_3$ 的结晶速度。当 pH>7.09 时，不定形的 $Al(OH)_3$ 开始改变为结晶体，形成 $Al(OH)_3$ 之后，在 pH=8 时要经过 2～3 天才能观察到水铝矿的结晶形态；而当 pH=9.3 时，只要经过 3～4h。

从 $Al(OH)_3$ 和 $Fe(OH)_3$ 的结构特性对混凝剂处理水程度的影响的观点出发，我们首先予以注意的是混凝结构的下列特性：表面积、水化作用、老化作用和胶溶作用容易发生的程度、触变的可逆性、强度、吸附能力。

混凝剂最重要的工艺特征是产生最密实的、很快沉降的混凝絮状物时的 pH。对于硫酸铝的水解产物，pH 为 5.5～7.5；对于铁盐的水解产物，pH 为 6～7 或 8～9.5。当用 NaOH 溶液从硫酸盐中沉淀铝和铁盐的水解产物时，沉渣的最小容积相应于［OH^-］：［Me^{3+}］为 2.5～3，这时形成 $Al_2(SO_4)_3 \cdot 10Al(OH)_3$ 或 $Fe(OH)SO_4 \cdot 4Fe(OH)$。"[6] 因此凝聚剂所发挥作用的位置，应当在该颗粒成型之处。如果过早加入，石灰尚未溶解完全，直接与其反应生成 $CaSO_4$ 等物质，互相消耗，降低功效。虽然石灰与碳酸盐硬度反应会有胶态碳酸钙（$CaCO_3$ 生长的必然过程），但它对铁盐水解产物有分散作用。实践认为前者效果较优。

二、凝聚剂的选择

影响凝聚剂使用效果的最重要的因素是 pH，因为无论是铝盐或铁盐都要经过水解成为 $Al(OH)_3$ 或 $Fe(OH)_3$ 才可发挥效能，而水解与 pH 有关。铝盐不适于高 pH，铁盐适于较高的 pH 范围，故石灰水处理多选择铁盐为凝聚剂。Al^{3+} 和 Fe^{3+} 的水解平衡常数见表 3-13 和表 3-14，铝矾絮凝的设计及操作如图 3-15 所示，Fe^{3+} 的测定-溶解平衡区域如图 3-16 所示，Fe^{3+} 的絮凝设计操作如图 3-17 所示。

表 3-13　　　　　　　　　　　铝（Ⅲ）的水解平衡常数[18]

反应式	平衡常数
$Al^{3+}+H_2O \rightleftharpoons [Al(OH)]^{2+}+H^+$	1×10^{-5}
$2Al^{3+}+2H_2O \rightleftharpoons [Al_2(OH)_2]^{4+}+2H^+$	5.4×10^{-7}
$6Al^{3+}+15H_2O \rightleftharpoons [Al_6(OH)_{15}]^{3+}+15H^+$	1×10^{-47}
$7Al^{3+}+17H_2O \rightleftharpoons [Al_7(OH)_{17}]^{4+}+17H^+$	1.6×10^{-49}
$8Al^{3+}+20H_2O \rightleftharpoons [Al_8(OH)_{20}]^{4+}+20H^+$	2×10^{-69}
$13Al^{3+}+34H_2O \rightleftharpoons [Al_{13}(OH)_{34}]^{5+}+34H^+$	4×10^{-98}
$Al^{3+}+3H_2O \rightleftharpoons Al(OH)_3(固)+3H^+$	8×10^{-10}
$Al(OH)_3(固) \rightleftharpoons Al^{3+}+3OH^-$	1.3×10^{-33}
$Al(OH)_3(固)+H_2O \rightleftharpoons [Al(OH)_4]^-+H^+$	1.8×10^{-3}
$Al(OH)_3(固)+OH^- \rightleftharpoons [Al(OH)_4]^-$	20

表 3-14　　　　　　　　　　　铁（Ⅲ）的水解平衡常数[18]

反应式	平衡常数
$Fe^{3+}+H_2O \rightleftharpoons [Fe(OH)]^{2+}+H^+$	6.8×10^{-3}
$2Fe^{3+}+2H_2O \rightleftharpoons [Fe_2(OH)_2]^{4+}+2H^+$	1.4×10^{-3}

反应式	平衡常数
$3Fe^{3+}+4H_2O \rightleftharpoons [Fe_3(OH)_4]^{5+}+2H^+$	1.7×10^{-6}
$Fe(OH)^{2+}+H_2O \rightleftharpoons [Fe(OH)_2]^{+}+H^+$	2.6×10^{-5}
$Fe^{3+}+3H_2O \rightleftharpoons Fe(OH)_3（固）+3H^+$	1×10^{-6}
$Fe(OH)_3（固）\rightleftharpoons Fe^{3+}+3OH^-$	3.2×10^{-38}
$Fe(OH)_3（固）\rightleftharpoons [Fe(OH)]^{2+}+2OH^-$	6.8×10^{-25}
$Fe(OH)_3（固）\rightleftharpoons [Fe(OH)_2]^{+}+OH^-$	1.7×10^{-5}
$Fe(OH)_3（固）\rightleftharpoons Fe(OH)_3（液）$	2.9×10^{-7}
$Fe(OH)_3（固）+OH^- \rightleftharpoons [Fe(OH)_4]^{-}$	1×10^{-5}

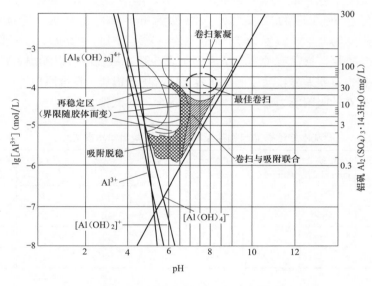

图 3-15　铝矾絮凝的设计及操作[18]

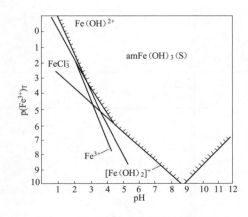

图 3-16　Fe^{3+} 的溶解-沉淀平衡区域

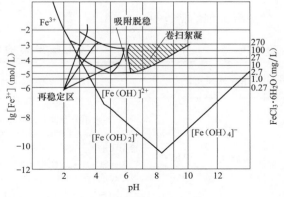

图 3-17　Fe^{3+} 的絮凝设计操作[18]

"碱度是指水中含有的能与强酸相互作用的所有物质的含量。当以铝（Ⅲ）盐或铁（Ⅲ）盐作絮凝剂时，铝（Ⅲ）盐或铁（Ⅲ）盐发生的水解聚合过程实际上也是消耗原水碱度的过程。所以为获得良好的絮凝效果，必须保证原水有足够的碱度。从前面的讨论看出，絮凝沉淀的效果与原水的 pH 有密切关系，而 pH 受到水质的许多因素的影响，取决于水中缓冲体系的组成，而在该缓冲体系中碱度是主要的成分之一，它和其他主要成分共同决定体系的 pH。在有些情况下，为获得满意的絮凝效果，必须增加铝盐或铁盐投加量，若原水碱度过低，势必使处理后水的 pH 降低过多，当降低到有效 pH 范围以下时，则不能得到满意的絮凝效果。当水中碱度过高时，即使加入的铝盐或铁盐较多，pH 也不会降低到有效 pH 范围以下，因而可达到良好的良好的絮凝效果。当水中碱度不足时，往往利用石灰来补充。"[18]

一组铁盐、铝盐、铁铝混合盐凝聚剂的石灰水处理动态模拟试验，条件是入口水水质：城市生活污水经生化处理的二级排水，浊度为 6mg/L，总硬为 8.7mmol/L，钙硬为 6.0mmol/L，P 碱度为 0，M 碱度为 5.8mmol/L，COD 为 15～22mg/L，NH₃-N 为 2mg/L，水温常温，有泥渣滤层。摘其有关实验结果列于表 3-15。从表中可以看出，铁盐凝聚剂与铝盐凝聚剂的效果存在某些差异：浊度的净化效果铁盐优于铝盐，符合原理，铝盐对 COD 的处理效果略好，铝矾花的吸附能力好一些，但没有更深入的试验。

表 3-15　　　　　　　石灰水处理铁盐与铝盐凝聚剂模拟实验出口水质对比[19]

凝聚剂	浊度 (mg/L)	总硬 (mmol/L)	钙硬 (mmol/L)	P 碱度 (mmol/L)	M 碱度 (mmol/L)	pH	COD (mg/L)	NH₃-N (mg/L)	流速 (mm/s)
聚铁	0.3	3.4	2.0	0.6	0.8	10.3	9	2.38	1.0
聚铁	0.5	3.6	2.6	0.6	0.8	10.5	9	1.37	1.0
复合铝	2.8	4.5	3.8	2.0	2.4	11.7	7	2.05	1.0
聚铝	3.7	4.0	2.2	0.8	1.0	11.8	4	1.95	1.0

试验分析认为，当助凝剂剂量、出水流速和回流比都不变，凝聚剂改用聚合氯化铝时（剂量与聚合铁相同），浊度、硬度、碱度的去除效果不如聚合铁，COD 的去除效果要好于聚合铁。

常用凝聚剂的特性见表 3-16。

表 3-16　　　　　　　　常 用 凝 聚 剂 的 特 性[13]

名称	化学式和分子量	反应方程式	适宜的 pH 范围	储存材质	备注
硫酸铝	$Al_2(SO_4)_3 \cdot 18H_2O$ (666)	与水中碱度发生如下反应： $Al_2(SO_4)_3 \cdot 18H_2O + 6HCO_3^- \rightleftharpoons$ $2Al(OH)_3 + 3SO_4^{2-} + 6CO_2 + 18H_2O$ $Al_2(SO_4)_3 \cdot 18H_2O + 3CO_3^{2-} \rightleftharpoons$ $2Al(OH)_3 + 3SO_4^{2-} + 3CO_2 + 15H_2O$ $Al_2(SO_4)_3 \cdot 18H_2O + 6OH^- \rightleftharpoons$ $2Al(OH)_3 + 3SO_4^{2-} + 18H_2O$	5.7～7.5	干态：钢、混凝土 湿态：铅、橡胶、塑料、316	原水碱度小于 0.2mmol/L 时，常需加碱

名称	化学式和分子量	反应方程式	适宜的pH范围	储存材质	备注
硫酸钾铝	$K_2SO_4 \cdot Al_2(SO_4)_3 \cdot 24H_2O$ (949)	与水中碱度发生如下反应： $K_2SO_4 \cdot Al_2(SO_4)_3 \cdot 24H_2O + 6HCO_3^- \rightleftharpoons$ $2Al(OH)_3 + K_2SO_4 + 3SO_4^{2-} + 6CO_2 + 24H_2O$ $K_2SO_4 \cdot Al_2(SO_4)_3 \cdot 24H_2O + 3CO_3^{2-} \rightleftharpoons$ $2Al(OH)_3 + K_2SO_4 + 3SO_4^{2-} + 3CO_2 + 21H_2O$ $K_2SO_4 \cdot Al_2(SO_4)_3 \cdot 24H_2O + 6OH^- \rightleftharpoons$ $2Al(OH)_3 + K_2SO_4 + 3SO_4^{2-} + 6CO_2 + 24H_2O$	5.7~7.5	干态：钢、混凝土 湿态：铅、橡胶、塑料、316	
碱式氯化铝PAC	$Al_n(OH)_mCl_{3n-m}$	在水中形成高价铝的络合离子，如$[Al_8(OH)_{20}]^{4+}$、$[Al_{13}(OH)_{36}]^{3+}$等	7~8	干态：钢、混凝土 湿态：铅、橡胶、塑料、316	凝聚效率高，尤其对有色水
硫酸亚铁	$FeSO_4 \cdot 7H_2O$ (278)	与水中碱度发生如下反应： $2FeSO_4 \cdot 7H_2O + 4HCO_3^- + 1/2O_2 \rightleftharpoons$ $2Fe(OH)_3 + 2SO_4^{2-} + 4CO_2 + 6H_2O$ $2FeSO_4 \cdot 7H_2O + 2CO_3^{2-} + 1/2O_2 \rightleftharpoons$ $2Fe(OH)_3 + 2SO_4^{2-} + 2CO_2 + 4H_2O$ $2FeSO_4 \cdot 7H_2O + 4OH^- + 1/2O_2 \rightleftharpoons$ $2Fe(OH)_3 + 2SO_4^{2-} + 4CO_2 + 6H_2O$	5.0~11.0	干态：钢、混凝土 湿态：铅、橡胶、塑料、316	适合高碱性水，与石灰联合使用，不宜用于脱色
三氯化铁	$FeCl_3 \cdot 6H_2O$ (270)	与水中碱度发生如下反应： $2FeCl_3 \cdot 6H_2O + 6HCO_3^- \rightleftharpoons$ $2Fe(OH)_3 + 6Cl^- + 6CO_2 + 6H_2O$ $2FeCl_3 \cdot 6H_2O + 3CO_3^{2-} \rightleftharpoons$ $2Fe(OH)_3 + 6Cl^- + 3CO_2 + 3H_2O$ $FeCl_3 \cdot 6H_2O + 3HO^- \rightleftharpoons$ $Fe(OH)_3 + 3Cl^- + 6H_2O$	5.0~11.0	橡胶、塑料、陶瓷	适合高浊水，受温度影响大
氧化镁	MgO (40)	与石灰同时添加，发生如下反应： $MgO + Ca(HCO_3)_2 + Ca(OH)_2 \rightleftharpoons$ $Mg(OH)_2 + 2CaCO_3 + H_2O$	10.2~10.4	钢、塑料、纸袋	能除溶硅，处理后水中TDS不增加
聚合硫酸铁PFS	$[Fe_2(OH)_n(SO_4)]_{3-m}$	在水中形成大量聚合铁络合物，如$[Fe_2(OH)_3]^{3+}$、$[Fe_3(OH)_6]^{3+}$等	4.0~11.0	干态：钢、混凝土 湿态：铅、橡胶、塑料、316	适合低浊水

三、有机物的凝聚和絮凝

对于有机物的凝聚作用"腐殖物质与金属离子之间的反应主要有离子交换、表面吸附、螯合作用、凝结和胶溶作用等。"[20] "在腐殖物质中，参与金属络合分布最广的官能团是羧基（—COOH）、酚羟基（—OH）、羰基（C=O）和氨基（—NH₂）。

络合物或螯合物形成的平衡反应为

$$M + xKe \rightleftharpoons MKe_x$$

$$K = \frac{(MKe^x)}{(M)(Ke)^x}$$

式中　M——金属离子；

　　　Ke——络合剂；

　　　x——结合 1mol M 所需的络合剂的物质的量；

　　　K——络合物稳定常数（见表 3-17）。"[20]

表 3-17　　　　　　　　　　　金属-富啡酸络合物的稳定常数

金属离子	lg$K$			
	pH＝3.0		pH＝5.0	
	CV 连续变化法（pH＝1.7）	IV 离子交换平衡法	CV 连续变化法	IV 离子交换平衡法
Cu^{2+}	3.3	3.3	4.0	4.0
Ni^{2+}	3.1	3.2	4.2	4.2
Co^{2+}	2.9	2.8	4.2	4.1
Pb^{2+}	2.6	2.7	4.1	4.0
Ca^{2+}	2.6	2.7	3.4	3.3
Zn^{2+}	2.4	2.2	3.7	3.6
Mn^{2+}	2.1	2.2	3.7	3.7
Mg^{2+}	1.9	1.9	2.2	2.1
Fe^{3+}	6.1	—	—	—
Al^{3+}	3.7	3.7(pH＝2.35)	—	—

从表 3-17 中可以看出，稳定常数随 pH 增大而增大。在所有研究过的金属中，Fe^{3+} 可和富啡酸形成最稳当的络合物。在低 pH，金属离子的稳定顺序是 $Fe^{3+} > Al^{3+} > Cu^{2+} > Ni^{2+} > Co^{2+} > Pb^{2+} = Zn^{2+} > Mn^{2+} > Mg^{2+}$。

"腐殖质可以看作大离子的真溶液和带负电荷的亲水胶体，其性质之一就是它能被各种电解质所凝结。翁基（Ong）和比斯奎（Bisgue）认为，在 pH＝7 时，三价离子比二价离子对腐殖质的凝结更有效，而二价离子比一价离子更有效。对 Fe^{3+}-腐殖酸络合物的凝结，硫酸比硝酸盐和氯化物更有效。不同价离子的平均临界浓度与其价的六次方成正比，因而一价、二价、三价离子的比例是 $(1/1)^6 : (1/2)^6 : (1/3)^6 = 1 : 0.016 : 0.0014$。

具有最大离子半径的同价阳离子是最有效的凝结剂。但这个规则不适用于三价离子，因为三价离子有一种高的电荷密度，在溶液中不以简单的阳离子质点出现。有人曾观察到，Fe^{3+}-腐殖酸、Al^{3+}-腐殖酸、Fe^{3+}-富啡酸和 Al^{3+}-富啡酸络合物对 Ca^{2+} 比对 Mg^{2+} 更敏感，这和各自的离子半径有关，Ca^{2+} 的离子半径是 0.99，Mg^{2+} 的离子半径是 0.65。

盐类对腐殖质胶体化学性质也有影响。当聚合电解质溶解在水中时，它们的官能团（羧基和羟基）即解离，结果带负电荷的基团相互排斥，而聚合电解质将选择一种伸开的构型。当盐类加入时，阳离子附着于带负电荷的基团上，聚合体链中分子内 P 的排斥减少，因而有利于链的盘卷。所以，大分子发生变形，链的盘卷排斥了围绕着分子的一部分水合水，使分子的水合程度降低。这样，腐殖酸或富啡酸分子即由亲水胶体变为疏水胶体。同时，阳离子的加入减少了聚合电解质上的电荷，因而也降低了这个分子能保持的水合极性水的质量。"[20]

"金属的凝结能力与相应的氢氧化物的溶度积顺序相同。金属离子凝结腐殖酸的有效性

顺序是 $Mn^{2+} < Co^{2+} < Ni^{2+} < Zn^{2+} < Cu^{2+} < Fe^{3+} < Al^{3+}$。

在 pH＝3.5 和 pH＝7.0 时，金属凝结富啡酸的能力按照 $Al^{3+} > Fe^{3+} > Ca^{2+} = Mn^{2+}$ 顺序而减小。

金属氢氧化物和金属氧化物与腐殖酸也会发生反应。当 Fe^{3+} 和 Al^{3+} 的氢氧化物用过量的腐殖酸或富啡酸的水溶液处理时，就发生若干 Fe^{3+} 和 Al^{3+} 的氢氧化物溶解。富啡酸比腐殖酸溶解这些金属的能力更大。"[20]

四、电凝聚试验

"在直流电作用下，金属阳极的溶解过程是电絮凝法的基础。"[18]

除常用的凝聚剂外，电解铝制取铝离子，在不同的 pH 下，水解成为以下的氢氧化铝络合物。

"在 pH < 4 时，$[Al(OH)_m]^{3+}$ （$m=6 \sim 10$）；

在 4 < pH < 6 时，$[Al_6(OH)_{15}]^{3+}$、$[Al_7(OH)_{17}]^{4+}$、$[Al_3(OH)_{20}]^{4+}$ $[Al_{13}(OH)_{34}]^{5+}$；

在 6 < pH < 8 时，$[Al(OH)_3 \cdot (H_2O)_x \downarrow]$；

在 pH > 8 时，$[Al(OH)_4]^-$、$[Al_8(OH)_{26}]^{2+}$。"[21]

"这些种类铝离子发生如下水解聚合反应。

Al^{3+}

$\downarrow \quad \leftarrow mH_2O$ 　　　　　　　配位结合

$[Al(OH_2)_m]^{3+}$ 　　（$m=6 \sim 10$）

$\downarrow$ 　　　　　　　　　　配位水解离

$[Al(OH)(OH_2)_{m-1}]^{2+}$

$\downarrow \quad \leftarrow mOH^-$ 　　　　　水解、聚合

$[Al_n(OH)_{n+m}(OH_2)_m]^{(2n-m)+}$

$\downarrow \quad \leftarrow OH^-$ 　　　　　水解、聚合

$Al(OH)_3(OH_2)_m$

$\downarrow \quad \leftarrow mOH^-$ 　　　　　水解、聚合

$[Al_n(OH)_{3n+m}(OH_2)_m]^{m-}$

即在水溶液中铝不以单个的铝离子存在，pH 较低时以 6～8 个水分子作为配位形成更稳定的水合络离子（单体）。这样的单核水合络离子在 pH < 3 时是稳定的，如果 pH 增大，随着氢氧根离子浓度的增加，一部分配位水分子发生解离。如果 pH 提高，配位水的解离度增加，两个氢氧根之间发生缩合反应，到产生氢氧化铝沉淀以前的各种阶段中，形成高分子多价铝离子（聚合物）。如果氢氧根离子浓度进一步增高，就生成带负电荷的铝酸离子。

单体离子 $[Al(OH)_6]^{3+}$ 即使与硫酸根离子共存也只能使配位水解离状态多少有一些变化，不会生成沉淀而成为单核的硫酸络合物，并且调节 pH 生成的聚合物在硫酸根离子共存的情况下，就要生成和硫酸根离子结合的溶解度小得多的多核络合物的沉淀。这样聚合物和硫酸根离子起作用形成不溶性的松散的碱性盐反应，可能会减少对凝聚起作用的铝络合物的浓度，从而使效果恶化。多核络合物的硫酸盐见表 3-18。"[21]

表 3-18 多核络合物的硫酸盐

研究者	化学式	OH^-/Al^{3+}	SO_4^{2-}/Al^{3+}
Johansson	$Na[Al_{13}O_4(OH)_{24}](SO_4)_4(H_2O)_n$	2.46	0.308
Johansson	$[Al_2(OH)_2(H_2O)_3](SO_4)_2(H_2O)_2$	1.00	1.00
田部	$[Al_3(OH)_7]_2(SO_4)_2$	2.33	0.33
Denk	$[Al_2(OH)_3]_2SO_4$	2.50	0.25
四川柳	$[Al_2(OH)_4]_n(SO_4)_n$	2.00	0.50

东北电力设计院结合实际需要进行了低浊水电解铝凝聚的试验研究,"在混凝剂中,对于不同的混凝作用都有其最佳 pH 范围。因而必须调整 pH,使电解铝的混凝作用最大,而絮体的溶解度最小。"[22]由试验得知,"电解铝凝聚适用的 pH 范围较宽。在剂量不大的情况下(1~5mg/L),pH=5~10 时,均能获得残留浊度不大于 5°的结果。但欲获得残留浊度不大于 2°的效果,pH 需控制在 7~9 范围内。而欲使残留浊度达到 1°,则必须把 pH 控制在 7~8.2 范围内。当然,欲使残留浊度达到 1°,除控制 pH 外,还需加大剂量。"[22]

"电解铝同硫酸铝、聚氯化铝除浊效果比较:把原水制成 15°、50°、80°三种,然后分别调整 pH 到 1.6 和 7.3,此时碱度为 2.1mmol/L,前者投加聚铝化铝,后者投加硫酸铝。图 3-18 为各种水源的电解铝量和残留浊度的关系。从图 3-18 看出,聚氯化铝处理低浊水,其残留浊度最低也只有 2°~3°,剂量几乎是电解铝的 2 倍,而且 pH 降低的幅度远比电解铝为大,因此投加大剂量聚氯化铝时,就有可能使工业系统复杂化,即有可能事先投加加碱以调整 pH 值。硫酸铝处理低浊水,效果极差。原水浊度 15°,投加后几乎不见效果;原水 50°,在大剂量情况下,残留浊度最低也就达 13°~14°;而原水 85°,此时最低也只能达到 17°左右。从试验看,硫酸铝在低浊水中混凝反应缓慢,矾花细而不沉,静止沉淀半小时,才略见好转。因此可以说,这两种药剂处理低浊水的效果不如电解铝。"[22]

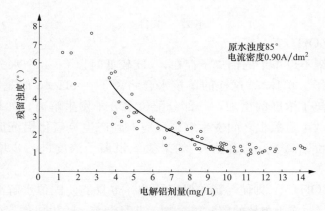

图 3-18 各种水源的电解铝量和残留浊度的关系

图 3-19 和图 3-20 所示为图 3-18 以聚合铝为凝聚剂或以硫酸铝为凝聚剂时,凝聚效果的比较。

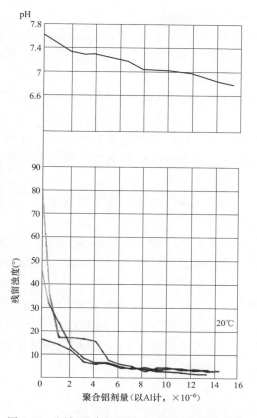

图 3-19 添加聚合铝的除浊效果和 pH 值变化

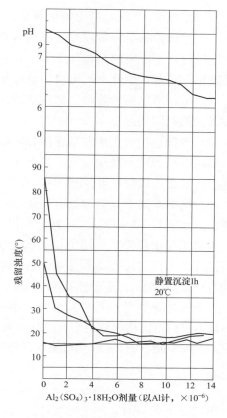

图 3-20 添加 $Al_2(SO_4)_3 \cdot 18H_2O$ 的除浊效果和 pH 变化[22]

该试验的结论如下：

"（1）电解铝混凝法的 pH 适用范围较宽：

pH＝5～10 时，残留浊度均能达到≤5°；

pH＝7～9 时，残留浊度才能达到≤2°；

pH＝7～8.2 时，残留浊度才能达到 1°左右，因此最佳 pH 为 7～8.2。

（2）施加电解铝后，原水 pH 均有些变化，变化幅度有大有小。但在最佳 pH 范围内施加电解铝，则 pH 变化幅度很小，变化后 pH 仍在最佳范围内，这就保证了电解铝混凝反应总是在最佳的范围内进行。

（3）水温在 20～40℃时，电解铝混凝反应能取得良好的效果。

（4）为取得良好的除浊效果，电流密度以控制在 0.5～1.3A/dm² 为宜。原水浊度较低时，取小值；原水浊度较高时，取大值。

（5）为使残留浊度达到 1°左右：

若原水浊度为 15°，则电解铝剂量为 5.5mg/L 左右；

若原水浊度为 35°，则电解铝剂量为 6.5mg/L 左右；

若原水浊度为 50°，则电解铝剂量为 7.5mg/L 左右；

若原水浊度为 65°，则电解铝剂量为 8mg/L 左右；

若原水浊度为 85°，则电解铝剂量为 10mg/L 左右。

（6）金属铝的电解量理论上应符合法拉第定律，即 D_{Al}-0.335i。但在原水不流动和不倒换电极时，实际电解铝量却是 D_{Al}-0.42i。由于除了铝的电化学溶解外，还存在有其他因素促进铝的溶解，因此实际电解铝量总是大于理论值。

（7）采用原水连续流动、倒换电极性的电解槽，能增加电解铝量，保证电解正常进行。倒换极性的时间间隔以 5min 为好。

（8）电极连接可采用并联连接和串联连接两种方式。并联电极的特点是大电流、低电压；串联电极的特点是小电流、高电压。并联电极和串联电极的电能消耗基本相近，但串联电极的辅助电极应在 9 块或 10 块以上。

（9）提高水温不仅能增加电解铝量、降低电解成本，还能提高除浊效果。三者结合起来考虑，水温在 20～40℃时，均会取得良好的效果。"[22]

电解铝凝聚是否适合用于石灰水处理，从试验的 pH 看不在最佳范围内，但它的适用区范围宽，可以进一步试验探索。石灰水处理的反应过程浊度高，但在澄清阶段或过渡区的浊度已大幅降低，剂量也需进行试验。

石灰水处理中当 pH＞10.33 时，水中开始产生 OH⁻ 碱度，溶解盐中会有 $Mg(OH)_2$ 出现，超过其溶解度析出后也会有很好的絮凝作用。美国俄亥俄州的戴通市自来水厂就曾回收 $CaCO_3$ 同时利用 $MgCO_3$ 作为凝聚剂循环使用，这种方法较铁盐或铝盐能够减少污泥排出量。

五、助凝

单纯加凝聚剂时，产生的絮体脆弱，易受水的湍动而毁碎，沉淀速度较慢。为了提高净化效果，添加助凝剂加速沉淀、去除胶体颗粒和提高除水的浊度可以获得有明显效果。

"离子型有机物（如脂肪酸盐、季铵盐等表面活性物质）及一些所谓的'高分子絮凝剂'（如水解聚丙烯酰胺等）几乎与溶胶的电性无关，它们都有很强的聚沉能力，这主要是因为它们能在胶粒表面上强烈地吸附，并使许多胶粒通过高聚物的链节'桥联'在一起，连成质量较大的聚集体而发生聚沉。"[11]

高分子絮凝剂有很多种，目前常用的是聚丙烯酰胺。表 3-19 列出了一些有代表性的有机高分子絮凝剂。

表 3-19　　　　　　　　　　一些有代表性的机高分子絮凝剂[17]

离子型	名称	分子量
阴离子型	水解聚丙烯酰胺	10^6～10^7
	磺甲基聚丙烯酰胺	10^6～10^7
	聚丙烯酸钠	10^5～10^6
阳离子型	聚甲基丙烯酸烷基酯	10^4～10^5
	N-氨烷基聚丙烯酰胺	10^4～10^5
	聚二烯丙基铵盐	10^4～10^5
	聚乙烯胺	10^4～10^5
	聚乙烯吡啶盐	10^4～10^5
	聚乙烯吡咯	10^4～10^6
非离子型	聚丙烯酰胺	10^6～10^7

不同离子型的有机高分子絮凝剂的应用范围见表 3-20。

表 3-20　　　　　　　　　　不同离子型的有机高分子絮凝剂的应用范围

离子型	适合的 pH 条件	适合的分散物质	处理效果	应用
阳离子型	强酸性至中性	有机质胶体	提高脱水过滤性能，提高澄清性	生活污水、含油废水、食品工业废水等
阴离子型	中性至碱性	无机质	促进沉降利于过滤	选矿、洗煤、钻井泥浆、纸浆废水等
两性离子型	酸性至碱性	富含有机质胶体	高脱水、高过滤性能	污泥脱水等
非离子型	弱酸性至弱碱性	无机质、无机有机混合体系	促进沉降促进过滤	选矿、造纸纸浆废水

"阳离子型高分子絮凝剂（CPAM）的作用不仅表现在可通过电荷中和而使胶体颗粒絮凝，而且还可以与带负电荷的溶解物质发生反应，以生成不溶性的盐。例如，与带有 $-SO_3H$、$-SO_4H$ 和 $-H$ 基团的木质素磺酸、琼脂和阴离子活性剂等物质作用，与带有 $-COOH$ 基团的果胶、藻蛋白酸及其他羧酸等物质的作用，以及与带有 $-OH$ 基团的单宁、腐殖酸、硫代木质素等酚类物质的作用。所以，阳离子型絮凝剂具有除浊或脱色等功能。阳离子型絮凝剂的分子量比阴离子型或非离子型有机絮凝剂低，这是因为阳离子型絮凝剂絮凝机理是电荷中和与吸附架桥双重的作用。阳离子型絮凝剂的分子量即使较低，也很容易在颗粒间进行架桥而表现出絮凝效果。但是，通常的阳离子型有机絮凝剂的分子量较低，其絮体化性能比较差。高分子絮凝剂可克服这一缺点。

联系到分散颗粒的大小，研究结果明确指出，阳离子型絮凝剂仅适用于絮凝处理 $0.1\mu m$ 以上的胶体颗粒，而阴离子型或非离子型絮凝剂可适用于对 $1\mu m$ 以上粗细混合颗粒的絮凝处理。

阴离子型高分子絮凝剂（APAM）的分子量高于阳离子型，而且分子内离子基团间互相排斥，在水中分子链的伸展度较大，因而具有良好的颗粒絮体化性能。

阴离子型高分子絮凝剂属于电解质，分子链的伸展度还受 pH 和外加盐类的影响，最终也影响到絮凝性能，如图 3-21 所示。

非离子型高分子絮凝剂（PAM）由于不带离子基团，因此有如下特点：①絮凝性能受 pH 和盐类的影响较小；②在酸性条件下的絮凝效果（沉降速率）优于 HPAM（水解聚丙烯酰胺），而在中性后碱性条件下则相反；③絮体强度优于 HPAM（阴离子型 PAM）。PAM 是通过氢键的作用被吸附在颗粒上，借助高分子

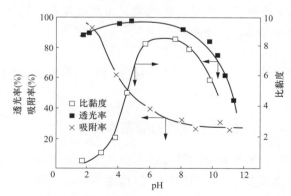

图 3-21　水解聚丙烯酰胺的性质与 pH 的关系
（水解度 30％）

量和链的伸展度絮凝分散颗粒。因此颗粒预料得到，其絮凝性能依赖于分子量，如图 3-22 所示。PAM 投加量相同时，分子量越大，絮凝沉降速率也越大；欲达到同样的沉降速率，分子

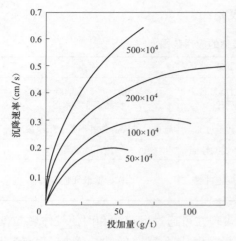

图 3-22 聚丙烯酰胺的分子量及投加量
对沉降率的影响

量越大的投加量就越少，同时随着絮凝剂投加量增加，沉降速率也会加快。但是当投加量超过最佳浓度时，沉降速率就会降低，并会出现再分散现象。

两性聚丙烯酰胺因其结构的特点较适宜于其他絮凝剂难以处理的场合，而且还可以在大 pH 范围内使用，采用两性聚丙烯酰胺处理废水，具有较高的滤水量和低的滤饼含水率。

用 CPAM 涂布碳酸钙后再吸附天然有机物，其阴离子腐殖酸和阳离子型聚合物形成一体，沉积的颗粒表面能达到很好的处理效果。"[17]

聚丙烯酰胺的工业应用须配制成稀溶液，一般配制浓度为 $0.1\% \sim 0.05\%$，溶解速度受温度影响，较适宜的温度为 $50 \sim 60℃$，降低温度溶解速度减缓，如图 3-23 所示。溶解过程必须配以搅拌，而搅拌溶液打碎须链，故资料推荐的搅拌速度为 $40 \sim 80r/min$，但应注意仅控制转速不够，搅拌器的设计应采用大桨叶、低转速，既要防止溶液沉淀，又要助于不断溶解的效果。

"向水中投加絮凝剂和助凝剂的时间间隔一般为 $1 \sim 4min$，水的温度和浊度越低，水的色度越高，絮凝剂和助凝剂投入的时间间隔应当越长。"[17]应当了解当石灰水处理时，需要凝聚或助凝的分散颗粒不是原水中带来的悬浮物，而是石灰水处理反应产物，故石灰、凝聚剂、助凝剂的投加次序、投加量和间隔时间都需要重新评价，这对药剂反应效果、消耗量、出水水质及杂质去除率等都有重要影响。

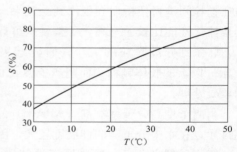

图 3-23 丙烯酰胺在水中的溶解度（S）
的温度（T）依赖性

第五节　石灰水处理的吸附作用

一、石灰水处理的吸附作用

石灰水处理的澄清过程中，尤其是对污水的处理过程中，去除有机物、SiO_2、许多胶体物等多依靠吸附作用，但是这些吸附作用仍缺乏深入的研究，在水中吸附剂和被吸附物质的吸附过程、相互作用、影响因素、环境条件等，都少见有针对性的论述，而石灰水处理中的吸附作用是取得更好水质效果的重要因素。此处仅借一些有关吸附的资料段落摘录，以备参考认识石灰水处理中发生的某些吸附作用加深理解，有助于在石灰水处理系统和设备设计中更接近实际。

石灰水处理在用于中水回用或工业污水处理时，需要有较好的去除有机物和大量胶体物的功能。石灰水处理之所以能够去除部分有机物，主要依靠吸附作用，其中主要是胶体状态的有机物，同时也有无机胶体物。"氢氧化物的粗分散悬浮物表面能够吸附离子、分子和不同化学组成的胶团。因此，悬浮物可能具有胶体相所特有的性质，即与稳定剂有关的凝聚稳定性，功能上与双电层结构相联系的电荷，以及电泳现象。吸附某些物质，尤其是吸附称为保护性的亲水胶体，会降低氢氧化物凝聚的能力，凝聚物表面吸附有机物是水除色过程的基础"[16]。

"胶体相和溶液相的氢氧化物本身具有被吸附剂吸附到水中的粗分散杂质表面上的性能。存在这些杂质时，凝聚过程的速度和效率提高了，因此在粗分散颗粒上发生凝聚物质电解质的浓缩；这种物质能促使生成新的固相。这一现象被用来进行水的分级凝聚；在此过程中，混凝剂分两批剂量依次投加。在投加第一批剂量后，生成胶体相和粗分散相，并在其表面上吸附由第二批混凝剂所形成的氢氧化物。此时，能成功地加速凝絮的形成和改善悬浮物的物理参数。

吸附力具有与分子力相同的性质，只不过它是后者的一种形式；吸附力与分子相互作用的其他形式的不同点在于，吸附力是在固相和液相的分界面上产生的，通常是在不同的分子——吸附剂和吸附物之间产生的。在吸附过程中，被吸附的物质向吸附剂迁移并在吸附剂表面固定下来。吸附速度 $v_{ад}$ 与某一常数 $K_{ад}$ 以及与吸附物和自由表面相碰撞的概率成正比。这一概率可由吸附物的体积浓度 C_0 与吸附剂自由表面部分 Δs 的乘积求得

$$v_{ад} = K_{ад} C_0 \Delta s$$

在同一吸附剂体积浓度下，吸附剂颗粒表面积越大，吸附就越强烈。这一面积与颗粒直径成反比，所以，随着颗粒尺寸的增大，吸附效率下降。当胶体颗粒的尺寸为最大时（$0.1 \mu m$），$1 cm^3$ 这种颗粒的表面积为 $60 m^2$。在净化设备中，被凝聚的粗分散悬浮物的平均颗粒直径为 1mm，$1 cm^3$ 这种悬浮物的表面积只有 $60 cm^3$。

当水中存在金属氢氧化物的粗分散相时，有利于这些氢氧化物从反应体系中排除。在水的凝聚过程中，随着自由体积中粗分散相的聚集，可观察到有加速水解的自动催化作用。如果过程是在部分充满了早先形成的氢氧化物胶体和粗分散颗粒的容积内进行（这种情况是澄清器所特有的），那么就能获得更明显的效果。

人为地往水中投加机械杂质，可使水的凝聚和澄清过程获得更大的成效。例如，在低浊度和低温条件下，混凝过程进行得缓慢，且凝聚为颗粒的水力粗度小，此时，就可以采用上述方法。"[16]

以下引述的文字中，黏附主要是指凝聚作用时颗粒聚合的关系，此处论述吸附作用是因为二者有近似之意。"两个球形颗粒，半径均为 r，彼此相隔距离为 R 时，相互吸引力可按加马克方程计算 $\left[F_{rrp} = -\dfrac{A}{6} \left(\dfrac{2r^2}{R^2 - 4r^2} + \dfrac{2r^2}{R^2} + I_n \dfrac{R^2 - 4r^2}{R^2} \right) \right]$，其相互吸引力——在颗粒之间的距离很小时，取如下形式

$$F_{np} = -Ar/12H_0$$

式中　Ar——加马克常数，近似等于 $1 \times 10^{-14} \sim 1 \times 10^{-12}$；

　　　　H_0——两球表面的最近距离。"[6]

"马茨克勒等尝试计算了方程式中的分子引力常数 A（但未考虑楔压作用），应用于

$Al(OH)_3$ 及 $Fe(OH)_3$ 颗粒在水介质中对不同表面的黏附和自黏附。他们得到 A 的平均值见表 3-21。

表 3-21 A 的 平 均 值

表面	颗粒	$A\times10^{12}$erg	表面	颗粒	$A\times10^{12}$erg
$Al(OH)_3$	$Al(OH)_3$	1.26	$CaCO_3$	$Al(OH)_3$	1.40
	$Fe(OH)_3$	1.43		$Fe(OH)_3$	1.72
$Fe(OH)_3$	$Al(OH)_3$	1.43	煤	$Al(OH)_3$	1.70
	$Fe(OH)_3$	1.88		$Fe(OH)_3$	1.73
SiO_2	$Al(OH)_3$	1.27			
	$Fe(OH)_3$	1.43			

注　1erg=10^{-7}J。

从表 3-21 可以看出，氢氧化铁比氢氧化铝具有更好的黏附性质。

总结介质和表面的物理化学性质对黏附力影响的实验结果，得出如下结论：

(1) 颗粒电荷的增加、溶液离子强度的增大和水膜随时间逐渐变薄，会引起黏附力的增加。在此基础上得出的结论是，在高矿化度水中，和当周围介质存在 Al^{3+} 和 Fe^{3+} 时在水解开始的时刻，铝和铁的氢氧化物在负电荷的石英砂表面上将产生最好的黏附。

(2) 当水温降低时（从 40℃ 降低到 0℃）黏附降低，这大概与夹层中颗粒的水化和水的密度增加有关。根据库尔加也夫的数据，计算初始颗粒黏附强度的系数 α_0，对于氢氧化铝在水温 20℃ 时的关系，可写出以下经验式

$$\alpha_t=0.5+0.025t$$

(3) 随着表面润湿接触角的减小（亲水作用），黏附减小。

(4) 根据一些数据，表面粗糙度会加剧黏附。根据另一些数据，则会减弱黏附。因此，结果不一致与粗糙度的不同尺寸有关：小颗粒在粗的粗糙面上比大颗粒在细的粗糙面上具有较大的接触表面积。

(5) 当表面活性物质和络合生成物（六聚偏磷酸钠和磷酸三钠）存在时，黏附降低。

(6) 在酸性（pH=5～7）介质中，硫酸铝水解产物和玻璃颗粒的黏附比在碱性（pH=7～8）介质中高。

(7) 过分强烈地搅动导致颗粒从大表面上脱离。因此，水化颗粒的黏附与搅动强度的关系曲线具有一个最大值。戴维斯提出了描绘这一效应的方程式，并指出方程式用于氢氧化铁时的正确性。

根据凝聚物的结构机械性质，库尔加也夫研究了并成功地利用了确定絮状物抗压强度极限的临界压力值方法。

对于不同的凝聚物，研究者得到如下极限剪切应力值（以 mg/cm³ 计）：

$Al(OH)_3$　　　　　　5～11

$Fe(OH)_3$　　　　　　6～18

80% $Al(OH)_3$+20% $Fe(OH)_3$　16

根据库尔加也夫的研究，抗压极限值（mg/cm^3）如下：

$Al(OH)_3$ 　　　　　　　　　　　　7

$Fe(OH)_3$ 　　　　　　　　　　　　22

$Fe(OH)_2$ 　　　　　　　　　　　　26

$50\%Al(OH)_3 + 50\% Fe(OH)_3$ 　14

经机械方法分散后再加以触变性还原的 $Fe(OH)_3$ 沉渣，能够使抗压极限从 22mg/cm^3 增加到 25mg/cm^3 。"[6]

二、活性泥渣的吸附与澄清

在苏联传统石灰水处理技术的澄清器设计中，悬浮泥渣层是十分重要的，因为它具有如下优点："①依靠较早形成的悬浮物的催化影响加快絮凝过程并增加质量交换强度。②改善处理的水力条件。仅仅是由于絮状物悬浮层的存在，澄清池的容积系数可增加 15%～25%。③由于比较完全地利用水解产物的吸附性能，降低了混凝剂的耗量。

在水流上升速度超过流态化开始速度而不超过絮状物被带走的临界速度的条件下，絮状物悬浮层的水平将保持稳定。絮状物悬浮物某一临界速度决定了澄清池的生产能力，并是它的基本计算参数。

当颗粒自由沉降时，沉降速度与水的黏度和每个颗粒的单独性质有关。在悬浮层澄清的情况下发生絮状物拥挤沉降，其速度小于自由沉降速度并与悬浮物的容积浓度有关。由于这一关系，在水流上升流速相当宽的幅度内，可保持悬浮物的水平位置稳定。

试验结果表明，自由沉降速度 u 和拥挤沉降速度 v 之间具有下列关系

$$\frac{v}{u} = (1 - C_o)^n$$

式中　C_o——悬浮物的容积浓度；

　　　n——与雷诺数和颗粒形状有关的方次指数。"[6]

"根据试验，处理效果和悬浮层高度之间的线性关系只保持到某一 L 值。超过此值之后，水的剩余浊度已经与层高无关，有些研究者以初级颗粒未被充分截留解释这种现象。但是，更为正确的解释是由于从接触介质中带起絮状物的碎片，M。（悬浮澄清池中澄清水的剩余浊度）随着水上升流速的增加而增加的事实证明了这一假定的正确性。

因为颗粒自由沉降和拥挤沉降的速度随着絮状物和水的容重差成比例地增长，所以即使 $\rho_{л}$ 不明显地提高也可导致 u 和 v 的明显增加。例如，当 $\rho_{л}$ 从 1.002g/cm^3 增加到 1.006g/cm^3 时，速度 u 增加 2 倍。当在实践中采用的水流上升流速为 0.7～1.4mm/s 时，悬浮物在接触介质中的容积浓度为 0.05～0.10，当处理低浊度水时质量浓度为 0.2～0.5g/L，当处理高浊度时质量浓度为 0.5～6g/L。

在药剂软化水的过程中，水的允许上升流速要高得多，并与形成的悬浮物中 $Mg(OH)_2$ 和 $CaCO_3$ 的数量比有明显的关系。当氢氧化物的相对含量增加（从 1% 开始到 45%）时，水流速度将会从 2.7mm/s 下降到 1.5mm/s。"[6]

"当澄清水的透明度分别为 100、200cm 和 300cm 时（十字法），接触介质的必需高度 H_c 和体积浓度 C_o 的关系如图 3-24 所示。由图 3-24 可知，接触介质实际可接受的高度为

300cm 时，最低体积浓度 C_o 为 0.04～0.05。按保持接触介质动力平衡条件来说，这一浓度也是最小的。澄清水透明度为 300cm 和接触介质最低高度为 150cm 时，最大体积浓度等于 0.12。"[16]

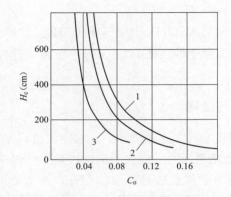

图 3-24　接触介质高度 H_c 与其悬浮物体积浓度 C_o 的关系曲线
1—H_c=300cm；2—H_c=200cm；3—H_c=100cm

第四章

城市中水回用的深度处理

城市生活排水经污水处理后达到二级排放标准，可以排入河流，也可以再用，再用时有人把达到二级排放标准的水称为中水，这种叫法比较简单形象，故本章也采用这种叫法。

这里中水回用主要指城市中水回收经深度处理作为工业补充水，它比起洗路、清厕、景观等杂用水质量的要求要严格得多。深度处理指在生物化学处理基础上进一步处理，使水达到使用者所需要的标准。深度处理一般是在建设工程的设计中提出并完成的。曾有的地区试行在城市污水处理厂把达到二级排放标准的排放水统一加工，作为深度处理水供各用户使用，但是效果并不理想。因为此加工后的水只能是一个普遍意义的水质质量，即使达到城市自来水水平，仍不能完全满足不同工艺生产所需用水水质，各用户还要依照自己所用要求处理，造成了重复深度处理。所以也不可能用一个简单的标准涵盖所有工业用水，有人试图制定这样一个标准，但由于他脱离实际，必然不会得到普遍接受。

第一节 我国大型工业中水回用的起源

我国城市中水回用的动议始于 20 世纪 90 年代初期，北京市曾组织专门代表团为高碑店建厂赴美考察中水回用电站[23]。此间先后有电力建设研究所对唐山西郊热电厂回用西郊污水处理厂二级污水进行了试验研究[24]，西安热工研究所对北京高碑店热电厂回用高碑店污水处理厂二级污水进行了试验研究[25]，北京沃特尔水工程公司与河北电力研究院合作对邯郸热电厂回用邯郸东污水处理厂二级污水进行了试验研究[19,26]，这些工作实质上构成了电站回用城市中水的前期技术基础工作。

以天津大学安鼎年教授为主承担的国家"七五"科技攻关环保项目"城市污水处理厂二级出水回用于工业的深度处理净化技术系统及其水质指标研究"[27]，集中了许多专家学者针对六个专题进行了试验研究，包括：①无机高分子絮凝剂研制及其在城市污水深度净化中的应用；②有机高分子絮凝剂研制及其在城市污水深度净化中的应用；③高效絮凝、沉淀、过滤技术研究；④微絮凝过滤技术研究；⑤二级出水回用于工业直流冷却的技术和水质指标的研究；⑥二级出水回用于工业循环冷却的技术和水质指标的研究。该研究成果也为我国中水回用技术探索积累了有益经验。

1996 年河北省电力局决定在邯郸热电厂扩建 2×200MW 发电机组中使用该市东污水处理厂二级处理污水，将与北京高碑店热电厂一起将大型工业实际应用中水提上了日程。此间经专家论证和试验研究选择石灰水处理为主要处理技术，邯郸热电厂扩建工程设计由河北省电力勘测设计院承担，采用北京沃特尔水工程公司研制的成套石灰水处理设备，供电厂循环补充水和锅炉补给水及其他工业用水，设计出力1960m³/h。该项工程于1998年9月17日建成一次投产获得完全成功，出水质量优于设计指标，澄清池出水浊度不大于2NTU，实际供水能力可达3000m³/h，由3×1000m³/h、DCGH-1000I型石灰水处理澄清池，12×210m³/h、GBKL-210I型滤池和3×250m³、SJF-250I型石灰乳制备单元组成。该项工程一直延续安全运行至今，已经经历19个年头，开创了我国现代大型工业使用中水的历史先河，为火电厂节约用水开辟了一条新途径。邯郸热电厂的成功实践给予人们认识上以启迪和肯定的答案，成为其后陆续设计建设电站的示范，在技术上较全面地打下良好的基础，为扩大应用提供了丰富的经验。邯郸热电厂石灰水处理澄清池初期运行照片如照片4-1所示。

照片4-1　邯郸热电厂石灰水处理澄清池初期运行照片

邯郸热电厂在中水回用和石灰深度处理的研究和实践中，不仅为缺水地区建设电厂利用中水在经济上获得收益，留下了系统、设备仿效的典范，而且在长达近19年的运行中积累了丰富的经验，其中包括出现的一些新问题和解决这些问题的新技术经验，如石灰水处理系统运行管理、循环水管道设备腐蚀问题、关于NH₃-N的水塔腐蚀与处理问题、COD的去除和对系统设备的影响、石灰水处理后可能对UF和RO膜的污堵与治理问题等。

石灰水处理技术在邯郸热电厂的专用设备设计，总结了我国自"一五"计划以来的经验教训，吸取各国引进设备的有益部分，提出了一套完整实用的石灰水处理工艺和设备，技术提高了一个档次，满足了现代工业文明生产、科学管理、环境净洁的需求，实现全系统无人值守。例如，有机残留物的综合去除率可以稳定达到50%～60%，除溶解部分外后非溶部分即可达到60%～80%；水质安定性良好，澄清池的内部各触水部分金属，长期保持原材原色，没有严重结垢情况；12组滤池滤速在进水压头2m之下，流速可达10～12m/h，周期大于24h，清洗恢复率100%等；石灰制备系统基本安全、平稳、净洁运转。经历邯郸热电厂实践考验后，又不断研究改进提高，陆续研制、设计投入运行Ⅱ、Ⅲ、Ⅳ、Ⅴ型技术，为石灰深度处理技术不断完善积累更丰富的经验。

高碑店电厂的中水回用于2000年6月投入中水运行，补充水用于循环水，至今运行17年冷却系统情况良好。石灰水处理设备套用引进英国PWT公司技术，安装设计出力2×1410m³/h澄清池，设计出力6×380m³/h滤池、4×250m³的石灰制备单元。主体设备出水质量低于原设计指标，可满足运行需要，澄清池出力原设计参数过高，约在70%负荷下运行（与当前参数相当），石灰制备系统因严重堵塞已经完全改造。高碑店热电厂的运行经验同样为我国中水大型工业回用积累了丰富的经验。

邯郸热电厂与高碑店热电厂采用石灰深度处理工艺的回用中水系统，先后投入运行，并实现了长期安全生产，给予了中水回用以信心，其后有大批以回用中水为水源的电厂设计上马，陆续投入运行。至今以城市生活中水作为补给水源已经普遍施用，为国家和建设者所接受。

第二节 中水回用深度处理技术方案选择

本节内容限于城市生活中水工业回用，所以这里称为中水回用处理，所指中水回用处理是指把在达到二级排放标准的城市污水，即与天然水相比有严重污染的水，由使用工厂处理成为工业用水，所以将它纳入工业给水处理技术的范畴。

工业给水一般包括工艺用水、锅炉补充水、冷却用水、生活用水、厂区杂用水等，这几个不同用途的水质量有差异，从健康出发，生活用水做饮用或洗浴时往往另引自来水。如果水源是中水（其他水源水也是如此），需要除掉所污染的杂质，仍需达到不同用途水质标准。以上用水对水的处理要求大体可分为几类：对工艺用水和锅炉补充水深度处理只是它的预处理，冷却用水可视为它的外部处理部分——净化和除碱，生活用水和厂区杂用水主要是表面净化。在实际工程中并不是这样简单，工艺系统要复杂得多。当作为预处理时，其后很可能有脱盐设备，无论是膜法、离子交换或热法，都必须考虑后续处理设备对污染、堵塞、腐蚀、结垢等的要求，经技术经济核算在满足最终水质下前后处理的关系。作为冷却处理时必须考虑与浓缩倍率、设备材质、节水与再排放等的关系，特别是兼顾高浓缩倍率下脱盐脱碱和系统经济性的关系。

工业废水水质情况更加复杂，尤其是轻化工业（如制糖、造纸、制革、电镀、屠宰、食品、制药、焦化、垃圾等），其所污染的程度远大于城市生活用水，煤化工、石化、冶金、炼油、脱硫废水等行业废水污染也很严重。排水中溶解盐的含量可达数千或数万，还有多种重金属溶入，COD成分更加复杂，或有无机耗氧物质掺杂其间，处理方式需要依据不同水质和用途设计。有一些企业污染情况较简单，如冶金冷却排水等。深度处理系统多选石灰水处理系统，或以石灰水处理为基础处理。

电站工程使用中水多选用石灰水处理的原因，在第二章第三节已有叙述，需要强调的是可以有效克服生化处理由于季节、倒池、负荷波动等带来的水质不稳定性。

虽然影响污水处理出水水质的因素很多，如大城市和小城市、消费水平高和消费水平低等的差别，统计数据中的个别数据会干扰结果，但是总的趋势很清楚。图4-1中NH_3-N含量的平均最大值为13.9mg/L，平均最小值为2.0mg/L，二者相差近7倍。

国外城市二级污水回用起步较早，"1968年美国加利福尼亚州南塔霍湖建成第一座污水回用工厂，后陆续有加利福尼亚州伯班克、格兰待尔、亚利桑那州派拉窝德等电站投产"[23]。日本东京都江东地区工业水道、南非比勒陀利亚-威特沃斯兰-费雷尼欣地区、以色列特拉维夫丹河工程等都是利用二级污水回用工程，规模在数万到数十万吨/日。美国三个电站的深度处理水仅供循环冷却补充，深度处理系统有石灰水处理或直接砂滤，冷却水管使用钛材或海军铜，至调查时已运行20余年，情况良好。

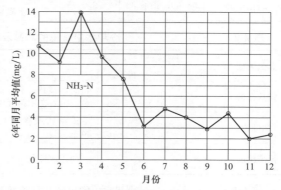

图4-1 北京某污水处理厂实测NH_3-N综合数据曲线

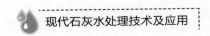

第三节　循环水系统因 NH₃-N 引发的腐蚀问题

邯郸热电厂中水石灰深度处理系统于 1998 年 9 月 17 日开始供水，机组投入运行后约两年多发现循环水 pH 大幅降低，最低达到 4.3，循环水长时间处于酸性状态之下，导致水塔混凝土构筑物及其他设备材料发生不同程度的腐蚀。此事引起了人们普遍重视，从而引发提出回用中水 NH₃-N 指标的各种意见，因此有的地区在工程设计中在回用水深度处理的石灰水处理前加入一级补充生化处理。

邯郸热电厂的 NH₃-N 腐蚀问题有其必然性，也有偶然性。如果认识产生腐蚀的原因停留在表面现象上，缺乏深入技术探索，则选择对应技术措施时的思路也必然停留在单纯清除这样治标不治本、耗费大、效果不稳定技术选择上。

邯郸热电厂委托西安热工研究院针对该厂出现的 NH₃-N 腐蚀进行了专题试验，鉴于此项试验研究具有普遍意义，本节将有关部分引述如下。

一、有机物对循环冷却水的影响

循环冷却水中常见的几类微生物的适宜生长条件及其对循环水系统带来的问题和危害见表 4-1～表 4-3。

表 4-1　　　　　　　冷却水中常见的细菌及其较适宜的生长条件

细菌类型	生长条件		对系统产生的危害
	温度（℃）	pH	
好氧硫细菌	10～37	0.6～7.8	使硫化物氧化为硫或硫酸
厌氧硫酸盐还原菌	0～70	5.5～9.0 最适宜 7.0～7.5	在好氧菌黏泥下生长，产生硫化氢，引起腐蚀
铁细菌	0～40	6～9.5 最适宜微酸性	在细胞周围形成氢氧化铁保护壳，产生大量的黏泥沉淀物
硝化菌群	5～40，最适 30	6.0～9.5	产生 NO₂ 和 NO₃，使水质变酸性，并影响杀生剂作用，使水质易受微生物危害而恶化

表 4-2　　　　　　　冷却水中常见的真菌及其适宜生长的条件

真菌类型	生长条件		特性	对系统产生的危害
	温度（℃）	pH		
丝状霉菌	0～38	2～8 最适 5～6	黑、黄褐、棕、蓝、黄、绿、白、灰等色，附着在木材表面	产生黏泥及木腐病
酵母菌	0～38	2～8 最适 5～6	皮革状或橡胶状的生长物，通常带有色素	产生黏泥，使水、木材变色
担子菌属	0～38	2～8 最适 5～6	白色或棕色	使木材内部腐烂

表 4-3　　　　　　　冷却水中常见的几种藻类及其较适宜的生长条件

藻类	生长条件		对系统产生的危害
	温度（℃）	pH	
绿藻	30～35	5.5～8.9	常在冷却塔壁、水槽、配水装置中成片繁殖，严重时能长满塔壁，厚达数厘米。其主要危害是造成污垢沉积，影响配水均匀性和冷却塔冷却效率。其代谢使水产生臭味，水色发黑，藻类沉积后会形成硅垢
蓝藻（含蓝色素层）	35～40	6.0～8.9	
硅藻（含棕色素层，细胞壁含 SiO₂）	17～36	5.5～8.9	

"冷却水系统中，系统温度、含氧量及 pH 都非常适合上述三类微生物的生长，冷却水系统中微生物的营养源（有机物、无机物及矿化元素）充分，碳源（有机物、CO_2 及其碳酸盐）充分，是微生物生长繁衍的良好环境。

比较表 4-1～表 4-3 可知，真菌微生物的大量繁殖带来的危害主要是对木质构筑物的腐蚀和在冷却水系统产生黏泥，因此不会影响冷却水系统 pH；冷却水系统藻类的繁殖和沉积主要会引起配水槽和配水喷嘴的堵塞，影响配水均匀性，使冷却塔的冷却效果下降，其生长繁殖过程本身不会引起系统 pH 的变化；而表 4-1 给出的冷却水中常见的几种细菌微生物除铁细菌外，其余几种在其生长繁殖的生命新陈代谢过程中都会产生强酸性物质，使系统 pH 有较大幅度下降，并引起系统构筑物、设备、管道发生酸性腐蚀。其中，以好氧硫酸菌和硝化细菌群微生物在系统中发生的生化反应对系统 pH 的影响尤为突出，而厌氧硫酸盐还原菌的生化反应过程主要发生在系统中的黏泥下面，生化反应过程产生的酸性物质（H_2S）会直接对金属等部件造成腐蚀，同时将生化过程产生的酸性物质转化为腐蚀产物（FeS），一般不会对水系统的 pH 变化产生大的影响。影响水系统 pH 的几种常见细菌微生物的深化反应过程如下：

（一）硫细菌

硫细菌为好氧性细菌，多生长在有氧和硫化氢存在的环境中，在缺氧的环境不能生长，氧浓度过高也不能生存，多数在微氧环境下繁殖生长。硫细菌在自己的生命新陈代谢过程中能把水中存在的硫、硫化物或硫代硫酸盐氧化成硫酸，从而获取能量而生存繁殖。其反应如下

$$2H_2S + O_2 \longrightarrow 2H_2O + 2S + 能量$$
$$2S + 3O_2 + 2H_2O \longrightarrow 2H_2SO_4 + 能量$$
$$Na_2S_2O_3 + 2O_2 + H_2O \longrightarrow Na_2SO_4 + H_2SO_4 + 能量$$

生产的硫酸使水的 pH 降低，在局部区域内（靠近设备管壁表面的微氧区），当上述生化反应剧烈时甚至可能生成相当于 10% 浓度的硫酸，使局部 pH 降至 1.0～1.4。低 pH 使金属管道或水泥管道及钢筋混凝土构筑物产生局部腐蚀或结构的损坏。此外，硫细菌具有铁细菌产生黏质膜的共同特性，在循环冷却水系统中会产生黏附在热交换器或管内壁的危害。丝状硫细菌像一撮白头发，落入管道会引起管道堵塞。

（二）氮化细菌

氮化细菌包括氨化菌、硝化菌、亚硝化菌和反硝化菌，在循环冷却水系统中是有害的。

氨化菌为好氧性异氧菌，能使水中有机态氮化合物转化为无机态氮（氨）。硝化菌、亚硝化菌和反硝化菌常被称为硝化菌群。硝化菌群是自养菌。其中硝化菌和亚硝化菌有强烈的好氧性，适宜于生长在中性或碱性环境，不能在强酸条件下生长。反硝化菌属于兼性厌氧菌。

硝化菌在通气良好的条件下，能使水中的氨氧化成亚硝酸或硝酸，反应如下：

亚硝化菌使氨氧化为亚硝酸

$$2NH_3 + 3O_2 \longrightarrow 2HNO_2 + 2H_2O + 能量$$

硝化菌使亚硝酸氧化为硝酸

$$2HNO_2 + O_2 \longrightarrow 2HNO_3 + 能量$$

反硝化菌与硝化菌所起的作用相反，它借助其体内的硝酸还原酶使硝酸盐还原成亚硝

酸和氨或分子态的氮（N_2），这种还原作用是在厌氧条件下和不含氮的有机物的氧化作用同时发生的。当循环冷却水污染严重或有大量黏泥、污垢和生物残骸堆积时，反硝化菌就会在其中大量生长，引起金属的腐蚀。反硝化反应如下

$$HNO_3 + 2[H] \longrightarrow HNO_2 + H_2O$$
$$2NO_3^- + 10[H] \longrightarrow N_2\uparrow + 2OH^- + 4H_2O$$
$$HNO_3 + 8[H] \longrightarrow NH_3 + 3H_2O$$

硝化菌群对冷却循环水系统的危害很大。硝化菌群中的三类细菌可以互相繁殖。特别是对于含氨高的水系统，这三类细菌产生的危害尤其严重。亚硝化菌和硝化菌会转化出大量的亚硝酸和硝酸，使系统 pH 有较大幅度的下降，引起系统在低 pH 下的酸性腐蚀，同时因亚硝酸盐有还原性，会硝化系统中的氧化性杀菌剂，使杀菌剂效率降低或不起作用，严重时可能形成典型的急性微生物危害，使水质迅速恶化。其特点是系统中各类细菌数量和黏泥量猛增，COD、浑浊度增加，水发臭发黑。因此在含氨较高的水系统中，硝化菌群往往是引起系统 pH 下降和水质恶化的主要原因。"[28]

二、硝化菌群生物硝化与反硝化的典型特征及其生物硝化过程中的酸碱平衡[28]

1. 水中生物的硝化过程

当水中发生生物硝化时，由于硝化过程是在硝化菌群（硝化菌和亚硝化菌）作用下，使水中的氮和由好氧性异养氨化菌降解水中有机态氮化合物产生的氨氧化为亚硝酸和硝酸的过程，因此在发生硝化反应时表现出来的典型特征使 BOD 下降（随着可降解有机物的降解而降低），氨盐氮含量下降，硝酸盐含量升高。此外，由于硝化过程需要在碱性条件下进行，生物硝化反应需要消耗水中的碱度使水的碱度下降，同时由于反应产物的硝酸和亚硝酸强酸性物质，会使水的 pH 下降。

2. 微生物生物硝化反应过程的酸碱平衡

微生物生物硝化反应适合在碱性条件下进行，按理论计算，硝化反应时，每氧化 1g 氨氮就需要消耗碱度 7.14g（以 $CaCO_3$ 计），如在系统中同时存在反硝化，反硝化过程中每还原 1g 硝酸盐氮将回收 3.57g 碱度（以 $CaCO_3$ 计）。在循环冷却系统中，由于冷却塔供氧充足，系统中进行的生化反应是在好氧条件下进行的，因此厌氧反硝化过程几乎不存在，但在冷却塔塔底部沉积的污泥下和系统其他污垢沉积区内会存在反硝化过程。

3. 循环冷却水系统脱氨氮机理分析

循环冷却水系统由冷却塔、循环水泵和换热设备构成。在冷却塔内，水与空气接触并进行蒸发冷却，然后供换热设备循环使用。冷却塔由于蒸发、风吹、排污而需要补充水，当利用处理后的城市污水或利用被氨氮等物污染的水体作为补充水时，补充水中的氨氮等污染物就会源源不断地被带入循环冷却系统。城市污水经二级污水处理后，氨氮含量一般为 5～25mg/L，邯郸热电厂 2×200MW 机组循环冷却水采用被氨氮等物污染严重的滏阳河水作为补充水，其中氨氮含量一般为 10～25mg/L。这些氨氮污染物进入冷却水系统后在实际运行浓缩倍率达 2 倍左右时，冷却水系统中的氨氮含量却保持在 1mg/L 以下，且不随浓缩倍率增加和运行时间延长而积累，而冷却水中的硝酸盐含量却大幅增加至原补充水含

量的数十倍之多。这说明在循环冷却水中发生着脱除氨氮的典型生物硝化过程。

循环水系统是一个特殊的生态环境，合适的水温、很长的停留时间、冷却塔巨大的填料表面积及充足的空气（氧气）等优良条件使循环冷却水系统充当了理想的庞大型推进式生物反应器，促进了微生物生命繁殖的新陈代谢过程。在含 $NH_3\text{-}N$ 的污染水体中微生物的硝化反应剧烈，促使了水中 $NH_3\text{-}N$ 物质的快速转化。

冷却塔中水的停留时间与浓缩倍率有关，浓缩倍率越高，补充水量越少，循环水在系统中的停留时间越长。一般估算，当浓缩倍率为 2 倍时，循环水在系统内停留时间为 10～20h；当浓缩倍率为 5 倍时，停留时间可延长至 40～50h。可见停留时间很长，足以满足一般微生物生化反应对时间的要求。

循环冷却水系统在正常工况下的水的 pH 一般在 7.5～9 的范围内，适合大多数微生物生存对介质 pH 的要求。

冷却循环水的水温长期保持在 25～35℃ 范围内，恰好是大多数微生物生长对温度的要求，是硝化菌生长最适宜的温度范围。

循环冷却水中氧量充足，理论计算氧化 1g $NH_3\text{-}N$ 转化为 $NO_2\text{-}N$ 需耗氧 1.14g，硝化反应共需耗氧 4.57g。为使硝化反应充分，氨氮的硝化过程应保证空气量为硝化所需理论量的 50 倍（废水生化过程工艺要求）。在循环冷却系统，冷却塔内每立方米水的空气量可达 2000m³，供氧充足，溶解氧可以达到饱和状态。这样高的空气量可以提高溶解氧向液膜的传递速率，有利于硝化反应的进行。

循环水补水采用经二级处理和深度处理后的城市污水或循环水补充水源受污染较严重时，水质含有一定数量的细菌和有机物，它们在冷却塔填料表面很容易生产一层生物膜。填料比表面积一般为 100～300m²/m³，巨大的比表面积为生物膜生长提供了良好场地。虽然填料的比表面积大，但由于循环水量是补充水量的几十倍，相当于高倍数细流，因此填料不会有脱水现象发生，避免了生物膜干化而影响其活性。这种生物膜的形成进一步促进了循环冷却水系统中微生物硝化的进行。

循环冷却水系统中氨盐氮的生物转化过程如图 4-2 所示。

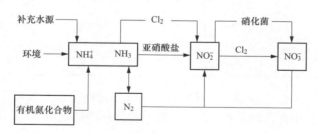

图 4-2　氨盐氮的生物转化过程示意

氨在循环水系统中的生物转化主要是在亚硝酸盐和硝酸盐作用下完成的，氧化性杀菌剂（如氯）促进了氨的转化，氯在氨的生物转化过程中的作用是促进了 NO_2^- 盐向 NO_3^- 盐的转化

$$Cl_2 + H_2O \Longleftrightarrow HClO + HCl$$

$$NO_2^- + HClO \Longleftrightarrow NO_3^- + HCl$$

由上分析可见，当循环冷却水补充水受到污染后，微生物在系统中进行的生化反应会给系统中水质带来明显影响。当污染物以 NH_3-N 为主时，氨在循环水系统中不断地被生物转化为亚硝酸及硝酸强酸物质，加氯杀生又转化为盐酸，都会使受 NH_3 污染的水的 pH 下降。当氨污染严重时，pH 下降幅度会很大。

三、导致邯郸热电厂 NH_3-N 腐蚀的原因

NH_3-N 腐蚀的主要原因是进入循环水系统的残余 NH_3-N 硝化成为 NO_3-N（或 NO_2-N）的过程中消耗碱度，从而促使水的 pH 降低而腐蚀。硝化反应如下：

$$NH_4^+ + 1.86O_2 + 1.98HCO_3^- \longrightarrow 0.0206C_5H_7O_2N + 1.04H_2O + 1.88H_2CO_3 + 0.98NO_3^-$$

按上式每 1mg/L NH_3-N 全部转换成 NO_3-N（或 NO_2-N）时需要消耗的碱度为 7.07mg/L（以 $CaCO_3$ 计）。

进行这样反应的条件是合适的温度、足够的氧源、充分的时间和有硝酸盐菌（或亚硝酸盐菌）存在。循环水系统具备良好的客观反应条件，但并不等于具备全部条件。邯郸热电厂发生 NO_3-N（或 NO_2-N）腐蚀是因为它具备了全部条件。

邯郸热电厂实际测定的 NO_3-N 转化情况见表 4-4 和表 4-5。

表 4-4　　　　2002 年 6 月循环水系统不同测点处的硝化反应主要指标查定[28]

主要指标	测点	滏阳河水	清水箱	循环水池	
				11 号机组	12 号机组
BOD_5	(mg/L)	—	94	29	57
NH_3-N	(mg/L)	15.4	18	9.3	10.3
NO_3-N	(mg/L)	0.82	0.01	7.03	6.84

表 4-5　　　　2002 年 7 月循环水系统不同测点处的硝化反应主要指标的系统试验结果[28]

主要指标	测点	滏阳河水	澄清池入口	澄清池出口	清水箱	循环水池
pH		7.36	7.14	9.29	8.64	8.42
NO_3-N	(mg/L)	0.46	0.54	0.45	0.37	7.17
NH_3-N	(mg/L)	15.6	12.6	10.4	12.3	8.14
BOD_5	(mg/L)	81	66	43	44	11.0

由表 4-4 和表 4-5 可见，"在循环冷却水补水系统和循环冷却水主系统中始终发生着微生物的生化过程。微生物生命活动最旺盛的区段发生在循环冷却水主系统。在循环水主系统中，反应微生物生化反应的主要指标即 BOD、NH_3-N、NO_3-N 的变化与微生物生物硝化反应典型特征相吻合，即 BOD 和 NH_3-N 随硝化反应的进行迅速下降，而与此同时 NO_3-N 含量迅速升高。从严格意义上讲，邯郸热电厂 2×200MW 机组循环冷却水的补充水是滏阳河水经厂区石灰混凝处理并经调整 pH 后通过砂滤池过滤后的清水箱水。清水箱的出水进入循环水系统后经过循环水系统中的生物硝化反应后，BOD_5 值在试验不同周期内分别由 94mg/L 猛降至 29mg/L，由 44mg/L 降至 11mg/L，NH_3-N 含量在试验不同周期内分别由 18mg/L 降至 9.3g/L，由 12.3mg/L 降至 0.14g/L，由 16.15mg/L 降至 0～0.21mg/L，而与此同时，系统

中 NO_3-N 的含量分别由 0.01g/L 猛增至 6.84～7.03mg/L，由 0.37mg/L 增至 7.17mg/L，是循环水补充水浓缩倍率的几十倍，而在试验期间循环水系统的浓缩倍率一般在 2.0 左右。这说明系统中发生着剧烈的微生物硝化反应过程，从而导致系统 pH 大幅下降。"[28]

邯郸热电厂发生 NH_3-N 腐蚀危害有其自身特定的原因，并不是每个电厂用中水必然出现的规律现象，把它当成规律性而必然发生的事情，就是错误的误导，因为事实也早已证实，腐蚀可能发生也可能不发生。它的直接原因是长期使用未经生化处理的污水，污水中 NH_3-N 含量高达 25mg/L（表 4-6），而石灰水处理控制碱度偏低，深度处理系统加氯设备长期未能投入，这些都属于非正常现象，综合这些因素必然会导致腐蚀的发生。

表 4-6　　　　　　　　　　　邯郸热电厂滏阳河水源水质

项目	滏阳河水			
日期	2001.8	2002.6	2002.6.17	2002.7.6
外观	混	黑混	黑混	黑混
pH	7.5	7.36	—	7.36
BOD$_5$　(mg/L)	—	—	47	66
COD　(mg/L)	6.6	24.0	—	70.5
SS　(mg/L)	960.5	1098	—	—
NH_3-N　(mg/L)	22	17	15.4	15.6
NO_3-N　(mg/L)	1.24	—	0.82	0.46
NO_2-N　(mg/L)	0.12	—	—	—

四、如何认识 NH_3-N 在循环水中的作用

这里有必要讨论一下有关氨氮存在的基本情况，这将有助于我们认识氨氮。

"地表水氨氮化合物存在的主要形式为 NH_3-H、NH_4-Cl、NH_4NO_3、NH_4-NO_2、$(NH_4)_2SO_4$、NH_4HCO_3、$(NH_4)_2CO_3$ 等，自净化作用会引起物化形态上互相转换，如

$$NH_4Cl \longrightarrow NH_4OH + HCl(与 pH 有关)$$

$$NH_4OH \longrightarrow NH_3(分子态) + H_2O$$

$$NH_2CONH_2 \longrightarrow (NH_4)_2CO_3(好氧与厌氧条件下都可发生)$$

$$(NH_4)_2CO_3 \longrightarrow NH_4OH + NH_4HCO_3$$

$$NH_4OH \longrightarrow NH_3 + H_2O$$

通过水质物化自平衡和水体自净化转化后，滏阳河水中含氨氮化合物的主要形态有以下几类：分子态溶解性 NH_3、NH_4Cl、NH_4NO_3、NH_4NO_2、$(NH_4)_2SO_4$、NH_4HCO_3、$(NH_4)_2CO_3$ 及少量 $(NH_4)_2S$。"[28]

石灰水处理后氨氮形态转化

$$NH_4Cl \xrightarrow{OH^-} NH_4OH + MCl_i \xrightarrow{OH^-} NH_3(溶解性) + MCl_i$$

$$NH_4HCO_3 \xrightarrow{OH^-} NH_4OH + M_iCO_3 \xrightarrow{OH^-} NH_3(溶解性) + M_iCO_3$$

$$\llcorner \leftarrow (NH_4)_2CO_3$$

$$NH_4NO_3 \xrightarrow{OH^-} NH_4OH + M(NO_3)_i \xrightarrow{OH^-} NH_3(溶解性) + M(NO_3)_i$$

$$NH_4NO_2 \xrightarrow{OH^-} NH_4OH + M(NO_2)_i \xrightarrow{OH^-} NH_3(溶解性) + M(NO_2)_i$$

$$(NH_4)_2SO_4 \xrightarrow{OH^-} NH_4OH + M_iSO_4 \xrightarrow{OH^-} NH_3(溶解性) + M_iSO_4$$

其中，M 为水质与阴离子对应的阳离子，主要为 Na^+、Ca^{2+}、Mg^{2+}，$i=1\sim2$。

从化学转换过程可见，经石灰水处理后，水质含有的氨氮化合物主要是溶解性 NH_3 和 NH_4^+ 以及部分硝酸盐。

从氨的性质看，氨溶于水质能解离为 NH_4^+ 及 OH^-，而在高 pH 条件下，NH_4^+ 会转换为分子态 NH_3，其平衡关系[28]为

$$NH_3 + H_2O \Longleftrightarrow NH_4^+ + OH^-$$

此外附带讨论一下 NH_3 在水中存在的形态问题，这对于我们认识氨氮也是有帮助的。

"氨溶液中并不含有不解离的氢氧化铵，氨溶于水中，大部分与水结合，但只形成水合物，氨溶液在低温时析出的一种水合物是一水合氨（$NH_3 \cdot H_2O$），一水合氨和可认为氨存在于溶液内的主要形式如下

$$NH_3 + H_2O \Longleftrightarrow [NH_4]^+ + OH^- \tag{4-1}$$

$$NH_3 + H_2O \Longleftrightarrow NH_4OH \tag{4-2}$$

$$NH_4OH \Longleftrightarrow NH_4^+ + OH^- \tag{4-3}$$

$$NH_3 + H_2O \Longleftrightarrow NH_3 \cdot H_2O \Longleftrightarrow [NH_4]^+ + OH^- \tag{4-4}$$

式（4-4）不可认为是式（4-2）和式（4-3）的联合，因为 $NH_3 \cdot H_2O$ 和 NH_4OH 不同，前者是加成化合物，是水分子和氨分子通过氢键结合的；后者则为离子化合物，由铵离子和氢氧根所组成，$NH_3 \cdot H_2O$ 按照式（4-4）解离的量很少，可认为是一种弱碱，而 NH_4OH 则完全解离，故为强碱。"[29]

"在稀溶液内，水的浓度实际上不受式（4-4）的影响，而可认为是恒定的。根据质量作用定律得氨和水反应的常数

$$K = \frac{[NH_4^+][OH^-]}{[NH_3]}$$

$[NH_3]$ 是水合和未水合氨的总浓度，在 18℃ 时，$K=1.75\times10^{-5}$。由以上所述可知，K 可以说是氨水合物的电离常数，而不能说是氢氧化铵的解离常数。"[29]

"当废水或出水的 pH 升高时，以铵离子形式存在的氨转变成氨气，然后在溶液通过吹脱塔时释放出来。在 pH=11 时，铵离子基本上转变为氨气。"[10] 如图 4-3 所示（由该书所载数据绘制）。

作者认为 NH_3（多种形态存在）的存在不一定全都是有害的（在工业无铜系统中），或许有有利的一面。由邯郸热电厂回用中水研究得知，回用中水后应主要关注的技术问题是腐蚀和污堵两大问题（结垢是常见问题）。腐蚀的性质被认为是综合性腐蚀，曾认为可能引起综合性腐蚀因素包括残余有机物直接或间接引发的腐蚀、微生物生长繁殖或分解产物直接或间接引发的腐蚀、无机盐或颗粒物与残余有机相互作用或共同作用引发的直接或间接的腐蚀等。这些在最早的邯郸热电厂的前期工作中未能深入研究，至今也未见有关研究专题报道，只是当邯郸热电厂发现有 $NH_3\text{-}N$ 硝化引发的对混凝土的腐蚀问题时才引起重视，至今未发现其他残余有机物对不同材质的传热管道、碳钢管道、混凝土构筑物等循环

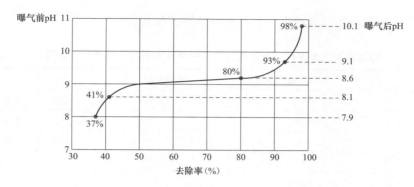

图 4-3 不同 pH 下曝气前后 NH_3-N 的去除率曲线

冷却系统触水材料有明显腐蚀情况，因此未能引起的对腐蚀问题的研究和重视。例如，邯郸热电厂曾在冷凝器水室设置阴极保护装置，运行后一两年曾进行检查，但未发现问题，其后未再检查评价。

经过石灰处理水的 pH 在 10 左右，如果欲除去 Mg^{2+}，应当控制 pH$\geqslant$10.3。从图 4-3 可见，NH_3-N 95％以上都已经转化为 NH_3（高 pH 转化为 NH_3 的作用，只要我们了解 NH_3-N 测试方法中将水样 pH 调高到 10.5 后即可以测 NH_3 量，制定 NH_3-N 含量，如钠氏比色法。）。NH_3 是碱性物质，在水中的溶解度很高，"在 20℃时，约吸收 700 体积。"[29] 当不考虑其或许被硝化或促进微生物生长等作用时，NH_3-N 是 N 和 H 多种形态的化合物，基本都具有同属性质，没有证据证明 NH_3-N 对电站内所可能接触到的材料（除铜质）有直接腐蚀等危害作用，甚至有益。

五、如何防治 NH_3-N 可能引发的腐蚀

任何有机化学反应都是链状反应，必须具备全部链状反应的基本条件反应才可以继续进行，任何一条链断开都会使反应终止。所以增加补充生化处理等去除 NH_3-N 的办法不是唯一可选的办法，而且是最不经济、最不易管理的办法。

历来循环水处理的一个基本观点是维持盐类的平衡，而不像锅炉补充水处理那样，将盐分全部除尽。这是因为开式循环冷却水量很大，开式冷却中不断与空气接触被污染，也是技术经济比较后的最佳选择。即使必须处理时，首选内部处理，无论怎样处理，也不必把含量降到最低，以维持极限量为最佳。对待 NH_3-N 也同样如此，NH_3-N 并不直接造成危害，也不是只要存在就一定会带来危害，并不会全部都可被转化。那么可以得出这样的结论：一定量存在不会形成危害、切断有机反应链的任何一环都可以防止转化、有足够的碱度即使转化也不足以使 pH 降低到引起腐蚀等。

从以上论述可以看出，污水系统和中水回用的循环水系统对存在于水中的 NH_3-N（或 NH_3）的认识是不同的，我们应当不断总结工业应用的实践经验。邯郸热电厂和高碑店热电厂十几年的运行经验是十分有益的。初步归纳如下：

（1）石灰水处理可以降低部分 NH_3-N 含量。两厂实测得知，经过石灰水处理 NH_3-N 可以大幅降低，降低过程包括在澄清池内的单纯石灰水处理，也包含在冷却塔的循环吹脱分离。当然测定方法不能分辨测定值中 NH_3-N 或 NH_3 或其他 H-N 化合物。表 4-7 为邯郸

东污水处理厂（氧化沟）二级处理污水石灰水处理实验数据。

表 4-7　　邯郸东污水处理厂（氧化沟）二级处理污水石灰水处理实验数据

澄清池上升流速	pH	COD_{Cr}(mg/L)			BOD_5(mg/L)			NH_3-N(mg/L)		
		最大	最小	平均	最大	最小	平均	最大	最小	平均
1.2mm/s	入口	18			6.5			2.08		
	11~12	15	10	10.2	3.4	15	1.8	6.6	2.29	4.8
	去除率	—	—	43%	—	—	72%	—	—	—
1.0mm/s	入口	42/22			9			0.8		
	0.8	38/9	32/10	35/9.5			2.5	0.49	0.57	0.53
	去除率	—	—	17/57%	—	—	72%	—	—	34%
0.9mm/s	入口	42			9			0.9		
	8.52	38	18	28	3.0	1.0	2.0	0.13	0.22	0.18
	去除率	—	—	33%	—	—	78%	—	—	80%
0.8mm/s	入口	42/22			9			9		
	8.52	43/11	39/6	41/8.5	0.33	0.17	0.21	—	—	1.0
	去除率	—	—	2/61%	—	—	98%	—	—	89%
0.7mm/s	入口	42			9			0.9		
	8.52	22	26	24	4.5	4.5	4.5	0.54	0.55	0.55
	去除率	—	—	43%	—	—	50%	—	—	39%

综合以上数据，COD_{Cr} 的去除率为 30%～60%，BOD_5 的去除率为 50%～90%，NH_3-N 的去除率为 30%～85%。

再如高碑店热电厂石灰水处理前后的 NH_3-N 数据如下：

2006 年 NH_3-N：

中水入口	平均 3.60mg/L	最大 25.4mg/L	最小 0.12mg/L
滤池出口	平均 2.67mg/L	最大 13.60mg/L	最小 0.12mg/L
降低值	平均 0.93mg/L	最大 11.8mg/L	最小 0
去除率	平均 26%	最大 47%	最小 0

2007 年 1～5 月 NH_3-N：

中水入口	平均 7.62mg/L	最大 26.1mg/L	最小 0.22mg/L
滤池出口	平均 3.97mg/L	最大 7.50mg/L	最小 1.8mg/L
降低值	平均 3.65mg/L	最大 18.6mg/L	最小－1.58mg/L
去除率	平均 48%	最大 71%	最小（无数据）

两厂经石灰水处理 NH_3-N 的去除率大体相当，说明石灰水处理过程可以被除掉一部分。

（2）进入循环水系统的 NH_3-N 并不会完全被硝化。表 4-8 为邯郸热电厂循环水系统硝化反应系统查定。

表 4-8   邯郸热电厂循环水系统硝化反应系统查定（2002 年 7 月）

测点 主要指标	滏阳河水	澄清池入口	澄清池出口	清水箱	循环水池
pH	7.36	7.41	9.29	8.64	8.42
NO_3-N（mg/L）	0.46	0.54	0.45	0.37	7.17
NH_3-N（mg/L）	15.6	12.6	10.4	12.3	8.14
BOD_5（mg/L）	81	66	43	44	11.0

综合以上数据，NH_3-N 由清水箱到循环水池降低值为 $12.3-8.14=4.16(mg/L)$，占 34%，此即 NH_3-N 对 NO_3-N 的最大转换率（还有 NH_3-N 的吹脱率和与 CO_2 的结合）。

NO_3-N 由清水箱到循环水池增加值为 $7.17-0.37=6.8(mg/L)$。

从表 4-8 可以看出，即使在邯郸热电厂当时那样便于硝化的环境下，其硝化率也只有约 34%。

高碑店热电厂 2005 年 6～12 月统计的 NH_3-N 变化值如下：

二级中水入口	平均 4.02mg/L	最大 9.60mg/L	最小 1.84mg/L
石灰水处理降低约 30%	平均 2.81mg/L	最大 6.72mg/L	最小 1.29mg/L
2005 年 6～12 月循环水	平均 1.73mg/L	最大 2.12mg/L	最小 1.2mg/L
降低值	平均 1.07mg/L	最大 4.6mg/L	最小 0.09mg/L
降低率	平均 38%	最大 68%	最小 7%

平均值与邯郸热电厂近似，浓缩倍率也相近，该厂从未发现循环水有 pH 降低现象。

（3）良好的石灰水处理过程有助于 NH_3-N 发生形态变化，其作用优劣与石灰水处理澄清池设计和控制技术参数有关。由图 4-3 得知，正常的石灰水处理 pH 控制在 10.3～10.4 时，绝大部分各种形态存在的 N-H 化合物都将转化为 NH_3。游离氨在不断循环过程中被挥发吹脱也有很大可能。

NH_3 存在于水中具有双重性。发生 NH_3-N 转化为 SO_3-N 的腐蚀后，人们开始对冷却水系统的腐蚀提高警惕，认为 NH_3-N（实际是 NH_3）的存在是危害之源，加上在污水处理时对 NH_3-N 的认识，认为必须彻底除掉 NH_3-N。如前述，中水中残存的 NH_3-N 除与铜合金有络合腐蚀和硝化酸性腐蚀外，至今未发现其他有害作用。电站水处理技术告诉我们，炉水调节 pH 防止腐蚀主要依靠 NH_3，二者的差别在于是否由 NH_3-N 转化成 NO_3-N，或由 NH_3-N 转化成 NH_3。只要控制不发生硝化和更多的 NH_3 转化，就是我们需要的最佳结果。

（4）可以有多种防治 NH_3-N 被硝化的技术措施可供选择，如杀灭循环水系统当中的硝酸盐菌或亚硝酸盐菌、加碱补充被耗碱度、部分旁流返回石灰水处理、加强吹脱游离氨盐等。

补充生化处理进一步降低中水中的 NH_3-N 是有效的，但是需要指出，在生化处理中去除 NH_3-N 的主要作用是氧化作用，即将 NH_3-N 转化为 NO_3-N，N 并没有被除去，只是转化了存在的形态。就是把认为在循环水系统中进行的硝化反应提前在专门增加设置的设备中进行，硝化过程消耗的碱度是等量的。理论上讲 NO_3-N 在反硝化菌缺氧条件下仍然有可能还原为有机氮化合物，只是在循环系统中这种可能性很小，仅在池底的黏泥中有发生的可能。

（5）一些单位或人员孜孜以求地探索回用水 NH_3-N 指标数据，在各电站工程设计中提出的有 NH_3-N 的含量小于 1、3、5、7、10mg/L 等，差别很大。从实质看单纯追求这些数据并没有特定意义。虽然进一步降低 NH_3-N 是深度处理的一个内容，但是只要所用是经生化处理达二级处理排放标准的中水，再经石灰深度处理基本都可以在不同浓缩倍率下防止 NH_3-N 转化腐蚀，关键在于石灰深度处理工艺系统和设备的技术性能先进合理和能够对此提出对应措施，如按照规程要求运行中保持循环水有余氯等。

至今可以认为，城市生活中水补充循环水的二级处理水的 NH_3-N 含量控制值小于 10mg/L 是可行的。

华能北京高碑店热电厂实际经历数据如下，可供参考。2000 年中水投产，凝汽器 B30 管，石灰水处理（无前置生化处理），机组运行安全，一直没有发现腐蚀现象。

2003 年中水 NH_3-N 平均 13.41mg/L，最大 38.91mg/L，其中平均超过 10mg/L 有 6 个月。

2004 年中水 NH_3-N 平均 9.4mg/L，最大 32mg/L，其中平均超过 10mg/L 有 5 个月。

2005 年中水 NH_3-N 平均 4.02mg/L，最大 9.6mg/L。

2006 年中水 NH_3-N 平均 3.60mg/L，中水最大 25.4mg/L。

2007 年中水 NH_3-N 平均 7.02mg/L，中水最大 26.1mg/L。

（6）有报道称，"废水中的氨能以两种方式对混凝土起破坏作用：①因产生硝化作用而产生了酸化反应，但这种情况只发生在需氧介质中，如空气冷却塔中。②因石灰的置换而释放氨，它将加速石灰的增溶溶解作用，从而导致水泥快速剥蚀。镁盐或其他弱于石灰的碱都能引起同样的作用。因此，应当避免 NH_4 和镁浓度过高，特别是同时存在硫酸盐时。"[81] 此报道仅粗略论述，无数据和事例佐证说明，仅供参考。

（7）既然石灰水处理后水质的 N-H 化合物基本转化为 NH_3，那么将 NH_3 分离出来可能将是一个可选措施，但实际实施却十分困难。

下面介绍《当代给水与废水处理原理讲义》[30] 中所载 NH_3 吹脱塔的设计。

1. NH_3 的解析特性

NH_3 的解析在水中呈下列反应

$$NH_3\text{-}N + H_2O \rightleftharpoons NH_4^+ + OH^- \tag{4-5}$$

NH_3 在上述含氮组分中所占的百分数为

$$NH_3\text{-}N \text{ 的百分数} = \frac{[NH_3]}{[NH_3] + [NH_4^+]} \times 100\% \tag{4-6}$$

式中，[ ] 表示摩尔浓度。

由式（4-5）得反应的平衡常数 K_b

$$K_b = \frac{[NH_4^+][OH^-]}{[NH_3]}$$

把水的溶度积关系 $K_\omega = [H^+][OH^-]$ 代入上式，并与式（4-6）消去 $[NH_3]$ 及 $[NH_4^+]$ 得

$$\text{NH}_3\text{-N 的百分数} = \frac{1}{1 + K_b[\text{H}^+]/K_\omega} \times 100\% \tag{4-7}$$

式中　K_b、K_ω——温度的函数，但 K_b 受温度的影响较大。

从整个式（4-7）来看，$\text{NH}_3\text{-N}$ 的百分数主要受 $[\text{H}^+]$ 的影响，即受水的 pH 影响，图 4-4 为式（4-7）的图解。

从图 4-4 可以看出，当 pH<9 时，NH_3 的百分数小于 30%，因此，为了去除废水中大部分的 NH_3，必须碱化废水，一般加石灰。当 NH_3 的百分数大于 98% 时，pH 必须大于 11。

为了便于计算空气中和水中的 NH_4 浓度，还需导出它们间的关系。

先将亨利定律式写成下列形式

$$p_i = k_i X_i \tag{4-8}$$

式中，下标 i 代表组分 NH_3，X_i 代表 NH_3 在水溶液中的摩尔分数。

Y_i 对 X_i 的曲线如图 4-5 所示。

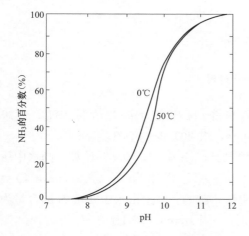

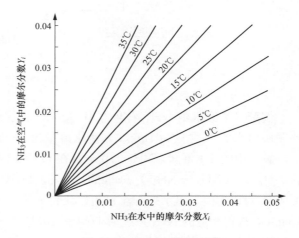

图 4-4　NH_3 的百分数与 pH 的关系[30]　　　图 4-5　Y_i 对 X_i 的曲线[30]

对于空气压力 p 来说，其中 NH_3 所占的分压 p_i 与 NH_3 在空气中的摩尔分数 Y_i 的关系为

$$p_i = p Y_i \tag{4-9}$$

由式（4-8）及式（4-9）得

$$Y_i = \left(\frac{k_i}{p}\right) X_i = k_i' X_i \tag{4-10}$$

式中，$k_i' = k_i/p$，在温度不变时为一常数。式（4-10）代表一条直线，当温度变化时，由式（4-10）可以按不同温度绘成一组直线，如图 4-5 所示，直线的斜率即 k_i 值。

2. 吹脱塔的设计

吹脱塔的工作过程如图 4-6 所示。为了便于建立物理化学的关系，流量均用 mol/s 表示，含有 NH_3 的水溶液 L（由于 NH_3 的摩尔分数可以忽略，L 实际是水的流量）从塔顶向下喷洒，其中 NH_3 的摩尔分数为 X_2，在出塔时，NH_3 的摩尔分数降为 X_i。空气流量为

G，从塔底往上吹，其中 NH_3 的摩尔分数为 Y_i（一般 $Y_i = 0$），空气出塔时 NH_3 的摩尔分数上升为 Y_2。假定在吹脱过程中，流量 L 及 G 都保持不变，根据从水中所解析出来的 NH_3 总量与空气中吸收的 NH_3 总量相等，即得到下列衡量关系

$$G(Y_2 - Y_i) = L(X_2 - X_i) \tag{4-11}$$

即设计吹脱塔的基本方程式。

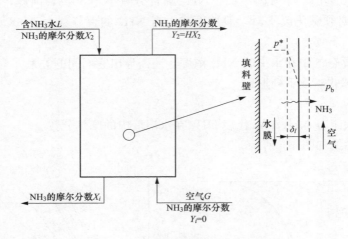

图 4-6　吹脱塔的工作过程

例题　某废水中 NH_3 浓度为 40mg/L，先加石灰将 pH 提高为 12 以吹脱 NH_3，要求吹脱塔出水的 N 含量为 1mg/L，废水流量为 4000L/s，求 20℃时的空气流量。

解　由图 4-4 可知，NH_3 的百分数在 pH＝12 时大于 99.8%，按 99.8% 计算，则水中所含 NH_4^+ 占（$NH_3 + NH_4^+$）总量的 0.2%，故 NH_4^+ 与 NH_3 之比为（0.2%）/（99.8%）＝0.002，可以忽略。出水中所含 N 可以认为全是由 NH_3 贡献的。由于出水中要求 N 的含量为 1mg/L，故得相应的 NH_3 浓度为 1/14＝0.0715mmol/L，因 1mmol/L NH_3 含有 14mg N。

出水中 NH_3 的摩尔分数为

$$X_i = \frac{0.0715 \times 10^{-3}}{55.5 + 0.0715 \times 10^{-3}} \approx 1.39 \times 10^{-6}$$

式中，55.5 为 1L 水溶液中水的物质的量。

进水中 NH_3 的摩尔分数为

$$X_2 = \frac{(40 \times 10^{-3})/17}{55.5 + (40 \times 10^{-3})/17} \approx 4.23 \times 10^{-5}$$

进塔空气中不含 NH_3，故 $Y_1 = 0$，出塔时为 4.23×10^{-5}。由图 4-5 得 20℃的斜率为

$$\frac{Y_i}{X_i} = \frac{0.039}{0.035} \approx 1.11$$

因此得

$$Y_i = 1.11 \times X_2 = 1.11 \times 4.23 \times 10^{-5} \approx 4.71 \times 10^{-5}$$

由式（4-11）得空气流量为

$$G=\frac{L(X_2-X_i)}{Y_2-Y_i}=\frac{4000\times55.5(4.23\times10^{-5}-1.39\times10^{-8})}{4.71\times10^{-5}-0}\approx192000(\mathrm{mol/s})$$

$$=192000\times22.4\times(273+20)/273\approx4.61\times10^{-6}(\mathrm{L/s})$$

式中，22.4 为 1mol 气体在标准状态下（0℃）的容积；(273＋20)/273 为换算为 20℃时气体的容积所乘的系数。

第四节　邯郸热电厂与高碑店热电厂的技术经验

邯郸热电厂中水回用深度处理投运至今已近二十年，积累了较多的实际经验，虽然至今没有做全面的技术总结，但是它所积累的基本经验经过其后各厂的实践证实，其技术要点归纳如下：

（1）邯郸热电厂决定用石灰水处理中水是十分慎重的，工程设计之前曾多次邀请国内多名知名专家从换热器腐蚀、浓缩倍率、结垢结盐、有机物危害等多方面探讨预测，对石灰水处理方案也进行过多次讨论。邯郸热电厂用未来供水的邯郸东污水处理厂的真实污水，进行了近一年的腐蚀和石灰水处理系统与设备性能的全面动态模拟实验，以科学的态度和创新的精神提出全新、可靠的技术路线，并以此招标实施，为一次性成功打下了良好基础。

选择石灰水处理着眼于它影响水被处理的全面性，它不只是除硬，也不只是除浊，而是除掉那些已知的和未知的包含有机物在内的非溶解物，且能为未来可能出现的未预测的困难留下技术空间。

（2）认识到用在中水的石灰水处理与传统石灰软化或其他水净化方式在系统、设备、参数上存在很大差别。新的石灰水处理系统与设备不仅要总结四十年来的历史经验教训，彻底克服其弊病，而且要达到现代所能接受的水平，并探索过去所没有认识到的石灰水处理反应的一些理论和条件，以及中水所出现的一些新问题。

例如，提出对石灰软化、石灰澄清与石灰中水处理三者之间反应上的区别。石灰软化原理大体流程是"溶解"→"反应"→"聚合"→"沉降"→"分离"；单纯凝聚大体流程是"消稳"→"聚合"→"沉降"→"分离"；而中水石灰水处理大体流程是"溶解"→"反应"→"聚合"→"吸附"→"渡过活性期"→"分离"。这是去除水中物质不同所决定的，也是新石灰水处理技术标准提高所决定的。

（3）基于石灰水处理技术的特殊性，工程建设实行责任承包，委托招标和考察技术可靠、声誉可信的企业承担责任全面技术承包，责任与利益直接关联，把试验研究、设计供货、安装调试、取得安全合格出水和运行承担全面负责，建设过程中赋予相应职权，因而得到了良好的效果。在全部实施过程中，工程总承建方（电厂）、工程设计方（河北省电力勘测设计研究院）、施工方（河北电建二公司）、供货和技术总负责方（北京沃特尔水工程公司，承担全面技术责任）齐心协力、分工协作、互相支持，只用半年时间即一次成功投运。

（4）中水石灰深度处理必须在生化处理基础上，二者互补，即不可直接处理污水。深度处理是针对生化处理中残留的没有完全降解的原态污染物、降解后没有被完全分离的产物及分离后没有完全脱除水体的物质等，而不是替代生化处理。

（5）深度处理的一个主要作用是得到稳定的水质。生化处理的不稳定性是客观存在的，如季节影响、昼夜负荷波动影响、细菌培养影响、水质波动影响等，是不可避免的。故中水水质是不稳定性的，有时差许多倍，然而工业补充水却不能允许随其波动，深度处理的一个很重要的目的就是改变其不稳定性。石灰水处理可以起到缓冲作用，如在石灰水处理中去除有机物，当有机物含量大时，因其含大分子或分子团；去除率也会提高，当有机物含量小时，因"溶解"的部分和胶体部分所占比例大，故去除率降低。

城市中水一般不含溶解盐的污染，有工业污染时则会复杂得多。如果城市污水中掺有工业污水，则处理时常常在经济技术上引起许多困难。

（6）进一步脱盐和向超高压锅炉供水。

邯郸热电厂自 1998 年开始使用中水以来，一直将石灰深度处理水作为锅炉补给水源。

当时的锅炉补给水处理系统是清水→纤维过滤→弱酸离子交换→强酸离子交换→强碱离子交换→除碳→混床离子交换→锅炉。其后在离子交换前增加了 UF 和 RO 预脱盐设备，克服了有机物对树脂的污染和对热力系统的影响。

20 世纪 60 年代我国曾发现水源水污染，有机物进入锅炉系统出现汽机低压缸腐蚀问题。原因是有机物在锅炉中被蒸发进入蒸汽系统，炉水中的 NH_3 也被蒸发同时进入蒸汽系统，待至低压缸后温度降低，二者凝固点不一致，有机物溶入水中，NH_3 仍然留在蒸汽中，水中存在多种（甲、乙、丙、丁、戊等）有机酸，水的 pH 降低，随之发生对缸体和叶片的腐蚀。水源水中的有机物也可以对离子交换树脂产生污染，尤其对凝胶性树脂更甚，因为凝胶性树脂孔道小，其中的有机物不易清除。有机物在纤维过滤器被截留后很难清洗出来，积累后使过滤器彻底失效。

（7）城市中水回用于循环冷却水时，首先关注的是引发腐蚀问题。凝汽器的换热管历来以铜材为最佳选择，应对不同冷却水质选择不同铜合金，对于高含盐水，如海水，可选专用不锈钢或钛合金。由于 NH_3 与 O_2 的同时存在会产生"可溶性亚铜-铵复合物的形成而发生腐蚀。""黄铜在含氮的氧水中产生的反应如下

$$2Cu(NH_3)_2^+ + 1/2O_2 + H_2O + 6NH_3 \longrightarrow 2Cu(NH_3)_5^{2+} + 2OH^-$$

所形成的 $Cu(NH_3)_4^{2+}$ 附着于黄铜表面，成为阴极，发生如下阴极过程

$$2Cu(NH_3)_4^{2+} + H_2O + 2e \longrightarrow Cu_2O + 2NH_4^+ + 6NH_3$$

在有应力的条件下，在应力集中处，膜受到破坏，产生局部的阳极溶解。"[13]

所以必须十分慎重选择凝汽器换热管材（包括其他换热器），以避免腐蚀的发生。邯郸热电厂管材为 317L，高碑店热电厂管材为 B30，二厂长期运行都没有发现腐蚀情况。当补充水中 Cl^- 含量高时，使用不锈钢管将受到限制，常用不锈钢凝汽器管适用水质的参考标准见表 4-9 和表 4-10。

表 4-9　　　　常用不锈钢凝汽器管适用水质的参考标准 1[31]

Cl^- 含量（mg/L）	美国
＜200	TP304、TP304L、TP430
＜1000	TP316、TP316L
＜5000	TP317、TP317L
海水	AL-6X、AL-6XN

表 4-10	常用不锈钢凝汽器管适用水质的参考标准 2[31]
Cl⁻ (mg/L)	美国

Cl⁻ (mg/L)	美国
<500	X5CrNi1810
<2000	X2CrNiMoN17122
<5000	X5CrNiMo17122
<10000	X1NiCrMoCu25205

有的经验认为使用中的美国标准可以放宽。

（8）邯郸热电厂在增加膜过滤系统之后发现膜被污堵问题，找到原因得到解决，积累了宝贵经验。

（9）石灰质量低劣是几十年来困扰我国石灰制备系统发生诸多问题的之一，其要点如下：①要用高细度粉状石灰；②高质量（高有效含量）；③保持表面活性；④符合水处理用石灰质量标准；⑤系统全流程全密闭，彻底克服周围环境污染。邯郸热电厂自建石灰粉厂自制自用，可得到有效成分含量为 90% 的原料。

第五节　城市中水回用石灰水处理后膜法脱盐的有关问题

邯郸热电厂的中水回用石灰水处理直接膜脱盐系统于 2004 年投入运行，遇到严重污堵困难，经不断改进基本正常，在技术上取得了许多有益的经验，为其后许多类似系统，如污水回用与节水以及零排放工艺技术开创先例，其主要内容如下。

一、膜装置概况

第一套膜装置 UF 4×27 根 φ8mm 膜，出力 $Q=4×75m^3/h=300m^3/h$，海南 HY 公司生产，RO 膜由海德能公司生产。于 2004 年 3 月投运后 UF 膜连续出现断丝，在三四个月间全部更换两茬半，后彻底弃用，现在用加拿大和海德能膜，孔径 10 万分子量，材质为聚砜，2009 年更新完毕。每隔 2h 反洗和冲洗 70s，反洗时不加杀菌剂，在进入 RO 前也不加还原剂。

第二套膜装置 UF 4×14 根 φ8m 膜，长 1.8m，$Q=4×156m^3/h=624m^3/h$，与 RO 同为 KOCH 公司生产，孔径 10 万分子量，材质为聚砜，2005 年 10 月投运。每隔 30min 反洗和冲洗 35s，反洗时加杀菌剂，在进入 RO 前加还原剂。

两套膜装置的进水由清水箱直接引入，清水没有加氯，第二套装置进水经过加温。

二、膜装置投入运行后发生的损坏和污堵问题

膜系统投运开始即出现膜的污堵问题，不断离线清洗，尤其第一套 UF 膜严重断丝，不得已全部更换，但污堵依然存在。UF 膜和 RO 膜都有污堵，如第二套膜的一组 UF 的周期产水量降低 90%。RO 膜频繁被迫用药物清洗，有的一年内清洗 7 次，影响正常供水，成本增加，给生产带来极大困难。

（一）还原剂的影响

第一套装置在投加还原剂后的区间有大量黏稠附着物，污堵时周期 UF 降低出力约

40%，额定出力 $Q=75m^3/(h\cdot 单元)$，只达到 $Q=40m^3/(h\cdot 单元)$，停止投加还原剂后情况好转。但是第二套膜的还原剂的投加一直延续多年，也没有发现管道和膜上出现和第一套膜同样的问题。

回用中水虽然经过石灰深度处理，但水中仍然存在相当量的残余有机物（包含可繁殖生物），系统中长时间没有加氯，在设备管道里有生物积存，UF 仅在反洗时的短时间内加氯。虽然可视为冲击加氯，可以起到一定作用，但只限于反洗水所接触到的部分，在连续投加还原剂的情况下，可以达到完全绝氧，为厌氧菌提供了良好的生存繁殖环境。第二套膜装置在同一水源同加还原剂之下却没有发现类似问题，尚未得出确切解释。两套 UF 的不同有三点：①输送管长度不同；②温度不同；③第一套膜装置前经过纤维过滤。检测发现纤维过滤入口的 TBC（细菌）含量为 45 个/mL，出口为 500 个/mL，增大了 11 倍，这或许是一个主要原因。

（二）助凝剂的影响

石灰水处理澄清池投加聚丙烯酰胺时刻改善出水水质，尤其对于降低 COD 有明显效果，投加与不投加相差约 20 个百分点。因污堵物黏性很大，清洗困难，疑与助凝剂有关，故逐渐减量（<0.01mm/L）至全部停加。停加高分子助凝剂聚丙烯酰胺后澄清池出水浊度变差，直观 SS 由 2～3mg/L 增加到不小于 5mg/L（过滤后≤1mg/L）。但是 UF 和 RO 膜的运行工况得到了改善，以第二套膜为例说明（第一套膜有还原剂因素的影响），停加前曾出现四套 UF 连环清洗的情况，即一套接一套等待清洗，每套清洗需 8～10h，一天洗两台，两天轮一遍。周期产水量由最大近 10 万 t，降低到最小 1 万 t。周期产水量相对比较稳定，也比较好洗，即用同样方法，洗后都能恢复到较低的压差值<0.04MPa（周期始末为 0.04～0.12MPa）。停加助凝剂变化最明显的是 RO 的运行工况，2007 年统计年清洗约 7 次，清洗周期约 1.7 个月，2008 年统计年清洗 5 次，清洗周期约 2.4 个月，2009 年 1～9 月只清洗 2 次，清洗周期为 3～4 个月，周期制水量稳定增加。说明助凝剂是 RO 膜污堵的主要影响因素，残存聚丙烯酰胺的形态是可以穿过 UF 的溶解态或亲水性好的半溶解态物质，能够透过 UF 膜而被 RO 膜所截留。

（三）清洗的影响

检测得知 UF 的主要截留物是菌类、少量总有机碳（total organic carbon，TOC）和助凝剂残余物，故清洗时依靠较大剂量的杀菌剂基本可以使其恢复。碱洗时洗出杂物最多，可以说明被洗物的性质。

从以上资料可以明显看出，膜的污堵物主要是残余有机物和助凝剂。

三、助凝剂造成膜污堵的原因

有机高分子絮凝剂有天然高分子和合成高分子两大类。从化学结构上可以分为以下三种类型：①聚胺型，低分子量阳离子型电解质；②季铵型，分子量变化范围大，并具有较高的阳离子性；③丙烯酰胺的共聚物，分子量较高，可达几十万到几百万、几千万，均以乳状或粉状的剂型出售，使用上较不方便，但絮凝性能好。根据含有不同的官能团解离后粒子的带电情况，可以分为阳离子型、阴离子型、非离子型三大类。有机高分子絮凝剂大分子中可以带—COO—、—NH—、—SO₃、—OH 等亲水基团，具有链状、环状等多种结构。因活性基团多，分子量高，具有用量少、浮渣产量少、絮凝能力强、絮体容易分离、除油及除悬浮物效果好等特点，在处理炼油废水、其他工业废水、高悬浮物废水及固液分离中阳离子型絮凝剂有着广泛的用途。特别是丙烯酰胺系列有机高分子絮凝剂以其分子量高、絮凝架桥能力强而在水处理中显示出优越性。

本厂使用固体状聚丙烯酰胺，阳（或阴）离子型，用一级搅拌箱（小桨叶）溶解效果不好。为防止溶解不良曾用乙醇在箱外初溶，然后在箱内用水稀释的方法，配制浓度约 0.1％，溶液箱体积为 2m³，满足 1～2 天用量（不长时间储存）。

助凝剂在石灰水处理中的作用是将经凝聚聚合的石灰反应产物链接起来，形成更大的网状体，便于分离沉降和吸附捕捉细小的颗粒物，得到最佳的出水质量效果。为本厂设计的 DCH 型澄清池因较好地使用静态或动态的活性泥渣技术，利用合理投加聚丙烯酰胺和相关技术措施，可以得到较高的残余有机物去除效果（50％或以上）和悬浮颗粒（包括胶体颗粒）的去除效果，澄清池出水浊度可以达到小于 1～2mg/L 的优异水质。

从膜装置投入运行后发生的损坏和污堵问题得知，石灰水处理过程是否投加助凝剂（PAM）对膜的污堵有直接影响，为什么会有这样的副作用呢，直接的回答只能是出水中有聚丙烯酰胺携带。我们知道聚丙烯酰胺溶于水，呈丝链状，黏结性很强，它的"丝须"可以容易地扑捉颗粒物。石灰水处理后期的颗粒物主要是 CaCO₃，聚合的 CaCO₃ 往往形成结晶体，密度为 2.65～2.8g/cm³（方解石、霰石、球霰石），石灰水处理后的 CaCO₃ 颗粒在水中的量是很多的，故每团聚丙烯酰胺都可能扑捉到相当数量（聚合的或未聚合的）的 CaCO₃ 颗粒，使聚丙烯酰胺团增重不少，比较容易沉降分离。从测试渣子沉降比可以看出，对这样的团构聚丙烯酰胺，澄清池出水很难携带，即使有携带也难达到经常、连续、定量，尤其当低负荷较高温度时携带量应当更低。从出水水质清洁度直接观察，并没有发现有这种携带。

四、对助凝剂造成膜污堵原因的探索

出水中助凝剂可以形成携带有几种可能：①聚丙烯酰胺链被打碎；②溶解后存放时间过长而降解；③原料中有较多的低分子量物质；④未水解部分；⑤其他可溶于水而在石灰水处理时不反应的物质；⑥其他与聚丙烯酰胺加入有关的原因。

以上助凝剂可能造成膜污堵的诸原因中，①～③可以人为改善，邯郸热电厂也为此做了许多工作，但效果不明显，说明它们不是主要原因。

为探索其他原因需要对聚丙烯酰胺和丙烯酰胺的性质进行必要了解。

聚丙烯酰胺絮凝剂又称三号絮凝剂，是由丙烯酰胺单体聚合而成的有机高分子聚合物，无色无味、无臭、易溶于水，没有腐蚀性。聚丙烯酰胺在常温下比较稳定，高温、冰冻时易降解，并降低絮凝效果。

聚丙烯酰胺分子结构式中，丙烯酰胺单体分子量为 71.08，聚合度（n）为 $2×10^4～9×10^4$，故聚丙烯酰胺分子量一般为 $1.5×10^6～6×10^6$。

聚丙烯酰胺产品按其离子型来分，有阳离子型、阴离子型和非离子型三种。阳离子型一般都含有微量毒性，不适宜在给排水工程中使用，所以我们接触到的水处理剂聚丙烯酰

胺均属阴离子型或非离子型。

聚丙烯酰胺的絮凝机理如下：聚丙烯酰胺具有极性酰胺基团，酰胺基团易于借氢键作用在泥砂颗粒表面吸附。另外，聚丙烯酰胺絮凝剂有很长的分子链，其长度有 10^{-8} m，但链的宽度只有 10^{-10} m，很大数量级的长链在水中具有巨大的吸附表面积，其絮凝作用好，还可利用长链在絮凝颗粒之间架桥，形成大颗粒絮凝体，加速沉降。

聚丙烯酰胺在 NaOH 等碱类作用下，极易发生水解反应，使部分聚丙烯酰胺生成聚丙烯酸钠，丙烯酸钠分子在水中不稳定，被解离成 RCOO-Na$^+$。因此，聚丙烯酰胺水解体是聚丙烯酰胺和聚丙烯酸钠的共聚物，由于 RCOO—的作用，聚丙烯酰胺水解体成为阴离子型高分子絮凝剂，而非水解的聚丙烯酰胺絮凝剂为非离子型高分子絮凝剂。从上述水解方程式可以看出，聚丙烯酰胺部分水解体产品具有一定的胺味，从这点就可以简便区别聚丙烯酰胺产品是否水解。聚丙烯酰胺部分水解后，其性能从非离子型转变为阴离子型，在 RCCO—基团的离子静电斥力作用下，聚丙烯酰胺主链上呈卷曲状的分子链展开拉长，增加其吸附面积，提高架桥能力，所以部分水解体的聚丙烯酰胺的絮凝效果要优于非离子型聚丙烯酰胺。

处理高浊度水的聚丙烯酰胺一般都应采用部分水解体产品，最佳水解度（水解度是指聚丙烯酰胺分子中，酰胺基团转化为羟基的百分数）的聚丙烯酰胺沉降速度是非水解体的 2～9 倍。但聚丙烯酰胺絮凝剂中水解度过高或过低的产品，其絮凝效果都不理想，因为水解度过低，吸附架桥能力不强，水解度过高则加强了产品的阴离子性能，增大了与泥土颗粒的排斥能力。经过大量试验证实，聚丙烯酰胺絮凝剂的最佳水解度应为 25％～35％。

丙烯酰胺的分子式为 $CH_2 = CHCONH_2$，分子量为 71.08。

丙烯酰胺是一种不饱和酰胺，别名 AM，其单体为无色透明片状结晶，沸点 125℃（3225Pa），熔点 84～85℃，密度 1.122g/cm^3，能溶于水、乙醇、乙醚、丙酮、氯仿，不溶于苯及庚烷中，在酸碱环境中可水解成丙烯酸。丙烯酰胺单体在室温下很稳定，但当处于熔点或以上温度、氧化条件以及紫外线的作用下时很容易发生聚合反应。当加热使其溶解时，丙烯酰胺释放出强烈的腐蚀性气体和氮的氧化物类化合物。

"聚丙烯酰胺在碱性介质中进行水解，再加入水溶性钙盐，形成不溶性聚丙烯酸钙（CPA）沉淀物，经加工得到聚丙烯酸钙。

聚丙烯酸钙的分子量为 250 万～300 万，粒度小于 100 目，水溶性良好。"[32,33]

当处理中投加聚丙烯酰胺时，会由于以下原因对膜产生污堵：

（1）聚丙烯酰胺中含有 0.025％～0.005％的非聚合单体——丙烯酰胺，它也可作为絮凝剂。丙烯酰胺溶于水，为有机链状化合物，有毒（致癌）。

（2）石灰水处理中水中含有大量溶解钙，水呈碱性，具备聚丙烯酸钙形成的必要条件，故它是随出水携带的最主要物质。

（3）溶于水而水解不完全部分或被打碎的部分。

（4）溶于水随聚丙烯酰胺加入的其他杂质。

显然造成膜污堵的原因主要是（1）和（2），即除中水残余有机物外深度处理中加入的聚丙烯酸钙和丙烯酰胺。

进一步推论聚丙烯酸钙可能是最主要的堵塞原因，因为其他非石灰水处理的澄清池

（中水或非中水处理）在投加较大剂量的助凝剂（PAM）的情况下，多年运行（最长 15 年）后级处理的膜上未发现有明显的聚丙烯酰胺污堵现象。

五、归纳几点认识

邯郸热电厂是城市生活中水大型工业回用石灰深度处理供循环水和锅炉补水的第一家，也是中水石灰水处理后膜脱盐运行的第一家，积累了许多有益的技术经验，其后一些工程中验证了这些经验的普遍意义，现归纳如下：

（1）石灰深度处理水进行膜脱盐时会面临污堵困难，可能会大幅度降低出力和缩短运行周期，导致影响正常供水，需要分清原因有针对性地采取对应措施，保持膜长期安全运行。

（2）回用中水膜产生污堵的原因有中水残余有机物、细菌类生物、澄清水带出的助凝剂及其衍生物，对于第一套 UF 和管道污堵，主要是（纤维过滤聚集繁殖带来的）细菌类生物，从第二套 UF 和 RO 膜观察到的污堵原因主要是助凝剂（PAM），助凝剂产生污堵的主要原因是聚丙烯酸钙。

（3）回用中水首先必须经过石灰深度处理，石灰水处理的系统和设备要保证水质稳定。

（4）膜的污堵物可以通过清洗出力恢复到基本状态，对脱盐率影响不大，但是不要过于频繁，清洗液对膜的滤层不要有大的损害，否则将影响膜的寿命和运行经济性。

（5）石灰深度处理过程中足够的杀菌是必要的，本厂投加杀菌剂一直不足，系统中积存较多有机生物是容易发生问题的潜在因素，还原剂的投加和位置应合理。

（6）石灰水处理投加助凝剂（PAM），需警惕产生聚丙烯酸钙和单体丙烯酰胺的携带。澄清过程添加助凝剂对保证出水水质和降低有机物及其他残余颗粒有较大作用，不宜完全否定，可研究配制方式、投加方式、最优投加量、适用条件，以及注意所购聚丙烯酰胺的质量。如果深度处理澄清池不加助凝剂，应研究改善水质的办法。

（7）实测本厂 UF（8 万～15 万分子量）对 COD 和 RO 无保护作用，不能截滤 COD。两次实测数据，超滤进水 $COD_{Mn}=5.3mg/L$ 和 $7.32mg/L$，超滤出水 $COD_{Mn}=5.78mg/L$ 和 $6.98mg/L$。当系统中使用 UF 时，应明确 UF 的作用和确实可以起到的作用，并且可以清洗恢复，防止自身可能受到的污堵或其他问题。

去除对非溶解物（主要是胶体级的有机物），目的是对 RO 膜更有效的保护，如果选择 UF 时，应选择更小的膜孔径，能够截滤对 RO 危害的胶体级有机物，而该型膜单位产水率低，需用膜面积增加。

（8）UF 药洗次数过多。据统计，2008 年 UF 膜每组平均清洗 1.7 次/月和 2.6 次/月，2009 年 UF 膜每组平均清洗 2.8/月和 4.18 次/月，即每月药洗若干次，共 8 组膜，几乎每天都有膜要洗。应当改进澄清池的运行工况，提高对非溶解台残余有机物的去除率，以缓解 UF 膜负荷。

第六节　关于《污水再生利用工程设计规范》

我国是淡水资源严重缺乏的国家，污水回用是开发水源的一个重要途径，因此 GB 50335—2016《城镇污水再生利用工程设计规范》十分重要。其重要性在于它应当起到积极促进污水事业的回用，保证污水回用的安全可靠，积极促进污水回用技术进步，提高管理和有关企业或部门的重视程度及得到正确认识，导引或带动相关规程、规定、导则等的制定的作用。

建设部和质检总局于 2003 年颁发 GB 50335—2016《城镇污水再生利用工程设计规范》，并于 2003 年 3 月 1 日实施，明确规定为国家标准。在总则中明示了目的、范围、质量、不同规范等关系原则。

在实践中发现该规范的一些技术思路、技术方向和具体技术参数方面与实际存在差异，现简述如下。

（1）制定污水再生利用的水质指标的目的当是给加工者或使用者提供遵守的质量标准，无论该"加工"是在污水厂还是在用户。如果指在用户加工，我国各类用水行业早已有了各自的各种用水的质量标准，不可能用此规范去替代，故此规范是为再生水厂而制定的。

规范中"再生水用作冷却用水的水质控制指标"与污水一级排放标准无太大差异，如 COD_{Cr} 再生水为 60mg/L，排水为 50～60mg/L，BOD_5 再生水为 10mg/L，排水为 10～20mg/L，NH_3-N 再生水为 10mg/L，排水为 5（8）～8（15）mg/L。这几项是再生水的主要关注指标。

排放水变为工业给水，它的性质改变了，它的污染物可能会给工业使用设备、系统、工艺带来新的问题，水质标准应当是针对这些问题限值的量化，如可能腐蚀的问题、COD_{Cr} 会对哪些材料造成腐蚀、在那些条件下腐蚀速率是多少、选择这个标准（60mg/L）是控制在多少范围内、在条文或说明中没有见到有关内容。就像制定自来水标准时，知道那些项目会对人身体带来危害和危害程度一样。条文中明确"再生水用于工业用水中的洗涤用水、锅炉用水、工艺用水、油田注水时，其水质应达到相应的水质标准。"意思是：①当用于锅炉用水时，再生水厂另加工达到锅炉用水标准；②用户自己加工达到锅炉用水标准；③用于循环水时只要实行上述标准即可。这三种理解都有一些困难：其一要单独一条供水管线，其二自己加工何必要买再生水，其三循环水浓缩倍率不同，怎么可以只用同一种水质的水呢？

在制定本规范中曾提供国内外的一些相关数据作为依据，依此为制定标准的依据或参考都显不足，特别是国内单位的数据，并非研究成果或执行标准，仅仅是一些不明效果的参考数据。

规范中提到："当再生水同时用于多种用途时，其水质标准应按最高要求确定。"如上同时需要锅炉用水和循环冷却用水，都按照锅炉用水标准，也许要增加几倍不止的价格，是不可能的。

国内外对于冷却循环水的水质控制都是循环水，而非补充水，因为存在浓缩倍率，而且冬夏变化很大，为了经济性各项指标用极限值控制，与锅炉用水和工艺用水的概念完全不同，所以从来不制定补充水质指标，因为制定循环水补充水水质标准是不符合实际的。

（2）我国各行业的各种用水已经制定了许多水质标准，虽不够十分完备，但已经使用多年，积累了丰富经验。此"规范"与那些规程、规章、标准等的一些内容并不完全一致，如何协调、以何为主、怎样解释等，都存在一些矛盾。

（3）"规范"推荐了一些处理技术和处理设备的技术参数，这些内容大都不是很成熟，尤其缺乏实践检验。回用中水是新鲜事物，会引发新的技术问题，不可随意将其他条件下使用的技术措施照搬照用，作为国家级的标准更应慎重。

（4）中水回用是解决我国缺水的一项积极举措，会促进水处理技术的进步。中水使用的管理也需科学合理，给水处理与污水处理技术存在实质性差异，各自有其规律性，应当探索其特点、适应其规律，而不可违背它。统一的再生水厂是变污水为给水，可以试点探索，应当遵循给水技术的规律，但这不是唯一的办法，也不一定是最好的办法。在国家标准中予以推荐推广，是否妥当？

第五章

工业水管理（节水减排）与工业废水回用

第一节 水管理与节水减排

"水管理"（water management）是继"零排放"（zero discharge）之后出现的有关节约用水和防治水污染的意见，它的含义更广泛和全面，是包括节水、环境、经济、技术等在内的一项综合科学技术。作者曾将其概括为"经济节水减排技术"，其内涵：经济是决定性的，节水减排是具体内容，措施是一项综合技术。

"目前，'零排放'一词已进入电厂水务管理和环境事项方面水务专用词汇。它就是说，从电厂中向地面水域不排放废水。仅有的离开电厂的水，都是以湿气的形式，或是蒸发到大气中，或是包含在灰及渣中。燃煤电厂水系统设计的这种思路是进口处缺水和出口处法规两种力量汇集的结果。

在进口处缺水和水源危机作为厂址的主要限值因素下，提高了人们在电厂中对再循环和再利用水的关心。电厂中每一个用水的系统——冷却塔、洗涤器、灰地等——运行的浓缩倍率越来越高。稍差一点的水就用到对水质要求低一些的地方。结果，在反复地再循环之后，水的悬浮物和溶解杂质的含量都比以前的设计中的含量要高。

在出口处已经有了各种法规。例如，在科罗拉多河流域中，由于长期以来增大的含盐量，一直对下游用户是个问题，质量低于所抽用的水不得排回河中。很显然，如果要排放的水已经改善到原水的水质，也就没有必要再排放它了。

只要将水保持在电厂之中，联邦排水法规才不起作用。可是，零排放要求电厂设计人员、建设人员和运行人员监督和控制在电厂中循环的水，以保证严格遵守用水方面的要求。即使是似乎没什么影响的、对电厂设计或运行程序的小偏离，也可能对蒸发负荷造成重大影响。例如，同 500MW 电厂中所用的水量相比，这可能无足轻重，但却可能破坏水量平衡。每分钟增加 37.85L 的流量，可能要求 40470m² 面积的蒸发池，而每 4000m² 要花 10 万美元。因此，一根花园用软管变成了百万美元的问题。这种情况已经在一些电厂中发生，它们的水务管理系统和蒸发池曾经需要进行价值若干百万美元的修改。

同电厂水系统设计和运行有关的每个人都应该深刻地认识水务管理方面的问题，为研制更严格的水务管理工作用的工具的一些努力已在计划和执行中，1981 年下半年召开的零排放学术会最终编出了一系列设计和运行手册，使零排放成为解决电厂工作和困难问题的更可靠、更经济可行的方案。

可用于电厂的水越来越缺。增长和发展，尤其是在美国西部，意味着对水和土地及燃料一样地进行经济上的竞争。此外，废水日益难于处理。防止对水域和河道的污染，意味着对出水费用大而且严格的处理。"[34]。

国外发达国家（如美国、德国），在水资源缺少地区发展包括火电厂在内的工业时，也曾经历因供水不足影响发展和废水排放对环境污染的严重困难。有一个时期在大量的厂应用零排放技术，即除蒸发、渗漏等不可挽回的损失外，不向厂外排水，将废水中的污物经多级处理，浓缩成干渣深埋，水则重复利用。在美国大约有 30 个这样的电厂（20 世纪 80 年代前），集中在它的西南部地区。经过多年的应用实践后，人们认识到零排放技术虽然可以做到最大限度地省水，但也出现了相当多的问题，如巨大的投资、运行中难于控制、发电成本提高、有时因水的周转与平衡破坏会限制负荷甚至停机等。为了克服这些缺点，同时仍要达到省水和保护环境的目的，逐渐出现了替代技术，即"水管理"技术。"水管理"有如下几层含义：

（1）"水管理"曾被译为"水务管理"，无论如何译都不可将其理解为对水事务的管理工作，它也不是一项单纯的管理技术。它是一项综合技术，有完整的、具体的技术内容，最终达到节水（合理用水）和不污染环境在经济上可行的目的。

（2）节水和减排是并存和有重大意义的两个内涵。在我国严重缺水和严重污染都是阻碍工业发展、社会进步的因素，良好的设计可以使二者同时获得收益。节水不是不用水，只要有可用之水，用之得当，就应当用，因为水毕竟是大自然赐予我们的最广泛、最廉价的物资。减排不是不排，不应当用绝对意义解释"零排放"，如果事事处处都要达到"零排放"，把它当作某种口号，那么很可能会造成更大的损害。

（3）"零排放"有丰富严格的技术内涵，远不止是不排污，好水也不应排。"零排放"是指一个工厂内部在节水和不污染原则下的水平衡，这个平衡不仅是设计图上的平衡，而且是复杂运行工况下的动态平衡。例如，发电厂无论负荷波动、水质变化、煤质变化、季节变换、天气异常（下雨、干旱）等都要维持平衡，保持发电机良好运转是其根本。发电厂的冷却用水占全厂 80%，而冬夏季耗水量变化可能成倍，锅炉水处理是周期性间断排污（再生排水），而它是重要溶解盐的污染源，烟气脱硫是更大的污染源，但它随负荷与煤种而变等，这些都要及时应对。假如可以不把事故计入，仍然需要时时监测、控制和调整，绝不是只管好一股排放污水就等同一切。

仅从保护环境意义上看，只要排放物不构成对自然环境的损害，就是达到了"零排放"的目的，无论最终浓缩污水固体化或在蒸发塘天然蒸发都是实现了"零排放"。

（4）节水工况下的水平衡不是单纯的水量平衡，更是水质平衡。节约用水就必须反复使用，复用率越高，耗水量越少。水的反复使用中变化的是水质，决定水是否可以再用的也是水质，需要将此水处理后满足下一级再用的要求，即可提高水的复用率，直至最后，排出的污水达到最少，甚至仅是渣内所含之水。由此可见，建立全厂用水平衡的关键是水质，而不单纯是水量。

（5）"水管理"要以更深、更细密的工程技术为基础。污水回用处理技术不同于原水处理，虽然我国水源水，特别是表面水，有不同程度的污染，但仍然是清洁的。工业废水的污染程度要严重得多，溶解盐、颗粒物、有机物、油脂等混杂在一起，处理技术将十分繁杂。全厂动态平衡系统的设计和管理，也是一项非常复杂的过程，至少在我国没有见到实施，对优化的在"零排放"下水运转的规律仍缺乏认识和研究，它的软件开发和相应控制技术，将超出一般程序、监测和调节范畴，更尚未得到成果。当一个厂一期一期地建设，这个系统如何适应或规划；如果针对建成厂，那么对已经建成的地下管网怎样改造等，一系列的技术工作考验着"水管理"技术的实施。

（6）污水处理的经济代价是很高的，各类污水很难合理分类，任何污染都不是单一污染，所有的水处理工艺将很复杂，尤其是溶解盐和非溶解盐混杂，会互相干扰。全厂水平衡中不免大量的储备，对动态平衡的监控和自动操作过程也要有巨大的花费，这些投资和运行费用，就构成与购水和排污的经济平衡。一个企业的经济效益是它的命脉，如果花费超出了它所能承受，就不会持久，或考虑其他选择。

"零排放"是美国电力研究协会（Electric Power Research Institute，EPRI）提出的，原意是除去上部蒸发、地下渗漏和固态渣所含水以外，无任何污水排出。实指最大限度地节约用水和最大限度地防止水污染，或水被最大限度地利用。这是一种十分理想的状态，是要花极大的代价才能达到的，是为取得最好的社会效益而进行的特殊举措，故实现完整意义的零排放是一件非常困难的事情。

对一个工厂而言，只有全厂全面实行"水管理"，"零排放"才有实际意义、才能持久；对一个地区而言，只有全面实行"水管理"，水得到平衡，物料得到平衡也才有实际意义。仅就一个点的污水（如脱硫排水）的"零排放"，花费巨大的代价，虽然也可以减少排污水量，使局部地区环境获得一些好处，但并不能认为是具有完整意义的"环境治理"。

"在山泉水清，出山泉水浊"。人用水就会给水带来污染，工厂用水水就会沾染杂质，好的处理也要产生污物，即使是固体化也是污物，不可能完全转化成原态，最终总要给予合理归属。只要不扩散其污染，合理地被社会所接受或消化，无论什么形态都应是允许的。

第二节　动态水平衡系统设计

问渠那得清如许，为有源头活水来。活水从哪里来，从合理的节水系统中来。

污水回用水处理技术方案取决于原水水质、处理后水质指标和水的处置，合理的选择应建立在全厂"水平衡"的基础上。此"水平衡"不是单纯的水量平衡，起更大作用的是水质平衡。进行"水平衡"的意义，过去仅是安排全厂供水和排水系统、水源和排放关系等，只要满足最大需求建立平衡关系，基本上就是正确的。而在节水和严格限制排放污染时，必须引入水质平衡的理念。"水质平衡"理论观念是西北电力设计院徐卫和金久远教授级高工在20世纪80年代末的扬州电力设计专业会上首先提出的，他们指出了节水技术水系统设计最本质的关系。因为凡节约用水必须一水多用，即重复使用，或多次重复使用，在使用中会发生水质变化，当水质不能满足下一级指标时，需要进行处理后再用。建立水的循环、处理、平衡的关系构成节水处理的内涵。

再处理就要再排放，排放物要有所安排，水在再用中再次变化（劣化），故必须建立盐类平衡关系，即水质平衡。

在研究节水的同时曾热议"水管理"（水务管理），并进一步提出"经济节水技术"认识，"水管理"也是一项综合技术，也包含一套完整的具体的技术内容，最后达到节水（合理用水）和不污染环境的目的。

"水管理"是直译词，不可理解为对水的管理工作，它也不是一项单纯管理技术。它是在"零排放"技术基础上的发展，纳入了"水平衡"和"经济"内涵，对"零排放"技术的改革和进步，有全面技术更新的意义和内容，故可称为节水的第二代技术。虽然有了替代技术，"零排放"技术并不是被完全废弃，只是大大缩小了它的使用范围，在极缺水地区或对污水排放要求极苛刻时仍被采用。

这两项技术的最本质的区别在于其经济意义。"零排放"技术中"零排放"是决定性的，经济性是服从的（规划设计和厂址选择时，就应把"水管理"技术因素考虑进去，现暂撇开宏观的厂址选择的经济比较方法，从已定建厂和运行费用上看），"水管理"技术则更重视经济性，把用水和节水纳入经济范畴比较、衡量。从这个内容含义的基本点出发，也为了运用中更加明确（避免误解），把这项技术称为"经济节水技术"更加确切。

经济节水技术不是绝对限制用水，而是比较用水的价值（代价）尽量少用水，不是不论投资和运行费，而是尽量优选方案达到少花钱，不是不排放，而是少排放。做到合理用水、合理花钱、合理排放，即在可供水条件下用水（可以用足），在允许排放标准下排放（可以排到极限），在可承受下增加投资。

节水与防止水污染是相辅相成的事，只要规划设计合理可以得到双收，但是这不是所有类型的企业都能做到的，以经济利益为杠杆是企业坚持的关键。

以上节水减排的观点早有共识，水处理界受尊重的元老宋姗卿老师指出："火电厂的节水，既包括设备本身用水的再循环和冷却塔提高浓缩倍率，也包括将电厂某些排水作为质量要求较低处的水源。因此，电厂的节水要与电厂的废水管理和处理联合在一起，并且必须强调全厂的水务管理。再循环或再利用与零排放概念有所不同，节水应是每个电厂都必须重视的任务，而零排放则是某些电厂为满足当地环境保护而不得不采取的措施（当然也有节水的作用）。

零排放电厂的运行，需要精确地掌握电厂各系统中的水流量和水质，这就需要运行人员付出精力去关注。仅为达到所建议标准而必须进行的化学采样，就是很大的工作量，还有配备一些在线或离线仪表，也是很花钱的。零排放对电厂的利用率可能产生冲击。例如，一个零排放电厂的水池已经满了，并且废水处理设备已经在最大出力下运行，很可能就需要减负荷或停止发电。为解决此问题，也可采取建造更多的水池或是重新设计现有系统的方法，而这些措施都是不经济的。反之，一个允许排放的电厂发生意外时，总有可利用的裕度。所以，除非环境保护方面有特殊需要，一般不宜选用零排放方案，而应选用比较灵活的、对水进行一定的再利用的常规方案，并且尽可能限值排放水量。

在一定的地理区域内，零排放方案是水务管理工作的一种合理而可行的系统。根据美国报道，20世纪80年代在美国已有30个以上零排放电厂。不过他们也提出，必须注意防止在非必要情况下推广这种方法或将其作为多数电厂的目标。实际上，基本要求只是节水及不污染水资源。零排放是可以采用的水务管理措施或环境控制方案中的一种。在环境法规要求越来越严及水源水量减少和污染的情况下，零排放方案值得重视，但必须结合地区及电厂具体条件，对设计、建造、运行、管理及维护整个过程给予审慎的关注，在有条件及合适的电厂采用。"[35]

"水管理"系统的水质监督是运行中了解水质变化的必需措施，需要定期检查的项目见表 5-1，仅供参考。

表 5-1   "水管理"系统水平衡的水质监督[35]

系统水样		测定变量
循环水	来自城市污水处理厂的补给水	pH、电导率、P 碱度、M 碱度、全硬、钙硬、SiO_2、Cl^-、TDS、P、N
	来自现场水池的补给水	pH、电导率、P 碱度、M 碱度、全硬、钙硬、SiO_2、Cl^-、TDS、P、N
	循环水	pH、电导率、P 碱度、M 碱度、全硬、钙硬、SiO_2、Cl^-、TDS、P、N
	闭式循环冷却水	pH、电导率、全硬、过剩抑制剂
烟气洗涤器	渣浆固体物化学	pH、固体物、$CaSO_4 \cdot 1/2H_2O$、Ca^{2+}、Mg^{2+}、$CaSO_4 \cdot 2H_2O$、$CaCO_3$、惰性物
	渣浆液体化学	Ca^{2+}、Mg^{2+}、Na^+、Cl^-、M 碱度、SO_4^{2-}、SO_3^-、SiO_2
	石灰石添加剂	$CaCO_3$、$MgCO_3$、酸性溶物、颗粒大小
再循环池、煤堆流失池和固体填地料流失池	底灰再循环水	pH、Ca^{2+}、Mg^{2+}、Na^+、Cl^-、M 碱度、SO_4^{2-}、F^-、Fe、SiO_2
冷却塔排水处理	脱气前给水	pH、电导率、TDS、Ca^{2+}、Mg^{2+}、Cl^-、M 碱度、污染指数、CO_2、Fe、O_2、TOC、SO_4^{2-}
	脱气后给水	M 碱度、CO_2、O_2
	盐水浓缩器渣浆	pH、电导率、TDS、Ca^{2+}、Cl^-、M 碱度、污染指数、Fe、TOC、SO_4^{2-}
	结晶器渣浆	pH、电导率、TDS、Ca^{2+}、Cl^-、M 碱度、污染指数、Fe、TOC、SO_4^{2-}
	系统出水（凝结水）	pH、电导率、M 碱度、Cl^-、污染指数、TOC

一、典型的火力发电站节水减排系统

火电厂的各类废水是有规律可循的，它与用水设备中水的作用直接相关，故系统设计需要做到按质分类、可调平衡、归类处理、充足储备，保证发电流程安全畅通。

锅炉给水处理有两种废水，如果前部有石灰水处理，其沉渣与后部脱盐的 RO 浓水和再生排水需分别处置，沉渣内含有的 $CaCO_3$ 供烟气脱硫继续使用，或经脱水后清水返回自用泥渣填埋，RO 浓水和再生排水自身酸碱等当量中和后供脱硫补充水。"和补给水除盐装置不同，凝结水净化装置能收集大量的悬浮和溶解的铁、铜、锌、镍及铬的氧化物，取决于凝汽器、给水加热器所用的材质。这都是由凝汽器泄漏带来的硬度盐类和钠之外的废料。这些废料的最好处理方法可能是在处理金属清洗废液的同一个系统中加以处理，将经过澄清器的排放液送往电厂的出入口。然后将经过增稠的底流脱水，并运走垫地。"[36]

锅炉排污水"虽然其中有可能有碱性及处理药物，但这种水流比电厂中大多数水流更纯，在用于较低的任务时，无须加以处理；经过离子交换除盐及 pH 调整后，还可作为锅炉补给水进行再循环。但是，如有高浓度的悬浮腐蚀产物，则在再循环至锅炉之前要进行过滤。低压锅炉的排污水中，溶解固形物一般是高的，通常是与别的废液混合存于池中，以便将来加以使用或排放。"[36]

锅炉管内的"金属清洗废液的特性取决于所用的溶剂，它和处理方法的选择性关系很大。例如，在许多使用氨的 EDTA 的电厂中，用过的溶剂连同冲洗水都收集在储存罐中，在锅炉恢复运行时，已受控制的流速将这些储存液送入炉中，于是 EDTA 被焚烧掉，而所含金属及硅类变成燃料灰的一部分。"[36]

"锅炉清洗液所去除的金属通常是铁、铜、镍、锌及铬。当用 EDTA 作为清洗液时，相当大一部分将同金属结合（加上被溶解的沉淀物中的钙和镁）。这就使含 EDTA 废液的常规处理很费钱，如果清洗废液是在运行期间在炉中焚烧，则金属灰出现在锅炉的灰中。假如要用湿式灰处置法，则可能被灰渣水所沥滤，也可能不被其沥滤。假如在此工作中采用加有机铜络合剂的盐酸，并且可能先用一种溴化铵溶液将铜溶解，则焚烧可能在锅炉的火侧产生很不利的条件，因而不宜采用。锅炉清洗的废液可以缓慢地排到灰池中去，特别是当产生碱性灰时，可让这些沉淀的固形物在池中沉降出来。该池出水在排放前常需通过过滤，使之进一步澄清。

火侧清洗废液与水侧清洗废液有很多相同的特性。例如，铁含量及含盐量高。由于去除沉淀用的是碱性冲洗水，许多电厂的现用对策是将其直接排到电厂灰池中去，这种做法同样遇到关于水侧论述中清洗液所谈到的各种重金属方面的问题。最可能采取的处理方法，特别是当水侧清洗废液要进行化学处理的时候，是将废液收集起来，对流量及浓度进行平衡，然后进行混凝、沉降、过滤。由于处理过的火侧清洗废液中的含盐量比水侧废液的少，因而有可能重新使用作为飞灰冲洗水。

空气加热器的清洗废液比水侧清洗废料更像飞灰，但所含盐分和铁、铜之类的可溶腐蚀产物要比飞灰中多得多。有时还可能含有辅助清洗过程的碱性洗涤剂。对于空气加热器的废料，通常采用和对水侧及火侧清洗液相同的处理方法。

另外两种要考虑的废液是烟气脱硫产生的废液和煤堆雨水径流。从石灰或石灰石烟气洗涤器排放到电厂出水中的任何液体，都需要进行充气，以便将亚硫酸钙氧化成硫酸钙。还需要添加苏打灰，以便将从飞灰中沥滤出来并带至洗涤器的偶发性金属加以中和及沉淀。"[36]

"煤堆出来的雨水径流可以收集起来，送往混凝土衬砌的沉降坑，使煤末在那里沉降出来，然后以稳定的流量将经过沉降的水抽出来，将坑抽空，并定期除去煤末，送往煤堆。如果雨水呈酸性，则从坑中抽出的水要充气，以石灰加以中和，在澄清器中沉降、过滤，作为电厂其他用途，按水中所含成分区别用途。"[36]燃煤电厂的栈桥皮带间的冲洗水自成循环回路，冷却水耗水占全部电厂耗水量的 80% 以上，蒸发损失 p_1 和风吹损失 p_2 是不可回收的水损失，它带走了全部散热，排污量 p_3 与循环水的浓缩度相关，占有相当大的比例，一般 p_1 为循环水量的 1.3%～1.5%，p_2 为 0.1%，p_3 为 1.3%～0.18%，此间的排污水量（按 1000MW 计）为 1690～234m³/h。冷却塔的排污水是电厂的主要污水源，也是可利用的主要水源。减少循环水的排污水量是节水的主要对象，它的排污水可以回用，也可以直接再用（如供脱硫耗水），因此它也成为巨大的机动调节库。综合损失耗量大，冷却循环倍率可调低；综合损失耗量小，冷却循环倍率可调高，只要在它的允许范围（主要是季节关系）内即可。

"图 5-1、图 5-2 表明使用三种不同煤时全厂所产生的废水和冷却水浓缩倍率的函数关系。在浓缩倍率较低的情况下，冷却塔的排污将超过烟气脱硫系统所需的水量。此时，对于三种煤，电厂所产生的废水量基本相同。然而如果水的化学性质允许浓缩倍率可以增大，则冷却塔排污将能够比较充分地满足烟气脱硫系统所需的水量。因为对于含硫较低的煤，烟气脱硫系统所需的水量少，含硫量较小的燃煤电厂，其所产生的废水量也较少。另外，在冷却塔排污量与烟气脱硫系统所需的水量相差不大的情况下，当冷却塔的浓缩倍率增大时，电厂总的废水也没有更多的减少。

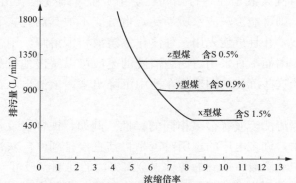

设计参数：单碱洗涤系统90%的SO₂去除率、年度平均废水量、0.76机组负荷系数。

图 5-1　全厂废水与浓缩倍率的关系

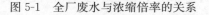
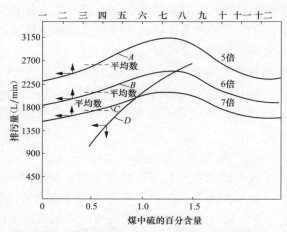

注：曲线A、B和C表示在100%锅炉负荷条件下，在浓缩倍率分别为5、6倍和7倍时烟气脱硫系统再利用的化学水处理排污水量；曲线D表示对于单碱烟气脱硫系统所需要的水量。

图 5-2　不同季节可利用的化学水处理排污量与烟气脱硫系统所需水量的关系

在整个电厂所需的总水量中，95％以上的水为循环冷却水。冷却塔的排污水是电厂产生废水的主要来源。尽管冷却塔的排污能通过增加循环水的浓缩倍率而减少，但是，硅的含量较高地限制了浓缩倍率小于3（全部井水的原水加权平均数大约为80mg/L）。因此必须降低硅的含量，以便减少冷却塔的排污。除了硅以外，循环冷却水中的其他组成物质，如钙、镁、氯化物和硫酸盐，也必须通过调查研究以确保它们的浓度不超过其溶解度范围，确保氯化物和硫酸盐的化学性能与冷凝器和冷却塔的建造材料相符。

对冷却塔补给水采取石灰-苏打软化的方法，将使硅的浓度降低到15～30mg/L，同时水中其他潜在的成垢成分（如钙和镁）的浓度也将减少。如果原水中镁的含量相对较高，将有助于硅的去除。估计在补给水通过石灰-苏打软化后，浓缩倍率能够增加到约6.5，而且在年度平均气候条件和机组负荷系数为100％的情况下，冷却塔排污量将从5287.5L/min减少到1899L/min。然而对于Z型煤，烟气洗涤器所需要的水量要稍微大一些，则循环水的浓缩倍率维持在5.2，以便满足烟气脱硫系统所需的水量。[37]

图5-3为较有代表性的火电厂节水减排系统及其水处理关系。系统中水流程的基本点如下：

（1）水源：锅炉补充水为河水，循环冷却补充水为中水，生活用水为自来水。

（2）污水回用：溶解盐一次污染水，包括RO浓水、离子交换再生水、内外洗炉水、澄清排污水等，汇集后供脱硫补充水。

（3）沉渣再用：石灰水处理沉渣供脱硫。

（4）重污染水分流：深度浓缩净水回收（脱硫废水的三联箱处理工艺可改造或被取代），深度浓水自然蒸发结晶（必要时人工结晶）。

（5）调剂：以冷却水的浓缩倍率高低为基础平衡全厂水质和水量，以调节水池平衡即时波动和事故需要。

（6）泥渣：原水石灰水处理沉渣和脱硫石灰水处理沉渣脱水后排放。

二、回用水综合处理技术

设处理重度污染的工业排水水质的溶解盐类和重金属等如下：

pH＝6～9；SS＝70mg/L；COD＝100mg/L；NH_3-N，15～3mg/L；S，1mg/L；F，15mg/L；Cl^-，15000mg/L；SO_4^{2-}，1000～2000mg/L；SiO_2，10～20mg/L；Na^+，1500～4500mg/L；Ca^{2+}，1000～2000mg/L；Mg^{2+}，100～500mg/L；Fe^{3+}，10～29mg/L；总铜，0.5mg/L；总汞，0.65mg/L；总镉，0.1mg/L；总铬，1.5mg/L；总砷，0.5mg/L；总铅，1.0mg/L；总镍，0.1mg/L；总锌，2.0mg/L；TDS，15000～25000mg/L。

选用值：TDS，20000mg/L；Na^+，3000mg/L；Ca^{2+}，1500mg/L；Mg^{2+}，300mg/L。

图5-4是膜法脱盐处理零排放示意图。这个系统是参照图5-3中脱硫重度污染废水设计的，进口水流量$Q＝20m^3/h$，总含盐量为20000mg/L，高度浓缩后浓污水量约1.25m^3/h，计算含盐量为200000mg/L。系统流程如下：

污水→石灰水处理→澄清→过滤→精滤→附加硬度处理→一级RO→MBC或ED→蒸发塘

其主要处理技术分三个阶段：①石灰水处理除掉（或部分除去）非溶性颗粒物、暂硬、部分或大部永硬、大部分二氧化硅、大部重金属、部分有机物等，沉积物以固体渣形式排放。②附加处理为膜在高度浓缩时可能发生污堵结垢所允许的极限含量的物质，

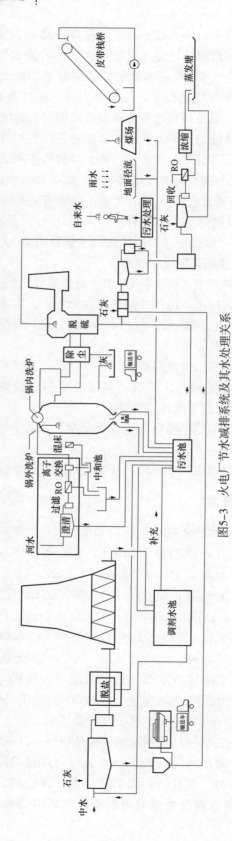

图5-3 火电厂节水减排系统及其水处理关系

如硬度、有机物等的进一步除去，它们的再生或清洗物都返回澄清池，再次经石灰水处理以沉渣排放，中间药剂处理和其他技术措施是为控制系统运行方式、保持最优技术和安全状态设计的，以假象线表示的附加硬度处理可有可无，与系统技术和运行方式有关。③膜两级浓缩，一级为常规 RO 膜，浓缩倍率不大于 4，含盐量浓缩到 50000mg/L 左右，浓水再经正渗透或电渗析浓缩到 200000mg/L 以上，此时排水量不大于 $1.25m^3/h$，相当进水量约 1/20，在年降雨量低于蒸发量地区，有可能利用自然蒸发实现污物最大无害化。最终剩余水量的多少与盐分浓缩程度成反比，其优化选择视技术条件允许、经济比较和自然环境而定。

最新技术发展显示，最终的剩余水可以输入烟道，雾化喷洒，利用烟气余热蒸发，固体化的盐分随灰带走，此项技术的应用，须具有足够的烟温和余热，防止烟道壁或接触设备结垢或增加积灰，生成的固体物不妨碍煤灰的再利用。

此处理系统的溶解盐浓缩完全依靠膜技术，是冷态处理过程，在冷态下浓缩水中许多盐分的极限含量值较高，省去了处理费用和人工结晶的费用，容易为企业长期运行所承受，是水管理技术（或经济节水技术）的较佳选择。

图 5-5 是膜法脱盐热法结晶零排放示意图。设计条件与图 5-4 基本相同，仅因二级浓缩采用多级闪蒸或多效蒸发技术，附加处理随之改变，系统流程如下：

污水→石灰水处理→澄清→过滤→精滤→附加处理→附加硬度处理→
一级 RO→多级闪蒸或多效蒸发→蒸发塘

其主要处理技术分三个阶段：①石灰水处理除掉（或部分除去）非溶性颗粒物、暂硬、永硬、大部二氧化硅、大部重金属、部分有机物等，沉积物以固体渣形式排放。②一级附加处理指去除有机物或其他必要处理，二级附加处理指残余硬度处理，将残余硬度含量降低到比照低压锅炉进水标准为宜。③最终排放的处理同样选择蒸发塘自然蒸发或烟道喷洒技术。

这两个系统的主要技术差异是超浓缩过程一冷一热，在水质管理上明显不同，热法更严格，投资和运行费也有差异。

需要指出，无论膜浓缩或热蒸发脱盐都不应允许污堵、结垢等妨碍过流面或传热面效率降低或易于损坏发生，虽然这些情况在处理污水情况下更容易出现，但不应成为造成膜或蒸发设备污堵、结垢的当然理由。膜在使用中浓水侧总会有污物积留，有的可以用药剂清洗，有的很难洗净，药剂清洗多会损坏膜面，造成除率降低、水通量下降或寿命缩短等，进水前的预处理良好时，国内有 7～10 年连续运行记录，故药剂清洗周期要求 0.5～1 年是可以实现的。无论何种蒸发器，被蒸发的水都需要加温，无论是蒸汽的或电加热器，其换热表面温度都将远高于水温，水中硬度就会在这里开始结垢并很快蔓延。所谓刮垢的解决办法不仅愚笨，而且走技术回头路，回到 20 世纪 60～70 年之前的落后状态，也是掩饰技术能力缺乏的表现。

回用水的处理系统设计应依据不同部位、不同水质、不同需要有针对性地做出，不限于上述示例，但是系统中各个阶段功能作用往往是不可或缺或随意简化的。

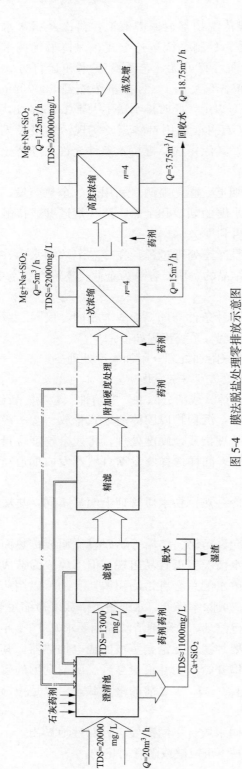

图 5-4　膜法脱盐处理零排放示意图

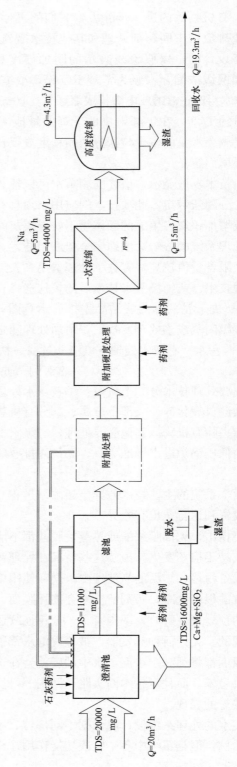

图 5-5　膜法脱盐热法结晶零排放示意图

第三节　工业污水回用和深度处理

工业排水的污染情况十分复杂，即使在一个企业内部也面临多种污染水，消除污染或回收再用需要合理组织和正确处理，使可用水满足下一级使用，使用次数越多，重复利用率越高，节水效果越好。最终的排放水可能是最差的水，特别是溶解盐含量最高的水，是需要花费代价最高的水，它是否是最难处理的水，取决于它所含盐分的性质和排放方式。

本节所涉及的仅是燃煤电站和煤制油企业的工艺重度污染水回收处理技术，因为我国这方面的研究和实践仍处于初始阶段，虽然一些具体处理技术可以借鉴已有成熟经验，但整体综合技术有待发展，技术路线的认识上差异也很大，故此处介绍的只是可借鉴的成熟技术和已有实践的部分技术。

一、燃煤电站烟气脱硫废水回用处理

燃煤电厂的最终脏水多数是脱硫废水，它吸纳了全厂几乎所有污染物质且清洗了烟气可溶物及飞尘。

石灰石-石膏法（FGD）烟气脱硫废水，废水处理系统如下：

废水→pH调整→反应沉淀→絮凝→澄清→中和→清水

表5-2为我国不同地区电站FGD脱硫废水处理前后水质全分析概况，表5-3是我国部分地区电站FGD脱硫废水处理前后污染物概况。

表5-2　　　　我国不同地区电站FGD脱硫废水处理前后水质全分析概况　　　　mg/L

水质指标	例样1			例样2			例样3			例样4		
	进水	出水	除率(%)	进水	出水	除率(%)	进水	出水	除率(%)	进水	出水	除率(%)
K^+	31.9	16.1	50	105.1	81.8	22	18.3	24.3	—	77.0	58.5	24
Na^+	66.3	27.6	58	289.0	222.5	23	323.0	984.0	—	538.9	503.0	7
Ca^{2+}	656.0	724.8	—	1142.8	1026.4	10	799.9	973.5	—	587.2	719.4	—
Mg^{2+}	1017.0	4899.0	—	2887.4	5691.5	—	204.7	240.6	—	5835.3	4254.1	27
总Fe	13.94	0.034	98	0.31	0.076	76	0.68	4.098	20	2.65	2.11	20
Al^{3+}	24.7	0.01	100	0.01	0.01	0	5.7	184.3	—	23.88	1.66	93
NH_4^+	33.6	2.72	92	3.28	2.83	14	0.90	0.512	43	0.80	1.72	—
Ba^{2+}	0.06	0.043	28	0.02	0.1	—	0.09	0.048	47	0.03	0.053	—
Sr^{2+}	0.91	2.379	—	2.04	1.862	8.7	1.27	1.05	17	3.69	2.88	22
Σ^+ (Mmol/L)	125.51	441.12	—	310.13	531.53	—	72.02	132.56	—	546.04	409.79	—
Cl^-	1696	3554	—	12945	10559	18	1127	2858	—	6098	4818	21
SO_4^{2+}	3353	20317	—	9973	8758	12	1585	2147	—	18708	12800	32
HCO_3^{2-} (Mmol/L)	1.342	1.910	—	2.993	2.554	15	0.08	0.1083	—	0.71	2.56	—
CO_3^{2-}	0	0	—	0	0	—	0	0	—	0	0	—
NO_3^-	36.3	192.5	—	385.2	297.8	23	105.6	123.6	—	602	470.0	22

水质指标	例样1			例样2			例样3			例样4		
	进水	出水	除率（%）	进水	出水	除率（%）	进水	出水	除率（%）	进水	出水	除率（%）
NO_2^-	2.443	6.0	—	38.208	27.1	29	<0.03	0.03	—	14.977	16.4	28
OH^-	0	0	—	0	0	—	0	0	—	0	0	—
$\Sigma-$（Mmol/L）	119.62	528.4	—	582.82	488.13	16	66.57	127.42	—	572.3	413.00	28
pH	6.97	8.15	—	6.86	7.01	—	5.98	6.06	—	6.99	8.48	—
NH_3-N	35.2	2.78	92	3.93	2.95	25	0.953	0.588	38	0.965	1.9	—
CO_2	0.48	0.02	96	1.51	1.04	31	0.19	0.24	17	0.25	0	100
COD_{Mn}	12.81	27.61	—	62.73	41.57	34	9.33	9.19	1.5	24.2	21.3	12
COD_{Cr}	247	210	15	469	351	25	26.7	38	—	311	244	22
BOD_5	118	81.1	31	230	132	43	15.4	12.6	18	128	108	16
TOC	4.08	4.68	—	2.075	10.88	—	2.56	7.60	—	7.235	2.82	61
溶固	8706	44482	—	44890	36503	19	4765	7166	—	33110	34030	—
全固	11770	46174	—	65148	45291	30	4937	8054	—	44100	46834	—
悬浮物	3063	1692	45	20258	8788	57	172	888	—	10990	12804	—
全硅	166	13.05	92	61.2	48.13	21	12.6	42.36	—	494.4	56.49	89
非容硅	106	1.05	99	53.2	18.13	53	4.6	41.86	—	454.4	41.49	91
活性硅	60	12	80	8	30	—	8	0.5	94	40	15	63

表5-3　　　　　　　　我国部分地区电站 FGD 脱硫废水处理前后污染物概况　　　　　　　mg/L

项目		总汞	总镉	总铬	总砷	总铅	总镍	硫化物	氟化物	总铜	总锌	
处理前进口废水	平均值	0.11	0.25	0.11	0.04	0.15	0.54	1.34	40.0	0.08	0.97	
	最小值	0.0003	0.005	0.001	0.0018	0.005	0.071	0.02	4.8	0.009	0.086	
	最大值	0.36	1.83	0.60	0.15	0.35	1.45	2.89	109	0.20	2.86	
处理后出口排水	平均值	0.02347	0.019	0.013	0.004	0.03	0.201	0.03	35.9	0.011	0.043	
	最小值	0.00019	0.001	0.003	0.0018	0.005	0.01	0.02	2.2	0.002	0.003	
	最大值	0.08258	0.043	0.029	0.005	0.007	0.443	0.05	84.2	0.02	0.128	
平均降低率（%）		78.7	92.4	88.2	90.0	80.0	62.8	97.8	10.3	86.3	95.6	
2006标准		0.05	0.1	1.5	0.5	1.0	1.0	1.0	30.0	—	2.0	
超标厂		1	—	—	—	—	—	—	2	—	—	

脱硫废水经 FGD 系统处理后污染物含量大幅度降低，氟化物降低率最低，残留量超标。此外超标较多的是 SS、COD_{Cr} 和 BOD_5，总汞、总镉和总镍超标频率也较高。由于各种原因，我国废水处理运行和管理仍存在较多不正常情况。

二、煤化工废水回用处理

以一个煤化工工程项目的水质为例，其排水水质见表5-4。

表 5-4 煤化工工艺排水水质

分析项目	分析结果		分析项目	分析结果	
	数据	单位		数据	单位
pH	7.65	—	游离 CO_2	1.80	mg/L
电导率	2620	μS/cm	溶解氧	5.0	mg/L
浊度	18.08	mg/L	K^+	30	mg/L
总固体	1998	mg/L	Na^+	125	mg/L
溶解固形物	1295	mg/L	Fe	1.82	mg/L
悬浮物	703	mg/L	HCO_3^-	233	mg/L
总碱度	212	mg/L	Cu^{2+}	0.06	mg/L
SiO_2（全）	119	mg/L	NH_4^+	0.77	mg/L
SiO_2（可溶）	98.26	mg/L	Cl^-	338	mg/L
胶体硅	20.74	mg/L	SO_4^{2-}	243	mg/L
总硬度	730	mg/L（以 $CaCO_3$ 计）	NO_3^-	253	mg/L
钙硬	537	mg/L	NO_2^-	0.11	mg/L
镁硬	193	mg/L	COD_{Cr}	25	mg/L

三、工业废水回用深度处理技术

（一）典型处理流程与石灰水处理作用

深度处理指对各车间已经污水处理的排水，在全厂水管理规划设计需要循环再用时进行的处理，它可以是水系统的中间环节，也可以是最终排污污水的回用处理或综合处理。各车间的污水处理包含简单的中和处理或针对生物污染的生化处理。

每个用户污水回用深度系统设计都有明确的针对性，以及确定的水源水质和用途，因此是具体的。有些设计常面临尚无全面或合理规划，不符合"水管理"技术要求，只是将所有废水混合后（如污水处理厂）一并处理，因此随时会有变化，不能维持长期规范运行。不同企业的水系统特点差异很大，如脱硫废水水质与煤种关系甚大，有许多非溶物；煤化工废水中含有较高的 COD 值等。为了简便叙述，针对工业排水的污染物，典型的处理方案如下：

石灰水处理→系统运转模式和辅助处理→浓缩与分离

三个阶段分别承担的作用如下：

（1）石灰水处理：去除水中的机械杂质（悬浮物）、绝大部分暂硬（碳酸盐硬度，同时除掉碱度）、部分或全部永硬（非碳酸盐硬度）、盐分、部分或大部分 SiO_2、部分 COD、大部分苯酚萘硼、重金属、大部分氟，以及 NH_3-N 的无机转化等。承纳系统中间处理所排弃（再生废液等）物质的再处理。所有被除去物在澄清池内成为固体沉淀物，经脱水后湿渣排出，这是聚集盐类杂质的主要分离点。石灰水处理是全部技术过程的基础。

（2）系统运转模式和辅助处理：建立系统控制运转的工况及控制参数、辅助处理工艺与设备、核算浓缩水质指标、水质水量平衡关系（中间排放物回收）、预测回收水水质等。选择中间处理所需要去除、在石灰水处理残留的仍然可能对高度浓缩时有害的物质，如COD、硬度、胶体态的其他有害物等的技术和设备。首选 H-H 技术（一种极限工况运行技术）和其他技术在脱盐系统的合理应用，以求实现保证整个系统长期运行之下的经济平衡。系统运转模式确定了前后处理的关系和任务，体现了总体技术思路，是指导全部技术过程的灵魂。

（3）浓缩与分离：浓缩是针对被处理液中的溶解盐类，非溶解物仅限于在浓缩过程中对浓缩过程无害和对所回收的水质在允许范围内。浓缩与分离是为了满足不同排放物的需要，如果需要将盐类实现固体化则浓缩是手段，分离是目标。如果浓缩液为最终排放物，则浓缩为达到最小排放量。两种方式收获的是不污染环境和回收净洁的水，只有回收可再用的水，才可能避免排放污水污染环境。无论最终浓缩污水固体化或在蒸发塘天然蒸发都是实现了"零排放"。

蒸发浓缩和分离技术对其之前的系列预处理的水质要求要高很多（如硬度、油脂、悬浮物），所产生的二次蒸汽的水质要差很多（由于蒸汽携带的原因，携带率与蒸发强度成正比）。正渗透技术和电渗析技术都是冷态（常温）浓缩技术，与蒸发浓缩相比在浓缩水质指标方面有较大区别，可以极限观念进行整体系统设计。需要说明的是无论热态或冷态实现高浓缩都不应允许把"带病"运行作为正常工作状态，"带病"运行指结垢或污堵等阻碍安全工作的弊端，即蒸发器不得把结垢后再除垢作为"合理"存在，膜分离不得把污堵再清洗作为"合理"存在，两者都要以长时间连续满负荷运行为标准，而且"长时间"应不低于数月，其长短是系统和设备优劣比较的重要指标。

只有通过蒸发浓缩和分离才可以得到水的回收和盐类的去除，所以蒸发浓缩和分离是全部技术过程的关键。膜法回收的淡水水质较热蒸发的蒸馏水水质更稳定和良好。

至于浓缩后的盐是否回收，以致外销，它的必要性与合理性需要更深入的技术经济比较和生产管理分析。

（二）SS 的去除

工业排水中的悬浮物与一般天然水中的悬浮物的性质有较大不同，如脱硫废水中含烟尘的洗涤物和大量的反应产物 $CaSO_4$、煤化工工艺洗涤水中含被洗涤物，如经过生化处理还有它的残留物。

当这些物质含量很大时，澄清池的设计既要考虑轻质微小颗粒的沉降困难，也要考虑重质颗粒的排泥困难。如果选择石灰水处理同时除硬时，排泥中增加了 $CaCO_3$、$Mg(OH)_2$、$Ca(OH)_2$、硅镁化合物等沉淀物，容易结块成垢。

经石灰澄清和过滤后水中的可视颗粒物的残余物接近于零，仅胶体级颗粒尚有一定量存在。

（三）硬度的去除

去除硬度的目的是防止被处理水在浓缩时结垢。暂硬是主要结垢物，在脱硫废水中含量很少，煤化工废水含有 HCO_3^-，无论含量多少经石灰水处理后，如果石灰水处理过程控制 pH>10.3，HCO_3^- 已基本不存在了。关于残余 $CaCO_3$ 浓缩后是否有结垢可能，需要根据 RO 浓水侧浓缩析出限值的计算，一般推荐用饱和指数 I_B 判断，I_B 值的计算需要实测值，需要实际运行后才可测得，而 $CaCO_3$ 饱和 pH 也受水中一些其他盐类含量的影响。对冷却循环水，西安热工研究院有推荐的计算公式和相关系数，但是污水回用 RO 的浓缩过程与循环的浓缩过程不同，RO 浓缩中是密闭的，没有 CO_2 溢出，石灰水处理后没有 HCO_3^- 的平衡关系，有机物含量较高，推荐的计算中没有考虑这个因素，因此不能直接使用推荐的计算办法，有待研究解决。碳酸钙在不同温度下的溶解度如图 5-6 所示。

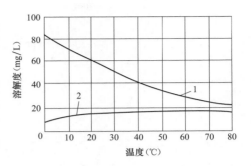

图 5-6 蒸馏水中碳酸钙的溶解度
1—大气压下；2—完全除去 CO_2 后

关于永硬，首先关心的是硫酸钙的结垢问题。当前所知的两种浓缩技术水温差别较大，蒸发浓缩（低温高效或多级闪蒸）虽然只需要 $70 \sim 80℃$，也属于高温蒸发，正渗透或电渗析浓缩只需常温（一般低于 $30℃$），属于低温蒸发。低温和高温状态下结垢的情况有很大差异，低温状态下超过溶解度的 $Ca(HCO_3)_2$ 受热分解析出 $CaCO_3$（同时 CO_2 挥发，如果没有挥发则情况有别），而永久硬度则不同，如硫酸钙在 $98℃$ 以下是稳定的含两个结晶水的物质（$CaSO_4 \cdot 2H_2O$），在 $98 \sim 170℃$，是稳定的含半个结晶水的物质（$CaSO_4 \cdot 1/2H_2O$），在 $170℃$ 以上为稳定的无水物（$CaSO_4$）。

当温度升高、pH 降低时，硫酸钙的溶解度降低，在低于 $37℃$ 的水中，硫酸钙的溶解度随温度的升高而增大，但在 $37℃$ 以上，则相反，硫酸钙的溶解度随温度的升高而减小。在电厂冷却水温度的条件下，硫酸钙的溶解度还是比较大的。例如，在 $40℃$ 的蒸馏水中，硫酸钙的溶解度可达 $2.65g/L$，如图 5-7 所示。

硫酸钙在普通水中的溶解度见图 5-8。由图 5-8 可见，它的溶解度为碳酸钙的 40 倍以上。这也就是火电厂凝汽器很少发生硫酸钙水垢的原因。

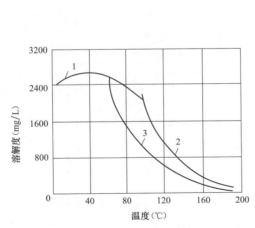

图 5-7 蒸馏水中硫酸钙的溶解度
1—$CaSO_4 \cdot 2H_2O$；2—$CaSO_4 \cdot 1/2H_2O$；3—$CaSO_4$

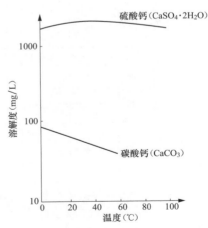

图 5-8 硫酸钙和碳酸钙的溶解度

只有在高浓缩倍率下运行的换热设备，硫酸钙才会在水温高处析出。在 $5 \sim 90℃$ 范围内，钙硬度和硫酸根离子浓度与硫酸钙析出的关系如图 5-9 所示。

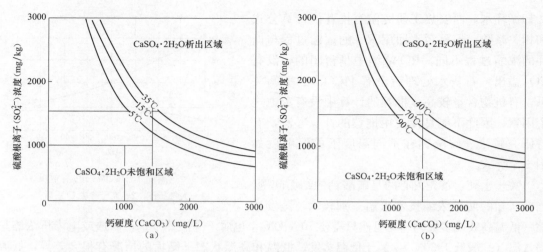

图 5-9　钙硬度和硫酸根离子浓度与硫酸钙析出的关系（一）
（a）温度在 5～35℃时；（b）温度在 40～70℃时

钙硬度和硫酸根离子浓度与硫酸钙析出的关系，还可以参阅图 5-10。

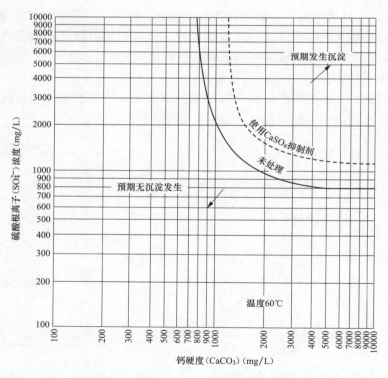

图 5-10　钙硬度和硫酸根离子浓度与硫酸钙析出的关系（二）

为了判别硫酸钙析出的可能性，某些单位还提出了硫酸钙指数。例如，美国某公司提出的硫酸钙指数 $I_{CaSO_4} = [Ca^{2+}] \cdot [SO_4^{2-}]$（单位为 $CaCO_3$，mg/L）$> 5 \times 10^5$，即 $I_{CaSO_4} > 5 \times 10^5$

时有硫酸钙析出的可能。如果加入阻垢剂，此值可提高到 7.5×10^5。日本某公司提出的硫酸钙指数（水温 40℃）$I_{CaSO_4} = [Ca^{2+}] \cdot [SO_4^{2-}]$（均以 mg/L 计）$> 1 \times 10^6$。"西安热工研究院通过试验，提出的硫酸钙指数（水温 45℃）为 $I_{CaSO_4} = [Ca^{2+}] \cdot [SO_4^{2-}]$（均以 mg/L 计）$> 2 \times 10^6$，加入 1mg/L 的聚羧酸类水稳剂，此指数可提高到 4×10^6。"[8]

据此我们有理由认为，在低温条件下，硫酸钙的析出值参考以上指数，在加阻垢剂时 $8 \times 10^5 \sim 12 \times 10^5$ 是可以接受的。

而关于是否结垢的环境温度的判别需要进行具体分析。例如蒸发器，虽然被处理水的平均温度只有 80℃，$CaSO_4 \cdot 2H_2O$ 仍处于较稳定的区域，但是在水被加热时其热源的管壁温度却高于 100℃（如 $0.12 \sim 0.25$MPa 蒸汽的饱和温度为 $103 \sim 126$℃），靠近管壁的水温接近这个温度，故必然析出而成垢，况且该处水中的 $Ca(HCO_3)_2$ 或 $CaCO_3$ 早已成垢，构成结晶核心和活性触点，加速了 $CaSO_4$ 垢的生成和蔓延。再者 $CaSO_4$ 的成垢条件也与浓度、pH、相关离子的存在等因素有关，靠近换热管壁处的水一旦发生蒸发，则盐分浓度已大幅升高，pH 变化，从而进一步促进垢的生成。其实低温或高温防垢的关键点是是否用蒸汽加热（电加热亦同），热源温度高时，即使尚未超过溶解度，也有可能结垢（还要考虑换热处的局部浓缩问题）。

由上可知，在低温水处理的防垢中，一般只需注意暂硬的控制，在高温处理时则需防止永硬的析出。

重度污染水零排放的硬度控制，取决于高浓缩设备防止结垢的限制值，两种浓缩机理不同，限制值也不同。

永硬的去除离子交换外常用沉淀分离法，即投加 Na_2CO_3 将 Ca^{2+}、Mg^{2+} 从永硬中排带出来，然后沉淀分离，其反应式为见第三章第一节。

残余硬度与水温、pH、加药量、反应条件等因素有关，高温处理（水温达 98℃）残余硬度可达 $0.1 \sim 0.4$mmol/L，低温时相差甚远。

"为了去除水中的硫酸盐硬度，有时用碳酸钡（$BaCO_3$）、氢氧化钡 [$Ba(OH)_2$] 和铝酸钡（$BaAl_2O_4$）作为处理剂。

以氢氧化钡作为处理剂时，软化反应如下

$$CaSO_4 + Ba(OH)_2 \rightleftharpoons Ca(OH)_2 + BaSO_4 \downarrow$$
$$Ca(OH)_2 + Ca(HCO_3)_2 \rightleftharpoons 2CaCO_3 \downarrow + 2H_2O$$
$$MgSO_4 + Ba(OH)_2 \rightleftharpoons Mg(OH)_2 \downarrow + BaSO_4 \downarrow$$

如此看来，当用钡盐处理时，不管是碳酸盐硬度的盐类还是非碳酸盐硬度的盐类都可以变为沉淀，因此随着软化的进行，又可以进行用上述其他软化剂更为彻底的除盐反应。不过因为钡盐价值比较高，同时又有毒，所以这种软化法在苏联发电厂中一般不采用。"[5]

（四）硅和硼的去除

1. 二氧化硅的性质

对硅性质的了解有助于理解去除硅的技术，《无机化学教程》中有关硅的化学性质资料如下：

硅的原子量为 28.09，主要原子价为 Ⅱ、Ⅳ，密度为 2.33g/cm³。纯硅是深灰色、不透明、有光泽的等轴八面晶体。

二氧化硅又称硅石，结晶二氧化硅有石英、鳞石英和方石英三种。二氧化硅的化学性质很不活泼，唯有氢氟酸可将其溶解成四氟化硅或氟硅酸。它不溶于水，但作为硅酸的酐与碱共熔很容易转化为硅酸盐：$SiO_2 + 2NaOH \rightleftharpoons Na_2SiO_3 + H_2O$，与碳酸钠共熔也得硅酸盐：$SiO_2 + Na_2CO_3 \rightleftharpoons Na_2SiO_3 + CO_2$。

二氧化硅与不同比例的碱性氧化物共熔可得若干组成的化合物，其中最简单的是偏硅酸盐和正硅酸盐：$SiO_2 + M_2O \rightleftharpoons M_2SiO_3$，$SiO_2 + 2M_2O \rightleftharpoons M_4SiO_4$。

硅酸是很弱的酸，电离度极小：K_1 约为 10^{-9}，K_2 约为 10^{-12}。溶解度也极小，很容易从溶解的硅酸盐内被其他的酸，即使很弱的酸，代换出来。

在硅酸盐中，仅碱金属盐溶解于水。若干不溶解的硅酸盐于加强酸后似乎溶解，这是由于分离出来的硅酸形成硅酸凝胶，但多数硅酸盐不为强酸所分解而仅与氢氟酸作用，因为硅与氟化合的趋势强。所有的硅酸盐皆与熔化的碳酸钠发生复分解作用而产生硅酸钠，有时有二氧化碳放出：$MgSiO_3 + Na_2CO_3 \rightleftharpoons MgCO_3 + Na_2SiO_3$，$KAlSi_3O_8 + 3Na_2CO_3 \rightleftharpoons 3Na_2SiO_3 + KAlO_2 + 3CO_2$。碱金属的溶液显强碱性，因为硅酸盐在其中有强烈的水解作用。硅酸钠的水解作用：$Na_2SiO_3 + 2H_2O \rightleftharpoons NaH_3SiO_4 + NaOH$，水解所形成的硅酸氢钠很容易聚合成二硅酸钠：$2NaH_3SiO_4 \rightleftharpoons Na_2H_4Si_2O_7 + H_2O$。溶液越稀，二硅酸盐生成的越多，并可进而形成多硅酸盐。

硅酸在纯水内溶解度很小，但所产生的硅酸并不随即沉淀出来，而暂时存在于溶液中，经相当时间后开始发生絮凝作用。这是因为起初生成的硅酸为单分子，可溶于水，这些单分子因情况的不同或快或慢地进行聚合作用，逐渐变成双分子聚合物、三分子聚合物，最后变为完全不溶解的多分子聚合物。虽然全部硅酸可以变为不溶于水的高聚分子，但不一定有沉淀发生，因为硅酸很容易形成胶体溶液（称为硅酸溶胶）。

"天然水中普遍含有二氧化硅，不过含量变化幅度很大，在 6~120mg/L 范围内，大部分水中含量小于 20mg/L。地下水中二氧化硅的含量比地表水中要多。SiO_2 溶于水中的形态比较复杂，一般为 H_2SiO_3 或 H_4SiO_4，经常写成 $SiO_2 \cdot xH_2O$。二氧化硅的溶解度与温度、pH 及其颗粒直径等因素有关，如图 5-11~图 5-13 所示。

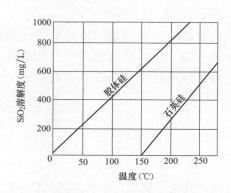

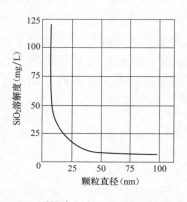

图 5-11　温度对 SiO_2 溶解度的影响（pH=7）　图 5-12　颗粒直径与 SiO_2 溶解度的关系

活性硅（或称反应性硅）是二氧化硅溶解于水中所形成的硅酸，因此也称为溶解性硅。非活性硅（或称非反应性硅），或称胶体硅，但严格说，这两者是有一定区别的。胶体硅经常产生于可溶性二氧化硅浓度较高及 pH 较低的水中。非反应性硅仅指与试剂不起反应的不溶解的二氧化硅，它经常与有机物、铁、铝等形成复合的颗粒，其结构如图 5-14 所示。"[13]

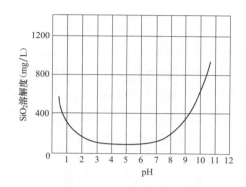

图 5-13 pH 对 SiO_2 溶解度的影响（25℃）

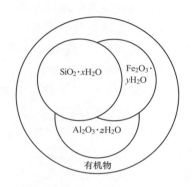

图 5-14 非反应性硅的结构

2. 水中二氧化硅的去除

拟实现零排放在达到固液分离时，溶解盐的浓度可能为 20 万～30 万 mg/L，或许要浓缩 100 倍以上，已远超过 SiO_2 的溶解度。当 SiO_2 析出时可形成硅垢，硅垢比硬度垢更加坚硬，更难于清理，是必须更加注意避免的。

在石灰水处理的同时去除 SiO_2 在我国曾经积累了丰富的实践经验，20 世纪 50 年代初，我国开始进行大规模经济建设时，主要依靠引进苏联成套设备技术，大量的电站工程中的中压和高压锅炉水处理几乎都采用石灰水处理，高压电站的除硅就是依靠石灰镁剂处理技术，保证了当时近 20 年的安全生产，直至发展离子交换全除盐技术为止。

苏联热工研究院对镁剂除硅技术研究和应用很多，他们所提供的资料叙述镁剂除硅的原理大致如下：

这种除矽（硅）过程的化学反应近代化学家们认为是按如下进行的：水中加入菱苦土时，其中所含的氧化镁局部或者完全与水化合，生成复杂的分子为 $(MgO)_m[Mg(OH)_2]_n$。这些分子解离后生成复杂的全部带电的微粒，四周包围着一层 OH^- 的扩散层：

$\{(MgO)_m[Mg(OH)_2]_s[Mg(OH)^+]_x(x-n)OH^-\}^{n+1}+nOH^-$，此式可以写成 R^{n+1}/nOH^-。

在一定条件下 SiO_3^{2-} 会取代 OH^- 而和镁生成化合物。当氧化镁解离度很小时，便会生成以下类型的硅酸镁化合物

$$R^{n+}/nOH^-+n(H^+/HSiO_3) \rightleftharpoons R^{n+}/n(HSiO_3)^- + nH_2O$$

即一次解离的硅酸与 OH^- 换位交换。

当解离程度大时，会生成以下化合物

$$2(R^{n+1}/nOH^-)+n(H_2^+/SiO_3^{2-}) \rightleftharpoons (R^{n+})_2(SiO_3^{2-})_n+2nH_2O$$

即二次解离的硅酸与 OH^- 换位交换。

上式是一个大概的近似式，硅酸化合物的分子式是多种多样的。

根据镁剂除矽（硅）的运行资料和上述理论，对除矽过程起不良影响的因素有下列几点：

（1）除硅剂的种类和氧化镁的比耗；

（2）液体和悬浮沉淀物接触时间的长短和泥渣的性质；

（3）水的温度；

（4）石灰和凝聚剂的加入方式。

现在分别研究以上几个因素：

（1）加入药剂数量的影响。根据观察的结果水中的悬浮物若大于 500mg/L 以及耗氧量大于 15mg/L，则药剂的比耗大大增加，水中矽酸化合物浓度越小，MgO 的加量越大。

（2）温度的影响。温度越高除矽过程越好，但温度一般保持在 40℃±1℃（调整水温），采用 40℃是有原因的，因通过一系列试验发现水温从 40℃提高到 70℃，除矽效果虽有所提高，但提高很小，只有在水温大于 90℃时，除矽效果才急剧提高，而 90℃下运行时对交换剂不利，故目前还是采用 40℃的水温。温度不均在澄清器中会产生热流，这种热流会降低和悬浮渣泥的接触效果，以致引起水质恶化，这时水浑浊度显著增大，上部透明水的保护层高度显著减低。

水温过低时应逐渐将它升到标准温度，使温度升高速度每 10min 不超过 0.5℃，水温超过 40℃很多时，应迅速降低，以便更少的热水进入澄清器的上部。

（3）加 CaO 和凝聚剂的问题。凝聚和石灰水处理在采用镁剂除矽时是必要的，凝聚剂经常采用 $FeSO_4$ 或 $FeCl_3$。

采用镁剂除矽时添加凝聚剂，在任何情况下都能很显著地有助于矽酸盐化合物的清除，因此时沉淀物的活性增大，其微粒具有更大的表面，这样形成的悬浮过滤层大大地改善了接触条件，最终也就提高了除矽水的质量。

凝聚剂剂量要通过试验确定，其数量应足够保证清除胶状杂物和在澄清器中生产一致的、良好的悬浮沉淀物，其中也包括除矽剂的微粒（菱苦土）。

一般 $FeSO_4$ 的剂量在 0.2～0.5mmol/L 范围之内，每班加入量是根据所有的药剂剂量体积和处理的水量之间的平衡关系确定的

$$R_{KC} = \frac{W_K \beta_K}{Q_0}$$

式中　R_{KC}——凝聚剂的平均剂量；

　　　W_K——班上所用的药剂量体积，m^3；

　　　β_K——溶液浓度，mol/m^3；

　　　Q_0——该班进入澄清器的水量，m^3。

（4）石灰剂量的问题。采用镁剂除矽时，石灰剂量应能够保证降低一定的碱度和获得稳定的水，以及在保持所要求的除矽效果的同时，达到规定的透明度。如果石灰加入量不定时 pH<10，除矽过程就会恶化，其原因在于 MgO（菱苦土）和生水中的重碳酸盐互相发生作用。另外，是由于在这种 pH 条件下，生水中硅化合物不再是以离子状态存在（SiO_3^{2-} 或 $HSiO_3^-$），而是以 H_2SiO_3 的形式存在。

当 pH 过大，水中存在较多的 OH^- 时（石灰加得多时），氢氧化镁的解离就要受到阻

碍，就会引起除矽过程的恶化，如果石灰再加多的话，就会使已经吸收的硅酸化合物分离出来。因此镁剂除矽过程应在一定的 pH 条件下进行，石灰计量应保持适当，不至于使苛性菱苦土大量溶解，同时也不至于使氢氧根的浓度阻碍氢氧化镁对硅酸化合物的吸附。

全苏热工研究院在实践中以及在生产企业中所进行的研究工作指出，按生水除去碳酸盐的条件即在除硅过程中，$Ca(HCO_3)_2$ 的沉淀情况，应将生水中分成两类，一类在除碳过程中会分解出镁，另一类则不会分解出镁。

碱度 $Щ$ 减去凝聚剂剂量 P_K 后剩下的碱度大于水中原来所含的 $Ca_{цсх}^{2+}$，则这种水属于第一类

$$(Щ-P_K)>Ca_{цсх}^{2+} \quad （钙都是暂硬）$$

碱度减去凝聚剂剂量后剩下的碱度小于或等于水中原来所含的 Ca^{2+}，则这种水属于第二类

$$(Щ-P_K)\leqslant Ca_{цсх}^{2+} \quad （没有镁暂硬）$$

通过试验，得到以下结论：

（1）处理第一类水时，当水的 pH＝10.3 时，除硅效果最好。

（2）对于第二类水时，则 pH＝10.15～10.20 最好。

（3）对于原有碱度非常小的一类水（约 1mmol/L），则也是当水的 pH＝10.3 时除硅效果最好。在每一种情况下，水中 SiO_3^{2-} 的残余量是和被处理水在最小碱度时的 pH 相适应的，也就是说溶液中 CO_3^{2-} 完全分离出来，而 OH^- 的浓度又不是太大的时候。

（4）对于 $(Щ-P_K)\leqslant Ca_{цсх}^{2+}$ 的一类水，若水中所含 Mg^{2+} 不多时，则在镁剂除硅过程中菱苦土就会发生部分溶解，因此澄清水中残余镁就要比水质所含的镁多。

生水中镁的含量很大时，在除硅过程中，镁就要分离出来，因此镁的含量就要比生水中少（水暂硬中的镁被分离出来，发挥了除矽作用）。

（5）对于 $(Щ-P_K)>Ca_{цсх}^{2+}$ 的一类水，其镁的残余硬度小于生水中的镁硬度，处理水中的镁离子浓度能降低到 0.3～0.35mmol/L，假如浓度降得比这个值还要低，则对除硅的条件是不利的，因为当水中的 $Mg(OH)_2$ 保持平衡状态时，镁应保持在 0.33～0.35mmol/L。

对水安定度的监视证明：

（1）对于 $(Щ-P_K)>Ca_{цсх}^{2+}$ 和 Mg^{2+} 的残余含量小于生水中的含量的水，在 pH 保持很合适的情况下，水是稳定的（碱度损失为 0.01～0.02mmol/L）。

（2）对于 $(Щ-P_K)\leqslant Ca_{цсх}^{2+}$ 的水，当苛性菱苦土发生溶解和有 Mg^{2+} 进入水中时，不稳定值达到 0.1mmol/L。在这种情况下，要提高水的稳定性，应将水的 pH 调到 10.4，当然除矽效果是有所降低的，但这样不稳定性能就能降到＜0.1mmol/L，而这时 SiO_3^{2-} 的含量约为 1.0mg/L。

（3）在处理原始碱度约 1mmol/L 和小于这个值的水时，不稳定性就升到 0.25～0.30mol/L 甚至达到 0.5mmol/L。试验证明在这样的情况下，凝聚剂的剂量应增加到 1mmol/L，这样碱度和 SiO_3^{2-} 都会减小。改变凝聚剂剂量时也应改变石灰量，以便保持正确的运行方式和利于沉淀的形成。

因此对每一种具体的水应通过试验确定最合适的 pH。

BTИ 根据所进行的研究工作的结果提出以下建议：

(1) 在任何情况下石灰剂量不少于生水的碱度，但不应超过分离出镁所需的石灰剂量。

对于 $Ca^{2+}_{цсх}+P_K>Щ$ 这一类的水，所用石灰剂量的计算公式为

$$P_n=Щ+P_K+CO_2+(OH)$$

对 $Ca^{2+}_{цсх}+P_K<Щ$ 这一类的水，所用石灰剂量的计算公式为

$$P_n=2Щ-Ca^{2+}_{цсх}+CO_2+(OH)$$

式中　P_n——石灰剂量，mmol/L；

　CO_2——生水中所含 CO_2 的量，mmol/L；

　(OH)——处理水中 OH^- 的含量（pH 最合适的），mmol/L。

对于 $(Щ-P_K)\leqslant Ca^{2+}_{цсх}$ 的这一类水，当澄清器出口氢氧根碱度为 $0.15\sim0.20mmol/L$、pH＝$10.2\sim10.3$ 时能得到好的结果。

当 pH＝10.2 时，镁的残余含量为 $1.4\sim1.7mmol/L$；而 pH＝10.3 时，镁的残余含量为 $0.9\sim1.15mmol/L$。

残余镁含量可以大于也可以小于生水，这取决于生水中 Mg^{2+} 的浓度 $Mg^{2+}_{цсх}$。

对于 $(Щ-P_K)>Ca^{2+}_{цсх}$ 这一类水，其镁的残余量应为 $Mg_{oct}=Ж+Щ+P_K$，但不应小于 $0.3\sim0.35mmol/L$，氢氧根碱度应为 $0.3mmol/L$，有时为 $0.4mmol/L$，当处理水中确定的残余镁含量搞清后，石灰的剂量就可以按下式计算

$$P_n=Щ-Г+Mg^{2+}_{цсх}-Mg^{2+}_{oct}+CO_2+P_K+0.05$$

式中　$Г$——生水中所含的腐殖酸，mmol/L；

　$Mg^{2+}_{цсх}$——水中原来所含的镁含量，mmol/L；

　Mg^{2+}_{oct}——处理水中残余镁含量，mmol/L。

运行时的石灰剂量是通过对除硅方式的监视和根据计算的结果比较来确定的。

(2) 水和悬浮沉淀物的接触。为了除矽过程得到良好的效果，应当使水和悬浮渣泥的接触时间较长，这种悬浮沉淀物——渣泥在 ЦНИИ-1A 型的沉淀器中就可以看到，主要的化学反应是在澄清器的下边进行的。

吸附过程，特别是悬浮沉淀物的除硅过程并不是在水和悬浮渣泥接触的全过程中进行的。沉淀物是由于上升水流的作用而悬浮着形成接触介质。水穿过悬浮沉淀物而加速了结晶的作用，同时也改善了吸附的过程，促进除硅作用，降低了碱度，提高了水的透明度和安定度。

悬浮物的合适高度是由生水的质量、水处理的方式和条件决定的。应尽量保持最高的悬浮层，以保证水和沉淀物接触的时间达到最长，但清水层高度应保持 $1.5m$[4]。

重度污染水处理的除硅过程的条件与上述情况有很大不同，需要经过试验确定合理的反应过程、适用的澄清设备、合理的温度、合理的药剂投加方式与投加量等。

3. 水中硼的去除

硼不溶于水，水中可能存在的或是硼酸、硼酸盐等，过去很少见到资料论及硼，以及它的危害和其处理技术。当工业废水中存在硼时，如进行膜浓缩处理，其析出物会对膜构成威胁，故在设计处理系统中也应注意到硼可能的存在和去除。

1997 年，国际水会议一篇名为《用化学沉淀法同时去除生产排水中的硅和硼》[38] 的文献论述了石灰水处理除硼效果，现摘要介绍如下：

为除去油田排水中的硬度、硅和硼，选择加热沉淀软化法，后续处理还包括氨洗涤和

冷却、生物处理和反渗透。生产排水水质及处理后水质指标见表 5-5。

表 5-5　　　　　　　　　　　　生产排水水质及处理后水质指标

水质参数	处理前	处理后
温度（℃）	77	24
pH	7.0	6.5～8.5
总溶解	6000	350
固形物 TDS（mg/L）	—	—
总有机碳	120	1～2
TOC（mg/L）	—	—
氨（mg/L-N）	15	<0.1
硼（mg/L-B）	20	0.5～2.0
硅（mg/L）	>200	20～40
总硬（mg/L as $CaCO_3$）	1500	70
油（mg/L）	20	<0.1

　　"在沉淀软化中去除硅已在文献中被描述过，且考虑到低温或加热软化和碱性条件下加入镁及其他金属，但去除的机理还尚未完全解决。鲍威尔将用 Freundlich 等温线描述镁剂除硅的完整吸附过程。诺德尔同意 Freundlich 等温线能够提示出镁剂对硅的去除，但他同时认为，硅直接参与化学反应，生成硅酸镁被去除。"[38] 25℃时硅酸和硼酸的反应式见表 5-6。

表 5-6　　　　　　　　　　25℃时硅酸和硼酸的反应式

反应式	温度＝25℃
$H_4SiO_4 \Longrightarrow H_3SiO_4^- + H^+$	$pK_1 = 9.93$
$H_3SiO_4^- \Longrightarrow H_2SiO_4^{2-} + H^+$	$pK_2 = 11.69$
$H_3BO_3 \Longrightarrow H_2BO_3^- + H^+$	$pK_1 = 9.20$
$H_2BO_3^- \Longrightarrow HBO_3^{2-} + H^+$	$pK_2 = 12.73$

　　"Mujeriego 发现硅在水中生成的不同化合物形态，直接影响镁剂和钙对硅的去除；镁剂除硅主要是 $H_3SiO_4^-$，而钙除硅主要是 $H_2SiO_4^{2-}$。表 5-7 显示在 25℃时，正硅酸的前两个分解反应，及其相应的 pKn 值（Kn 代表第 n 个解离常数）。"[38]

表 5-7　　　　　　　　　　25℃时硼酸硅酸的溶解度

元素	pK_1	pK_2	$(pK_1+pK_2)/2$
硅	9.25	10.15	9.70
硼	8.11	11.21	9.66

　　"用 pH 可以控制水中生成硅酸的种类，并达到最大去除时的浓度值。例如，$H_3SiO_4^-$ 控制在 $pH=(pK_1+pK_2)/2$ 范围中。表 5-7 表明温度 25℃，pH＝9.7 时，水中 $H_3SiO_4^-$ 所占比例最高；同样的，加钙除硅，同样温度，pH>11.5 时，$H_2SiO_4^{2-}$ 所占比例最高。"[38]

　　以上文献说明镁剂除硅的有效性，影响其效果的主要因素是 pH 和温度，具体用于不同条件下和目的性的除硅操作，应通过试验取得。

　　图 5-15～图 5-16 是原水不同水质时，在不同 pH 下石灰水处理的结果。从图中曲线可

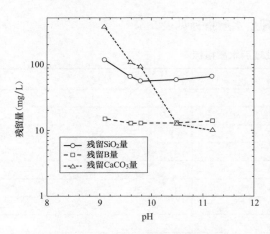

图 5-15　不同 pH 下石灰水处理总硬、
硅、硼残余含量

条件：SiO_2—232mg/L；B—19mg/L；

Mg—96mg/L；总硬—1200mg/L。

以看出，pH＝9～10 是硅和硼降低的较好条件，硅的降低值由 100mg/L 以上降低到不足 60mg/L，pH 再增高曲线趋于平缓，硼的降低值较低，但趋向是明显的。pH＝10～11 时两条曲线略向上扬，但可接受，因为此间是除硬的工作区间。图 5-15～图 5-17 可以明显看到，随着水中 Mg 含量的增高（96mg/L→108mg/L→120mg/L），硅含量迅速降低（50mg/L→25mg/L→5mg/L），这是符合镁剂除硅一般规律的，硼则在 Mg 含量更高时开始降低，有可能降低到 5mg/L 左右；图 5-16 所示硬度曲线与常规习惯不同，当 pH 升高，即石灰剂量加大时，总硬度残余值逐渐升高，或可理解为原水暂硬低、永硬高，过量投加 $Ca(OH)_2$ 增加了 Ca 的溶解量。

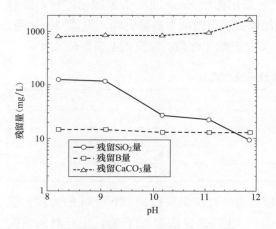

图 5-16　高含量水石灰水处理残余含量

条件：SiO_2—202mg/L；B—19mg/L；

Mg—108mg/L；总硬—1240mg/L。

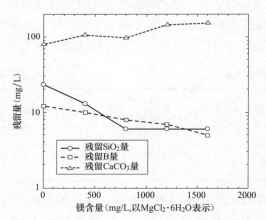

图 5-17　高含 Mg 不同 pH 下石灰水处理含量

条件：SiO_2—174mg/L；B—17mg/L；

Mg—122mg/L；总硬—1210mg/L。

（五）有机物与 NH_3-N 的去除

1. 有机物的去除

工业污水回用必须经历脱盐处理，脱盐水应达到或接近无盐水直接使用的质量要求。脱盐技术无外乎膜法和蒸发之一，有机物对二者都会产生危害，对入口的被处理水中的有机物含量有限制。工业排污水虽然已经生化处理，但含量仍然偏高，需要在深度处理中进一步降低其含量或有效克服生化处理水质波动大的缺点。

只要污水是被有机物严重污染过的水，无论是城市生活污水或是工业污水，都应首先进行生化处理，以大幅度降低有机污染物。深度净化的主要目的是去除其他溶解的和非溶解的盐类，水可回用、污物可最大限度浓缩为允许处理的程度。其间包括进一步降低有机污染物，防止在直接回用或者再处理时带来危害。

此处生化处理技术方案选择应当依照总体处理技术的需要安排，与其后深度净化相衔接。

"水源中的有机污染物可分为以下两类：天然有机物（natural organic matter，NOM）和人工合成有机物（synthetic organic compounds，SOC）。天然有机化合物是指动植物在自然循环过程中经腐烂分解所产生的物质，包括腐殖质、微生物分泌物、溶解的动物组织及动物的废弃物等，也称为耗氧有机物或传统有机物。人工合成有机物大多为有毒有机污染物，其中包括三致有机污染物。"[39]

"传统有机物包括腐殖质（腐殖酸、富里酸、黑物质），耗氧有机物（蛋白质、脂肪、氨基酸、碳水化合物等），藻类，非溶解性有机物等。有毒污染物即人工合成有机物（SOCs）。"[39]

"腐殖酸基本上处于胶体分散状态，当 pH 提高时，能溶解；酸化时，形成黑色的沉淀物。腐殖酸的分子量为 1200～1400，含有 52％～58％的碳、3.3％～4.8％的氢和 34％～39％的氧。腐殖酸羧基基团上的氢易于被阳离子所置换，由此形成的盐称为腐殖酸盐。钾、铁和铝的腐殖酸盐是难溶的，而钠的腐殖酸盐是可溶的。腐殖酸能与铝和铁的氢氧化物形成胶体分散度的络合物。

富里酸（白腐酸和阿朴白腐酸）平均含有 45％～48％的碳、5.2％～6％的氢，43％～48％的氧。它们与钠、钾、铵、镁和二价铁形成可溶性化合物，而与三价铁、钙和铝形成难溶性化合物。"[16]

城市生活废水的生化处理和回用深度处理中重点注意传统有机物和人工合成有机物的去除。工艺废水的生化处理和深度净化处理重点则针对工艺生产所形成有机污染的物质和其他废水水源带来的有机污染物。

水中含有有机物对直接用水的产品或触水设备（含处理设备）会构成很大的伤害，所以在工业用水中对有机物的要求都比较严格，不在于它们是什么性质，而在于它们共同的危害性，如腐蚀、污堵和繁殖等。膜脱盐处理时浓水侧的有机物必须限制在可能形成污堵的含量之下，一旦发生污堵将使水通量出力下降，而且很难清洗或清洗时损伤膜，从而使水质质量变差、膜寿命变短。当深度浓缩采用蒸发技术时，有机物黏附在传热表面，阻碍传热效率，增加水流阻力和局部腐蚀，往往同时还伴生"黏泥"，损害会更大。不仅如此，大部分有机物会在蒸发过程中随蒸汽带出，进入回收水中，继续成为水中最主要的污染物。此水直接用于产品生产时，直接影响产品质量；用于锅炉补给水时，会成为严重的腐蚀源（尤其是汽轮机的低压缸）；用于冷却水时，也是腐蚀和再次成为新的黏泥组成核心。

水中有机物的性质和限制标准都不可套用影响环境或排放标准的理念去认识或衡量，只能用处理设备和回用水的允许含量为标准衡量，因为在制定环境标准时考虑的是可能的治理能力和排放后还有自然继续净化可能，而回用水必须考虑立即使用于工艺或设备的承受能力。况且还要注意到，工业排放水中的有机物因来源不同，性质也与城市生活污水有很大不同。工业用水多种多样，当取自自然表面水时，各种水处理的排水（RO 浓侧水、离子交换再生水、循环冷却排污水等）中的有机物性质与水源近似，而工艺生产污染造成的污染则与工艺过程和水直接接触物质相关，如烟气洗涤则溶解和携带了矿物燃烧灰尘中的所有物质。此外，工业废水中以耗氧量表示的"有机物"的性质也需具体分析是否都是"有机物"。因为脱硫废水中的亚基化合物，如亚硫酸盐、亚硝酸盐等，煤化工废水中也有类似物质，它们在化验中同样消耗氧，有可能被计入化验"耗氧量"中。

理化方法去除有机物一般多是利用凝聚沉淀或吸附、聚合沉降及过滤分离的方法。有机物在水中是按照分子量的大小分布的，分布有可能变化，聚合或者解离。当总含量大时，必然大分子量的增多，甚至会出现分子团；当总含量小时，小分子量将占主要部分。其与水的关系与无机盐类不同，可溶于水认为是分子量为 $500\sim1000$，"溶于水"只不过是水合物，不是离子态，称为亲水性或憎水性更确切。"溶于水"或未"溶于水"部分也不是一成不变的。凝聚作用可以使有机物电中和而脱稳沉淀去除，当有金属氢氧化物存在时，其表面可提供强烈的吸附作用携带分离。

污水中存在着较多的颗粒物（机械杂质），有机物常常与这些颗粒物结合在一起，并被吸附在它的表面上，在凝聚作用下这些颗粒杂质沉淀的同时那些有机物也将被分离除掉，虽然包覆了有机物的颗粒表面的 ζ 电位受到影响有所增高，但只要增加凝聚剂剂量可以达到同样的去除效果，对去除有机物而言还是合算的。

过滤可以认为是一种强制集中地接触与吸附过程，在凝聚澄清期间未能分离掉的颗粒物质或更细小的颗粒，在这里可以得到更近距离的接触而被截留或吸附，即可以得到更进一步的去除效果。当然欲得到针对滤除有机物的过滤设计，与一般截留单纯机械颗粒的过滤技术有所不同。

从以上论述可以知道，深度处理去除有机物的目标是那些较大颗粒（分子量）的部分，或尽可能多地除去一些胶体级部分，很少除去溶解的部分（强化混凝技术可能进一步除掉一部分），这部分的含量实际已经很少，可以通过其他技术措施减少它的危害。理化处理残余有机物中，无论凝聚澄清或者过滤等过程，聚合、接触和吸附反应都是重要条件，需要在工艺系统和设计设备时注意到这种功能作用，为其创造条件。

丁桓如在《水中有机物及吸附处理》[9]一书中介绍了一组石灰水处理有机物的资料，是迄今很少见的研究石灰水处理作用的珍贵文献，摘录如下：

从图 5-18 和图 5-19 可以看出，石灰水处理时形成的 $CaCO_3$ 对腐殖酸和富里酸均有一定的去除作用，在 pH 为 10.4 以下，去除率不高，对富里酸约为 10%，对腐殖酸约为 30%。但若将处理时 pH 提高，则对腐殖酸和富里酸去除率急剧上升，至 pH=11.5 时，对腐殖酸去除率可达 45% 以上，对富里酸去除率也达到 25%。该去除率还与原水水质有关 [图 5-18（b）] 和 [图 5-19（b）]，原水存在过剩碱度时对腐殖酸和富里酸的去除率下降，而原水非碳酸盐硬度则对去除率影响不大。

从图 5-20 和图 5-21 可看出，石灰水处理所形成的 $Mg(OH)_2$ 在 pH 为 10.4 以下的常规条件下，对腐殖酸和富里酸去除率很差，甚至不如 $CaCO_3$ 去除率效果，但一旦将 pH 提高，则去除率急剧上升，在 pH 达到 11 时，对富里酸去除率已达 50%，对腐殖酸则达 70% 以上。

这些实验结果说明石灰水处理时水中有机物去除率与 pH 关系密切，提高处理时 pH 可显著提高水中有机物去除率。

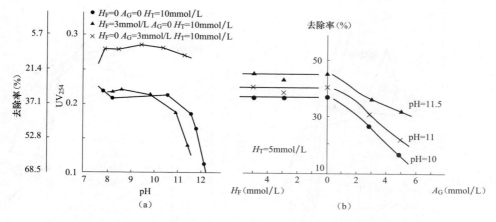

图 5-18　石灰水处理时 $CaCO_3$ 对腐殖酸的去除率与 pH 和水质的关系

（a）pH 与去除率的关系；（b）石灰过剩量与去除率的关系

H_F—永久硬度；H_T—总硬度；A_G—石灰过剩量

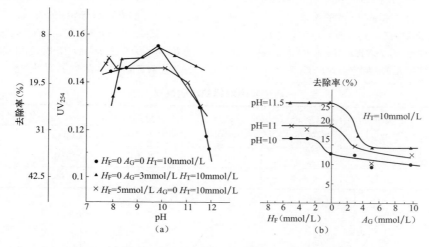

图 5-19　石灰水处理时 $CaCO_3$ 对富里酸的去除率与 pH 和水质的关系

（a）pH 与去除率的关系；（b）石灰过剩量与去除率的关系

　　采用黄浦江水和微山湖水两个实际水样进行石灰水处理时的有机物去除效果试验，这两个水样的水质情况列于表 5-8，试验结果示于图 5-22 和图 5-23。为了模拟实际水质的处理情况，该试验都是将石灰水处理和混凝同时进行，单纯凝聚对这两种水的溶解态的有机物（以 UV_{254} 计）去除率都很低，在 10% 以内；进行石灰水处理时（图 5-22 和图 5-23），在常规的石灰水处理 pH 控制区间（9.5~10.3），有机物去除率也不高，一旦将石灰加入量增加，pH 提升至 10.5~11，溶解态有机物去除率急剧上升，黄浦江水可达 30%~40%，微山湖水可达 50% 以上。

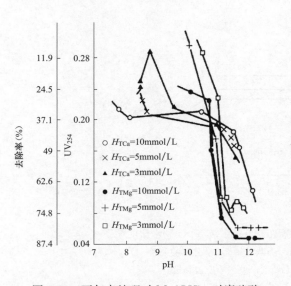

图 5-20　石灰水处理时 $Mg(OH)_2$ 对腐殖酸
的去除率与 pH 的关系

注：试验水中只有 Mg^{2+} 没有 Ca^{2+}，且 H_F
及 A_G 均为 0 作为对比，图中又列出 $CaCO_3$
对腐殖酸的去除率与 pH 的关系。

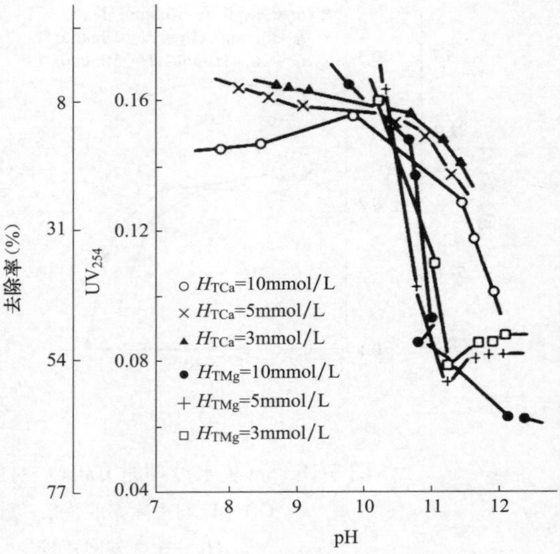

图 5-21　石灰水处理时 $Mg(OH)_2$ 对富里酸
的去除率与 pH 的关系

注：试验水中只有 Mg^{2+} 没有 Ca^{2+}，且 H_F
及 A_G 均为 0 作为对比，图中又列出 $CaCO_3$
对富里酸的去除率与 pH 的关系。

表 5-8　　　　　　　　　　　　　两个实际水样的水质情况

水样	碱度 (mmol/L)	硬度 (mmol/L)	Ca^{2+} (mmol/L)	Mg^{2+} (mmol/L)	有机物	
					COD_{Mn}	UV_{254}
黄浦江水	2.33	2.86	1.76	1.10	7.66	0.144
微山湖水	2.74	3.6	2.06	1.54	5.91	0.128

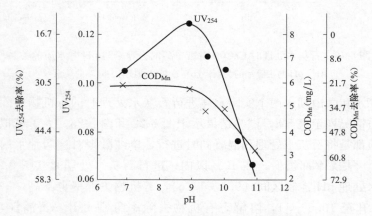

图 5-22　黄浦江水石灰水处理时有机物去除情况
注：混凝剂 FS，在石灰后加。

2. NH_3-N 的去除

由于排污水中的 NH_3-N 在污水或在回用水中的作用不同，因此对它的存在的认识也

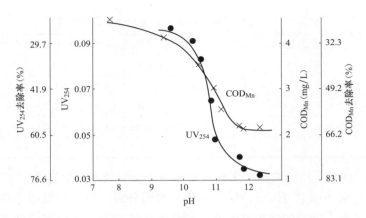

图 5-23　微山湖水石灰水处理时有机物去除情况

注：混凝剂 FS，在石灰后加。

有不同。在污水和污水处理中 NH_3-N 被认为是富营养化的指标，在这里不完全是这种认识，或基本不是这种认识。

NH_3-N 只是一个表达式，不是一种具体物质，它以多种 N 和 H 的化合物形态存在的，尤其是经过（石灰）深度处理后，当使用性能良好的澄清池时，其性质会发生很大的变化。良好的石灰水处理过程可以帮助 NH_3-N 转化，其转化程度与石灰水处理澄清池的设计和技术参数有关，pH 起决定性作用，当其绝大部分转化为无机氨盐后，其性能和作用也发生了根本变化。在生活中水回用中曾发生因 NH_3-N 氧化为 SO_3-N 消耗碱度使 pH 降低而腐蚀设备的问题，我们找到了原因，切断了转化过程的反应链，阻止了反应进行，从而防止了 SO_3-N 腐蚀可能，这在十多年前已经成功解决。同理工业污水处理的整个系统反应过程不会给予有机物生存或者繁殖的可能条件，即使有 NH_3-N 存在，也不可能产生辅助营养作用。

值得提及的是作者认为 NH_3-N（多种形态存在）的存在不一定全都是有害的（在无铜系统中），或许有有利的一面。在石灰水处理后绝大部分已经转化成为一水合氨（$NH_3 \cdot H_2O$），一水合氨可认为是氨存在于溶液内的主要形式，见第四章第三节。水中存在弱碱性的水合氨可以防止酸性腐蚀发生，是一项常用的防腐技术。

（六）苯酚萘的去除

水中存在苯酚萘等物质时会污染或毒害浓水侧膜表面（或其他浓缩设备），所以苯酚萘也要在进入膜系统之前予以清除，达到限量标准。

苯酚和萘基本来源于煤化工废水，这部分废水一般先经过生物化学处理，所含有机物被大幅度降低，残余值较低，在这里需要处理的只是这部分残留值。这几种物质的深度处理用吸附技术是有效的，树脂、沸石、活性炭和磺化煤等都较有效。当采用此类方法时需要解决再生液如何处置的问题，这样低的含量不可能单独去回收，有毒物质也不允许随意排放，故这是选择处理系统需解决的关键。

（七）重金属的去除

表 5-9 为以脱硫废水为例观察脱硫废水处理后重金属的情况。

表 5-9 以脱硫废水为例观察脱硫废水处理后重金属的情况 mg/L

水质指标	总汞	总镉	总铬	总砷	总铅	总镍	硫化物	氟化物	总铜	总锌
DL/T 997—2006	0.05	0.1	1.5	0.5	1.0	1.0	1.0	30.0	—	2.0
GB 8978—1996	0.05	0.1	1.5	0.5	1.0	1.0	1.0	10.0	1.0	5.0
平均值	0.02347	0.019	0.013	0.004	0.030	0.021	0.030	35.9	0.011	0.043
最小值	0.00019	0.001	0.003	<0.0018	<0.005	<0.01	<0.020	2.2	0.002	0.003
最大值	0.08258	0.043	0.029	0.005	0.007	0.443	0.050	84.2	0.020	0.128

表 5-9 显示，现在运行的脱硫废水处理对多项重金属处理效果有效，仅氟化物超标。

重金属在石灰水处理中可以反应成为氢氧化物而分离，效果与反应条件和设备有很大关系。氟化物是较难以分离的细小颗粒物，脱硫废水处理的沉淀分离设备常不能达到它的需要，新型澄清池设计较脱硫废水处理澄清池结构不同，大幅提高了聚合吸附作用，对氟化物有较好的分离作用，去除率会有较大提高，但尚缺乏实践数据。

（八）系统本身排放水的再处理

在节水减排的水管理系统中，除石灰水处理沉淀物脱水后排放、盐水浓缩水结晶物排放外，在处理系统中间一般不应再有排放点，因为它的污物量较少，单独处理过于复杂且花费更大。系统中附加处理的排放物纳入石灰水处理中是最优方案，也是利用石灰水处理可容纳许多处理废物的优点，有硬度、SiO_2、COD 等。

这些中间处理无论采用何种技术、无论几级处理，都是对残留物的再浓缩，清洗或者再生排出的物质浓度都远大于被处理水原液浓度，性态也有许多变化，如 COD 将聚合成较大分子团，再次通过石灰澄清分离可以较容易被分离出来。

每个工程系统设计中的系统规划后都要再具体进行设备设计，因此再次去除中间环节排泄物也是石灰水处理设备必须接受的技术需要，它与处理原水的污染物性质不同，要求石灰水处理设备，尤其是澄清池的设计要适应这个需要。

我们不希望在中间处理中无谓增加污染物的量，如离子交换，它所增加的物质量达一倍以上，必然也增加了再处理分离的困难，这也是系统设计优化尽可能采取更简化的技术的重要环节。

第四节 节水减排系统的几个技术方法

燃煤电站的节水减排技术要点体现在合理水系统的设计、发挥冷却设备核心的作用和最终污水的安排。

冷却水系统和设备在节水系统中起调节和控制中心的作用。国外曾对电站冷却系统做过一些新方式的探索，以求在高浓缩倍率下更加安全和节省，现简要介绍如下。

一、分级冷却

提高循环冷却水的浓缩倍率是火电厂节水的主要途径，但是提高浓缩倍率意味着循环水的腐蚀性、结垢倾向也同时提高，必须对补充水进行更高级的处理，对冷凝器换热管和其他设备管道的材质进行改进，所以提高浓缩倍率可以实现节水，相对于发电设备的安全却增加了威胁。分级冷却技术是将冷却系统分成两组排污水"串联"运行，在提高浓缩倍率之下，减少浓缩的水量，其他的水仍保持低浓缩倍率，从而减少处理水量，降低发电设备风险，提高安全性。

"近年来，美国的电厂开发了一种新型的冷却水重复使用技术，即所谓分级冷却。它是将冷却系统在水力方面分成两个相互分开的环路，一个环路较大，称为主要环路，从水源处取得生水，其排污经化学处理后作为一个较小的称为次要环路的补给水。次要环路的排污再另做水质处理，然后将水质较好的一部分水返回次要环路做补给水，另一部分则作为废水进入废水处理和回收装置。这样，所有的高浓缩倍率的水及其处理等都限于在次要环路中进行。这就可以减少冷却系统的排污，而且下游废水处置要求也可以大大减少。

分级冷却是利用了如下事实：冷却水常可在无需特殊处理的条件下浓缩 2～5 倍，应该充分利用这些'容易'再循环，大量减少排污量。浓缩倍率与排污量的关系如图 5-24 所示。

由图 5-24 可知，在冷却水浓缩 5 倍时可使排污率减少 80%。但是随着浓缩倍率的增加，要进一步降低排污就'困难'了。

采用分解冷却，排放热量的大部分在含盐量或污染物较低的主要冷却环路中进行。主要冷却环路的参数取决于补给水化学以及在不加特殊处理情况下可以实现的浓缩倍率的数值。

整个分级冷却系统可以实现的再循环数为两个冷却循环环路再循环数的乘积，和常规的高再循环次数的系统相比，它的浓缩倍率更高而风险小。分级冷却还可使装置的输出受冷却水处理系统失常影响的敏感性减小，

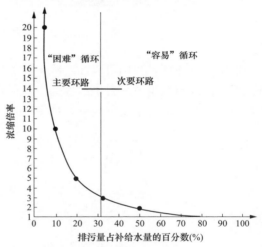

图 5-24　浓缩倍率与排污量的关系

因为次要环路是隔离开的，并且只涉及系统热量排放的 30% 以下，暂时性的失常不至于引起整套系统的停用。

采用分级冷却时，在两个系统环路的相对热负荷同冷却塔中稳态化学之间存在一个特殊关系，这个关系可表示如下

$$\frac{n-1}{n}+\frac{1}{n}=\frac{n}{n}$$

式中　n——主要环路中的浓缩倍率；

　　$\dfrac{n-1}{n}$——主冷却塔的冷却所占分量；

　　$\dfrac{1}{n}$——副冷却塔的冷却所占分量。

当主要环路是按 3.5 浓缩倍率而设计时，则主要冷却塔的热负荷所占百分比为

$$\frac{3.5-1}{3.5}\times100\%\approx71.4\%$$

副冷却塔为

$$(1/3.5)\times100\%\approx28.6\%$$

在液体对气体之比相同时，由系统热动力学可知，两个冷却环路之间的蒸发比也和热负荷的比率相同。因此，在上述情况下，有 71.4% 的水是在主要环路里蒸发。"[40] 如图 5-25 所示。

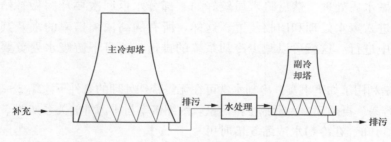

图 5-25　同机组分级冷却示意图

根据这个原理，我们可以在实践中灵活将其运用于工程设计，如有三台机组或四台机组，可以把两台机组或三台机组作为主要循环环路，另一台机组作为次要循环环路，国内已有相关实践，取得了良好效果，如图 5-26 所示。

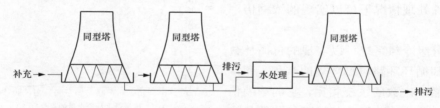

图 5-26　同型塔分级冷却示意图

二、双回路冷却塔

"双回路冷却塔系统是一种先进的散热技术，它提供了一个解决许多有关水的问题和废热损耗等问题的新方法。双回路冷却塔能够被结合到现有的冷却系统中，用或不用传统的金属结构的冷却技术来保持水的平衡容积的减少，当单独使用时，双回路冷却塔将提供湿冷却和干冷却技术以及原来的整个闭路循环水系统，并保持一个蒸发冷却塔的所有运行特性。原来循环水系统存在的特殊问题，双回路冷却塔提供了允许选择的新方案，即以前认为是做不到的再利用和再循环系统的设计。

图 5-27 为把双回路冷却塔结合起来的冷却水系统。双回路冷却塔被安装并与传统蒸发冷却塔并联同时运行，并且分担最高负荷设计条件下的 6/94 的一部分冷却负荷，原有回路的排污水经过处理后用第二循环回路即双回路冷却塔的补给水，在那里作为热损失加以再利用并在该过程中被压缩。在第二回路中，通过向露天池或其他最终处理池排掉一小部分

高浓度的排污水，从而使循环水中溶解固体物含量大约维持在 120000mg/L 的状态（浓缩倍率 80 以上）。"[41]

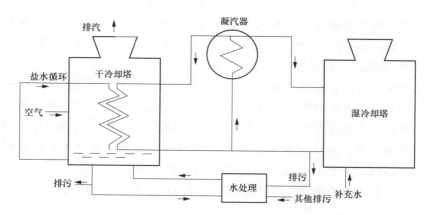

图 5-27　双回路冷却塔系统工艺流程示意图

"该工艺的关键设备是安装在双回路冷却塔的热交换组件。该热交换组件如图 5-28 所示。该组件是由塑料骨架材料组成的矩形平板式热交换器片、集水管及聚酯薄板组合在一起的。浓缩后的废水（盐水）沿交换片外表面向下流动，并部分蒸发成为气体。热源（机组暖冷却水）沿交换片内表面向下流动并为蒸发盐水的表面提供热量。双回路冷却塔的引风装置使空气在交换片间流动。空气仅通过盐水侧，并吸收显热和盐膜中的水蒸气。

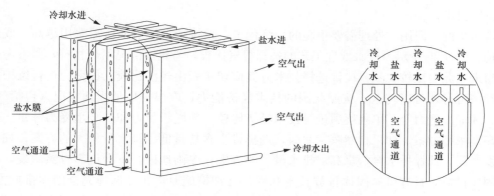

图 5-28　热交换模型示意图

在双回路冷却塔中盐水的循环是封闭式的。盐水从集水池到塔的顶部连续循环，并在塔中沿热交换器表面向下流动返回集水池中。当盐水被蒸发时，加入冷却水补充水以维持系统的液位。通过排放小部分的盐水维持盐水循环系统的固体浓度为 10%。

补充的废水在进入盐水循环系统前进行化学软化、澄清和中和除去 Ca^{2+}、Mg^{2+}、SiO_2。采用苛性苏打和苏打灰（NaOH 和 $NaCO_3$）作为软化剂。在软化处理后加酸以维持盐水循环系统的 pH，通过在冷却水中加氯和化学水处理药品控制生物污染。"[42]

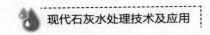

三、最终污水处理

以燃煤电厂为例，$2\times600MW$ 机组最终排放水的脱硫废水为 $16\sim20m^3/h$，实际运行可能略低。经脱硫废水处理后排污水的含盐量为 $10000\sim40000mg/L$，此水在回用水处理时再浓缩至约 $200000mg/L$，浓缩 $10\sim5$ 倍，排污水量减至 $1.6(3.2)\sim2(4)m^3/h$，一座总容量 $4\times600MW$ 电站最大排污水不超过 $8m^3/h$。

脱硫废水在经石灰水处理后根据需要可以控制水质，一种情况是 Ca^{2+}、Mg^{2+} 残余含量达到很低的水平，此时水中主要是钠盐，可以供蒸发或膜法高倍率浓缩，排水中也主要是钠盐。另一种情况是允许保留一定含量的 Ca^{2+}、Mg^{2+}，以浓缩时不结垢为限，排水中将主要是钠盐和硬度盐。在这两种水中都可能有 SiO_2，石灰水处理和系统处理可以降低 SiO_2（以浓缩时不结垢为度），不必全部除去 SiO_2。排水中的残余重金属含量也不会超标。这样的水是废水，但不含严重污染物，这样的水可以有多种选择的可能，不一定施行液体"零排放"。

从技术上分析，"零排放"是免除环境污染的极限状态，但不是唯一方案，水管理技术告诉我们经济因素是需要注意的重要因素。如果把"零排放"绝对化理解或取为某种口号，把固体化结晶当作标准或习惯，容易诱发盲从，就会丢掉技术发展和更合理的选择，甚至还有提出追求结晶盐分选再用的超现实的遐想。

电厂中煤场喷洒、栈桥洗涤、底渣冲洗等措施都可以消耗一部分最终废水，所余量更少，虽然存在一些技术问题，但是是比较现实和容易实施的。北方少雨缺水地区自然蒸发至今仍是发达国家可选方案，燃煤电厂的备用灰场（或灰场）应是首选可用之处。电厂或其他工业企业多有余热，利用余热帮助最后残液蒸发是有前景的技术，并非昂贵的"结晶器"一路可走。

排污水的（回用）处理需要很高的经济代价，越接近系统后期所需费用越高，或许成倍增长。图 5-29 所示为废水处理工艺的选择投资比较，与我国情况不尽相符，供参考，在我国尚未见此类比较文献。设计选择技术方案应切实做出经济比较，投资、运行维护费等只有经济可行才可以持久。按照我国的技术经济能力，应根据厂址当地实况（包括气象、土地、环境、能力等）单独逐项进行技术经济比较，环境承受力和经济承受力并重，选择适当高度浓缩方案。如果自然蒸发率高，选择排水含盐量低、排水量稍大的方案；如果自然蒸发率低，选择排水含盐量高、排水量少的方案；多雨地区，不允许靠自然蒸发，必须结晶固体排放，且有可靠固体排放技术和固体处理措施时，亦可选择完全固体排放方案，当然也需有备用措施。这一切在选择厂址时就应考虑。在冷态浓缩技术得到更好改进（技术可行性和降低造价）的条件下，采用自然蒸发方案时，可能做到的最大排放含盐量，即含盐量可能浓缩到 $150000\sim200000mg/L$ 或更高，即冷态浓缩的非结晶极限，使最终排水量降低到较能够适合现场条件。所排含盐水的成分各地也不会相同，不同水质的处理技术方案也会有变化，是否分类处理甚至回收再用，也应通过技术经济比较确定。当进行固体化排放物处理时，应将石灰水处理的沉淀排放物一并考虑，故全厂的排放物是进水中所含盐分和处理中投加的药剂以及使用中接触物质溶入的物质（主要是燃料）的总和。这些物质是可以通过预测和计算得知的。

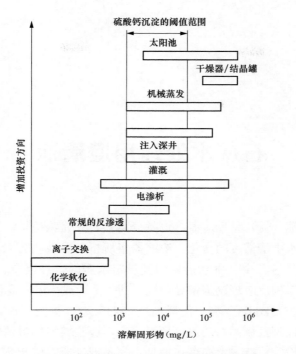

图 5-29　废水处理工艺的选择投资比较[43]

第六章

石灰水处理用澄清池

石灰水处理澄清池（器）是反应器，也是分离器，又是浓缩器。反应器指引起水中盐类的变化，分离器指水中清洁度的变化，浓缩器指所析出颗粒物含量的变化。因此一台优良的澄清设备必须满足这三个基本功能，做到设定水质的合理反应、净洁水的彻底澄清、污泥顺畅排除。要以三种反应理论为指导，统一到一个（或一组）设备内连续完成。

我国曾引进苏联"ЦНИИ"型、俄罗斯"ВТИ"型、美国"LA"型、英国"PWT"型、法国 DENSADEG 型及德国石灰水处理澄清池，这些类型的澄清池各有特点或可借鉴之处，但经实际运行检验，技术上亦存在种种不完备或缺陷，曾出现许多问题或事故，如石灰在池内反应不彻底、出水水质安定性和浊度差是共同存在的。然而也应看到，这些池型虽然用于石灰水处理，但除 DENSADEG 型池外都是以"软化"为目的而设计的，与用于中水深度处理或污水回用处理有很大不同。

现代石灰水处理专用澄清池的设计是在总结各种类型澄清池实用经验的基础上，在抗钝化溶解、吸附、活性期、动态和静态泥渣、药剂互动和使用层次、反应条件影响等新理念的指导下实施，建立更高的出水质量指标（如浊度、COD 和重金属去除率等），经长时间实用检验改进定型后广泛推广的。

第一节　石灰水处理澄清引用的基础理论

一、石灰的溶解与反应

石灰水处理的成效主要依靠两种基本反应，一是化学反应，一是吸附反应，吸附反应一般在化学反应之后，在它所创造的条件或它所反应的产物中进行。石灰水处理的化学反应主要在与水中碳酸盐碱度之间进行，如 $Ca(HCO_3)_2 + Ca(OH)_2 \longrightarrow 2CaCO_3 \downarrow + 2H_2O$，这是一组离子反应，参与反应的分子必须是溶于水中的呈离子分离的物质，未溶解的呈固体状态的时候不会进行反应。由于溶解度低，加入澄清池的石灰乳液都是过饱和状态，大量的未溶固体颗粒，要靠那些少量溶解的部分反应后，才可继续溶解后参与反应，所以石灰水处理反应是一个边溶解边反应的过程。非但如此，石灰溶解的慢，反应的快，全部过程取决于溶解，所以溶解过程是反应过程的决定性因素。因此促进过饱和石灰乳液在已经进行反应的过程中尽快溶解和完全溶解是石灰水处理澄清池的一项重要技术环节。

石灰的溶解受多种条件影响，以下引用一些试验加以说明：

1. 石灰溶解动力学

"由于用各种石灰悬浮液除去浊度的不同效果，进行了一批研究实验，以确定石灰在各种溶液和废水中溶解作用的动力学。图 6-1 为随着时间而增加的 OH^- 一次曲线，其关系式为 $\ln(1-C_t/C_e)=kt$，其中，C_t 为时间 t 时 OH^- 的浓度，C_e 为 OH^- 的平衡浓度，k 为一次速度常数，表示石灰在 5mmol/L Na_2CO_3 溶液（$k=0.35min^{-1}$）中的溶解作用极为延缓，而在 2mg/L $MgCl$ 溶液（$k=0.35min^{-1}$）中稍有延缓，这些都是与在蒸馏水（$k=1.0min^{-1}$）中的溶解速度相比较的。从溶解作用延缓的差别可以估计到正在溶解的石灰粉粒表面形成了 $CaCO_3$，这阻碍石灰溶解比生成 $Mg(OH)_2$ 更有效。石灰在原废水及过滤了的废水中的溶解速度常数（分别为 $0.42min^{-1}$ 及 $0.5min^{-1}$）和在 5mmol/L Na_2CO_3 溶液（$0.35min^{-1}$）中的速度常数相近，这说明在溶液中的溶解速度为碱度（尤其是碳酸盐或重碳酸盐及磷酸盐）所控制。这是因为碱度会在石灰微滤表面生成不溶解性物质，当石灰溶解在经石灰水处理和澄清了的废水（pH＝11.1）中时，其溶解速度常数（$1.02min^{-1}$）与石灰在蒸馏水中的溶解速度常数（$1.0min^{-1}$）差别很小。"[44]

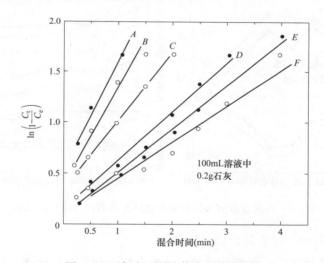

图 6-1 石灰在不同液体中的溶解速度

A—石灰水处理过的污液（pH＝11.1）；B—蒸馏水；C—$MgCl_2$ 溶液（2mmol/L）；D—过滤了的原废液；E—原废液（碱度 4.4mmol/L，Mg 2mmol/L）；F—Na_2CO_3 溶液（5mmol/L）

"相同批量的污液分别运行，单独批量的污液在有絮凝间隔的试验装置中运行，如图 6-2 所示，在温度状态下取样试验表明在相同 pH（pH＝10.75）下，石灰加入澄清出口液 2.25L/min，再循环装置中制备优质的出口液，这是总 COD 除去（65.5％对 60％）、悬浮物的去除（80％对 59％）及总磷酸盐的去除（91％对 87.5％）与石灰直接加入 9L/min 原废液装置中进行比较的，这两个装置的出口液中溶解性磷酸盐是一样的（0.2mg/L）。这些改进的结果是由较小的石灰剂量［340mg/L 对 360mg/L，以 $Ca(OH)_2$ 表示］达到相同的 pH＝10.75 而取得的。一个因素表明石灰在再循环流中的溶解作用比石灰直接加入原废液中的效果要好，如图 6-3 所示。"[44]

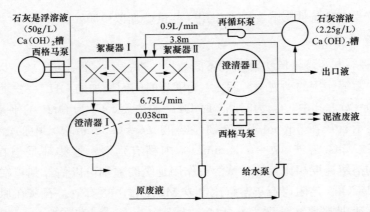

图 6-2　石灰直接加与石灰加入再循环澄清器出口液相比较的平行试验装置

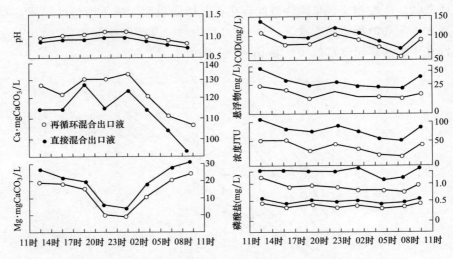

图 6-3　石灰直接加入与石灰再循环澄清器出口液性质比较

2. 不同品种（质量）石灰的处理效果试验

石灰的质量、性质不同，在使用效果上也有差异，如石灰的煅烧、消化条件不适宜时，其溶解速度与反应速度慢，有效成分不能充分被利用。又如，石灰的表面易钝化，钝化后的石灰也难再继续反应，内部有效部分往往被废弃。

计算石灰的有效利用率，可以了解石灰有效成分的使用情况，也可借此检验石灰质量。（试验）石灰有效利用率 η 的计算方法为

$$\eta = \frac{H_0 - H_1 + M + C}{G} \times 100\%$$

式中　H_0——原水中的 HCO_3^- 含量，mmol/L；

　　　H_1——出水中的 HCO_3^- 含量，mmol/L；

　　　M——沉淀物中的 Mg^{2+} 含量，mmol/L；

　　　C——原水中的 CO_2 含量，mmol/L；

　　　G——$Ca(OH)_2$ 的加入量，mmol/L。

此组试验选择了五种石灰，结果见表 6-1。

表 6-1　　　　　　　　　　　　　不同质量石灰的水处理反应差异[45]

石灰品质	分析部位	分析项目					
		CO_3^{2-}	HCO_3^-	硬度	Ca^{2+}	Mg^{2+}	CO_2
试剂石灰 $Ca(OH)_2$ 120～140 目 98.5% 不足量加入	原水	0.00	7.00	7.26	3.56	3.70	0.55
	出水	0.84	2.43	2.26	0.42	2.84	—
	沉淀物	—	—	11.03	10.39	0.68	—
	η	76.8%					
衢化工业石灰 $Ca(OH)_2$ 120 目 85.3% 不足量加入	原水	0.00	7.01	7.43	3.39	4.04	0.39
	出水	2.10	1.46	3.82	0.51	3.31	—
	沉淀物	—	—	11.62	10.98	0.64	—
	η	85.3%					
南定回收再烧灰 $Ca(OH)_2$ 120 目 94.82% 不足量加入	原水	0.00	7.03	7.31	3.52	3.79	0.58
	出水	1.56	1.55	3.60	0.42	3.18	—
	沉淀物	—	—	11.32	10.52	0.80	—
	η	83.2%					
南京土法生产灰 $Ca(OH)_2$ 100～140 目 80% 不足量加入	原水	0.00	6.98	5.93	2.86	3.07	0.25
	出水	2.09	2.24	3.414	0.427	2.298	—
	沉淀物	—	—	11.165	10.482	0.683	—
	η	78.42%					
北京大灰厂生产 $Ca(OH)_2$ 100～140 目 65% 不足量加入	原水	0.00	6.93	6.04	2.73	3.31	0.33
	出水	2.64	1.17	3.07	0.43	2.64	—
	沉淀物	—	—	12.716	11.61	1.15	—
	η	87.47%					

从试验中得知，有效利用率 η 在 76%～87% 范围内，直观看不出有明显规律性，似可认为原灰纯度（有效含量）与有效利用率有相反的关系，即纯度越高，利用率越低，这种现象可以用表面钝化程度不同解释，含量高则钝化重，含量低则杂质多，杂质无所谓钝化，故轻。

石灰作为水处理药剂与其他易溶药剂的主要区别就是有效利用率，一般情况下石灰不可能以完全溶解态投加（只有药剂耗量小或特殊使用环境）。提出有效使用率就是因为所投加的石灰不能都参与反应而完全发挥作用，有一部分保留原态 [CaO 或 Ca(HO)$_2$] 沉积于泥渣中。上述试验的有效利用率在 76%～87% 范围内，大型设备与之有差异，实践观察略高于此值，它与澄清池结构设计和石灰配制装置设计的技术合理性有关，在 80%～95% 范围内。依此石灰耗量计算应予修正为

$$CaO = 28(CO_2 + J_D + J_{Mg} + Fe + 0.2)$$
$$Ca(OH)_2 = 37(CO_2 + J_D + J_{Mg} + Fe + 0.2)$$

式中　CaO、$Ca(OH)_2$——不同原料的理论消耗量，mg/L；

CO_2——原水中 CO_2 的含量，mmol/L；

J_D——原水中碳酸盐硬度含量，mmol/L；

J_{Mg}——原水中镁硬度含量，mmol/L；

Fe——当选择铁盐为凝聚剂时的剂量，mmol/L；

0.2——控制的水中 OH^- 的过剩量（按不同水质需要过剩量有区别），mmol/L。

修正的实际工程设计用计算式为

$$CaO = 28(CO_2 + J_D + J_{Mg} + Fe + 0.2)/\eta\rho$$

$$Ca(OH)_2 = 37(CO_2 + J_D + J_{Mg} + Fe + 0.2)/\eta\rho$$

式中 η——石灰的有效利用率，与石灰质量有关，也与澄清池结构设计和乳化制备设计有关，一般可取 $0.8\sim0.9$；

ρ——石灰的有效成分含量，石灰中可溶于水的 OH^- 含量，按所用石灰实际测定，%。

二、石灰水处理 Ca、Mg 与凝聚剂对颗粒沉降的影响

"为了加强水的净化过程，在澄清池中利用了被处理水中的杂质与药剂相互作用生成的接触物。接触物的一些性质指数，如接触物颗粒的自由沉降相对速度 v_u(mm/s) 及接触物颗粒的相对密度 r_0(g/cm³) 是澄清器最主要的设计参数。

在水的石灰和石灰-苏打处理过程中，形成的接触物的上述两个参数与沉淀中氢氧化镁和碳酸钙的数量比与 α_M 有关。指数 α_M 是 20 世纪 50 年代末和 60 年代初开始用到石灰水处理的澄清器计算中的。

指数 α_M 反映了沉淀物性质的差别，它取决于生成的固体碳酸钙和氢氧化镁颗粒的不同特性。水石灰水处理，当 pH<10.3 时，碳酸钙是结晶式结构和负电颗粒。在从水中同时析出碳酸钙和氢氧化镁的难溶化合物时，氢氧化镁的非结晶形细微颗粒吸附在碳酸钙结晶的表面上，这些更复杂的微粒黏附的结果，形成凝聚型结构。在澄清器接触物的悬浮物中，氢氧化镁比例越高，它的絮状物越大、越多。随着指数 α_M 的增加，颗粒的相对密度和它的沉降速度会减小。

在石灰水处理同时凝聚的过程中，除氢氧化镁、碳酸钙外，生成的固体成分中还有氢氧化铁和原水中粗分散的杂质。氢氧化铁和氢氧化镁一样，是非结晶形结构的正电荷颗粒，它的特点是形成凝聚型的结构。

氢氧化铁对接触物参数的影响直到目前在应用中还没有给予注意。在文献中给出了有凝聚剂（剂量 0.5mmol/L）和无凝聚剂时 v_u、v_0 的变化与 α_M 的关系曲线（v_0 为水在澄清器中的上升流速），如图 6-4 所示，实际条件下水的净化要求不同的凝聚剂剂量。此外，甚至在相同的剂量时，氢氧化铁在沉淀物沉浮中的含量比例也是不同的（与被处理水的化学成分有关）。文献中给出的 γ_0（颗粒密度）值仅与 α_M 有关，而没有考虑到水在石灰水处理时加入凝聚剂的影响。

用古尔卡也夫拟定的方法研究接触物参数时，发现

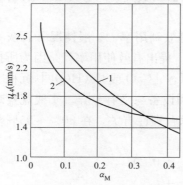

图 6-4 颗粒自由沉降相对速度 v_u 与固体接触物中氢氧化镁量和碳酸钙量之比 α_M 的关系

1—水不凝聚；2—水进行凝聚处理

增加凝聚剂剂量会导致 u_4 和 u_0 大大减小。接触物的这些参数不是与氢氧化镁和碳酸钙之比有关，而是与接触物总重中每种组分的比例有关。因此，固体接触物组成用四种指数表示其特性才是正确的，即用碳酸钙、氢氧化镁、氢氧化铁和原水中粗分散度的杂质在干沉淀物中的比例来表示这些指数。如果相应地用 α_{Ca}、α_{Mg}、α_{Fe}、α_B 表示，则

$$\alpha_{Ca} = [CaCO_3]/K_u$$
$$\alpha_{Mg} = [Mg(HO)_2]/K_u$$
$$\alpha_{Fe} = [Fe(HO)_3]/K_u$$
$$\alpha_B = [M]/K_u$$

式中　　$[CaCO_3]$、$[Mg(HO)_2]$、$[Fe(HO)_3]$——在药剂处理时，单位体积水中形成絮状形式的相应物质的量，mg/L；

$[M]$——原水中悬浮物含量，mg/L；

K_u——$[CaCO_3]+[Mg(HO)_2]+[Fe(HO)_3]+[M]$。

所设的固体化学组成的指数可以表示成比例或百分数。对于每一具体接触物，这些指数的和都应是 1 或 100%。

实验室观察得到的数据证实了，在不改变氢氧化镁比例的情况下，增加氢氧化铁比例会使颗粒自由沉降相对速度减小（图 6-5）。$\alpha_{Fe} \approx 0.1$ 时，u_4 和 α_{Mg} 之间的关系（图 6-5 中曲线 2）接近于图 6-4 中曲线 2 得到的结果。比较上述关系时，应考滤到 α_M 变为 α_{Mg} 的换算系数 $[\alpha_{Mg} = \alpha_M(1+\alpha_M)]$。$\alpha_{Fe}$ 越小，$u_4 = f(\alpha_{Mg})$ 的曲线越陡，在 α_{Mg} 值小时更是如此。石灰水处理而不加凝聚剂，在 α_{Mg} 约为 0.1 时，曲线有极大值；在 $0.03\sim0.12$ 范围内增加 α_{Mg}，u_4 会增加，再增加 α_{Mg}，u_4 值就开始减小了。

观察图 6-5 可作如下结论，即石灰、石灰-苏打法处理水时，向生成的沉淀中加凝聚剂的作用如下：沉淀中氢氧化镁比例小于 0.08 时，在所研究的范围内，加任何剂量的凝聚剂，实际上都会使 u_4 增加，因而水在澄清器中最大允许上升速度增加，即澄清器出力增加；当 α_{Mg} 在 $0.08\sim0.12$ 范围内，凝聚剂增加超过一定界限后会使 u_4 减小，甚至比不进行凝聚时得到的值还要小；当 α_{Mg} 超过 0.12 时，增加凝聚剂会使好的作用增长。

接触物颗粒自由沉降相对速度与氢氧化镁比例的关系（图 6-6）和与氢氧化铁比例的关系有相同的形式，图 6-6 中也给出了 $\alpha_{Fe} = 0$ 时 u_4 的数值。$\alpha_{Fe} = 0$ 是有条件的，因为在天然水石灰水处理时，含在水中铁的相当一大部分都转移到沉淀中去了，所以沉淀中经常会用某些数量的氢氧化铁。但是以表面水为原水的水，铁含量不大，通常约 1mg/L（换算成 Fe）。石灰水处理而不加凝聚时，固体接触物中氢氧化铁比例只占总干重的千分之一，这么小的铁化合物含量，对接触物性质的影响不明显，所以石灰水处理不加凝聚剂时刻可取 $\alpha_{Fe} = 0$。

可采取下面的反映 u_4 与 α_{Mg}、α_{Fe} 关系的公式[48]

$$1/u_4 = P_1 + P_2\alpha_{Mg} + P_3\alpha_{Fe} + P_4\alpha_{Mg}\alpha_{Fe} + P_5\alpha_{Mg}^2 + P_0\alpha_{Fe}^2$$

把按照列扎德尔的方法确定的系数 P 代入上式后，公式成为[48]

$$1/u_4 = 0.2206 + 1.566\alpha_{Mg} + 2.34\alpha_{Fe} - (+)7.506\alpha_{Mg}\alpha_{Fe}$$
$$- (+)1.1966\alpha_{Mg}^2 - (+)1.962\alpha_{Fe}^2$$

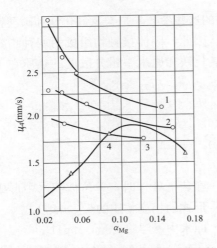

图 6-5　颗粒自由沉降相对速度 u_4 与固体
接触物中氢氧化镁比例 α_{Mg} 的关系

α_{Fe} 值：1—0.035～0.05；2—0.08～
0.3；3—0.132～0.140；4—0

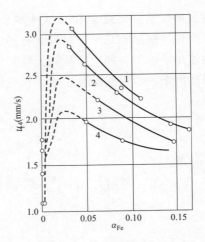

图 6-6　颗粒自由沉降相对速度 u_4 与固体
接触物中氢氧化铁比例 α_{Mg} 的关系

α_{Mg} 值：1—0.02～0.03；2—0.043～0.055；
3—0.1～0.125；4—0.15～0.16

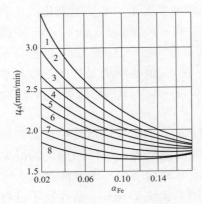

图 6-7　$u_4 = f(\alpha_{Fe})$ 的关系

α_{Mg} 值：1—0.025；2—0.05；3—0.075；
4—0.1；5—0.125；6—0.15；7—0.175；
8—0.2

70% 的情况下，计算 u_4 值和实验情况确定的 u_4 值偏差小于 5%，在各种不同的给定 α_{Mg} 值下，$u_4 = f(\alpha_{Fe})$ 计算曲线（图 6-7）可用来确定天然水石灰水处理同时以硫酸亚铁凝聚的每一具体情况下的颗粒自由沉降相对速度。不加凝聚剂的石灰水处理，可利用图 6-5 中曲线 2 所给出的实验关系。

接触物的第二个重要的参数——颗粒的相对密度 γ_0，它和颗粒的自由沉降相对速度一样，实质上不仅与固体接触物成分中氢氧化镁的比例有关，而且与氢氧化铁的比例有关（图 6-8）。在石灰水处理而不加凝聚剂时，$\alpha_{Fe} = 0$，生成的接触物试样的 γ_0 值最大。随着 α_{Fe} 的增加，$1/\gamma_0 = f(\alpha_{Mg})$ 曲线的位置也向上移动。在相同的 α_{Mg} 值时，按图 6-8 中曲线 4 得到的 γ_0 值比作者观察到的要高。作者论文中规定的 γ_0 值与文献 1（澄清池计算的现代理论）给出的 γ_0 值之间的差别，可用两者固体接触物生成条件的不同来解释。在澄清器计算和运行时，γ_0 的增加对澄清器的沉渣二次组织有好处。但是，在同样的 α_{Mg} 和 α_{Fe} 下，不论根据作者论文资料，还是根据其他文献资料，增加 γ_0 都与接触物颗粒尺寸的减小有关，而这正如实践所指出的，就会降低石灰水处理时水达到必须净化效果的可靠性。应该注意，在工业条件下得到的 γ_0 值和作者论文所显示的关系接近（图 6-8 中曲线 1 和点 5）。

为了弄清 γ_0 与氢氧化镁、氢氧化铁比例的关系，对 53 个接触物试样（包括石灰水处理不加凝聚剂）的实验数据进行了处理（图 6-9），最接近实验数据的 γ_0 计算值是按和 u_4 同样的数学关系而得到的，但公式中的系数是另外的值

$$1/\gamma_0 = 2.132 + 161.4\alpha_{Mg} + 105\alpha_{Fe} + 3217\alpha_{Mg}\alpha_{Fe} + 230.9\alpha_{Mg}^2 + 188.9\alpha_{Fe}^2$$

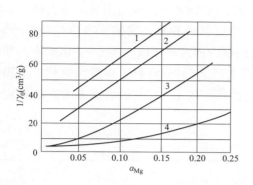

图 6-8　α_{Mg} 和 α_{Fe} 对接触物相对密度的影响

1—$\alpha_{Fe}=0.09\sim0.115$；2—$\alpha_{Fe}=0.04\sim0.055$；

3—水不进行凝聚；4—其他文献参考数据

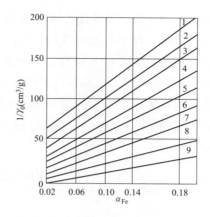

图 6-9　$1/\gamma_0=f(\alpha_{Fe})$ 的关系

α_{Mg} 值：1—0.2；2—0.175；3—0.15；4—0.125；

5—0.1；6—0.075；7—0.05；8—0.025；9—0

按这个公式计算出的 γ_0 值，在 43％的情况下，与 γ_0 实验值的偏差不超过 10％，在 70％的情况下，偏差小于 20％。这些偏差比不同水源的天然水实验得到的偏差还要小一些。这是由于作了一些特殊的考虑，而不迁就某一水源的性质，所以用使公式复杂化的方法求准确是不恰当的。在某些对象上得到的接触物计算参数已被利用到全苏热工研究所拟定的 ВТИ-И 标准系列澄清池的设计上了。作者也参加了这一工作。这些澄清器是根据 ННИИ-1а 型澄清器用 Е. Ф. 古尔卡也夫创造的现代计算理论而设计的。

图 6-7 和图 6-9 的校核计算表明，在原水化学成分与火电设计院或 ВНЦИЦ 为典型设计和技术经济分析而采用的水质相近时，标准澄清器在水温 30℃时可以保证额定出力或相当大的出力。

图 6-7 和图 6-9 上所示的计算曲线，推荐使用在新设计澄清器的计算上和某一具体原水用石灰和石灰-苏打处理选择典型澄清器的校核计算上。"[46]

"氢氧化镁的存在改变了沉淀物形成的机理。氢氧化镁具有无定形结构，它被吸附在碳酸钙晶体表面上，从而阻止碳酸钙晶体直接结合和成长，借助氢氧化镁，结合沿晶体的对角线进行，并且结合点具有连接物的形态；连接物的厚度比组合物其他成分的厚度要薄一些。这些伸长了的组合物本身也结合成更复杂的体系；这种体系成为形成结构网的起点，即向凝聚型的结构转化。这种网的网孔中充满了水，因而沉淀物中水的含量增大，密度和强度减小。因此，由碳酸钙和氢氧化镁形成沉淀物的过程是很复杂的，它包括碳酸钙的结晶过程、在碳酸钙晶体上吸附氢氧化镁的过程、覆盖着氢氧化镁膜的晶体和结构的形成过程。"[16]

三、石灰水处理铁盐为凝聚剂的沉淀物

《对石灰处理及铁盐凝聚时生成的固体物质研究》[47]对我们了解石灰水处理沉积物的状态、性质的认识有帮助，摘录如下：

本文用放大 630 倍的显微镜研究了固体物的微粒结构。固体物是在 25℃时实验室条件下得到的。

研究指出，从水中分离出由碳酸盐构成的单组分固体时，形成粗大的钙结晶体，其大小可达 $5\sim10\mu m$。结晶体结合成链状和由许多比较致密的复杂微粒所组成的集合体。不论沿平面界面，还是沿尖棱上都有它们的集合体。小链状的和更致密的集合体连接在一起，形成大小约 $0.1mm$ 的大小颗粒（见表 6-2）。大微粒内部含有比固体多 $6\sim7$ 倍的水。如果污水碳酸钙的容重等于 $3.4g/cm^3$，那么根据参考文献［2］的资料，在絮状微粒中干物质重的固体浓度等于 $0.43g/cm^3$。絮状微粒的物理性质是按 Е. Ф. 古尔卡也夫的方法确定的（见表 6-3）。

表 6-2   单组分絮状接触物的性质

成分	u_4(mm/s)	γ_0(g/cm^3)	$d_э$(mm)	γ_T(g/cm^3)
CaCO$_3$	0.62	0.43	0.09	2.7
Mg(OH)$_2$	0.64	0.0026	1.25	2.4
Fe(OH)$_3$	1.67	0.0033	1.77	3.4

注 u_4—微粒自由沉降的相对速度；γ_0—絮状微粒中干物质重的固体浓度；$d_э$—微粒的当量直径；γ_T—絮状微粒中干物质重的密度。

表 6-3   氢氧化镁和氢氧化铁的比例对絮状沉淀中固体浓度的影响

在沉淀物中的比例			γ_0 (g/cm^3)	γ_T (g/cm^3)	γ_T/γ_0
α_{Ca}	α_{Mg}	α_{Fe}			
0.9	0	0.1	0.0688	2.77	400
0.9	0.1	0	0.0485	2.67	550
0.801	0.137	0.062	0.0153	2.7	176
0.709	0.065	0.136	0.0202	2.79	188

在这种放大率下，氢氧化铁和氢氧化镁的初期细微粒呈椭圆体且有相同的大小。氢氧化铁微粒和氢氧化镁不同的地方仅仅是颜色更黑，它们的直线尺寸为 $0.5\sim1.0\mu m$，并且横断面和纵断面的最大尺寸之比为 1:1.5。

不论氢氧化镁还是氢氧化铁，二次超胶微粒结构都是由初期微粒形成的，这些初期微粒主要用突出端附着在一起。

在向河水中加硫酸亚铁时，形成的氢氧化铁微粒吸附在原水中机械杂质的颗粒上。与此同时，还发生氢氧化物彼此之间的相互凝聚作用。

在同时形成 CaCO$_3$ 和 Mg(OH)$_2$ 微粒或 CaCO$_3$ 和 Fe(OH)$_3$ 微粒的两组分混合物中，氢氧化物的初期细小微粒吸附在钙结晶或它们的集合体上。除了被吸附的氢氧化物外，还观察到一些集合体，这些集合体是由大量初期氢氧化物细小微粒组成的，后者和钙集合体黏附在一起，钙集合体同样也被吸附在它表面上的初期氢氧化物微粒包围着。在所研究的结构中，各种组成的干物重是相等的。

在含有碳酸钙和氢氧化镁的系统中，钙结晶体大部分是成双的，通常其大小为 $1\sim3\mu m$，即比含有碳酸钙和氢氧化铁系统中的钙结晶体要小。在后一情况下，由钙结晶体所组成的集合体常呈带分支或不带分支的直伸小链或弯曲小链，在显微镜下，可以看到钙结晶体的封闭链，链内都有水或氢氧化铁微粒的集合体。

这样一来，初期碳酸钙结构往往生成钙结晶，它与伴随组分的数目和每种组分的数量无关。二次超胶微粒机械水合作用 γ_T/γ_0 在没有其他组分，形成固体碳酸钙时最小（表6-2和表6-3）。

在三组分系统的聚集物中，钙结晶的分数度在含氢氧化镁的二组分系统和含氢氧化铁的三组分系统之间。因为氢氧化铁的分散度小，阻止钙结晶生长的能力不如氢氧化镁，从而加大了二次结构大微粒的容重。此外，氢氧化铁的干固体容重 γ_T 是氢氧化镁的1.42倍（3.4：2.4）。进一步，在结构系统中氢氧化镁的比例 α_{Mg} 和氢氧化铁的比例 α_{Fe}（按干物重）之和相同时，形成絮状物的单位体积内的干物重 γ_0 在 α_{Fe} 高的情况下大。

测量 γ_0 的结果和用显微镜照相的研究证实了，氢氧化铁和氢氧化镁对产生的悬浮物的结构形成和物理参数的影响有一些差别。现代对石灰水处理出水水质要求高，加凝聚剂经常是适合的，特点在产生沉淀中干物氢氧化镁比例小时（小于0.1）更是必需的。向被处理的水中加铁盐作为凝聚剂，可造成所形成的难溶物固体结构得到更充分发展的条件，因此使水的净化效果更佳。

在絮状物中干物浓度 γ_0 是澄清器的主要计算参数之一。在氢氧化镁和氢氧化铁比例增加时 γ_0 不断地下降（表6-3），可用氢氧化镁和氢氧化铁的二次结构的机械水作用增加来解释。

在提高氢氧化镁比例（大于0.1）时，加凝聚剂能使絮状大微粒三组分二次结构中的固体密度有某些增加。

四、关于石灰水处理 $CaCO_3$ 的活性与活性期

这是石灰水处理反应区别于其他反应产物的一个特有观念，是总结几十年石灰水处理中所发生的诸多问题中一个带普遍性的难点而提出的。石灰水处理的反应必然有 $CaCO_3$ 的沉淀，沉淀物的积累因其在一定时间内有结晶活性而结垢，给设备带来许多麻烦。澄清池内在石灰水处理反应的某个阶段的某些部位有一些 $CaCO_3$ 沉积不足为怪，但是严重的（厚度达十几或几十毫米）大面积的结垢，是不正常的，如照片6-1和照片6-2（北京GBD厂）所示。尤其发生在池体后区的澄清区和出水以后管道以及滤料上的严重结垢，就应视为不正常的、必须解决的技术问题。这就是 $CaCO_3$ 结晶生长过程中活性和在澄清池如何渡过活性的问题。

照片6-1　GBD厂澄清池严重结垢　　　　　片6-2　GBD厂澄清池大面积结垢

石灰处理过的水必然是 $CaCO_3$ 的过饱和溶液，在过饱和溶液中 $CaCO_3$ 或其他重金属盐以溶解态（含过饱和溶解态）、胶态和结晶态及其中间态的许多种形态存在，结晶态的 $CaCO_3$ 在一定阶段有结晶活性（称为活性期），在这个阶段中有严重成垢倾向。$CaCO_3$ 颗粒之间的结晶生长有助于颗粒长大，是我们所希望的；$CaCO_3$ 颗粒与其他颗粒或物质（如镁、硅、金属盐、有机物等）之间因结晶活性或吸附等原因结合，也会帮助提高分离去除效果，也是我们所希望的；当处于活性期的 $CaCO_3$ 颗粒与澄清池内接触到的壁板接触时，也会滞留下来，聚集成垢且会加快阻流作用（先期滞留颗粒具有活性）和损坏设备，这是我们要克服的。

$CaCO_3$ 颗粒的成长期有多长、活性期有多长，以及发生在石灰水处理反应的哪个阶段，是需要不断探索的问题。从实践观察，$CaCO_3$ 颗粒的活性并不是在其析出之初就开始，而是析出后逐渐增强的，一定时期后逐渐减弱，延续较长时间和过程，只要其颗粒存在，当有机会聚集时及存在反应能力时仍然会成垢。$CaCO_3$ 颗粒的活性期有多长或高潮活泼期多长、有哪些影响因素，尚需研究，经验得知大体不少于 $60 \sim 120min$。

为了得到从结晶活性中所希望得到的好处，应在澄清池设计中创造适宜环境利用 $CaCO_3$ 活性期与各类杂质的接触和吸附效率，提高去除率，应尽可能防止这种结垢倾向对设备造成危害，应特别注意池体后期的结垢倾向，希望在池内渡过它的活性期，即得到出水较高的"安定度"，使出水及其后所流经过程接触到的设备、管壁、滤料等可以不结垢或少结垢。

五、生活中水回用石灰水处理活性泥渣作用

关于澄清分离技术中活性泥渣的作用早已得到共识，石灰水处理和非石灰水处理的作用有一些差别，非石灰水处理主要是提高碰撞接触概率，石灰水处理主要在于提供结晶核心。这一现象利用石灰水处理时使用 $Ca(OH)_2$ 或 $NaOH$ 澄清效果的差异可以说明，特别是过饱和 $CaCO_3$ 析出的早期（在整个溶解过程都存在，故是不断发生的）更重要，石灰溶解期和结晶生长期都需要较长的时间，如果两者互相适应，则可有助于颗粒成长得到更大聚合物颗粒，为沉降分离提供较好的条件。使用 $NaOH$ 时稀释后迅速离子化并快速反应，而产物 $CaCO_3$ 都处于高度分散状态，没有其他帮助（或带有静电），聚合困难，从而长时间呈乳状的现象即是一例。

"（一）石灰剂量不变活性泥渣含量

不同泥渣量出水水质如图 6-10 所示。

从图 6-10 中可以看出，随着泥渣量的增大，出水 pH、镁硬、全碱度等逐渐减少，所以在石灰水处理中，含泥渣量的增大有利于出水水质。加泥渣量太高，又不利于 COD 的去除。在泥渣量为 5％时，COD 去除率最高。

（二）泥渣量不变石灰剂量试验

试验水质：TDS -710mg/L，M—4.18mmol/L，TH—7.9mmol/L，COD —3.78mg/L。不同石灰剂量出水水质如图 6-11 所示。

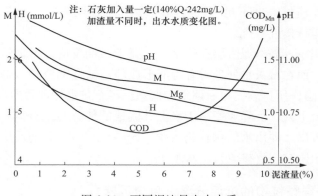

图 6-10　不同泥渣量出水水质

M—全碱度，mmol/L；H—硬度，mmol/L；Mg—镁硬，mmol/L

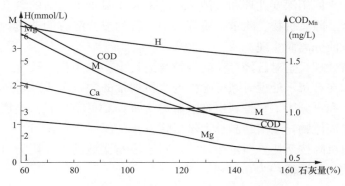

图 6-11　不同石灰剂量出水水质（泥渣量 5％）

M—全碱度；H—硬度；Mg—镁硬；COD—COD$_{Mn}$；Ca—钙硬

从图 6-11 中可以看出，随着石灰剂量的增大，出水水质渐好。在石灰剂量大于理论量的 140％后，出水各项含量降低不大，钙硬反而增大约 30％。COD 可以降低到 1mg/L 以下，与无活性泥渣试验值（同样石灰剂量）时的 2.7mg/L 左右（按原水降低了）相比降低了约 60％，按原水计算降低了约 70％。

（三）活性泥渣对有机物的吸附性能

活性泥渣过滤系统如图 6-12 所示，泥渣过滤试验结果见表 6-4。

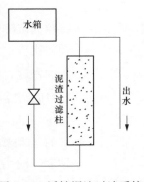

图 6-12　活性泥渣过滤系统

表 6-4	泥渣过滤试验结果		
进口 COD$_{Mn}$（mg/L）	出口 COD$_{Mn}$（mg/L）	进口浊度（TFU，度）	出口浊度（TFU，度）
2.16	1.18	16	1.5

从表 6-4 所示试验结果可以看出，活性悬浮泥渣具有吸附水中有机物的能力，吸附去除率为 45％左右。污水处理用澄清池带有泥渣悬浮层或泥渣循环的澄清池，处理效果要好

得多。试验的悬浮泥渣层高度不足（约为实际设计的一半左右），效果略低，动态试验为60％，与大型设备运行接近。"[26]

在池体循环过程中，静态泥渣层在清水区，属于后期反应。习惯认为在澄清池清水区只有沉降分离作用，而在石灰水处理时有可能形成静态活性泥渣层（非石灰水处理很难形成），产生良好的吸附作用，故提出后期反应概念。经石灰水处理后的水流到清水区时，水中聚合的颗粒随水流上升，沉降速度高于水上升流速的部分与水分离，其余聚合不好更细小的颗粒则被水流带出，即出水的颗粒物含量（SS 或浊度）。后期反应指在澄清过程中能进一步清除这些残余微粒，直接改善出水水质。

六、石灰水处理颗粒物的沉淀分离（自由沉降）

澄清池是石灰水处理过程的核心阶段，澄清过程中的反应和分离是关键步骤。现在把石灰水处理作为中水回用深度处理和重污染水净化时又赋予了它新的含义，在澄清池内无论是除浊、除硬度、除有机物、除重金属等水中溶解的或非溶解的杂质，最终都是通过颗粒固体物从水中沉淀分离而实现。

单纯凝聚澄清处理只是对已经存在的颗粒物通过电中和失稳、聚合、重差沉降分离等达到净化目的。水在石灰水处理时除可除去进水所携带的颗粒杂质外，还有溶解盐的析出物的生长（结晶）和再分离，它是利用难溶盐类（如 $CaCO_3$ 和其他重金属的氢氧化物）在过饱和状态下析出固体物，逐渐结晶长大然后除掉。

颗粒物的自由沉降按斯托克斯定律计算，对于高雷诺数的涡流阻力（$Re = 10^3 \sim 10^4$），C_d（牛顿阻力系数）的数值约为 0.4 和 v_s 为

$$v_s = \sqrt{3.3g(S_s - 1)d}$$

对于低雷诺数的黏滞阻力（$Re < 0.5$），$C_d = 24/Re$，方程式为

$$v_s = g/18 \cdot (\rho_s - \rho)/\mu \cdot d^2$$

式中　v_s——颗粒的沉降速度，cm/s；

　　　S_s——颗粒比重；

　　　ρ——水的密度，1g/cm³；

　　　ρ_s——颗粒的密度，一般泥砂为 2.65～2.7g/cm³；

　　　μ——水的运动黏度（有资料为绝对黏度—动力黏度）g/(cm·s)，10℃时为 0.0131；

　　　g——重力加速度，981cm/s²；

　　　d——颗粒直径，cm。

作为斯托克斯适用范围和紊流范围之间的补遗，一条如图 6-13 所示的曲线是有用的，为求得图上的直径和速度参数，可联立速度-直线雷诺数关系式（$Re = v_s d/\mu$）和速度-

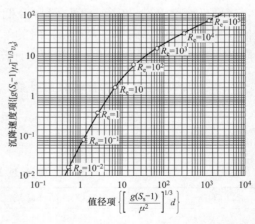

图 6-13　以颗粒的密度（相对于流体）、流体的运动黏度和重力加速度等项来表示的球状颗粒在静止流体中的生物沉降和上升速度

直径阻力系数关系式 $v_s=\sqrt{\dfrac{3}{4}\times\dfrac{g}{C_d}\times\dfrac{\rho_s-\rho}{\rho}d}$ 或接近于 $\sqrt{\dfrac{3}{4}\times\dfrac{g}{C_d}(S_s-1)d}$，并以 $[g(S_s-1)\mu]^{-1/3}v_s=(4/3Re/C_d)^{1/3}$ 和 $[g(S_s-1)/\mu^2]^{1/3}d=(3/4Re^2C_d)^{1/3}$ 来求解 d 和 v_s。

例题 试求：(1) 直径为 5×10^{-3}cm，密度为 2.65g/cm^3 的球状颗粒在 20℃水中的沉降速度；

(2) 同样直径的颗粒但其密度为 0.8g/cm^3 时的上升速度；

(3) 直径为 10^{-1}cm、密度为 2.65g/cm^3 的球状颗粒在 20℃水中的沉降速度。

解 (1) 直径为 5×10^{-3}cm，密度为 2.65g/cm^3 的颗粒的沉降速度。

1) 水的运动黏度 $\mu=1.01\times10^{-2}$g/(cm·s)。

2) 按斯托克斯方程式 $v_s=981/18\times[(2.65-1.00)/1.01\times10^{-2}]\times(5\times10^{-3})^2\approx0.222$(cm/s)。

3) $Re=(2.22\times10^{-1})(5\times10^{-3})/(1.01\times10^{-2})\approx1.1\times10^{-1}$，斯托克斯定律可以适用。

(2) 直径为 5×10^{-3}cm，密度为 0.8g/cm^3 时的颗粒的上升速度。

1) $v_s=(0.222\times0.80-1)/(2.65-1)\approx-2.69\times10^{-2}$(cm/s)。

2) $Re=(1.1\times10^{-1})(2.69\times10^{-2})/(2.22\times10^{-1})\approx1.3\times10^{-2}$，斯托克斯定律可以适用。

(3) 直径为 10^{-1}cm、密度为 2.65g/cm^3 的颗粒的沉降速度。

1) 直径项：$10^{-1}[981\times1.65/(1.01\times10^{-2})^2]^{-1/3}\approx2.52\times10$。

2) 按图 6-13，速度项 $7.0=v_s/(981\times1.65\times1.01\times10^{-2})^{1/3}$ 或 $v_s=7.0(981\times1.65\times1.01\times10^{-2})^{1/3}=1.77\times10$(cm/s)，斯托克斯定律不适用。按图 6-13，$Re=1.8\times10^2$，从而得 $C_d=7\times10^{-1}$。

水和污水中的悬浮物质很少真正是球形。一般是由不规则形状的颗粒组成的悬浮物，具有比球体大的表面积与体积之比，因此要比同体积球形的沉降慢得多。此外摩擦托曳力，视颗粒对运动方向所取得指向不同也有所变化。如图 6-14 所示，形状的不规则性在高速度时，对拖曳所产生的影响也最大。

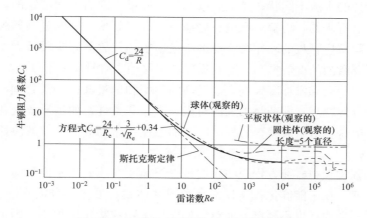

图 6-14 不同大小雷诺数的牛顿阻力系数

球形金属微粒在水中的沉降速度见表 6-5[11]。

表 6-5   球形金属微粒在水中的沉降速度

粒子半径	v (cm/s)	沉降 1cm 所需时间
10^{-3} cm	1.7×10^{-1}	5.9s
10^{-4} cm	1.7×10^{-3}	9.8s
100nm	1.7×10^{-5}	16h
10nm	1.7×10^{-7}	68d
1nm	1.7×10^{-9}	19a

注 按 $\rho = 10$g/cm³，$\rho_o = 1$g/cm³，$\eta = 1.15$mPa·s 时的计算值。

　　无疑欲提高沉淀速度，需要增大颗粒体积（直径），或增加颗粒质量，或降低水的黏度，在某一项工程中，在后者参数已经确定的条件下，增大颗粒直径成为主要选择，而且斯托克斯公式显示它是影响最大的值。

　　水中颗粒小在于它的高分数性。天然水中悬浮物的大小取决于自然形成条件，也与含量有关。石灰水处理的颗粒物是由分子逐渐析出而"长大"的，它的分散性更强、级差层次更明显。显然帮助 $CaCO_3$ 结晶发育长大（增重和增体）有非常积极的意义。

　　颗粒长大首先依靠其自身，就是自身聚合，条件是相互靠近而碰撞和克服电荷障碍。

　　无论凝聚澄清或石灰澄清由微小颗粒到较大颗粒的聚合都需要互相接触碰撞过程，碰撞概率高则聚合的可能性大。水中颗粒的碰撞遵循如下方程[30]

$$J_{ij} = 4/3 N_i N_j (Z_{ij})^3 d_u/d_z$$

式中　J_{ij}——每秒钟每立方厘米水中两种颗粒相碰的次数，与搅拌所产生的速度梯度成
　　　　　　正比；

　　　Z_{ij}——半径为 Z_i 和 Z_j 两个颗粒在垂直于运动方向的距离，$Z_i + Z_j = Z_{ij}$。

　　由上式可见，它与颗粒浓度（N_i，N_j）和颗粒的直径与距离（Z_{ij}）有关，而颗粒距离 $(Z_{ij})^3$ 更有效，因此帮助颗粒长大和接近，更有助于颗粒间碰撞接触和分离。石灰水处理时颗粒的浓度和颗粒的直径长大都远高于单纯凝聚反应下的颗粒，加上其吸附能力更有助于接触成长。

　　澄清池体设计的水流不同状态是依照欲去除物质反应的需要而拟定的，石灰水处理水流过程大体经历（石灰的）溶解→反应→碰撞→聚合（凝聚）→助凝（絮凝）→吸附→分离等。因为形成颗粒后颗粒的动作行为受水流运动制约，故不同阶段所需要的水流要适应其要求，有时需要激烈的湍流搅动，有时需要缓缓移动，有时需要平稳静静分离。

　　克服电荷阻碍聚合靠添加凝聚剂。凝聚剂的剂型和剂量选择都需合理，此外在池体结构设计上应符合反应特点，即药物加入的时机、次序和条件，如当形成絮花后就不可强力运动以防打碎，但是在溶解或聚合过程中应当加强搅拌帮助其碰撞，解决好这一矛盾才是良好的结构设计。

　　斯托克斯方程和颗粒碰撞方程说明我们过去习惯于在改善出水质量时，单一地强调降低清水区上升流速，在未能优化各项技术参数或池体设计质量不佳时仅能获得较小效果，其实这种认识很不全面，也不经济。而对于如胶体级颗粒物作用很小，因为胶体颗粒受布朗运动和电荷排斥等影响，无自身沉降分离能力，要采取综合技术措施才可以取得较好效果。

石灰水处理中对 PO_4^{3-}、S^{2-}、油脂、有机物等的去除状况与上述不完全相同。

石灰反应所生成的 $CaCO_3$ 在一定期间表面具有强烈活性和吸附性，从"表面络合原理"知道这对除去有机颗粒杂质很有意义。

有机物与石灰没有直接发生化学反应，利用石灰水处理除去残留有机物的主要原理是吸附作用。有机颗粒的表面上吸附着配位水，经解离形成—OH 官能团，构成羟基化表面，即可与金属原子结合。水中的有机物可以置换颗粒物界面的水分子，从而以某种力结合于固体表面。碳酸盐界面可以吸附或解吸 H^+、OH^-、HCO_3^-、CO_2 等化合态，其表面形成 $\equiv CO_3H$ 的化合态，将随 pH 的变化能够专属吸附金属阳离子。为此中水石灰深度处理用澄清池与普通软化用澄清池的设计差别要点就在于为形成这种吸附或最佳的吸附条件，反应过程和合理的设备结构设计能够较好地利用此类吸附作用，借以分离胶体或大胶体有机或无机物。同时应该看到在石灰水处理的整个反应过程中，$CaCO_3$ 由完全溶解态到长大到可见颗粒，经历了很多个数量级，蕴涵着巨大的表面积，而且其生成和聚合时间很长，只要给予它们良好的环境条件，就可以予以充分利用，尤其是对处于活性期的泥渣（活性泥渣）的利用十分重要。

七、析出颗粒物的沉降分离（非自由沉降）

高浊度水在试管中呈现分层沉降现象，它是非自由沉降，它的沉降特性描述如下。

"当用高悬浮固体浓度的水进行沉淀试验时，常出现一种称为分层沉淀（zone selting）的特殊受阻沉淀现象。我国文献中所指的高浊度水，其沉淀特点即为出现分层沉淀。

分层沉淀现象如图 6-15 所示。在沉淀过程中出现了清水区、等浓度区、过渡区和压缩区四个区，图 6-15（b）中分别以 A、B、C 和 D 表示。在等浓度区 B 内，悬浮固体的浓度均为 C_0。C_0 可能就是试验开始时的原始浓度，也可能小于原始浓度。D 区代表固体颗粒压实的区域，C 区则代表从浓度 C_0 逐渐过渡到 D 区的过程。A 区与 B 区之间出现一个清水与浑水的交界面，也称为浑液面。

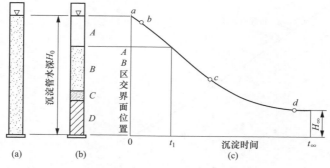

图 6-15　分层沉淀现象

图 6-15（b）所示为某一时刻 t_1 的分区情况。整个沉淀过程中的浑浊面下沉过程曲线如图 6-15（c）所示。这条曲线的斜率即浑液面下沉的速度。整个曲线可分为 ab、bc 和 cd 三段。ab 段为向下弯的一小段曲线，出现在开始沉淀的极短时间内，在 b 点即可看清浑液面，因此这一段反映了浑液面逐渐加大。一般解释为，在 ab 段内，由于水面颗粒在下沉过程中因凝聚作用逐渐加大了粒度，因此沉速逐渐增加。bc 线为一条直线，说明浑液面的沉

速为常值。与 abc 相应的水深内，悬浮固体浓度均为 C_0。在许多实际情况中，很难观察到 ab 段，即 abc 实际是一条直线。c 点称为临界沉淀点。当沉淀时间相当于曲线的 c 点时，随着等浓度区 B 的消失，过渡区 C 也消失。cd 段表示压缩区 D 内的压实过程，H_∞ 代表最后压实的高度。

上述 bc 段所代表的浑液面等速下沉现象，实际无异，等浓度区内的颗粒皆以相等速度下沉，其原因是在颗粒互相干扰的沉淀过程中，当粒度相差不大时，大粒度的颗粒由于受到小颗粒的干扰而减缓了下沉速度，小颗粒则由于受到大颗粒的带动而加大下沉速度，结果表现为以同样速度下沉。一般认为，由粒度相差在 6 倍以内的颗粒构成的浓悬浮固体液体会出现这种现象。在水中悬浮固体粒度相差极悬殊的情况下，其沉淀过程有两种可能：一种是当水中的大颗粒迅速沉到底后，余下的小颗粒足以出现等浓度区的条件，如图 6-15 所示的沉淀现象；另一种是不出现等浓度区，因而在沉淀过程中，虽然存在浑液面下沉现象，但只存在图 6-15（b）所示的 A、C 和 D 三个区。

分层沉淀过程的现象可借助图 6-16 所示形象示意图来解释。图中黑圈表示沉淀管中，在沉淀开始 t_0 时，沿水深均匀分布的颗粒，故颗粒间的距离皆为 d_0。在 t_1 时刻，由于每个颗粒的沉速相等，每个颗粒都下沉同样的距离，原来位于水面的颗粒下沉这段距离后，便出现清水区与混水区的界面浑液面，但原来处于管底上面的颗粒下沉后，由于靠近了管底，使管底出现大于 C_5 的 C_6 的浓度，在 C_6 上面出现 C_5 浓度。按同样的过程，从图中可看出，C_5 浓度的位置从 t_0 时间开始，随着时间的增加，以直线关系从管底上升，在时间 t_0 达到清水和浑水的交界面，即浑液面；而 C_6 浓度则从时间 t_2 在管底开始，在 t_{10} 时间达到浑液面。在 C_5 与 C_0 之间，尚有大于 C_0 的浓度 $C_1 \sim C_4$，分别在 $t_5 \sim t_8$ 到达浑液面。在 t_5 以前，浑液面的浓度均为 C_0。因此，图 6-16 中的 C_1 点即相当于图 6-15（b）的 C 点，$C_0 C_1$ 即相当于 abc 段，$C_1 C_\infty$ 相当于 cd 段。"[48]

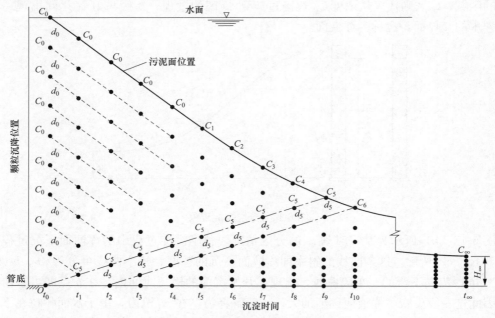

图 6-16 分层沉淀过程的形象示意图

图 6-17 为浑液面的颗粒浓度及沉降速度关系曲线。"从图 6-17 中可以看出，任何大于 C_0 的浓度均随沉淀时间呈直线关系上升，最后达到浑液面。这一现象也称为浓度波从管底向上传播的过程，这是一个了解分层沉淀的基本概念。图 6-15（c）中 cd 段上任何一点的浓度 C_1 的计算方法实际与这一概念直接有关。求浓度 C_1 的值和它的下沉速度是利用沉淀曲线来设计浓缩池的理论基础。

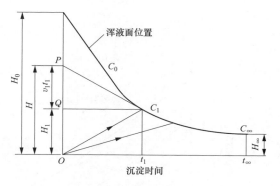

图 6-17 浑液面的颗粒浓度及沉降速度的关系曲线

在图 6-16 所示的分层沉淀过程曲线中，沉淀高度为 H_0，固体浓度为 C_0。如果求沉淀时间 t_1 时，沉淀曲线上 C_1 点（即浑液面）的浓度，可由下法求出。

在 C_1 点作切线与纵轴交于 P 点，并从 C_1 点作平行横纵的线交纵轴于 Q 点，令 C_i 代表 C_1 点的浓度，v_i 代表 C_1 浓度的下沉速度，则得

$$v_i = \frac{H - h_i}{t_i} \tag{6-1}$$

$$C_i = \frac{H_0 C_0}{H_i + v_i t_i} \tag{6-2}$$

式（6-2）实际表示下列重要关系

$$H_1 C_1 = H_0 C_0 \tag{6-3}$$

当 C_1 点位于等浓度 C_0 的末端时，$C_1 P$ 切线即与直线段 ac 重合，因此 H_1 和 C_1 即分别等于 H_0 及 C_0；当 C_1 为 C_∞ 点时，C_∞ 点切线平行于横轴，H_1 等于 H_∞，由于是固体处于最后压实状态，整个 H_∞ 内的浓度皆为 C_∞，故得 $H_\infty C_\infty = H_0 C_0$。

式（6-3）的物理含义是：浑液面处的悬浮固体浓度 C_i，相当于原来的悬浮固体总量 $H_0 C_0$ 均匀分布在 H_i 高度内所形成的浓度。在浑液面高度 h_i 内，浓度显然不是均匀分布的，浓度从表面池的 C_1 变化到管底的 C_∞。当对浓度为 C_0、水深分布为 H_1 和 H_2 的沉淀管做试验时，从式（6-3）可证明两条沉淀过程曲线间存在相似关系。如图 6-18 所示，从原点 O 所引的两条射线与沉淀曲线分别交于 A_1、A_2 及 B_1、B_2 点，则存在下列关系

$$\frac{OA_2}{OA_1} = \frac{OB_2}{OB_1} = \frac{H_2}{H_1} \tag{6-4}$$

式（6-2）和式（6-4）所代表的分层沉淀特性可以总结如下：

（1）已知浓度为 C_0 的分层沉淀过程曲线后，即可利用这一曲线求出大于 C_0 的任何浓度的分层下沉速度。

（2）分层沉淀过程与沉淀水的深度无关，已知一个水深的沉淀过程线后，即可按相似关系推出任何水深的沉淀过程曲线。"[48]

实际的沉降设备（沉淀池、浓缩池）中，沉降过程连续发生，当沉降设备达到稳态运行时，一般存在四个区域：澄清区、干涉沉降区、压缩区和耙架运动区（池底部），如图 6-19、图 6-20 所示，其特点如下：

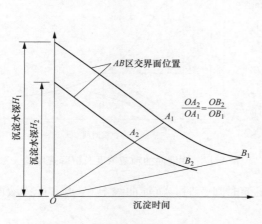

图 6-18　分层沉淀过程曲线的相似关系

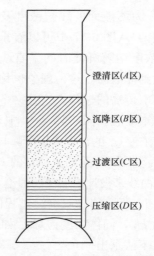

图 6-19　沉降柱中的沉降区域

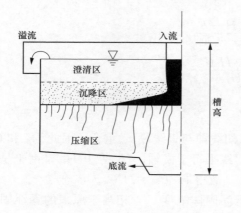

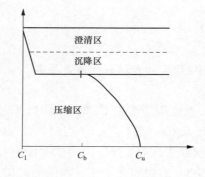

图 6-20　连续沉降区域

　　"Comings 在 1940 年发表的《碳酸钙浆液的浓度》中首先提出了沉淀过程中沉降固体组分与局部固体浓度的重要性。当浓缩池稳态运行时，沉降区的固体浓度保持不变，为一个常数。其浓度的大小取决于进入浓缩池固体的给料速率，并不等于给料悬浮液的浓度。当给料浓度较低时，固体在低的浓度状态下沉降速度很高，与给料浓度无关；当固体给料速率增加时，沉降区的浓度增加；当固体的给料达到浓缩池的最大处理能力时，沉降区的固体浓度达到极限值；如果给料速率进一步增加，沉降区的固体浓度将保持恒定，而超过设备处理能力的固体将随溢流水离开浓缩池。研究证实在大多数情况下，给料浆液在进入浓缩池后会稀释到一个未知的浓度，同时发现在相同的给料速率下，增加或减少沉淀固体层的高度可以调节底流固体浓度。

　　根据 Kynch 假设，在沉降区内各层悬浮液固体浓度均相等，其沉降速度 v 也相同，因此通过沉降区各层的通量 G 为定值。在过渡区及压缩区，各层浓度自上而下逐渐增加，各层的沉降速度逐渐减小。从图 6-21 的连续运行通量曲线可见，在通量曲线浓度为 φ_L 的点上，存在一个极限通量值 G_L，也就是沉淀设备的最大固体负荷，它限制了沉淀设备的处理能力。当沉淀设备的固体负荷超过极限通量 G_L 时，沉淀设备内部浓度为 φ_L 的浓度层会发生固体的浓度积累，床层高度不断升高，直到池子顶部，固体随流水排出，发生浓缩失效。"[49]

图 6-22 为固体浓度与沉降速度的关系曲线，随着固体浓度增大，沉降速度大幅降低。

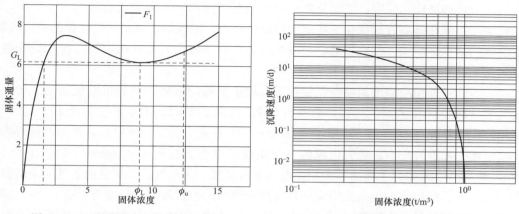

图 6-21　连续浓缩过程固体通量曲线　　　　图 6-22　固体浓度与沉降速度曲线

图 6-23 与图 6-24 是一组实测曲线，图 6-23 为脱硫废水（即经过石灰水处理的脱硫排水）含泥量与沉降比的关系，图 6-24 为石灰水处理排渣含固量与沉降比的关系。两图中的曲线与图 6-22 曲线趋向相似。由于此类含渣水试验资料较少，仅此例作为参考。

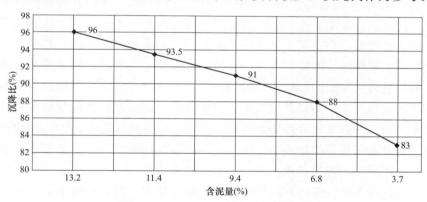

图 6-23　脱硫废水含泥量与沉降比的关系

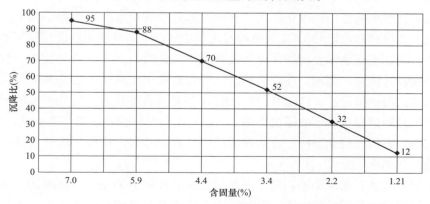

图 6-24　石灰水处理排渣含固量与沉降比的关系

第二节　石灰水处理澄清池的技术特性

石灰水处理经理化反应、沉淀分离过程才可获得清水，它需要进行的混合、溶解、反应、吸附、沉降和分离等过程在一特定的容器内进行，澄清池是满足这些过程的特定容器，即澄清池的结构、型式、参数等都必须按照石灰水处理过程的特性制定，石灰水处理澄清池应具备如下功能：

（1）石灰水处理澄清池需要在石灰加入后提供足够的溶解时间和抗钝化措施。加入的石灰乳液一般配制浓度3%～5%，低者约2%，石灰20℃时饱和水浓度为0.165%，配制乳液超过饱和浓度达10～20倍，即在乳液中石灰存在的主体是固体颗粒，使用时都得溶解后（离子化）才进行反应。我们建议的石灰质量标准中的粒度为0.09mm（相当于约170目筛），离完全溶解的分子和离子态相距七八个数量级，通过试验得知常温下其完全溶解需要1～2h以上。国内当前很难获得完全符合质量要求的粉石灰，当粒度更大或大小共存时，则决定反应时间的是最大颗粒的石灰。石灰乳液加入澄清池时所接触的是被处理水及凝聚剂等，水中的CO_2、HCO_3^-、SO_4^{2-}、Cl^-等的反应产物会使颗粒石灰表面迅速钝化，这种种因素都会使溶解消耗更长的时间。

（2）在石灰水处理中除投加石灰外，还需要加凝聚剂（或称混凝剂）和助凝剂（或称高分子絮凝剂）。凝聚剂的主要作用是压缩双电层（或中和），使颗粒脱稳而聚集成为较大颗粒而易于沉淀，在高pH条件下一般多使用铁盐，有益于水解，同时达到提高反应产物密度有助于沉降的效果，当选用无机高分子凝聚剂（如聚合铁盐）时，其使颗粒失稳后也可起近距离黏结架桥作用。助凝剂（现在多指有机高分子絮凝剂）在水中充分溶解后，它延伸在水中的长链将接触到的颗粒物吸附到链上，从而形成较大的絮凝物，更容易与水沉降分离。石灰水处理注意的要点是加入顺序，其应顺应石灰水处理的反应流程，不可随意投加。石灰水处理与非石灰水处理凝聚的对象不同，非石灰水处理是凝聚原水中的悬浮物，石灰水处理主要是石灰反应的生成物，还需要不妨碍其结晶发展、注意原水中钙镁含量关系等。凝聚剂和助凝剂的投加如果不当，也会有负面作用。

（3）碳酸钙的凝聚产物和桥联的絮凝物存在吸附能力，且这种吸附能力在一定期间可能很强，这种颗粒或颗粒聚集体称为活性泥渣。人们在设计澄清设备时很早就了解了利用活性泥渣能够达到水的进一步净化作用，其在污水处理和给水处理中都得到了重视，因为它在吸附残余有机物和颗粒$CaCO_3$方面都有优良功效。不同澄清池的设计利用的情况或效果不同，有石灰和无石灰水处理的作用及效果也不同，这取决于泥渣的性质、数量和池型结构等客观或设计因素。例如，在苏联就已见到大量关于活性泥渣的研究成果报告和利用活性泥渣为主的澄清池设计，ЦНИИ型和ВТИ型是其典型代表。活性泥渣的利用有多种方法，有的随处理过程自然形成随机作用、有的排出后储存强制回送、有的池内循环利用、有的聚集成型、有的在启动时用、有的连续使用、有的必要时用等。用好活性泥渣会得到更好水质是公认的事实。

石灰水处理较非石灰水处理创造了更好的生成活性泥渣的条件。理想的池体设计应能够最恰当、最充分地利用活性泥渣，在运行中形成质量良好的活性泥渣层，而且能够自然循环和新陈代谢。

　　我们从多年经验得知，利用活性泥渣在水中大体有动态或静态两种形式，动态随水流运动，但不能给予强烈搅拌，故与水中微粒的相对运动较低，碰撞概率小；静态如ЦНИИ型和ВТИ型澄清池，有一个固定的预设高度的活性泥渣层，水从中间穿过，其接触概率要大很多，当然效果也会优于动态。须知活性泥渣是一种絮状物，它本身的结构强度很低，极易破碎，一旦破碎其作用将减弱很多，所以用泵回送的办法是不可取的。照片6-3是半工业型实验澄清池中形成的良好的活性泥渣层的形态。活性泥渣的浓度也影响其颗粒接触率，浓度大碰撞率高，浓度低则碰撞率低，泥渣浓度与水质和石灰加入量成正比，石灰加入一次生成的泥渣浓度一般较低，不断循环积累可以形成较高的浓度，故泥渣循环型澄清池有利于活性泥渣的迅速积累和保持。

照片6-3　半工业型实验澄清池中
形成的良好的活性泥渣层的形态

　　静态活性泥渣层应当置于靠近分离区，水流自下向上流动，水中携带的新形成的泥渣进入静态层被截留，变成新鲜的活性泥渣层，泥渣层不断上移，上层已失去活性的泥渣被排除，这是活性泥渣层的新陈代谢，代谢泥渣随水流引出并二次分离，清水与出水汇合，这部分水量占总出力的5%～20%。所有这些，当澄清池拟选择这种技术时，都需要在结构设计上满足其需要的技术条件。

　　活性泥渣层的形成要具有充分和必要条件，大量的具有活性的颗粒物和絮凝物的存在是必要条件，石灰水处理给予了这个必要条件（单纯凝聚尤其是低浊水一般就不具备此条件）。添加适合剂量和品种的凝聚剂和以正确加入方式加入助凝剂是充分的辅助条件之一，有大量的被吸附物也是充分的辅助条件之一，泥渣物理性质和水力参数也是必要条件，这些充分和必要条件在石灰水处理中都是具备的。但是有时候（如有后续膜过滤时）限制了某些条件，如限制助凝剂的加入量，使活性泥渣吸附和聚合团性能变差，这种情况下就希望有其他有效技术措施补助生成活性泥渣层。

　　一组试验测得石灰水处理后 COD_{Mn}=2.16mg/L，浊度=16NTU，通过活性泥渣层后可降至 COD_{Mn}=1.18mg/L，去除率为45%，浊度=1.5NTU，可见作用十分明显（这样低的COD含量，其存在的颗粒形态必然是很小的胶体状，说明小胶体也可能有效去除）。

　　（4）三室结构的澄清池的速度梯度参数是重要计算数据。石灰反应过程可以从参考文献［44］中得到证实"这些已得数据与Argaman及Kaufman（1968）所提及的报告有明显的对比，其报告指出：在明矾-高领土系统中所取得的结果，G值大于 $50s^{-1}$，絮凝物明显地破碎。在石灰水处理污水过程中，通过不溶解的有机微粒同无机沉淀物，例如碳酸钙、磷酸钙和氢氧化镁的凝聚作用而形成的絮凝物可能是粗粒且质致密，就是在高G值时也不致破碎"。

　　"在稳定状态试验组中，所试污水的总COD为264mg/L，石灰剂量为350mg/L，$Ca(OH)_2$ 和G值为 $50s^{-1}$。每个絮凝隔室中残留成分的分析事先将隔室中的东西澄清

30min，然后取出上层清液分析测定。所分析 pH、碱度、全硬度以及含钙量的数据见表 6-6，速度梯度的影响见图 6-25，说明在第一隔室（额定滞留 6min）石灰溶解并不完全，而第一隔室内总 COD、悬浮物及浊度的除去也没有后面隔室那么完全。而从第一隔室的上层清液到澄清器的溢流液，溶解性磷酸盐没有变化。澄清器的出口液与后边的三个絮凝器隔室上层清液在质量上没有明显差别。而当流过澄清器时，溶解性 COD 有些增加（从 68~69mg/L 增加到 73mg/L），浊度降低（从 34~36NTU 降到 28NTU），这种现象可解释为溶解作用使有机物释放和澄清器的渣滓中微粒的吸附作用，见表 6-7。这些结果说明用石灰水处理以除去浊水中的悬浮物、COD 和磷酸盐的临界及应在一个间隔絮凝作用系统中就可以达到，每间隔的额定滞留时间为 6min，G 值为 $50s^{-1}$。"[44]

表 6-6 滞留时间和间隔化对石灰水处理原污水的影响

成分		入口液	间隔数				澄清器出口液
			1	2	3	4	
总滞留时间	(min)	0	6	12	18	24	54
总 COD	(mg/L)	264	84	77	79	78	80
溶解性 COD	(mg/L)	92	66	68	69	68	73
悬浮物	(mg/L)	104	56	36	28	25	25
浊度	(NTU)	415	50	36	34	34	28
溶解性磷酸盐	(mg/L)	7.9	<0.2	<0.2	<0.2	<0.2	<0.2
全硬度	(CaCO₃，mg/L)	127	142	150	152	152	148
钙	(CaCO₃，mg/L)	69	128	138	138	136	136
碱度	(CaCO₃，mg/L)	260	283	298	300	301	298
	pH	7.8	10.9	11.0	11.0	11.0	11.0
石灰剂量	(CaCO₃，mg/L)	350	350				

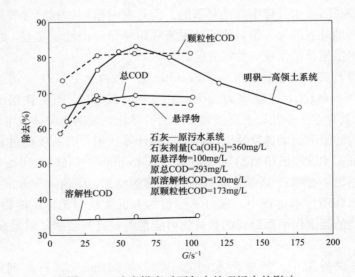

图 6-25 速度梯度对石灰水处理污水的影响

表 6-7　　　　　　有机物泥渣层的澄清作用对石灰水处理民用废水的比较

成分		有泥渣层			无泥渣层		
		入口	出口	除率（%）	入口	出口	除率（%）
总 BOD	(mg/L)	111	37	66	135	24	82
溶解性 BOD	(mg/L)	45	37	18	—	—	—
总 COD	(mg/L)	243	72	70	327	98	70
溶解性 COD	(mg/L)	99	69	30	—	—	—
悬浮物	(mg/L)	71	7	90	138	22	84
浊度 (NTU)		320	8	97	410	24	94
总磷酸盐	(mg/L)	8.6	0.2	97.5	14.8	1.1	93
溶解性磷酸盐	(mg/L)	7.7	0.2	97	11.9	0.6	95
NH_3-N	(mg/L)	20.4	21.7	—	27.4	28.9	0
有机氮	(mg/L)	9.3	3.2	6.6	14.2	3.2	77
全硬度	($CaCO_3$, mg/L)	149	158	—	108	174	—
钙	($CaCO_3$, mg/L)	126	158	—			
碱度	($CaCO_3$, mg/L)	242	262	—	226	338	
pH		7.4	11.0		7.4	11.2	
化学剂量 [$Ca(OH)_2$, mg/L]			350			360	

　　给予石灰乳液一个更好的反应条件，是设计选择石灰水处理池型的重要特点，具有循环回流是一种优化选择，它可以更大限度地使乳液与水有更长的时间接触而帮助其溶解。其中以机械加速类型为代表的澄清池具有可形成较大回流率、混合强度大和可调节回流率的优点，水力加速或其他类似形式澄清池则受到限制并呈层流状，多不选用。

　　（5）石灰水处理所生产的清水质量常以浊度和 pH 等检测指标衡量，浊度比较直观简单，pH 可以人为调节。但是常被忽视的一个重要指标是清水的安定性。石灰水处理是利用石灰的反应产物 $CaCO_3$ 的低溶解度效应从而容易由水中分离出来，25℃下 $CaCO_3$ 的溶解度为 6.9×10^{-5} mol/L 或 6.9mg/L，温度升高溶解度降低，产水中可以获得更低的 $CaCO_3$ 含量。无论原水中有多少 HCO_3^-，最后的残余含量就是这么多，所以我国天然水以 $Ca(HCO_3)_2$ 含量为主的水型用石灰水处理是很适宜的。石灰水处理出水理论上是把过饱和的 $CaCO_3$ 都分离出去，只剩下饱和状态的 $CaCO_3$，实际上这是不可能的。它不仅以过饱和溶解态存在，还有颗粒态存在。如果在清水区的颗粒物还没有渡过活性期的 $CaCO_3$ 颗粒（同时必然有过饱和溶解态存在），结垢必然发生，如果仍然有没有溶解完成的 $Ca(OH)_2$ 微粒，它的继续溶解更是结垢的来源。在第二章第一节中曾述及，清水区的结垢和其后的管道及滤池结垢是造成石灰水处理失败的重要原因之一，在一些石灰水处理的澄清池的清水区所接触到的池体表面，如反应桶的外侧、池外壁内侧、集水槽内外侧、出水管以至滤池进口和滤料表面等，都结成一层很厚的白色硬垢，人们见得多了习以为常，认为这是石灰水处理的当然现象，其实这是相当大的误解。现实的经验一再证实其危害的严重性，一台仿英 PWT 型澄清池仅运行 7 年就于 1997 年冬因结垢造成出水槽全部垮塌，池内结垢最厚处达 70~80mm，一个厂的过滤器滤料结垢后凝成大砣，只能用镐刨碎才能拿出来，过去这都不是鲜见的事例。而邯郸热电厂的石灰水处理澄清池已运行 19 年，除集水槽底部有小于 5mm 的积垢外，其余触水部分仍只见原漆色，说明做到清水高安定度是完全可能的。

　　以上这些事例都是由水的安定性引起的，要重视清水的安定性，把它作为一个判别水质的指标，作为澄清池设计的一个技术环节。

$CaCO_3$ 属于难溶物质，它超过饱和溶解度后并不一定析出，而距离结晶还有一段距离，称亚稳区，这种析出后延的现象也是石灰水处理池设计人员应了解的特征。

（6）从石灰水处理反应方程式可知石灰水处理产生的废弃物主要是 $CaCO_3$，这种沉渣的性质与一般单纯去浊澄清沉渣的性质有很大差异，密度较大、具有残存的结垢倾向和一定的黏结性。澄清池底部必需全程刮泥，积泥斗应注意防止沉积结垢，泥斗和周围可积泥区应有足够的储存容积，以保持排泥浓度的均匀性和排泥时减轻对池内水循环的影响。排泥系统需防止堵塞，池外排泥聚集池需用石灰泥渣专用的可间断进入连续排出的泥浆池，并与脱水机运行特性相配合。当前常见的几种脱水机用于石灰水处理泥渣，都有一些技术特性不适宜处，需待适应于石灰泥渣新型脱水机。

（7）澄清池布水均匀是辨别结构好坏的一个重要环节，当水到达清水区时应平稳均匀上流，充分利用全部区域面积（体积），这取决于集水槽的布局和出水口的水平度，以及澄清池的偏沉情况等。一旦出现偏流，如偏流 10%，则另一侧上升流速提高约 10%，出水质量减低大于 10%，或总停留时间缩短约 10%，降低了池体积利用率（容积效率或容积系数）。好的出水配水设计的容积效率应达到 90%～95%。

（8）石灰水处理澄清池多用于机械加速澄清类似的构型，特点之一是用机械实现体内循环，同时也要用机械刮泥，而两者都需要调速，故机械设计是此类型澄清池的一个要点。关注点之一是两者的传动机构都设在池中心位置（传统加速澄清池刮泥用偏心轴水下齿轮方案，容易损坏和无法维护），之二是解决水下轴承设置和轴承润滑及检修，之三是底部全程刮泥时内部其他结构和支撑问题。

（9）澄清池优劣的最终衡量指标是出水水质，而水质好坏是指出水中被除去物的携带量，任何澄清池的出水具有决定意义的都是微小颗粒杂质，是在前区反应过程中没有被聚合的那部分，即使前区设计反应良好，也总会有一些微小颗粒杂质是"漏网之鱼"，故如果澄清池能够具有"后期反应"功能将有助于进一步净化这部分漏网颗粒。这些颗粒一般粒度更小，往往是胶体级或近胶体，量小且分散，在前期处理（混合、反应等）过程中，各种作用，如失稳、碰撞、自身聚合等没有得到长大而遗存，对石灰水处理它们的是 $CaCO_3$。这是对新型澄清池的更高要求，也需要新设计理念的指导。

以上种种是石灰水处理澄清池应当兼备的技术条件，也是对新型澄清池质量和水平的衡量，是任何简单套用和抄袭所不能得到的。

第三节　我国使用过的几种类型的石灰水处理澄清池

一、ЦНИИ 型和 ВТИ 型澄清池

ЦНИИ 型（和后期由俄罗斯引进的 ВТИ 型）澄清池始创苏联，20 世纪 50 年代随 156 项工程大批引进我国；ВТИ 型澄清池是改进型，于 90 年代引进我国。它们都属于泥渣接触型澄清池。当时国内尚没有化学除盐和膜脱盐技术，主要依靠钠离子交换除硬度，水处理基本都是石灰-钠离子交换系统，高压机组出现后用镁剂石灰-钠离子系统除硅除硬。此类型澄清池也有单纯凝聚处理的，国内没有使用。

ЦНИИ 型和俄引进的 ВТИ 型澄清池的原水经过加热（40℃）和脱气后由底部切线进入一路向上流直至出水，在进水处加石灰乳液和铁盐凝聚剂，上升进入悬浮接触区，在此完成石灰与溶解盐的反应，此间约停留半小时即进入缓流区，流速逐渐下降实现渣水分离，泥渣停留在此处形成较浓密的泥渣层，对通过的水流起接触过滤作用，泥渣层不断从下部进入的水中所携带的新鲜泥渣得到补充，上部失效泥渣进入池中心的排泥管和储泥斗并排出。泥渣层是此类型澄清池保证水质的关键技术反应区段。活性泥渣层的形成和活性泥渣性质取决于水质、石灰、凝聚剂、池体构形等多种因素，苏联热工研究院曾进行了多年的研究。水在澄清器内的总停留时间为 $80\sim100\text{min}$。

俄罗斯引进的 ВТИ 型泥渣接触石灰水处理澄清池的技术参数如图 6-26、图 6-27 和表 6-8 所示。

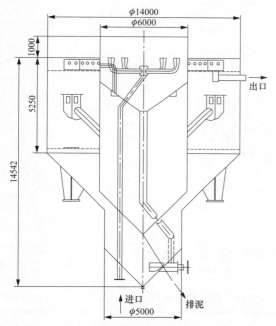

图 6-26　ВТИ 型澄清器示意图（$Q=500\text{m}^3/\text{h}$）　　图 6-27　ВТИ 型澄清器示意图（$Q=200\text{m}^3/\text{h}$）

表 6-8　　　　　　　　　　　ВТИ 型澄清器的主要技术性能

主要技术性能	ВТИ 型澄清器	
	$Q=500\text{m}^3/\text{h}$	$Q=200\text{m}^3/\text{h}$
总容积（m³）	1239	424
总停留时间（h）	2.5	2.12
有效停留时间（h）	1.8	1.62
混合区停留时间（min）	2.0	1.8
反应区停留时间（min）	5.4	8.5
接触区停留时间（min）	41	27
澄清区停留时间（min）	97	86
澄清区上升流速（mm/s）	1.1	1.09
接触区入口流速（mm/s）	11~15	11~15

图 6-28 和图 6-29、表 6-9 和表 6-10 给出了苏联设计的典型 ЦНИИ 型石灰水处理澄清池的结构与尺寸。

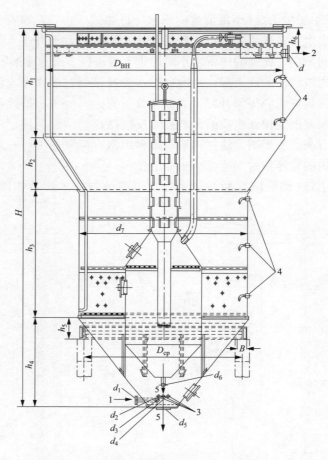

图 6-28 ЦНИИ 型澄清器示意图（$Q=98$、$180m^3$）

1—进水口；2—出水口；3—加药口；4—取样口；5—排泥口

表 6-9 　　　　　　　　ЦНИИ 型澄清器规格（$Q=98$、$180m^3$）的主要技术性能

主要技术性能	澄清器	
	$98m^3$	$180m^3$
D_{BH}（mm）	4670	6290
D_{CP}（mm）	3300	4400
H（mm）	8763	10492
h_1（mm）	3000	2992
h_2（mm）	972	1493
h_3（mm）	3000	3494
h_4（mm）	1747	2513
h_5（mm）	550	566
h_6（mm）	650	650
B（mm）	240	300
d（mm）	150	250
d_1（mm）	125	150

主要技术性能	澄清器	
	98m³	180m³
d_2（mm）	50	40
d_3（mm）	25	20
d_4（mm）	50	40
d_5（mm）	125	340
d_6（mm）	80	100

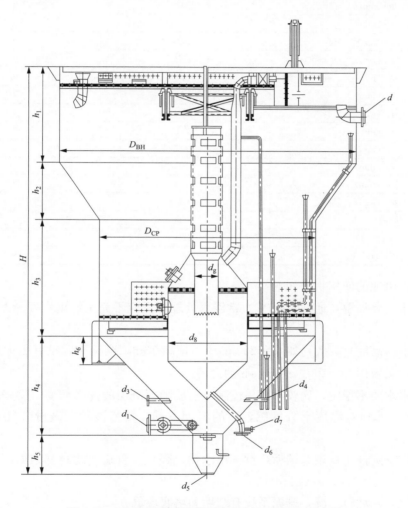

图 6-29　ЦНИИ 型澄清器示意图（$Q=200$、450m³）

表 6-10　　　　　　　ЦНИИ 型澄清器规格（$Q=200$、450m³）的主要技术性能

主要技术性能	澄清器	
	200m³	450m³
D_{BH}（mm）	6300	9000
D_{CP}（mm）	4600	7000

主要技术性能	澄清器	
	200m³	450m³
H (mm)	12500	12785
h_1 (mm)	3010	3010
h_2 (mm)	1490	1800
h_3 (mm)	3587	3600
h_4 (mm)	2503	3125
h_5 (mm)	1910	1250
h_6 (mm)	716	920
d (mm)	250	300
d_1 (mm)	150	300
d_2 (mm)	80	80
d_3 (mm)	80	50
d_4 (mm)	80	80
d_5 (mm)	200	200
d_6 (mm)	100	200
d_7 (mm)	—	50
d_8 (mm)	2150	3000
d_9 (mm)	360	600
金属质量 (kg)	17900	35450
荷载 (t)	220	490
出力 (m³/h)	100	200

此类型澄清池的使用状况如下：

（1）进水需要加温，通常约 40℃，常温水处理时反应不完全，出水残余碱度为 0.6～0.8mmol/L。

（2）体形（高度）较大，如 $Q=200$m³/h，顶高 13m，全钢制，没有更大出力设备的设计，我国过去曾用 $Q=100$、200m³/h 的设备。

（3）出水水质不稳定，比较不容易控制，水质随泥渣层的优劣而变，良好时清澈度达 2m（十字法）。水质对温度十分敏感，小的温度波动、负荷波动、微量带气等直接影响水质。

（4）出水安定性不稳定，结垢严重，出水槽、隔板、管道及滤料都结垢，可延续到过滤器。

（5）排泥影响运行工况，排泥系统有结垢和堵塞现象。

（6）启动期时间长、水质差，虽有体外泥渣回收箱和循环泵，但仅在启动时用，效果不突出。

这里专门记述了此类澄清器的结构和技术特点，并列出存有的主体设备图，是为留下可供参考的资料。现代我国已很少有人了解苏联和东欧国家研究和使用的技术情况，他们是经过几十年考验证明有较好效果的技术。在石灰水处理的综合技术设备中，作者认为此澄清器具有特色和可借鉴的内容（白云石作为滤料也是可参考的经验）。作为专门为石灰水处理设计的澄清池的一种类型，其具有特殊结构特点，在利用活性泥渣方面是最优异的（与悬浮型池比较），在俄罗斯和东欧诸多国家至今仍在使用，有其参考价值和意义。

二、英国 PWT 型澄清池

PWT 型澄清池的示意图如图 6-30 所示。该型澄清池的结构形式近似于机械加速澄清池，或可称它是机械加速澄清池改型设计，但从其反应过程和技术参数上分析，它和机械加速澄清池有较大差别，它是按照石灰水处理特点设计的。直观比较，机械加速澄清池的第一反应室很大（图 6-34），PWT 型澄清池则很小，几乎构不成反应室；机械加速澄清池的第二反应室较大（$Q=1000m^3/h$，$\phi6400mm$），PWT 型澄清池则较小（$Q=1000m^3/h$，$\phi3500mm$），为混合室（因为在此室进水）；机械加速澄清池的导流室较小，似一短裙，而 PWT 型澄清池很大，为反应室。PWT 型澄清池外池壁垂直到底，池底有倾角。大体流程如下：生水沿切线进入混合室，在此处与药剂混合，旋流向上由上部向外溢出进入反应室转向下流动，流速突减。至下部分流，大部分水回流通过搅拌器回入混合室，小部分水经再折返 180°向上进入澄清区，此过程和作用与机械加速澄清池相同，一些已经长大的颗粒借助离心力被分离沉积下去。池底全程刮泥，中央有集泥斗。澄清区上部设双环形集水槽（$Q=1410m^3/h$），全部内部构件为钢制，悬挂在桥架上，为全程刮减去障碍。集泥斗间断排泥至泥渣池再外排。

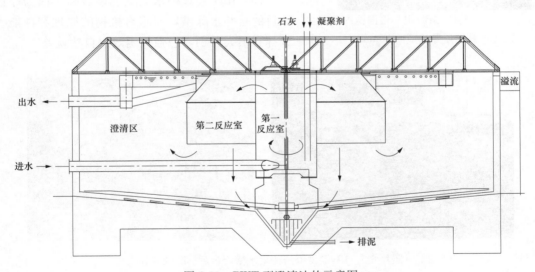

图 6-30　PWT 型澄清池的示意图

1985 年，第一台 PWT 型澄清池投入运行，它是按照井水为水源脱碱为目的设计的，设计出力 $Q=1410m^3/h$，高度 $H=6450mm$，直径 $\phi23165mm$，停留时间 1.88h，清水区上升流速 $v\approx1.2mm/s$，其后国内有复制和使用。

PWT 型澄清池的实际使用情况和评价如下：

（1）PWT 型澄清池虽然与机械加速澄清池形似，但按石灰水处理特点其内部结构有重大变化，使我们在设计石灰水处理澄清池时得到不少启发。例如，混合室的 G 值强度达

400s^{-1}以上；机械加速澄清池池底无支撑、全部敞开，以实现全程刮泥；内部构件全部采用轻型悬挂式，池壁结构垂直到底简化构形、扩大池容；切线进水利用势能；集中排渣加大渣斗等。

（2）出力不足是首先被关注的，上述规格池实际出力在$Q=1000\text{m}^3/\text{h}$左右，出水SS≈10mg/L，此时清水区上升流速$v$≈0.85mm/s，相当于原设计值的70%。

（3）此池型之前并没有实用经验，为出口我国设计和试用，用于石灰水处理一些技术问题并没有完全解决。例如，过饱和石灰乳在池内反应仍然不充分，没有完全渡过活性期，表现在清水区域所有构件表面都严重结垢，集水槽内外壁亦然，估算平均结垢量为2～3mm/a，华北某厂在运行约7年时一台池的集水槽因结垢全部垮塌，与ЦНИИ型和ВТИ型澄清池的情况类似（照片6-4和照片6-5）。

照片6-4 GBD电厂澄清池内筒结垢厚达60～70mm

（4）出水槽虽然是钢制实际不可调，内环直接焊接固定在外筒上，外环受出水管限制也不能动，故池体的容积效率完全依靠安装质量，所以配水均匀性依然不好。

（5）转动机械的传动部分已很落后，调速也较困难，所有部件检修都需要吊动大轴和拆卸相关部件，尤其水下的轴承易磨损，更换麻烦。

（6）用于处理中水时其功能较差，因为原设计目的是井水除碱，与除有机物的原理和性能参数都有很大区别，勉强代用效果自然就差。

照片6-5 PWT型澄清池集水槽垮台后拆除的残片

（7）排泥管埋在钢筋混凝土基础中，一旦损坏，无法修理，虽地下无弯头，堵塞时维护仍困难。

三、美国LA型机械搅拌絮凝澄清器

"此设备是20世纪70年代随大化肥项目引进的水处理成套设备，包括石灰水处理澄清池（图6-31）、滤池、活性炭、阳床、阴床、混床等设备，供工艺和锅炉用水，澄清器设计出力$Q=1362\text{m}^3/\text{h}$，直径$\phi26820$mm，高$H=6250$mm，清水区上升流速$v=0.66$mm/s，

停留时间 2.4h，全部钢制。进水由位于中间高度的进水管穿过器身直接插入，向下进入环形布局的倒三角配水环，水流转向上流进入澄清区由集水槽收集送出。在三角配水环区间下部设搅拌桨，由中间轴传动，搅拌器主要作用为混合，没有提升功能。整个池底为一平面，无集泥斗，泥渣由底部靠近四周斜壁处的环形管排出，环管直径 6in（1in＝25.4mm），内侧均布 240 个 1/2in 排泥孔，收集泥渣。在进池前加入杀菌剂和凝聚剂，在三角区与进水管口处投加石灰（凝聚先于石灰投加）。当石灰加入量无游离 OH⁻ 时，SS＝1～3mg/L，加大剂量出现游离 OH⁻ 或更高时，出水 SS＝50～60mg/L，严重时有翻池现象。"[51]

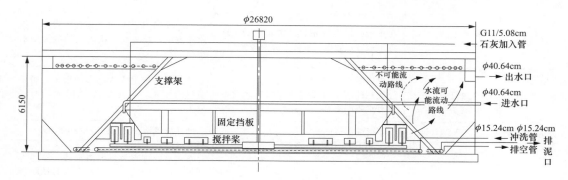

图 6-31　LA 型澄清池的示意图

"该池型投运初期出水水质不稳定，无游离 OH⁻ 即无 Mg²⁺ 沉淀物［或很少 Mg(OH)₂］，出水悬浮物含量波动大，pH 高时水质严重恶化，说明池内石灰反应不好，分离效果也不好。该池型设计为悬浮澄清池，但与苏联 ЦНИИ 或 ВТИ 型悬浮泥渣型澄清池不同，其最大的区别在于并不适用于石灰水处理。他们没有认识到石灰水处理与一般凝聚澄清本质的区别，设计时没有考虑石灰反应的特点，随意把常见的悬浮澄清池套用于石灰水处理。LA 型澄清池不可能形成悬浮泥渣，也没有可供悬浮泥渣代谢的机制，最明显的事例是错误的排泥设备设计，底部大量积泥是造成搅拌器大轴断裂的根本原因"[52]从运行效果推断并未能形成悬浮泥渣层，反应时间不够，分离效果不好，出水水质必然差。池体的许多构造设计也不合理，无效体积占去相当大的空间，最低平均上升流速并非 0.66mm/s，而是 0.8mm/s（虽然不算高），这样大直径池仅靠近池壁设环形集水槽，配水不均是明显的，估计容积系数将很低，如果计入偏流，上升流速将更大。

对 LA 型澄清池的技术评述见表 6-11。

表 6-11　　　　　　　　　　对 LA 型澄清池的技术评述

部位或节点	原设想功能	暴露问题	分析原因
悬浮泥渣	利用泥渣提高接触反应效果	基本没有形成悬浮泥渣	池型选择错误，石灰水处理的泥渣性质与非石灰水处理的泥渣性质完全不同
搅拌桨	在进水与乳液处加强搅拌	此处停留时间很短，转速很慢，反应不完全，严重结垢，下轴套磨损，冲洗管堵塞	反应流程设计不当，反应时间不足，不符合石灰反应规律需要，加药点设置不当，排泥方式错误

部位或节点	原设想功能	暴露问题	分析原因
悬浮区	随水流自然形成	水利条件与泥渣形成条件不匹配，无悬浮泥渣	大部石灰尚处于颗粒状，水流速只有0.6～0.8mm/s，且不均匀，大部沉到池底成垢
出水区	出水悬浮物小于12mg/L	出水水质差，高时达50～60mg/L，有翻池、排泥管堵塞现象	石灰水处理反应不足，反应条件不好，在负荷不高时水质安定度低，设备和出水都会结垢，后期仍在进行溶解等活性反应
集水槽	照顾四周汇集出水	集水槽沿四壁布置，布水不均，严重影响容积效率，加大上升水流速	如图6-31水流只可最短距离直接向集水孔流动，故短路，相当大的池体积不参与工作
池体中间区	不知何用	仅从图6-31上看是个死区，一般悬浮池在此区上部设强制出水，此设备没有水或泥渣流动	此区所占体量太大，作用很小。如果有泥渣回流，未考虑怎样形成、到何处去
泥渣回流缝	泥渣新陈代谢	不可能形成回流	即使缝没堵，泥渣回流也缺动力
池底	通过搅拌和液位使泥渣从管口流出	泥渣不能汇集，不能浓缩，搅拌被稀释，很难沿平底自动向四周扩散式流出	石灰水处理有大量泥渣形成，较加入灰将近大一倍，并含有带入的悬浮物（本设备设计最大3000mg/L）及未溶石灰，这些颗粒或结晶物，在没有刮泥设备、没有坡度的情况下，让其自行随水流平行流动是不可能的，故淤积堵塞不可避免，大轴折断也是必然
加药点	先凝聚，后石灰水处理	出水质量差，有乳状是凝聚效果差的表现	凝聚的目标不明确，石灰与凝聚剂反应被钝化，形成沉淀物后凝聚作用已低，效果大幅降低
搅拌刮泥机	搅拌便于排泥，无刮泥	池底积泥阻碍搅拌致大轴折断	搅拌排泥本身设计错误，无坡度、无刮泥、无泥斗，必淤积

四、涡流反应器

涡流反应器（图6-32）最早在我国见于20世纪50年代由捷克引进的两个电厂的小型发电机组的配套设备中，用于循环补充水处理。它适宜用于钙暂硬较高的原水（镁含量低于一定值）。循环水冷却温度一般不超过40℃时，结垢物质是$CaCO_3$，不会生成镁沉淀物，故只需降低补充水$CaCO_3$含量使浓缩后低于极限。涡流反应器的特点是利用石灰加入后与水中碱度反应的次序差异，在较低pH下与重碳酸钙反应生成碳酸钙沉淀而除去。碳酸钙析出后呈结晶状，并逐渐长大，颗粒间碰撞接触聚合，在器内旋流直至成为较大的球体，定期由底部放出。被处理水和石灰乳液都是从下部进入器内，处理后水由上部出水口送出，经过滤后使用。水在器内停留时间较短，大约15min。排出$CaCO_3$结晶球体所含$CaCO_3$纯度很高（可达99%），高于优质石灰石矿$CaCO_3$含量，回收后作为矿石原料再烧价值很大，而且增加一份水中$Ca(HCO_3)_2$的反应产物。

涡流反应器石灰水处理技术的主要特点如下：

（1）设备结构简单，反应时间短，单纯除钙碱度。

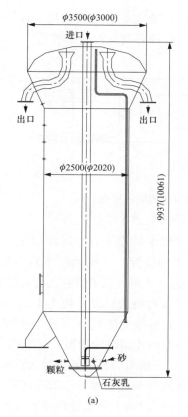

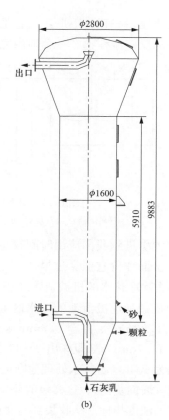

图 6-32 涡流反应器的示意图

（a）$Q=100t/h$，主体结构；（b）$Q=150t/h$，$Q=250t/h$，主体结构

（2）排出球形 $CaCO_3$ 颗粒，纯度高。可提供回收再煅烧，形成原料循环利用，而且有盈余。

（3）水和石灰在器内的反应时间不足，虽然当颗粒形成后因与析出的 $CaCO_3$ 接触概率提高，而帮助其结晶长大和分离，但是由于石灰溶解迟缓和水流速过高、接触时间过短，致出水水质较差，如果将涡流反应器只作为回收 $CaCO_3$ 之用，出水再经澄清则引起系统复杂化和投资增加。

（4）反应器结构进水为旋流状，实际水在器内很难形成旋流，而且没有再循环，所以碰撞接触概率不如原设想。

（5）反应器很难控制结晶颗粒的成长与排出的平衡或使其在器内处于活性最佳状态，当成熟颗粒排放而余粒数量不足时，接触反应效率降低。

（6）在低 pH 石灰水处理下 $CaCO_3$ 反应不完全，出水残余量较高 pH 处理时大，反应时间不足，不可能渡过活性期，稳定性差，后期管道、设备将严重结垢。石灰未溶解完全，反应后期不仅出水残留碱度高，也将为后续过程带来麻烦。

五、法国 DENSADEG 型澄清池

DENSADEG 型澄清池的示意图如图 6-33 所示，从构形上看这是一种与前述几中池型

完全不同的澄清池，一它是矩形，二它是池外分区。给水处理习惯多用一体型澄清池，即药剂加入和全部反应流程都在一个池内完成（有时仅部分药加在池前管道）。

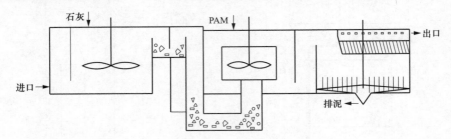

图 6-33　DENSADEG 型澄清池的示意图

注：石灰沉渣在加石灰后的联络沟或回流沟堵塞，每年停运后人工清理。

该型澄清池引进到我国应用时间较短，在城市给水处理中有一定使用量，个别也用于石灰水处理。全面评价它似觉过早，一则缺乏深入的研究，二则运行考验不足。直观看该型澄清池，对去除净化水的机械杂质（SS）效果明显，人们尤其看重它出力大的突出特点。

一般如原机械加速澄清池的清水区上升流速（表面负荷）设计值为 1mm/s，当提高出水质量时降到 0.80mm/s 甚至 0.6mm/s 使用，而此型池竟然高达（录于不同资料）2.8、3.94、6.39、11.1mm/s（即高出 3～11 倍），水在池内停留时间很短，只有约 20min，原机械加速澄清池为 1.5h，石灰水处理池则更长（2～3h）。需要分析的是为什么它可以做到这样高的上升流速（表面负荷）、这样短的停留时间（即或在除浊处理时停留时间不是决定因素）就能获得满意的浊度指标。从收集到的文件中粗略分析，除了分池处理外明显差异的是增大投加助凝剂（PAM）的剂量。当然在流程中保护矾花完整是一要点，可与加大投加助凝剂并论为一个特点认识。泥渣回流技术在过去早已是一项常用措施，曾经有过很多试验研究成果，在给水或污水处理的许多设计系统中都使用过，效果是肯定的，此处用体外用泵打回去，絮状物已基本破碎，可用渣主要是颗粒（也与助凝聚剂含量有关），原水含浊量少时有积极意义。况且循环回流量很少，约为 5%，而机械加速澄清池为 300%～500%，相差千倍以上。再者，投加助凝剂（即 3 号助凝剂）也是始于 20 世纪 70 年代的事，效果虽十分明显，但是只限于改善水质，也不至于使出力提高那么大。所以，引起我们注意的不同点是助凝剂（PAM）的投加量，迄今可见到该型池的设计资料为 1.5、1mg/L。这是一个比较大的投加量，一般认为助凝剂有效投量为无机混凝剂的 1/30～1/200，如果无机混凝剂量按 10mg/L 算，那么有机高分子絮凝剂量为 0.33～0.05mg/L，与工程实用量相近，1.5mg/L 的加入量时大出 4.5～30 倍，1.0mg/L 的加入量时大出 3～20 倍，由此可见这应是此型池得到制定设计参数的主要原因，也是与我们所见世界各类澄清池（沉淀池）相异的根本点。

GB/T 17514—2008《水处理剂　聚丙烯酰胺》中的相关规定见表 6-12。

表 6-12　　　　　　　　　　　　水处理剂聚丙烯酰胺质量标准

项目	指标	
	Ⅰ类	Ⅱ类
固含量（固体）（ω/%，$\geqslant$）	90.0	88.0
丙烯酰胺单体含量（干基）（ω/%，$\leqslant$）	0.025	0.05

项目	指标	
	I 类	II 类
溶解时间（阴离子型）(min，≤)	60	90
溶解时间（非离子型）(min，≤)	90	120
筛余物（1.00mm 筛网）(ω/%，≤)	5	10
筛余物（180μm 筛网）(ω/%，≥)	85	80
不溶物（阴离子型）(ω/%，≤)	0.3	2.0
不溶物（非离子型）(ω/%，≤)	0.3	2.5

从表 6-12 中可见：①固体含量为 90%～88%；②非聚合单体含量为 0.025%～0.05%；③其他杂质含量为 9.75%～9.5%。据有关资料：各国对水处理中的聚丙烯酰胺的最大允许投加量及聚丙烯酰胺产品中残留单体丙烯酰胺最大允许含量有严格规定。例如，世界卫生组织规定在水净化中聚丙烯酰胺的投加量不得超过 1mg/L。产品中丙烯酰胺的残留不得超过 0.05%，即丙烯酰胺在饮水中最大的残留量为 0.0005mg/L，或者严格限定水处理后水中丙烯酰胺的含量，见表 6-13。

关于丙烯酰胺的毒性。"丙烯酰胺的毒性主要变现为皮肤损害和神经系统损害，美国国家环境保护局（Environmental Protection Agency，EPA）对丙烯酰胺对人的毒性反应的规定是：短期和长期经口或接触丙烯酰胺可引起人的神经系统伤害，并认为低浓度丙烯酰胺也是一种对神经系统有害的物质。鉴于丙烯酰胺对环境和健康的影响，世界卫生组织（World Health Organization，WHO）、EPA、美国职业安全和健康管理局（Occupational Safety and Health Administration，OSHA）、美国政府工业卫生工作者会议（American Conference of Governmental Industrial Hygienists，ACGIH）、欧盟（European Union，EU）以及中国等组织和政府对环境中丙烯酰胺的限量作出规定，见表 6-13。

表 6-13　　　　　一些组织和政府对环境中丙烯酰胺限量的推荐值或规定值

国家或组织	饮用水（mg/L）	工作场所空气（mg/m³）
WHO	0.0005	—
EPA	0	—
OSHA，ACGIH	—	0.003
EU	0.0001	—
中国	0.0005	<0.3，<0.9

饮用水受丙烯酰胺污染的主要来源是用作絮凝剂的聚丙烯酰胺中的残留单体。各国对水处理中聚丙烯酰胺的最大投加量及聚丙烯酰胺产品中残留单体丙烯酰胺的最大允许含量有严格的规定。例如，WHO 规定在水净化中聚丙烯酰胺的投加量不得超过 1mg/L。产品中丙烯酰胺的残余量不得超过 0.05%，即丙烯酰胺在饮水中最大的残留量为 0.0005mg/L，或者严格限定水处理后水中丙烯酰胺含量。"[17]值得注意的是，最大投加量和最高残余量是同时限定的，即当聚丙烯酰胺产品符合我国一类质量规格时（GB/T 17514—2008），才可以满足最大剂量的极限。故此如设计已达投加量的最高限时，必须满足质量的最高值，这

是十分危险的。虽然 GB/T 17514—2008 将丙烯酰胺单体含量"Ⅰ类"由"≤0.05％"改为"≤0.025％"，"Ⅱ类"由"≤0.10％"、"≤0.20％"改为"≤0.05％"，但这都是依靠商品质量的严格检验或维护信誉才可以获得保证，如果联系上述 EPA 规定即使低浓度也可引起人的神经系统伤害，那么聚丙烯酰胺用于饮用水处理就要十分慎重了，尤其是有的澄清池设计（如高密度澄清池）要依靠大计量的聚丙烯酰胺，更值得警惕。而且参考文献[17]中指出："目前国产商品水溶胶型聚丙烯酰胺含的残留丙烯酰胺较高，大于 2％（干基），不宜用于饮用水的处理。而严格按照相关规定生产和使用的粉状聚丙烯酰胺是安全的。但是国内一些粉状聚丙烯酰胺产品的单体残留量超标的现实，在选择其用于处理饮用水时应倍加慎重"。

有机高分子絮凝剂即聚丙烯酰胺、聚丙烯酸钠、聚乙烯亚胺等，市场多用聚丙烯酰胺。我们知道商品聚丙烯酰胺含有少量未聚合的丙烯酰胺单体，这种单体是有毒的。GB 5749—2006《生活饮用水卫生标准》中对丙烯酰胺的限值是 0.0005mg/L。

GB 17514—1998 中规定聚丙烯酰胺干粉产品标准：Ⅰ类品，固体量≥90％，游离单体≤0.025％；Ⅱ类品，固体量≥88％，游离单体≤0.05％。

按饮用水标准计算聚丙烯酰胺最大加药量Ⅰ类标准为<2mg/L，Ⅱ类标准为<1mg/L。换言之，要保证饮用水的安全要么限定剂量，要么保证药品质量。而此型澄清池主要就是依托大的聚丙烯酰胺剂量，否则出水水质不合格，且剂量是随着负荷、进口水质、温度等因素变化的，日常控制不可能随时检测毒性，更危险的是我国市场销售的聚丙烯酰胺质量很不乐观。参考文献[17]指出："目前国产商品水溶胶型聚丙烯酰胺含的残留丙烯酰胺较高，大于 2％（干基），不宜用于饮用水处理。但是国内一些粉状聚丙烯酰胺产品的单体残留量超标的现实，在选择其用于饮用水处理时应谨慎"。这指明国产聚丙烯酰胺单体丙烯酰胺含量超标是现实，试想把人的健康维系在这样的基础上隐藏的危险性不是太大了吗？进一步分析，即或所用药剂符合产品质量标准，剂量也在限定范围之内，如果长期饮用含有有毒物质的水，也是不安然的。

进一步分析，当将此型依靠大剂量 PAM 才能正常运行的澄清池用于石灰水处理时，应考证两方面问题，其一是加大助凝剂剂量后出水中残留量对后续处理的影响，其二是石灰乳液加入后的溶解和反应时间不足致出水结垢的不稳定性。

第四章第五节已述明石灰深度处理并有膜脱盐的系统中，澄清过程不加聚丙烯酰胺已经成为保证系统安全运行的重要环节。然而 DENSADEG 型澄清池恰是需要多加聚丙烯酰胺才可以维持高流速和出水水质，可以预见如果不加聚丙烯酰胺，恐怕 DENSADEG 型澄清池完全不能运行。

石灰水处理沉淀物主要是 $CaCO_3$，是可以再利用的物质（如用于脱硫），当含有聚丙烯酰胺时其就失去了再利用的可能。

此外，在第六章第二节中已经述明，石灰过饱和乳液加入被处理水中后的完全溶解时间需 1～2h，前阶段的主溶解过程也要约 30min，那么此型澄清池的整个流程仅用时约 20min，说明加入的石灰乳液还没有溶解完或没有完全溶解产品水就已经要送出了，而反应产物 $CaCO_3$、$Mg(OH)_2$ 等反应如何、聚合如何、是否渡过活性期，以及残余沉渣的性质等都明显存在问题，因为这些物质如果随水流携带出去会产生沉积或结垢，后患无穷。

假设加大助凝剂剂量后的助凝剂可以将它们［未溶解完的 $Ca(OH)_2$、未聚合成型的 $CaCO_3$、未渡过活性期的 $CaCO_3$ 等］吸附、裹挟、掩蔽而强制沉淀，然而处于胶体状的过饱和未完全析出部分的 $Ca(OH)_2$ 和 $CaCO_3$ 又将如何，是否仍可能危害于后。

　　此型池都装设有斜管，在依靠增大助凝剂剂量产生大量矾花求得净化效果下，就是说用斜管滞留矾花，将适得其反而有悖于斜管工作原理。众所周知，斜管是基于浅层理论缩短颗粒沉降距离，并利用速度梯度差在靠近壁面接近静止的滞留水膜上滞留而下滑，而矾花体形比颗粒大许多倍，不可能进入滞留膜，倒是很容易整团地被阻滞在斜管孔道中，即斜管对大量矾花或大的矾花团的滞留作用不是浅层理论所涵盖的范围，还会有副作用，如阻塞斜管等却是要顾虑的。当用于石灰水处理矾花携带许多 $CaCO_3$ 在斜管上被阻滞时，结垢继而发生，作者曾观察到类似现象（石灰水处理的澄清池都不用斜管即基于这个原因，见照片 6-6）。当 DENSADEG 型澄清池不用斜管时，其后果如何难以假设。

照片 6-6　引进北京 SG 钢厂的 DENSADEG 型澄清池斜管结垢积絮照片

　　如果基于前述原因而不加或少加聚丙烯酰胺，石灰反应不完全，其反应产物 $CaCO_3$ 又处于活性期，没有聚丙烯酰胺黏结物的裹挟、掩蔽作用，其后果将比其他曾见到过的各类澄清池问题要严重得多。

　　此外，由于池外分区，石灰加入后的排泥渣问题也会遇到困难，如北京某厂石灰水处理时分别设置石灰和凝聚剂反应池与助凝剂搅拌池（投加聚丙烯酰胺）之间的联络沟道，以及回流井，石灰杂质和未溶颗粒即在这几个地方沉淀淤积，每年需停运人工挖掘几次，沟内积泥达 1～2m 深。

　　所以此型澄清池是一种不宜用于石灰水处理的池型。在工业设计中需要进行具体技术经济比较确定池型方案，DENSADEG 型澄清池外置三级池，其占地面积和土建造价不一定低于其他池型，而因斜板清理矾花和水垢需要停水，清理沟道积垢也需停水（北京某厂即每年停运数月检修），所以应对优缺点进行综合比较。

六、机械加速澄清池

　　此型澄清池是我国早期引进的一种池型，经国内专家国产化的消化和试验研究，形成一整套完整的典型系列设计，在我国使用十分广泛，为我国的净水事业发挥了巨大的作用。20 世纪 90 年代，随着需求的变化和技术进步，国家标准图册停止供应。"机械加速澄清池效率较高，且比较稳定，对原水水质（混浊度、温度）和处理水量的变化适应性较强，操作运行也比较方便。"[33]

　　从设计原意此型澄清池本不属于石灰水处理澄清池，是在过去除浊处理常见池型中它是使用最多且大家比较熟悉的池型，曾经偶然也加过石灰，所以列出以便比较。

　　大出力机械搅拌型澄清池的示意图如图 6-34 所示，其规格见表 6-14。

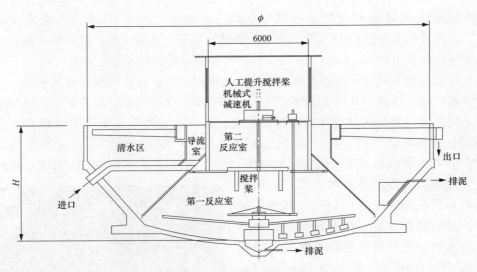

图 6-34 大出力机械搅拌型澄清池的示意图

表 6-14			机械搅拌型澄清池的规格					
出力（m³/h）	200	320	430	600	800	1000	1330	1800
池径（m）	9.8	12.4	14.3	16.9	19.5	21.8	25.0	29.0
池深（m）	5.30	5.50	6.00	6.35	6.85	7.20	7.50	8.00
总容积（m³）	315	504	677	945	1260	1575	2095	2835

国内可见的澄清池有许多种类型，以机械加速澄清池使用较多。传统的机械加速澄清池的设计技术条件[53]如下：

（1）适用于生活饮用水和工业用水（如用于石灰软化，应对池内各流路系统，特别是排泥部分采取必要的防止堵塞措施）的澄清处理。

（2）进水悬浮物含量：

1）无机械刮泥：一般不超过 1000mg/L，短时间内不超过 3000mg/L。

2）有机械刮泥：1000～5000mg/L，较短时间内部超过 10000mg/L，当进水悬浮物经常超过 5000mg/L 时，应加预沉池。

（3）出水浊度：一般不大于 10mg/L，短时间不大于 50mg/L。

（4）进水温度变化不大于 2℃/h。

（5）主要设计数据：

1）设计进水量公称水量加 15% 为滤池冲洗水量，加 10% 为机械加速澄清池的最大排泥耗水量。

2）上升流速：1mg/L。

3）停留时间：1.5h。

4）提升流量：5 倍处理处理水量。

机械加速澄清池是为适应当时我国表面水水质而设计的。入口悬浮物含量 1000mg/L，最大 5000mg/L，出口悬浮物含量 10mg/L，最大 50mg/L。它的基本结构特点如下：较大容积的锥形第一反应室有利于沉泥；在第二反应室内加药和反应，导流室提高流速停留时间很短造成反向流，使形成的较大颗粒离心分离；三个反应室的速度梯度参数按照凝聚和矾花性质设计；底部刮泥主要在第一反应室内照顾沉泥需要；机械搅拌设备为纯机械式，水回流率调节用主轴提升办法，比较笨拙，日久则生锈失效，调速方式已经十分落后；内部设施基本上是钢筋混凝土，易结垢难清理，出水槽不能调节，容积效率取决于施工质量，往往偏流严重；净化效果好坏主要靠沉降速度差大小，表面负荷成为唯一考虑关注的参数；在用水质量要求较高或处理低温低浊水时很困难，不能适应水源变化的需要。由于机械加速澄清池是 20 世纪 60 年代为表面水净化而设计的，虽然 80 年代初进行了修编，但基本没有改变原基本格局，即以除去水中悬浮物为主要目的，不可能要求它具有石灰水处理的技术条件。机械加速澄清池在工业水处理中曾经作为预处理使用，在 70 年代大量使用逆流再生和浮床离子交换工艺，要求进水悬浮物含量小于 2mg/L 时已经不能满足，待发现非活性硅问题需加强预处理和表面水污染后更觉不符需要，人们选用此型澄清池时只能按照额定出力的 70％或更低，当原水有有机物污染和对无机胶体物有除去要求时则距离更大。

按石灰水处理的要求评价此型设备存在以下问题：

（1）处理对象和基本设计技术条件差异较大。入口悬浮物含量很大（1000～5000mg/L，会带有泥砂），出口水质标准很低（10～50mg/L）。池体第一反应室进水处首先设置了很大的泥砂沉降空间故置小的 G 值，第二反应室为主反应区域停时较长，导流室仅为水流折反需要，各部参数如流速差别很大，这种构型设计适合于除高浊水过程需要，没有石灰水处理溶解、反应等过程安排。

（2）池体结构不适宜石灰反应，因原设计仅凝聚是药剂反应，故总停留时间只有 1.5h。

（3）刮泥和排泥系统集中在第一反应室下部，导流和清水区靠 1～2 个小泥斗局部排泥，不能满足石灰水处理全程排刮泥需要。集泥斗过小，起不到集泥作用。

（4）内部设施全部是钢筋混凝土结构，因支撑关系不可能池底全程刮泥，且出水槽水平度不能调节。

（5）搅拌方式落后，靠主轴升降调节回流和第一反应室、第二反应室的搅拌强度操作困难，不能满足工艺需要。

此类型澄清池可以借鉴的经验也较多，有以下几点：

（1）运行状况比较稳定，负荷波动、水质波动、温度波动等基本对出水影响较小。

（2）总体流程结构比较合理，包括三个反应区和三个区间的功能关系，以及停留时间与上升流速等参数的构思。

（3）机械搅拌提升同时起到搅拌和回流的双重作用，回流率、回流方式等都较适宜。

（4）主体建筑为钢筋混凝土，部分构件也可用钢筋混凝土或与钢制联合，可防腐和节约成本。

（5）一些水流、加药、时间、温度、水质等具体相关技术参数可供参考。

（6）此型池实用多年受到广泛接受，积累了较多经验，优缺点已为熟知。

此典型设计的标准图集多年前已明确弃用，加上上述原因，可以明确地认识到它不能直接套用到石灰水处理，但是过去几十年它是我国用量最大、最普遍的池型，人们对它比较熟悉，积累了较多的经验，因此按照石灰水处理池型技术性能要求仍有许多可借鉴之处，机械加速澄清池的主要特征较其他类型（如水力循环、脉冲、悬浮、水力驱动、水旋等）澄清池更适合于作为石灰水处理池型设计参考。

鄂尔多斯的 JT 厂拟处理工业废水回用，由北京某公司设计供货的石灰水处理 UF-RO 系统，仅试运 1 个月就面临诸多问题，如 UF 和 RO 堵塞严重、UF 膜一天离线清洗三次不能完全恢复、RO 回收率仅 40%、脱盐率降至 80%、结垢后四套装置每天轮流洗。石灰水

照片 6-7　JT 厂将机加型池用于石灰
水处理无法运行的情况

处理澄清池盲目套用国家已经作废的机械加速澄清池型，加石灰运行反应不好、结垢、水质差、无积泥无刮泥，不得已停止石灰水处理，澄清池只当过流水池。由照片 6-7 和照片 6-8 可见，澄清池是典型的小型机械加速池构型，内外为全钢筋混凝土，有斜板，面临彻底改造或重建。这是当今石灰水处理设计和供货最错误和失败的典型事例。

典型的小型机械加速澄清池结构如图 6-35 所示，内外构件全部为钢筋混凝土制，只有进水提升器，三室关系按照单纯凝聚原理设计，无刮泥设备、无积泥空间，仅见一排空管，池底略坡。这些结构特征不适合石灰水处理使用。从照片 6-9 可见增设了斜板。

照片 6-8　JT 厂无奈用一台
澄清池作水池情况

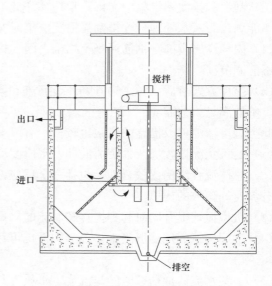

图 6-35　典型（非石灰）机械
加速澄清池结构示意图

照片 6-9　JT 厂将机加型池用于石灰水处理无法运行情况

第四节　泥渣接触分离型澄清池的技术构思

泥渣接触分离型澄清池是在深入研究石灰水处理反应规律的基础上，总结吸收自己设计和多次引进国外同类设备的经验教训和国内多年研究改进经验，借鉴 PWT 型澄清池、加速澄清池及 ЦНИИ 和 ВТИ 等型澄清池的一些结构特点而设计的新池型。其基本技术思路如下：

1. 现代石灰水处理的功能

现代石灰水处理的主要用途需兼顾石灰软化、生活中水回用深度处理和工业污水处理，是多用途、多功能的一体化设备。设计规模以大型工业供水或节水工程、技术成套的系列设备为目标，适应原水低温或常温（不加温）处理，或高温处理。软化处理时，依后续处理需要降低或除去原水的暂硬或永硬，取得水质的稳定和平衡。现代石灰水处理用于城市中水的深度处理时，以经过污水处理后达到二级排放标准的城市生活废水为水源，降低或克服污水处理水质不稳定的问题，为工业水源提供冷却或工艺用水。工业污水经石灰水处理不污染环境，也可以实施污水回收再用，在工业"零排放"中起着基础性的重要作用。工业污水处理和回用或是否实行"零排放"因污水污染情况更加复杂，溶解盐浓缩技术差异较大，污染物固体化或结晶过程技术仍在发展中，不同企业的运行工况也有很大不同，变化也大，作为共同技术基础的石灰水处理也要随整体工艺系统或环境需求而有适应性。

2. 现代石灰水处理的技术作用

石灰水处理指以石灰为主要药剂，需要时辅以其他药剂或措施的沉淀分离综合处理技术，如除硅、除硼、除铁或其他重金属、除有机物或其他有机胶体物、除油、除有害气体、除悬浮杂质，以及调节水的 pH 等。不同用途的池体结构和技术参数有所不同，配套设备和系统工艺也有不同，可根据具体情况予以核算和设计。其中，虽然我国曾拥有较多的热法除硅经验，但冷法除硅却是新课题；石灰与有机物不发生直接反应，它的有效性主要依靠吸附作用，与含量和存在形态有关，尤其是分子量；重金属的氢氧化物溶度积均很小，在高 pH 下会析出，难点是良好的聚合与分离等。

3. 现代石灰水处理设计出水水质指标

正常运行澄清水悬浮物含量不大于 5mg/L，异常时澄清水悬浮物含量不大于 10mg/L，过滤后不大于 1mg/L；有机物去除率在有前置生化处理水质达到二级排放标准下，投加助凝剂时为 50%～60%（与入水有机物含量及形态有关），在不投加助凝剂时约为 30%（与入水有机物含量及形态有关）；残余碱度可按照后续处理要求调节，pH 可以控制在 9～11，出水安定度不小于 90%～95%，保持管道和过滤介质无结垢发生；残余 SiO_2 含量可以按后续要求调节，最低可达到常温条件下小于 5mg/L；残余硬度一般情况下残余暂硬与水温有关，当水温为 25～30℃时，为 0.8～1.0mmol/L。永硬可按需要控制，最低可降低到接近零；其他重金属残余含量降低到其饱和值，可以达到排放标准，一般也可满足后续盐类浓缩处理的限值。各项沉淀分离物的处理条件有差异，不可能同一条件下达到各自的最低值，需在系统设计中确定合理的各个去除率关系，目标不在于追求零指标，而以在额定条件下低于其极限值，不产生危害为度，这是最经济合理的理念。

4. 遵循石灰水处理水反应的规律设计被处理流程和参数

石灰水处理反应的技术特性包括：溶解度低，即溶解速度缓慢，用 200 目高有效含量的粉状石灰测试，在自来水中完全溶解需近 2h；在溶解和反应过程容易钝化，克服或缓解钝化是反应过程赢得时间和反应完全的重要因素；石灰水处理反应主要产物是 $CaCO_3$，新生态的 $CaCO_3$ 具有良好的活性，即结垢倾向，为防止在出水仍有强烈的结垢性，应在澄清期内自身结晶聚合，并渡过活性期；利用好活性泥渣是任何沉淀分离处理的要素，特别是一些依靠吸附作用的被除物质，如硅、有机物、胶体物等。活性泥渣在澄清反应时有动态和静态两个形态，动态过程需要更多的有效碰撞和接触，静态过程需要形成条件和足够的浓度；温度是反应的必要条件，温度高有利于反应、分离、$CaCO_3$ 除率。池体结构虽然按照低温条件设计，可以缓冲温度波动的影响、适应季节或日夜温差水源带来的温度波动，但温度波动大或快会严重扰动影响水流和水质，温度变化缓冲能力时间大于 2h；总停留时间的设计与池体总容积有关，也与各个部位的功能和利用率有关，希望容积系数（V/Q 的计算值与实测时间之比）不小于 95%，也希望有效停留时间大于 V/Q，即水在池内有足够倍率的循环；排泥系统应能控制泥量在池内的平衡，既能保持反应所需的活性泥渣，又能及时排除多余的死渣，保持泥渣的新陈代谢。所排除泥渣不堵塞管路，也不可携带过多水分，当要求泥渣再利用或进行脱水处理时，要满足其含水率。

5. 现代石灰水处理澄清池的反应过程

石灰水处理的加药不仅品类数量增加，而且与单纯凝聚相比，反应原理和反应过程也有很大变化，当池体的设计符合需要时才可以获得良好的效果。查看各类池型设计或国内外资料，凡一体型池基本都是把所有要加的药剂（杀菌剂、凝聚剂、助凝剂、石灰乳等）一起投加在进水口处，似乎认为这些药剂就是处理进水的，尽快与其混合反应是必然选择。理论和实践证明，这种做法是违法其反应规律的错误做法。例如，设计中专门设置混合器，器中设多个加药点，要求将上述药剂加入，混合器置于澄清池之前。

石灰水处理投加的药剂是根据处理水的目标而定的，剂量和投加顺序与环境随药剂反应合适条件而定，如凝聚剂的作用与单纯沉淀悬浮物不同，石灰水处理凝聚的对象不是原水中的机械杂质（所处理的水多不是表面水，无论中水、污水、回收水都是低浊水），而是石灰反应后析出的颗粒物，消除其电荷障碍，帮助聚合或结晶长大。例如，除硅剂（如镁剂）需要与石灰相配合，也与所选择的凝聚剂类型有关，三者剂型不当或剂量不当，或许会产生副作用。再如，生成的泥渣的性质更受这些药剂和给予的环境条件的影响。因此，对石灰水处理应建立一种符合所要进行反应的新的认识，切不可以习惯的凝聚澄清知识简单地对待它。

6. 现代石灰水处理澄清池的池体总体结构设计

如前述，所见石灰水处理澄清池（器）大体有两种类型，一是悬浮泥渣型，以苏联 ЦНИИ 型或 ВТИ 型为代表（LA 型是失败设计，不足以论）；二是机械循环型（原称加速，实为循环，即机械循环型），以 PWT 型为代表。悬浮泥渣最重要的技术关键点是静态悬浮泥渣层，它可以给予颗粒物（特别是微弱细小颗粒，如胶体级和接近胶体级的去处效果良好），所有此类型的池子，只要悬浮泥渣层顺利形成并保持稳定，则水质良好。它的主要缺点是前期反应不足，混合接触效果不好，受温度、负荷、气泡等影响，不容易控制。机械循环型的最大优点是水流路线的设计成倍地延长了水的停留时间和混合接触概率，充分利用了池体的容积，泥渣收集和分离都比较合理。机械混合澄清池在我国的广泛应用，证实它耐冲击和水质稳定适应性广泛的优点十分可取。机械循环澄清池（器）的这些特点与石灰水处理所需技术特征比较吻合，故选择以此型为蓝本吸纳悬浮澄清理论，最大限度地发挥活性泥渣的作用，是新池型的关键点。

石灰水处理的化学反应是与水中碱度（硬度）的反应，生成难溶的 $CaCO_3$ 分离除去。石灰水处理的现代应用已更加注意其他溶解和非溶解杂质的去除，而这些杂质在石灰水处理过程的去除和分离的重要环节是吸附作用。在认识石灰水处理过程的吸附作用中，有两个值得注意的问题，即 $CaCO_3$ 的活性和泥渣的活性，以及结合表面络合理论的应用和接触吸附理论的应用。新石灰水处理澄清池（器）的设计，应尽量创造条件在池体的合适位置，给予静态悬浮泥渣层以生成和活动的基本条件，在它们的活性期阶段给予混合接触的更多机会。

新石灰处理澄清池（器）设计的基本机构包括三室流程——混合室、反应室和澄清区，它们的功能与机械加速澄清池不同。

7. 现代石灰水处理澄清池内部循环作用三室功能

新石灰水处理澄清池（器）选择三室构型，出于以下思考：给予溶解和反应阶段充分的混合接触环境；大幅度增加池体容积范围内的反应时间；帮助石灰反应活性期内 $CaCO_3$ 自身结晶的成长，同时减缓池壁构件结垢概率；发挥动态活性泥渣的最大效率；利于死渣的分离和浓缩及储存。

现将三种池型（包括新设计的泥渣接触澄清池）的几个设计技术参数列于表 6-15 中进行比较。

表 6-15　　**传统机械加速澄清池与引进石灰水处理 PWT 型澄清池的技术参数比较**

池型	项目	容积 V（m^3）	循环倍率	流量 Q（m^3/h）	停留时间 T（s）	速度梯度 G（s^{-1}）	GT 值
机械加速澄清池 $Q=1000m^3/h$	第一反应室	847	5	6000	508	71	36068
	第二反应室	106	5	6000	63	200	12600
	导流	112	5	6000	67.2	194	12998
	总体	1575		1000	5400	51.7	279180

续表

池型	项目	容积 V (m³)	循环倍率	流量 Q (m³/h)	停留时间 T (s)	速度梯度 G (s⁻¹)	GT 值
PWT 型澄清池 $Q_d=1410$m³/h $Q_r=1000$m³/h	回流室	5.44	5	8460（设计） 6000（实际）	2.3 3.3	865	1989 2805
	混合室	38.8	5	8460（设计） 6000（实际）	16.5 23.3	472	7788 10981
	反应室	550	5	8460（设计） 6000（实际）	234 330	125.4	29000 40890
	总体	2650		1410（设计） 1000（实际）	6766 9540	57.1	386000 544260
泥渣接触澄清池 $Q_d=1000$m³/h	混合室	40	5	6000	35	420	14800
	反应室	468	5	6000	337	136	45800
	总体	2909		1000	10472	55	571000

　　从表 6-15 中可见三种澄清池存在明显的差异，泥渣接触型澄清池与 PWT 型澄清池参数比较接近，虽然它们 G 值和 GT 值的计算结果也有某些差异，但是泥渣接触澄清池用于石灰水处理实用效果较好。

　　以传统机械加速澄清池和 PWT 型澄清池为例比较，图 6-36 和图 6-37 所示两种池型同样具有三个反应室，构型相似，但是它们的功能作用区有很大差异，这需要依其设计意图而定。

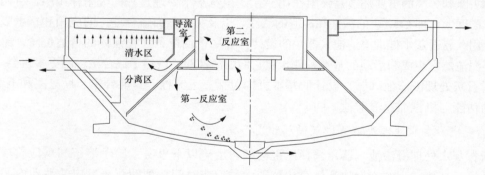

图 6-36　机械加速澄清池三室功能示意图

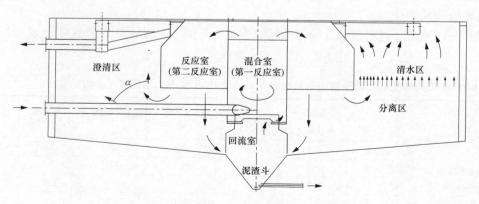

图 6-37　PWT 型澄清池三室功能示意图

PWT 型池与机械加速型池的差异计有：

（1）机械加速澄清池在池外加药[53]，第一反应室是主要混合处，将 PWT 型澄清池的混合室作为比较对象，它们的 G 值是 71∶472，相差 6.6 倍。这与设计者赋予它们的功能相符，机械加速池在此要使进水中含有的大量泥渣在较静止的环境中通过向上回流分离沉积下来，药剂（凝聚剂和助凝剂）的混合在池外管道中完成。而 PWT 型澄清池的药剂（石灰乳、凝聚剂等）投加在本室内，包括切线进水的强烈搅拌作用有助于混合和石灰的溶解（克服钝化）。这主要是由二者所加药剂不同的要求所致。

（2）机械加速池的第二反应室（也可包括导流室）与 PWT 型澄清池的反应室功能相同，G 值为 200∶125.4，停留时间为 130s∶330s，相差 2.5 倍，也符合其功能作用。PWT 型澄清池的反应时间长是为了给予石灰以充分的反应过程所需时间。

（3）机械加速澄清池的第一反应室占据总池容积的 5.4%，额定负荷时水的上升流速仅为 2.8mm/s（下部更低），仅比澄清区流速略高，其设计意图显然把它当作一次沉淀过程，于原水含浊量高达 1000、3000、5000mg/L 来讲，无疑是必要的，高浓度必有大颗粒，绝大部分将在此被分离出来。而 PWT 型澄清池是按照高含碱的井水设计的，故没有必要设置"预沉区"，它在混合室之下直到集泥斗上，设置了一个很小的回流室，容积仅 5.4m³，占总容积的 0.2%，是为了尽可能地使用反应室下部的空间（延长反应的时间），也是合理的考虑。

（4）PWT 型澄清池反应室的高度比机械加速澄清池向下延长了许多，这在增加了自身有效时间的同时，也给予了澄清区大量空间，使其有可能设置改进设施获得后期反应的机会。

（5）两池澄清区也有很大差别，与相同出力 $Q=1000\text{m}^3/\text{h}$ 比较，其一，机械加速池由导流室出口至水面约为 1700mm，至池外壁的扩散角达 70°，而 PWT 型澄清池的扩散角为 59°；其二，机械加速池的澄清区高度为 1700mm，PWT 型澄清池为 3900mm，稳流效果更好。

（6）"G 值计算

$$G = (N_p/V\mu)^{1/2}$$

式中　N_p——搅拌功率，kg·m/s；

　　　　V——室容积，m³；

　　　　μ——水的动力黏度，g/(cm·s)。"[54]

"关于 GT 值讨论（按速度梯度式）

$$G = \frac{\ln\dfrac{N_0}{N}}{\dfrac{4}{\pi}\phi t}$$

式中　N_0——辐射半径为 $r=\infty$ 处的微粒浓度；

　　　　N——微粒数；

　　　　ϕ——常数。

由于 ϕ 是一个常数，当停留时间 t 一定时，如果速度梯度 G 增大，N 值必然缩小，即颗粒粒度增大。但 G 值太大时，生产的大颗粒有被剪切破碎的可能。如果将上式中的 t 与 G 相乘，并将 t 改为 T，就得到一个无量纲的 GT 值

$$GT = \frac{\ln \frac{N_0}{N}}{\frac{4}{\pi}\phi}$$

该 GT 值通常称为 Camp 准数，可以反映颗粒浓度 N 值，实际也就反映了颗粒的粒度。因而，要达到一定的絮凝效果，可以适当延长停留时间而减小速度梯度，从而避免大颗粒由于速度梯度过大而破碎。由此可见，GT 值可以作为控制和衡量反应效果的尺度，它在一定程度上反映了絮凝反应的过程。

根据实际给水处理反应池的资料统计，G 值可在 $20\sim70s^{-1}$ 范围内，而 GT 值可在 $10^4\sim10^5$ 范围内，文献中报道的最大 G 值范围为 1500～2000。Andreu-Villegas 和 Lettman 通过实验研究提出如下经验表达式

$$(G*)^{2.8}T = K$$

式中　$G*$——速度梯度的最适宜值；

　　　T——停留时间；

　　　K——常数。

也可以根据实验将上式写成

$$(G*)^{2.8}T = 44\times10^5/c$$

式中　c——絮凝剂投加浓度。

G 和 GT 值作为絮凝指标已经在水处理领域沿用了半个世纪，但这一理论对改善现有的絮凝工艺并没有重要意义。在指导实际生产时，主要存在如下问题：

（1）在生产运行中，规范建议采用平均 G 值为 $20\sim70s^{-1}$。在水厂实际运行中，平均 G 值变化范围更大，这是因为 G 值在层流状态下导出的速度梯度，在湍流态下虽作为水流功率大小的量度，但其值由输入单位体积水流的总功率决定。絮凝池流态复杂，有效功率在总功率中占的比例无法确定，相同的 G 值也不一定对应相同的有效功率，絮凝效果随之不同。另外，G 值的变化范围大且没有考虑反应后期絮体破碎，作为絮凝效果控制指标指导作用不大。

（2）给水处理中，GT 值一般建议控制在 $10^4\sim10^5$ 范围内。资料显示，在高浊度的原水处理中，国内采用 $GT\approx2\times10^3$，这说明 GT 值因缺少水颗粒浓度项而存在不小的缺陷。同时，GT 与 G 值一样没有考虑絮体破碎问题。此外，GT 值的变化幅度相差一个数量级，控制意义也不大。

（3）速度梯度理论与工程实践存在一定悖谬。按照速度梯度理论，速度梯度越大颗粒碰撞次数越多，而网格絮凝反应池速度梯度为零，其反应效率应最差。事实恰恰相反，网格絮凝反应池的絮凝效果却优于所有传统反应设备。这充分说明了速度梯度理论远未揭示絮凝的动力学本质。"[18]

虽然在理论上存在如上问题，它所涉及的是理论与应用之间的差异，但是运行效果看，PWT 型澄清池和泥渣接触分离型石灰水处理澄清池较其他澄清池有明显改善，效果良好，也可为今后理论探讨与应用验证提供一例。新型池的设计仍沿用上述理论指导，并注意提出的问题。

8. 现代石灰水处理澄清过程活性泥渣作用

机械加速池和 PWT 型澄清池都利用循环动态活性泥渣，随着循环倍率的提高利用率也相应提高。两池均没有如悬浮澄清池那样的静态泥渣接触层，也没有注意后期反应对最后水质和稳定性的意义。新型池结构设计创造条件给予静态泥渣层的形成以帮助，应长期观察和改进，争取实现动态和静态对活性泥渣发挥更大作用。

9. 现代石灰水处理澄清池的转动机械结构

此类型池几个设施（混合室、反应室、搅拌轴、刮泥轴、泥渣室等）最好都布置在中央，机械加速池的刮泥机主轴无奈被偏置一旁，增加易损难修的水中传动装置。机械加速池的搅拌器以抬高或降低主轴调节循环率，桨叶兼用于第一反应室的搅拌和第二反应室的提升，二者互相矛盾，抬高主轴则循环量增加而搅拌强度降低，反之亦然。主轴很快锈蚀后即失去作用，机械调速的调节范围较小，故因过于落后早已弃用。最困难的是水中易损件不能维护和检修。PWT 型澄清池以套筒轴的方式解决了搅拌和刮泥同占中心的困难，但原设计减速和传动装置为涡轮减速机和齿轮传动，搅拌桨不能自动调速，为防止叶轮与底板间隙回流，以混凝土填充的办法比较实用。新池型对搅拌刮泥机械全面重新设计，做到自动调速、易损件就地更换、传动机构灵活、简捷便于维护等。

10. 现代石灰水处理澄清池的集水槽功能与设计

机械加速池以辐射式槽为主，随可用孔阻调节水流等阻关系并不适宜，且不易调平；集水槽与支撑都是钢筋混凝土结构，只能在施工时调平，盛水后池体下沉变形后即无法调平。PWT 型澄清池全悬吊似可调，但受出口处固定影响实际也不能调，两池均不能满足调节要求。PWT 型澄清池存在浮船效应，虽在槽底留孔拟在上水时进水防浮，实际不能防止槽体上浮。

集水槽溢流孔的水平度是澄清池容积效率的决定性因素，也是在保证出水水质的情况下能否达到满负荷出力的决定性因素。理想的出水孔道布局是沿清水区整个平面均匀分布，出水集中一点流出，面积差与位置差很大，故绝对的均匀做不到。澄清区所含面积很大，辐射距离也很长，$Q=1000\text{m}^3/\text{h}$ 池可达 6m 以上，宽度大于高度，偏流或短路是由进水侧或集水侧的分布不匀造成的。圆形澄清池水的偏流有两种，一种是环形短路偏流，另一种是两侧偏流。机械加速池澄清区的进水侧（导流室下部至澄清区），不可能设置配水设备，只可由内向外扩散，短路主要就是由它引起的，或可称环形短路偏流，两侧面偏流主要是由溢流槽的高差和溢流孔缺陷带来的，东西向或南北向等。水流永远会走捷径，即走阻力最小的路途，它更不会自己转弯或走弯道，利用溢流孔调节即利用孔道阻力差改变水流阻力差，其实在澄清区内水流向上流动时阻力差很微小，溢流孔流速可能调节的阻力差也很微小，只有几毫米水柱或零点几毫米水柱。

在两种影响偏流的因素中，两侧偏流影响更大。如图 6-38 所示，假设溢流孔直径为 30mm，如果左右两侧孔高相差±2.5mm，左孔流通面积为 271mm²，右侧流通面积为 542mm²，则二者流通面积相差约 1 倍，这意味着两侧水流的上升流速

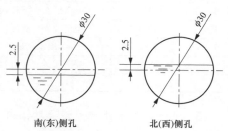

图 6-38　池体两侧溢流孔位差示意图

也相差 1 倍，流速高的一侧的水质决定着产品水质，结果或降低出力，或忍受出水质量变差。所以两侧孔的高差应小于 2mm（一般规定）。为减轻短路偏流作用，减小图 6-37 所示的 α 角是有益的（澄清区的流程高度较高，虽然它对重差分离没有意义），希望 α<60°，有的池型可能 α>80°，就极易偏流。例如，DENSADEG 型澄清池导流室犹如短裙，水流 α 角近 90°，出导流口就进入斜板区，短路不可避免，如某厂在 PAM 加药设备事故停运仅 15～20min 内就观察到浑水自内侧流出。新型澄清池设计需做到溢流槽的水平度可调，每个溢流孔的高差也可调，容积系数提高到 95% 以上。

11. 现代石灰水处理澄清池的排泥设备

石灰水处理的泥渣量远大于一般澄清处理，不但加入的石灰有过剩量，而且产物几乎较进水碱度量增加一倍。泥渣的性质（物理性质与化学性质）都与原水带来的悬浮物完全不同，石灰水处理泥渣密度高、有结垢倾向、有黏结性、有结晶体、有未反应物继续析出反应等，产物还有再次利用的可能。它的排泥设施（包含沉淀、集中、刮泥、储存、输送、浓缩、脱水等）都必须按照其本身的性质特点思考和设计。就澄清池体而言，也应注意这些特点，如产物的分离点，机械加速池的机械杂质经两次离心分离到澄清区只有很少的微小的轻质颗粒，所以它只间隔设置了一两个小泥斗，局部刮泥，小型池没有刮泥机，弧形池底，这种做法对于石灰水处理会完全不能适应。PWT 型澄清池底部全程刮泥，适应石灰水处理排泥，为此所有内部设施不得在池底生根，只能悬挂，这也是两种池型结构的重大不同。再如集泥斗，$Q=1000m^3/h$ 的机械加速池只有不到 $0.2m^3$ 的小斗，而同样出力的石灰水处理，浓度 5% 约为 $20m^3/h$，2～4h 排泥一次（不能用连续排泥），储量需为 40～$80m^3$。PWT 型澄清池已经加大很多，但实际仍显不足。新型池应集泥斗按照水质和使用性质计算排泥量，根据泥量和排泥方式设计泥斗。污泥储存或"浓缩池"的差异更大，一为"浓缩"另一可为"稀释"。

12. 现代石灰水处理澄清池的取样点

两种不同用途或两种类型的池所设取样点的数量、位置不同，所需检测的内容也不同，而石灰水处理需增加防堵塞的要求。各个部位需要测知的功能见表 6-16。

表 6-16　　　　　　　　　　　　　　**取 样 点 功 能**

序号	测点名称	用途	测试项目	时间
1	进口水	被处理水的水质与变化	全分析	季节、水源变化
2	加药后	即时处理效果	碱度、pH	按随时需要
3	反应后	泥渣形态、沉降状况	沉降比	日或周
4	接触后	澄清效果、渣层状况	浊度、安定度、渣层	按随时需要
5	清水	出水质量	浊度、碱度、pH、硬度、安定度	每班
6	活性泥渣	泥渣质量、接触效果	浓度、质量、沉降比	按需要
7	待排泥渣	泥渣质量	浓度、沉降比	按需要

13. 现代石灰水处理澄清池的溢流

机械加速池没有溢流口，PWT 型澄清池有溢流口但是是错误的。凡澄清池本身出水就是溢流，另加溢流自然矛盾。澄清池在实用中很难完全避免翻池或大量泥渣上浮，一旦出现，水面的泡沫杂物没有出路，大型池体更加困难，长时间不能消除，最后都要带到滤池去。PWT 型澄清池的溢流口高于出水口，而液面随负荷波动，所以不起作用。新型池应设置排除水面浮渣（漂浮渣、浮游渣）的管口，解决与出水口的矛盾。

14. 现代石灰水处理澄清池的构筑物选型

机械加速池底部是薄壳结构，随水流程取消了两侧下部的惰性区，此种构型节省混凝土耗量，内部构架凡客用混凝土材料的都用预制混凝土。PWT 型澄清池侧壁全部直立一浇到顶，增大了池内空间（含许多惰性滞留区），但简化施工和模板，基础耗用大量混凝土，表现现代观念，池底全程大倾角，全程刮泥，其中以刮泥板找平二次抹面的经验合理实用。新型池设计参考 PWT 池型，但需改进结构的技术参数，如惰性区额定利用、池底排泥改进等。

第五节　泥渣接触分离型澄清池的设计技术要点

泥渣接触分离型澄清池是应现代石灰水处理和低温低浊水处理而设计的新池型，已用于石灰水处理或低温低浊水净化两种类型，石灰水处理型可用于生活中水回用、脱碱处理，工业废水（回用）处理是另一种类型，它综合处理多种污染物和极高含盐量污水。它们都是在总结多种池型结垢特点设计经验的基础上，以石灰水处理反应过程新的技术理念为指导，经试验室研究试验、工业模拟试验、大型工业应用和长期运行考验，而逐步发展成为系列定型设计的。

这种池型的产生是踏着前人的路走出来的，总结多种池型暴露的问题和成功经验，恰是给我们指出了技术要点，吸收这些成功之处，克服那些不当失败，并引伸技术路线和思路，借鉴错误，才得到今天良好的结果。

S-DCHⅡ型澄清池（图6-39）和S-DCGH Ⅲ型澄清池（图6-40）的外观与机械加速澄

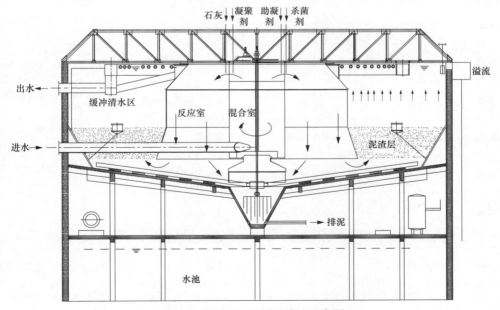

图 6-39　S-DCH Ⅱ型澄清池示意图

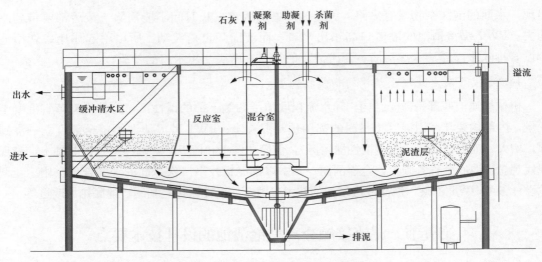

图 6-40　S-DCGH Ⅲ 型澄清池示意图

清池或 PWT 型澄清池类似，但又与它们有很大的内在区别，并借鉴了 ЦНИИ（ВТИ）型澄清池的部分技术，具体见表 6-17。

表 6-17　　　　　　　　　DCH 型澄清池与传统机械加速澄清池的设计技术比较

性能＼类型	传统机械加速澄清池	PWT 型澄清池	ЦНИИ（ВТИ）型澄清池	S-DCH、S-DCGH 型澄清池
用途	天然表面水预处理	石灰软化	石灰水处理	中水和工业污水深度处理
入口水质	SS＝1000～3000mg/L	泉水、井水	表面水、井水	中水或重度污染水
出水水质	20～50mg/L	＜20mg/L	约 10mg/L	＜5NTU
处理对象	悬浮物	碱度、暂硬	碱度、SiO₂	颗粒物、有机物、胶体物 SiO₂、硬度、重金属
主要原理	分离、脱稳、沉降	脱稳、反应、沉降	反应、吸附、沉降	溶解、反应、吸附、沉降
反应过程	沉砂、脱稳、循环接触、分离	防钝、反应、接触、分离	混合、吸附、分离	防钝溶解、反应、失稳接触、分离
活性泥渣	泵回流有破坏	动态循环	静态层，自身代谢	动态循环＋静态，自身代谢
泥渣设备	两边两个小泥斗	中心较大泥斗	底部另设泥斗	2～4h 按泥量设置浓缩泥斗
刮泥设备	第一反应室内刮泥（或无）	全程刮泥	无	全程刮泥
调节设备	涡轮与升降轴	齿轮传动	无	行星摆线变频，自动调速
池内结构	构件支撑混凝土	钢筋混凝土壳，内轻型全悬挂	全钢	钢筋混凝土，轻型全悬挂
容积效率	小于 80％，不可调（上水后）	小于 80％，不可调（上水后）	大于 90％，不可调（上水后）	大于 95％，双可调（上水后）

续表

性能＼类型	传统机械加速澄清池	PWT 型澄清池	ЦНИИ（ВТИ）型澄清池	S-DCH、S-DCGH 型澄清池
池外排泥	无专门措施	自动清理	无专门措施	自动启停和清理
取样	点不足、易堵	点不足、易堵	按反应流程设点	按反应流程设点、防堵
斜管	无，可设	无	无	无
出水安定性	—	结垢 20～100mm/7a	结垢，定期清理	出水槽底 2～5mm/18a
设备状况	无石灰水处理运行	7 年出水槽整体塌毁	温度敏感，较难控制	18 年设备正常

一、新型石灰水处理澄清池设计的技术基本点

S-DCH 型和 S-DCGH 型澄清池是在总结了我国几十年设计和运行经验的基础上，参考 S774 机械加速澄清池、PWT 型澄清池、ЦНИИ 型和 ВТИ 型澄清池等可借用的技术参数或部分构型，按照新设计石灰水处理澄清池（器）的技术思路，纳入现代技术合理组合，改进历年引进或仿制设备中出现的种种问题，经试验研究，在新的技术指标下设计而成的。具体指标如下：

（一）主要技术指标

澄清池出水安定度（加酸前）不小于 95％（出水槽沉积结垢率小于 1mm/a）；容积效率大于 95％；搅拌与刮泥自动调节（远操），循环率 2～5 倍（额定出力）；胶体级颗粒和有机污染物去除率添加助凝剂大于 40％～60％（与进口有机物含量和性态有关），不加助凝剂约 30％（与进口有机物含量和性态有关）；池内设有动态吸附、静态泥渣发生和新陈代谢设施；全底刮泥，并按沉渣量定期排出所需要的泥斗容积（2～4h/次），泥渣浓度 3％～8％，有防沉积和堵塞措施的池外排泥系统；符合石灰溶解和反应过程规律的三室参数，颗粒石灰颗粒溶解率不小于 90％～95％；适应污水溶解盐或非溶解盐去除添加不同药剂处理的构型和参数。池体的代表规格（如直径或出力）符合国家优选数或优选数系。

（二）工艺技术流程

S-DCH 型和 S-DCGH 型澄清池设计按以下四个阶段反应设计。

（1）前期作用：泛指混合室和反应室相关区域，含有混合与接触两个作用。进水、药剂和回流水在此汇合，前后次序按照不同药剂的作用时序规律安排，根据药剂的溶解、扩散和反应情况，确定有关参数，实现最大溶解和混合接触效果。当搅拌强度和环境条件（温度、pH 等）的用法不同时，效果有明显不同，有时还会有相反的效果。在此阶段完成石灰（溶解后）与被处理水的化学反应和析出物的初期形成，消除微小颗粒物的电荷，促进碰撞接触和结合。此阶段以加药与石灰的溶解为特征。

（2）反应与颗粒成长：体现内循环型澄清池的重要特点，在此阶段充分完成石灰水处理基本反应过程，渡过活性期和最佳吸附期。经前期作用已经改性并长大的聚集颗粒，随水流向下再低速向上回转 180°经离心分离，将一些可分离固体沉积下来，没有反应完全和

未能结合的细小颗粒，则不能分离，仍然随水流而循环回行供再结晶（接触）。大部分向内回流的颗粒物再循环到混合室成为动态的活性泥渣，是供吸附作用的重要物质。此阶段以反应为特征。

（3）后期反应和澄清：离开反应室向外分流至澄清区这部分产品水中，一次分离不能清除的残留物是影响出水水质的物质，是提高出水质量和处理水质标准必须解决的要点，除要在重差沉淀中可以分离掉的颗粒外，也有许多很可能是胶体态物（有机的和无机的）。澄清区有很大的空间，较长的停留时间，使其在此期间发生某些后续反应，通过在此间所形成的活性絮体悬浮层（照片 3-1），水流在其间蜿蜒通过，在吸附、接触、黏结、阻滞、截留等作用下，最大限度地完成延续反应，分离轻质分散物，改善单纯依靠沉降差的消极澄清分离过程。这是接触分离型澄清池提高水质质量的过程，是去除胶体物和非溶有机物的有效的最后技术措施。传统观念认为澄清区的水流应是完全静流的，稳稳地上升，我们观察得知水流有微微的横向晃动或旋转（相对水流）比逆向下沉更有利。此阶段以分离为特征。

静态活性泥渣层是移植苏联澄清器的观念和关键技术，由一组试验结果（表 6-18）可以看出，泥渣层对微小颗粒（无论有机杂质或无机杂质）都有明显的除去效果。

表 6-18　　　　　　　石灰静态活性泥渣层的去除作用试验[55]

项目	原水	回流水（未经泥渣层）	出水（通过泥渣层）	过滤水
COD（mg/L）	42	34	25	16
BOD（mg/L）	9		1.0	1.0
NH₃-N（mg/L）	0.9	0.6	0.49	0.28
浊度（mg/L）	6.3		<1.0	0

（4）积泥浓缩和排泥：泥渣的排除量和泥渣的生成量要平衡，渣量随负荷与水质波动而变化，池体内存储需有一定的缓冲能力。排出泥渣浓度可控制在 5%～8%，需要时（再利用）可达 10%。及时清除死渣并保持动态泥渣可使循环反应中的水体不受大的干扰，这是排泥中要注意的。大渣和悬浮死渣分别收集并由集泥斗集中，不发生永久性沉积。在排放时避免将未完成的反应物质和活性物质排出。池体设全池底刮泥设施，克服有机黏泥和有机沉积物在池底的长期淤积和滋长繁殖、分解，干扰水质，破坏澄清稳定反应（如翻池）。石灰水处理的排泥量比单纯凝聚处理要大很多，当需要除硅或去除永硬时更大。在处理重度污染水时，绝大部分的系统中其他处理措施的排水也要返回，水中杂质几乎都要返回从这里清除，故合理及时排泥是不可忽视的池体结构要素。

（三）池体结构

澄清池的主体结构按不同容量和工程布局分为几种类型：①大型池数，数百吨/时约数千吨/时，用钢与钢筋混凝土混合结构，如外壳为钢筋混凝土，内部构件全部钢制，或内部构件也为二者混合构制。②小型池，如百吨/时或百吨/时以下，可用全钢。大型池池底采用大坡度锥形底，坡度大小根据泥渣性质和石灰质量而定，一般选 6°～8°，或 10°，小型池底可用全锥角型式，锥角根据泥量和自动下滑（大于石灰泥渣休止角）及钢结构特点设计。

石灰水处理澄清池一般是单体池，所有药剂和反应都在一个池体内完成，也可以是双体池或多体池。给水处理的习惯基本采用单体池，不仅减少占地、节省投资，而且效果更好。只有特殊情况下选择多池体方式，即使选择多池体时，也要按给水处理的规律设计。

泥斗是在底板之下单独设置的。石灰水处理的泥渣量一般适宜间断排出，间隔时间即泥斗容积。如果积泥周期时间过长，需防止泥渣过分淤积而难于流动，或宜配置一定的松动设备。

大型澄清池可以与一些设施连建，如储水池、水泵间或加药设备间等，这种做法已有多项工程成功实践。

大型澄清池的基础设计需有预防下沉措施，最好打桩，当允许下沉时，不得出现偏沉，或应盛水自然沉降相当时间（如一个月）下沉停止后，再安装或调整内部构件。

（四）系列规格

石灰水处理澄清池规格的设计规划遵照国家标准规定的优选数与优选数系原则，以1.5、1.25、1.125等比系列级差规划，以使产品规范化，也可以随工程建设需要单独设计。其中电力工程规律性较强，它随机组容量和台数而定，变化较小，澄清池和滤池本身也有一定的波动裕量可以适应。

前述此类澄清池在设计中兼顾了非石灰水处理水的需要，设计中注意到，我们曾比较习惯使用机械加速澄清池，但该池型国家标准图已废弃，且天然水源的水质也有较大变化，多数是低浊污染水，与原标准设计的高泥沙水差别很大。本设计以石灰水处理为主要用途，同时设计了适用于低温低浊水澄清池型，经多项工程使用效果良好，出水质量小于5NTU，可用于天然水或回用中水。

S-DCH 型和 S-DCGH 型澄清池设计是专用于石灰水处理的澄清池（器），不适用于单纯凝聚澄清处理（不加石灰）和其他碱性处理（如 NaOH 处理、单独 Na_2CO_3 处理等），石灰水处理与其他处理的反应过程与澄清过程在技术原理和技术条件有较大的差别，不可随意套用。

照片 6-10 为 2006 年建成投产的河南 LY 电厂的 $Q=1200m^3/h$ S-DCGH 型石灰水处理澄清池。

照片 6-10　2006 年建成投产的河南 LY 电厂
$Q=1200m^3/h$ S-DCGH 型石灰水处理澄清池

二、S-DCH 和 S-DCGH 型澄清池结构的主要技术特点

（1）主体池型采用机械循环型、三室结构、全程刮泥，具有足够的反应时间和较高净化效率的独立澄清净化设备，适用于含较高碳酸盐碱度、经生化处理达到二级排放标准的生活污水、经前期处理达到排放标准的工业污水、矿井疏干水及其他浓缩排放水的石灰水处理，或与其他技术构成联合处理的工艺的基础性处理设备。

澄清池的系列规格按照等比系列设计，额定出力满足额定出水水质，短时间允许提高

出力 1.2 倍。额定出力下的正常出水水质如浊度值小于 5mg/L，提高出力时小于 10mg/L，其他水质指标（如 SiO_2、COD、重金属、硬度等）依工程设计需要。

（2）按照石灰反应规律设计池体结构。取适合石灰反应的三室关系值和有利于动态与静态吸附的水运动路线。石灰水处理的技术要点首先是石灰乳的充分溶解和最高的溶解率，在反应的同时不断地溶解，及时克服表面钝化。三室构型的关键在于三室之间的不同作用和比例关系，G 值视水质和用途一般取 1：（2～3）：（8～10）。以循环回流达到延长总反应时间，促进碰撞接触的最大概率，取额定流量的 3～5 倍。

（3）在池内完成反应全过程，渡过活性期，实现出水高安定度。溶解—反应—渡过活性期，三者是连带反应过程，前者是前提，后者是延续，只有三个过程都完成才能最终完成全过程。加药顺序、地域环境和水质变化的设计都应考虑实现同一效果，以获得较好的成效。

（4）充分利用静态与动态活性泥渣对胶体有机物或无机物的吸附，提高胶体物的去除率。动态泥渣在回流循环中自然生成，搅拌机械设计动能不致破坏泥渣链，尤其当不加助凝剂时，链的强度较低。注意，应根据原水镁含量和钙镁比例关系，掌握 pH，利用好原水中镁的作用。控制泥渣浓度与泥渣活性期相适应，及时排除死渣。静态悬浮泥渣层需在设定的地域形成，按照所需要的水力条件（流速）和泥渣浓度逐渐积累，这些参数与水质、泥渣性质、凝聚剂、pH 等有关。静态泥渣的新陈代谢是反向的，悬浮泥渣层的下部泥渣是新鲜泥渣，上部泥渣是需要排除的陈渣，应不断自动清理掉，故需特定的泥渣排除和分离措施。

（5）石灰水处理各种药剂的投入应符合不同反应过程的规律，有合理的层次先后，如杀菌剂要给予必要的杀灭时间（最好不小于 15min），以便在后续处理时清理其残余和尸体，也要防止在澄清池内繁殖或结青苔。石灰、凝聚剂、助凝剂分别按次序加在它最能发挥作用的条件和时候。不同的凝聚剂多形成的泥渣性质也不同，对活性泥渣的利用和分离也有差异。虽然凝聚剂与颗粒物的反应不是等当量关系，但是石灰所形成的颗粒变化也会影响凝聚剂计量效果。使凝聚剂和助凝剂在池内得到充分反应，最大可能减轻出口残余和携带，也是应予注意的。

（6）芯轴搅拌刮泥机是置于水中的大型转动机械，主轴长达 10m 以上，必须保持长期运行不需经常维护，润滑、腐蚀、易损件的更换等是主要关注的部位。搅拌和刮泥设备能够自动调速，可随水质或加药变化或远操实施，实现最佳回流率。全程刮泥的单向臂展可达 12m 左右，当泥渣量大（如在处理含盐浓度很高的污水时可能达数千毫克/升或更高，并需要同时最大限度除硬除硅），或有淤积陈渣时，负荷和泥阻会增大很多，刮泥设备应可以承受扭矩，并有可靠的防止事故措施。主轴易损，应设单独耐磨轴套，保持使用 20～30 年，材质有足够强度，在接触水下、水面、水上都承受合理腐蚀速度，或各级轴承可在不动大轴情况下就地更换，设适当的润滑措施。设双对称刮泥耙臂，组成构架组，加强池底芯部泥量大、浓度高、泥阻大的刮泥频率。

搅拌叶轮轴功率的计算介绍如下：

S-DCH 型澄清池的循环搅拌桨构造型式与英国 PWT 型澄清池类似，为叶轮式搅拌桨，此处虽然名为"搅拌桨"，究其主要功能不是"搅拌"，而是提升，同时它又是一个辅助零件，不宜过分复杂，故在特定部位采用平直蜗轮式叶轮。搅拌桨的功率有多种计算方法，《英PWT公司进口石灰预处理装置的消化和研究》[54]中对多种计算方法进行了比较，见表6-19。

表 6-19　　　　　　　　　　几种搅拌叶轮轴功率计算结果比较

公式来源	修正的给排水手册	混合原理及应用	泵叶轮轴功率计算	Belco 公式
结果	13.86kW	6.5kW	10.89kW	9.5kW

其中泵叶轮轴功率计算结果和 Belco 公式结果比较接近应用实际，故予以介绍。

"在反应器容积以及水温一定的条件下，速度梯度 G 值主要取决于澄清池的搅拌功率。计算叶轮搅拌功率的公式很多，但各种方法的计算结果偏差较大，究其原因，主要是各种计算公式的使用都有其特定条件。此外，每个系数的选取也将直接影响到计算结果的准确性。"[54]

泵叶轮计算轴功率的方法[54]如下

$$N = 0.0147U^{2.8}D^{1.3}V^{0.4}(\text{kW})$$

式中　U——叶轮线速度，m/s；

　　　D——叶轮直径，m；

　　　V——澄清池体积，m^3。

叶轮计算参数见表6-20。

表 6-20　　　　　　　　　　叶 轮 计 算 参 数

叶轮直径（mm）	线速度（m/s）	实测轴功率（kW）	计算轴功率（kW）
1200	4.045	7.04	7.44
	4.38	9.73	9.30
	4.73	11.23	11.53
1300	4.11	8.27	8.82
	4.60	11.50	12.09
	4.96	14.59	14.97
1500	4.24	12.70	14.09
	4.40	14.10	15.70
	4.81	18.00	20.05
	5.01	20.20	22.54
1800	4.21	27.70	26.72
	4.58	35.00	33.88
	4.81	39.90	38.80
	4.97	43.70	42.53

Belco 公司的《工程师设计手册》中推荐的计算公式[54]如下

$$BHP = \frac{3.25\text{GPM}HS}{3960 \times \text{EFF}}(\text{hp}, 1\text{hp} = 745.7\text{W})$$

式中　GPM——生水流量，gal/min（1gal/min=4.5L/min）；

　　　H——搅拌叶轮扬程，0.5ft（1ft=3.048×10^{-1}m）；

S——提升液体比重，取 1.0；

EFF——搅拌叶轮效率，取 0.2。

"在 PWT 池第一反应室内，水流从切线方向进入，以顺时针方向产生强烈旋转，同样产生混合搅拌效果。搅拌功率由消耗水流本身动能——水头损失所提供，公式如下

$$N_P = rQh$$

式中　Q——澄清池入口水流量，m^3/s；

r——水的比重，$1000kg/m^3$；

h——水头损失值，取 0.1m。"[54]

（7）石灰水处理的泥渣与单纯凝聚净化处理时的泥渣有很大的不同，性质不同，数量也不同，质实量宏，弄不好会带来很多麻烦，因此重视泥渣的排除和正确排除显得更加重要。涉及的内容主要是排泥量和排泥方式。排泥量要与积泥量相当，在一定较长的时间内平均值相同，泥排多了会破坏泥渣循环，泥浆过稀会脱水困难或影响再利用，泥浆过稠会淤积堵塞或成为泥垢，而很难测量泥渣浓度和流量（泥位），足够容积的储泥设备（泥斗）十分重要，要按照水质和除去的杂质量计算核定，排泥周期常选择 2~4h。石灰水处理澄清池适宜定期排泥，不仅因为连续排泥时排泥量不易掌控，而且所排泥量不足以保持管道合理流速，也需要与脱水机运行方式相配合。

（8）集水槽保证出水孔高差小于±2mm，容积效率大于 95%，$Q=1000m^3/h$ 池的集水槽直径近 20m，是一段段在现场组合起来的，难免存在误差，上水后受力状态改变有变形，故需要运行状态下的调整，包括整体调整和局部调整。

可调节集水槽（图 6-41）可以在整体吊装和出口管焊接后进行整体调节，称为大调，调节幅度为 100mm 左右。每一个溢流孔安装一个可调孔板，任其自由旋转调节，调幅40mm，精度小于 1mm，是微调。

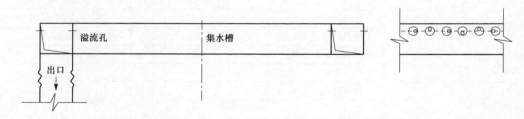

图 6-41　可调节集水槽示意图

（9）后期反应要达到两个目的，其一彻底度过石灰的活性和石灰水处理产物的活性，其二最大限度地清除细微的悬浮颗粒，包括胶体级颗粒物。后期反应，不是传统单纯依靠重差分离，而是建立更密集的活性泥渣集团，充分利用池体呆滞空间，高吸附效率地提高净化效果。

第六节　泥渣接触分离型澄清池的运行效果

迄今已有数十厂百余台各种规格泥渣接触分离型澄清池在线运行，效果都可实现设计预期，见表 6-21。

表 6-21　　　　　　　　　　　泥渣接触分离型澄清池实用效果技术参数

指标		石灰水处理	凝聚澄清
出水质量	浊度 NTU	正常不大于 5 度，异常不大于 10 度	正常不大于 2 度，异常不大于 5 度
	pH	10.35～11，9.0～10.0	与入口水相当
	安定度	＞90％	—
	残余反应药剂	约为溶解度	≤溶解度
有机物去除率	COD_{Cr}（与入口含量和形态有关）	50％～60％（加助凝剂）约 30（不加助凝剂）	20％～50％
	BOD_5（与入口含量和形态有关）	50％～60％	20％～50％
	NH_3-N（与入口含量和形态有关）	20％～80％，已基本转型为 NH_3	20％～50％
	酚酞碱度	约为 0.2mg/L	约为 0
	悬浮物	≤5.0mg/L	≤2.0mg/L
	残余总碱度（$CaCO_3$）	＜50mg/L	略低于进水
	溶解固形物	降低值与碱度减低值相当	与进水相当
出力（m^3/h）	额定值	按设计系列选择	按设计系列选择
	最大值	额定值 120％	额定值 110％
	最小值	不限	不限
排泥	浓度	5％～8％	1％～3％
	排泥量（m^3/h）	按水质计算	—
	周期	2～4h	4～8h
控制能力	负荷波动	在线自动调节	在线自动调节
	排泥系统	调节周期与自动清理	调节周期与自动清理
维护	转动机械	水上部分油润滑，水下部分自润滑	同左
	轴瓦	无须轴移位，就地拆瓦更换	无须轴移位，就地拆瓦更换
	齿轮	无须轴移位，就地拆瓦更换	无须轴移位，就地拆瓦更换
运行时间	最早投产日期	1998 年 9 月	2001 年 8 月
	安全运行时间	19 年	16 年
典型代表	1998	邯郸热电厂中水回用，$Q=1000m^3$/h	2001	华能 DZ 电厂黄河水，$Q=320m^3$/h
	2006	洛阳电厂中水回用，$Q=1200m^3$/h	2005	中电投大连 TS 电厂中水回用（无石灰水处理），$Q=400m^3$/h
	2014	内蒙古伊泰煤制油有限责任公司工业污水回用，$Q=300m^3$/h		
	2016	茌平信源电厂中水回用，$Q=1875～2500m^3$/h		

相关照片如照片 6-11～照片 6-14 所示。

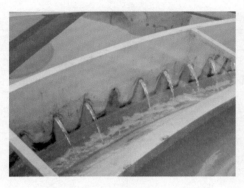

照片 6-11　邯郸热电厂中水回用
石灰水处理澄清池水质

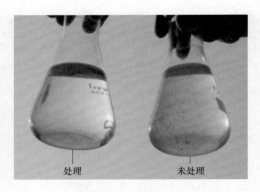

照片 6-12　经石灰水处理和未经
石灰水处理中水水样 7 年照片

照片 6-13　山东 DZ 电厂除浊澄清水质

照片 6-14　大连 TS 电厂凝聚澄清处理中水出水

邯郸热电厂是我国第一个全面使用城市生活中水经石灰深度处理回用的大型工厂，至今已安全运行 19 年，是中水回用的典型代表，也是现代石灰水处理的技术应用之首。该厂石灰水处理运行水质见表 6-22。

表 6-22　　　　　　　　　　　邯郸热电厂石灰水处理运行水质

实际进水水质		出水水质	
溶解固型物	1077mg/L	全碱度	1～1.5mmol/L
耗氧量	24mg/L	pH	9.5～10.5
全碱度	6.5mmol/L	耗氧量	4～7mg/L
全硬度	9.6mmol/L	SS	≤5mg/L
BOD_5	66mg/L	安定性	＞95％（出水槽底结垢率＜0.5mm/a）
COD	70.5mg/L		
NH_3-N	15.6mg/L		

注　水源：邯郸东污水处理厂二级处理中水；
　　系统出力：Q＝1960m³/h（供循环水）（其中供锅炉 960m³/h）；
　　单池出力：1000m³/h；
　　最大出力：1200m³/h（基本维持出水质量下）；
　　设备数量：3 台；
　　设备型式：S-DCH Ⅰ型泥渣接触分离型澄清池。

第七节　DCH 泥渣接触型澄清池的技术扩展

一、超大型池的应用

XY 工程总出力 $Q=18000\sim20000\text{m}^3/\text{h}$，一期出力 $Q=9500\text{m}^3/\text{h}$，当前水源为河水，按中水回用设计，采用石灰水处理，分别供循环冷却水和锅炉补充水。这样的大出力工程国内外均属罕见。它的难度在于：安全性高，承担全区域几十台大型机组的供水；管理繁复，因设备多，占地广，监控困难；新技术设备多，必需一次性达到预期效果；单台设备大型化，如水泵、阀门等，操作、维护、检修都加大难度。必须采用新技术措施解决现实的需要和困难。

首先面临的任务是研制大出力高效率的石灰水处理澄清池和滤池。现有最大出力澄清池为 $Q=1200\text{m}^3/\text{h}$，直径 $\phi26\text{m}$，如果单池出力提高一倍，直径将达到 $\phi36\sim38\text{m}$，如此巨型池将给反应效果和机械设计带来很大挑战，风险过大。如果沿用已有类型澄清池，最终负荷时将需 $15\sim18$ 台，滤池需 $65\sim75$ 台，其占地、水量分配、巡视、维护等及其引起的麻烦不可想象。

新研制的超大出力型澄清池沿用现代石灰水处理澄清池的基本原理，保持石灰溶解、防止钝化、反应、渡过活性期、活性泥渣利用等技术特点，直径仍然是 $\phi26\text{m}$，提高单台出力达到 $Q=18000\sim25000\text{m}^3/\text{h}$，可望达到 $Q=3000\text{m}^3/\text{h}$，供锅炉与供循环水分置共 6 台，滤池单体出力 $Q=400\sim480\text{m}^3/\text{h}$，本期设置 24 台，都在可控范围之内。

大出力澄清池采取组合型结构，石灰反应与絮凝反应分开，大 G 值的激烈强制混合与小 G 值的稳态接触分置。大面积滤池取单池出力 $400\sim480\text{m}^2/\text{h}$ 池型，解决大强度清洗沿整个平面的均匀性，保持平均清洗效果 100% 恢复和防止多池同期停运的问题。

相关照片如照片 6-15 和照片 6-16 所示。

照片 6-15　山东 XY 电厂澄清池群和组合式澄清池

二、工业废水回收石灰水处理的应用

重度工业污染水回用处理因提倡"零排放"而受到重视。电站的最重污染水是脱硫废水。一个工程项目脱硫废水水质为 $\text{TDS}=15000\sim25000\text{mg/L}$，总硬度（永硬）为 $60\sim140\text{mmol/L}$，推荐膜法浓缩结晶（加结晶器），需要膜前大幅降低硬度。在最终设计的石

灰水处理和综合处理系统中，最困难的是高浓度（高含盐量）水的沉降分离和残余硬度标准及去除方案。试验中观察到石灰反应产物沉积缓慢，一昼夜只有微量清水区的现象。用多级石灰水处理和多次沉淀反应提供工程应用，在低温运行条件下取得了较好的效果，硬度残余含量降低到小于 0.1mol/L，实现了水中废物固体化排出。相关照片如照片 6-17 所示。

照片 6-16 山东 XY 电厂前池和主沉池

照片 6-17 浙江 CX 电厂澄清池和前池运转情况

第七章

石灰水处理用过滤设备

第一节 概　　述

当水流通过一种多孔性或具有孔隙结构的介质（如砂）时，水中的一些悬浮或胶态杂质就被截留在孔隙或孔口中或介质的本身上。这种把杂质从母液中分离出的方法称为过滤。可见过滤基本可视为物理分离方法，也有的过滤伴有吸附，如活性炭、硅胶、硅藻土等，虽可视为过滤，但不单纯是物理过程。

现代工业可用过滤技术有许多种，砂滤是最常见的一种，其他如布滤、纤维过滤、覆盖过滤、膜过滤等，而生物过滤、分子筛等则不同。这里仅限讨论用于石灰水处理中的过滤。

至今石灰水处理澄清后基本都使用砂滤，有人试图用纤维过滤，但是有黏结性或结垢性的被截留物，哪怕较少，也很难清洗干净，逐渐积累就会失去功能。近来发现，有机生物如细菌在纤维上截留后生长繁殖。例如，某厂石灰水处理中水高效纤维过滤器进口 TBC 为 45mg/L，出口增长到 500mg/L，成为 TBC 繁殖的温床，是增加后续 UF 和 RO 等堵塞的重要原因。

在石灰水处理系统中没有过滤不行。尽管有的澄清池出水质量比较好，哪怕只需要滤除 5mg/L 的杂质，对于 $Q=1000m^3/h$ 出力，滤出物即有 5kg/h、120kg/d，当清水水质波动时，可能超过 3～4 倍。石灰水处理时必须经过良好的澄清，自不必论述，设计计算水质时为保证生产安全应当有交叉，如澄清池出水按 SS＝10mg/L，滤池入口应当按 SS＝20mg/L 核算。

能彻底清洗恢复是石灰水处理的过滤技术必须强调的。因为石灰水处理所截留物难洗，后患大，积留后下次更难洗。彻底清洗包含滤砂单体和滤层整体，即不得有死角。彻底清洗不可能每个周期都一致，但是若干周期内的平均恢复率应是 100％。

颗粒滤料过滤是过滤技术中的一种，迄今认为仅颗粒滤料过滤适用于石灰水处理，故在此仅涉及颗粒过滤。

在应用中表面过滤、上层过滤和深层过滤有显著的差别，人们对其的认识不尽相同，在这里为叙述方便，大致定义如下：表面过滤指砂滤层表面（不一定纯指绝对表面）将被截留的被滤物质构成新的滤层（其形成过程可能是直接阻截的，也可能是逐渐积累的，还可以是二次铺设的助滤剂），继续的过滤是这层物质对水起主要过滤作用，其过滤原理主要是阻截作用——机械筛滤；上层过滤指上层较细的砂层起主要过滤作用的过滤过程，在一般砂层级配时（如粒径为 0.5～1.2mm），反洗分层后最上层 50～100mm 的范围起主导过滤作用，过滤机理兼有迁移、附着、沿积、桥接、扩散和截留等作用；深层过滤指过滤作用主要在砂层内部进行，工作层占全部砂层或大部砂层，而没有上述两种局部过滤特征的过滤技术，具有阻力小、截污量大、周期长等特征。

表面过滤与上层过滤的技术表现有某些相近之处，被滤物构成与砂层结构设计有很大影响，主要差别是表面过滤主要依靠二次滤膜过滤，阻力较大，流速较低，上层过滤主要是层间过滤，形成表面滤膜后已近周期终点。深层过滤各项技术参数与表面过滤和上层过滤差异较大。

在深度处理中这几种过滤都可能用到，这样划分于选用时可以明显地区别，不至于误解而达不到预期效果。如石灰水处理需用深层过滤，去除细小的胶体级颗粒需用表面过滤。这里所指深层过滤是真正意义的深层过滤，不是常见的煤石双滤料过滤，那只是"分层过滤"。表面过滤液是能达到截留胶体级颗粒效果的技术，而不是上层过滤也能减少一些胶体颗粒的水平等级。

第二节 砂　　滤

砂滤是在水流通过砂层时，水中的颗粒物在砂粒空隙间停留下来而得到分离的过程，这就与砂、砂层、被滤物数量、被滤物规格、被滤物性质以及水流参数、温度等因素直接相关。其中最重要的因素是滤料颗粒大小和砂粒空隙。

过滤作用和过滤效果也与水在澄清时的凝聚或絮花形成和残留物形态及性质有关。

一、上层过滤

单层滤料过滤。"'机械筛滤'是人们最早认为的过滤情况，持这种观点的人认为'杂质尺寸大于滤料间的孔隙尺寸，这样当水流通过滤料孔隙时杂质就被截留'。这似乎很有道理，但经计算，在三个相切的球（假使为滤料）之间的孔隙所能容纳的最大球形颗粒的直径 d_2 约为 $d_1/6.5$（d_1 表示球形滤料的直径）。若按'机械筛滤'的观点来分析，能够被筛除的颗粒其粒径必须大于 $d_1/6.5$。如滤料粒径以 0.3mm 计，则被筛除的颗粒必须大于 0.045mm，即 $45\mu m$ 以下的颗粒都会通过滤层，不能被滤料筛除，但一般进入滤池的絮体最大尺寸为 $2～10\mu m$，虽远远小于 $45\mu m$ 仍然能达到 90% 以上的去除率。现代过滤理论认为，悬浮颗粒必须经过迁移和附着两个过程才能从水中除去，因此完整的去除机理必须包括对这两个过程的定量描述。①迁移机理：悬浮杂质在层流状态下之所以脱离流线到达滤料表面，完全是由拦截、惯性、沉淀、扩散和水动力等作用引起的，迁移机理作用的实质是物理力学作用，含拦截作用和惯性作用。②附着机理，悬浮杂质颗粒和滤料表面之间存在范德华力、静电作用力及某些化学吸附的作用。在这些力的共同作用下，悬浮杂质颗粒将被黏附在滤料表面上或者黏附在滤料表面上的悬浮杂质颗粒上，从而将悬浮杂质去除。③脱落机理，在实际过滤过程中发现，并不是悬浮杂质颗粒一旦被滤料表面黏附就牢固地附在滤料表面上，而是要受到其他因素干扰，使其从滤料表面脱落下来再进入下层滤料被截留，处于一种动态平衡状态，即'黏附—脱落—再黏附'过程，这也是实际运行滤池的滤层一般为 $0.7\sim1.0m$ 厚的原因。目前认为脱落机理主要有以下三个方面的作用：①水流剪切作用；②悬浮杂质的剪切作用；③水流的穿透作用。"[56]

单层滤料过滤的问题由颗粒自然形成的排列次序带来的，表层过滤为主致使其具有阻力大、滤速低、周期短、截污能力小的缺点。"用 $d_{80}=1.1mm$、$d_{10}=0.55mm$、$k_{80}=2.0$ 的单层石英砂滤料，浊度 $50\sim100$ 度试验，结果发现，在过滤周期内滤层表层（250mm）占总厚度三分之一的滤料层增大的水头损失占整个滤料层增大水头损失的 92.5%，且滤料层最表面 50mm 厚增大的水头损失占总增大水头损失的 67.5%，下一层厚 200mm 厚增大的水头损失占总增大水头损失的 25%。"[56]

过滤速度和过滤效果的关系如下：过滤速度（v）越大，杂质穿透深度（H_p 越大），H_p 正比于 $v^{1.56}$。一般计算滤料层必需厚度的公式有 H. E. Hadon 公式和 Kmann 公式。H. E. Hadon 公式为

$$L_0 = vhd^3/B$$

式中　L_0——滤层厚度，m；

　　　v——过滤速度，m/s；

　　　h——过滤水头损失，m；

　　　d——滤料粒径，mm；

　　　B——突破指数，若絮凝和预处理情况一般，则取 1×10^{-3}。

Kmann 公式为

$$L_0 = \sqrt[3]{v}$$

"杂质穿透深度 H_p 和滤料粒径 D 的关系是 H_p 与 $D^{2.46}$ 成正比，滤料粒径越大，则滤料孔隙越大，滤料含污能力越大。选用较大粒径的滤料时，其比表面积会随之下降。然而，过滤过程中单位体积滤料层所提供的比表面积必须满足某一最低限值的要求，否则就会引起滤后水质过早超标，因此，滤料粒径越大，其相应滤层高度也需增加，具体关系如下

$$S_0 = \frac{6(1-m)}{\varphi} \times \frac{L_0}{d_e}$$

式中　S_0——滤层中单位面积滤料的比表面积，m^2/m^2；

　　　L_0——滤料层厚度，mm；

　　　m——滤料孔隙率，%；

　　　φ——滤料球形度；

　　　d_e——滤料当量粒径，mm。

日本的藤田贤二总结了许多均质滤料滤池的运行资料，提出以下经验参数

$$L_0/d_{10} = 1000 \text{ 或 } L_0/d_e = 800$$

式中　d_{10}——滤料有效滤径，mm。"[56]

进水水质中的"悬浮杂质颗粒浓度与穿透深度成正比；悬浮杂质颗粒性质不同，杂质穿透深度也不一样，如 $Al(OH)_3$ 絮凝体大部分集中在表面，而 $CaCO_3$ 絮凝体在滤层中分布较均；过滤前投加高分子絮凝剂，既能改变悬浮杂质的表面性质，使悬浮杂质颗粒更易

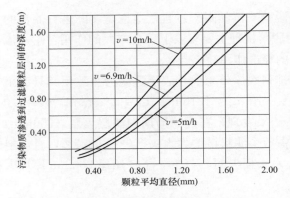

图 7-1 污染物质在过滤层间渗透的深度
与过滤物质颗粒大小的关系

被均质石英砂滤料滤除，又能改变石英砂滤料表面的物化性质，使滤砂表面电荷由负转正，即使胶体颗粒在低电泳状态也能被砂滤料很好地截留于吸附。"[56]

"污染物质渗透到过滤颗粒层间的深度，是随着装入的颗粒直径与过滤速度的增大而增加的，如图 7-1 所示。

机械式过滤器运行实践证明，堆积在过滤器中的最小悬浮颗粒直径，与过滤速度和过滤层颗粒有效直径二者乘积的平方根成比例

$$d = c \sqrt{e\omega}$$

式中 d——堆积在过滤器中的悬浮杂质的最小直径，mm；

c——比例系数，等于 0.0095；

ω——根据过滤器全部断面算出的平均过滤速度，m/h；

e——过滤层颗粒的有效直径，mm。"[5]

依此式计算，当滤料直径为 0.5mm，过滤速度为 10m/h 时，悬浮杂质最小直径为 0.0212mm；当过滤速度为 5m/h，悬浮颗粒最小直径为 0.015mm。

二、过滤的阻力计算

过滤器的阻力只能计算空载时的阻力，包括滤料层的阻力、配水设备的阻力、设备本体管件阀门的阻力等。当通水运行后，阻力值随之发生变化，与水的含浊量、浊物性质、温度、流速等因素有关。设备的设计与计算可参照《水处理设备配水计算》[57]一书进行，此处不再引述。下面摘述的计算适用于常见滤料与过滤方式。

"由图 7-2（a）可以按已知的水头损失增长速度求得各种过滤速度下过滤器所装过滤材料的颗粒所需要的平均直径；由图 7-2（b）可以根据过滤速度和过滤器所装过滤材料颗粒平均直径求得过滤材料层所需的厚度。

按图 7-2 计算所得的结果见表 7-1。

一般过滤速度的过滤器，宜采用颗粒平均直径为 0.6mm 的过滤材料。因此，过滤器采取 $d_{cp} = 0.54$cm 的过滤材料，过滤层填装的高度采取 0.80m。"[58]

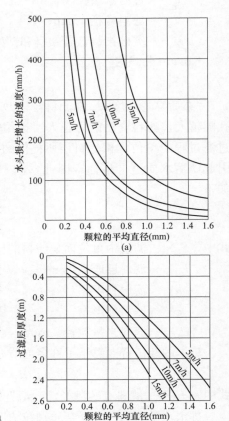

图 7-2 过滤器近似计算的图表

表 7-1　　　　　　　　　　按照图 7-2 计算所得的结果

过滤速度（m/h）	过滤器所装过滤材料的平均直径（cm）	过滤器所装过滤材料层所需的厚度（m）
5	0.23	0.13
7	0.35	0.36
10	0.54	0.80
15	0.86	1.86

三、过滤设备的反洗

过滤设备的反洗是保持设备恢复原状并长期运行的措施，可能每次反洗的效果是不一样的，但是要做到平均反洗结果达到 100% 恢复，沿过滤设备平面各处和砂层的各部都要得到彻底清洗。即要求设备平截面各处和每一级砂粒的砂层都得到扩散。扩散的幅度一般为 45%~50%。对于石英砂冲洗强度和扩散度可参考图 7-3。

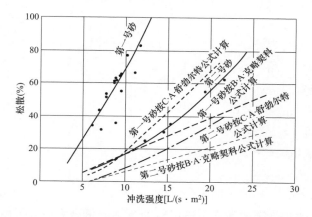

图 7-3　在具有或没有支持层时，关于砂子扩散的比较数据

"图 7-3 中，第一号砂，$d_{cp}=0.59$cm，K_k（不均匀率）$=1.84$；第二号砂，$d_{cp}=0.83$cm，K_k（不均匀率）$=2.6$。

建议以下冲洗强度：

（1）对于有池有支持层并装有颗粒粗细为 0.5~1.0cm 的石英砂或大理石小块的过滤器，采用 12.5~15L/(s·m²)。

（2）同上而所装的是无烟煤，冲洗强度采用 7~8L/(s·m²)。

（3）对于无支持层而有缝隙式排水设备并装有颗粒粗细为 0.5~1.0cm 的石英砂或大理石小块的过滤器，冲洗强度采用 10L/(s·m²)。

（4）同上所装的是无烟煤，冲洗强度采用 6L/(s·m²)。

（5）对于装颗粒粗细为 0.4~1.5cm 石英砂的过滤器，冲洗强度采用 18L/(s·m²)。

颗粒平均直径为 0.6~1.0mm 的砂子耗水量和空气量如下：

水按 5L/(s·m²) 计算；

空气 15~18L/(s·m²)。

对于颗粒平均直径为 1.0~1.5mm 的砂子：

水按 8L/(s・m^2) 计算；

空气 18~24L/(s・m^2)。

空气送入的压力是 0.05~0.1MPa（表压）。在管道中流动的速度采取 10m/s，从细缝中或小孔中留出的速度采取 25~30m/s。"[59]

《煤、砂滤层反冲洗计算公式》[59]载砂滤过滤的反洗计算，阻力系数式中对我国沿用多年的苏联 Д. A. 明茨（Минц）和 C. A. 舒勃尔特（Шуберт）等提出的计算式进行了研究和改进，选择过渡区适当的雷诺数，得到以下方程式：

国际单位制

$$u = 0.034 \frac{(\rho - \rho_0)^{0.8} d^{1.4}}{\mu^{0.6}} \cdot F(e, m_0)$$

CGS 制

$$u = 8 \frac{d^{1.4}}{\mu^{0.6}} F(e, m_0)$$

$$函数 F(e, m_0) = \frac{(m_0 + e)^{2.4}}{(1 - m_0)^{0.6}(1 + e)^{1.8}}$$

式中　　u——反洗强度，$1/m^2 \cdot s$；

　　　　d——颗粒直径，mm；

　　　　μ——0.001kg・m/s；

　　　　ρ——滤料密度 kg/m^3；

　　　　ρ_0——水密度，kg/m^3；

　　　　m_0——孔隙率，%；

　　　　e——膨胀率，%。

需要提出，上述改进计算式所选定雷诺数的范围，是最大取 $d = 1.5$mm 得出的，在变孔隙过滤技术中的滤砂粒度大于此值，可能为 $d \geqslant 2.0$mm，应用时应予注意。同时，明茨和舒勃尔特提出反洗时"不仅是过滤材料上层有扩散，而要做到所有的过滤材料完全扩散。"[58]不过这样计算结果的反洗强度值将会很大，超出实用可能。工程实际使用的反洗强度值小于计算值，反洗效果主要依靠空气擦洗，水反洗能够将脱落的杂质携带上浮除去即可，他们在同一资料所推荐的数据与我们实践所用相近，经多年考验是可行的。

第三节　表面过滤技术

一般过滤原理是这样叙述的：当过滤速度低于水中颗粒沉降速度，且粒度小于滤料孔隙时，在滤孔就有滤膜形成，压差增大滤膜破坏则可渗到孔中去，当颗粒带异性电荷或电荷较小时，与滤料接触（吸附、截留、沉淀、桥接等因素）即可能黏附在滤料表面上或停留在孔隙间，悬浮物渗透深度和滤料大小、滤速成正比，和悬浮物大小成反比。常见上层过滤的主要滤层深度约 5cm。这种过滤因滤膜作用水质越来越好，但阻力较大且增加较快，截污量小。

当水中被滤颗粒较大，或含有相当比例的较大颗粒，或含浊量高，或具有链状及有黏结性等情况时，容易被砂层阻截在表面，或者逐渐被阻截在表面之上，形成的滤膜（又被压缩）更容易结块成型，加上它本身或有结垢倾向，将可能严重阻止水流继续通过，也难以清洗，是表面过滤，所以多年来的技术发展都在追求避免此类现象。

以上两种现象的描述是有差别的。前者为上层过滤，至今一直延续使用。后者为表面过滤，在一定需要时有特定使用意义。

检测 SDI 值的滤膜的微孔径为 $0.45\mu m$，即 450nm，SDI 值不一定可以完全表达残余胶体物的含量，表面过滤确可得到改善水质的事实告诉我们，去除残余有机物是切实有效的。

"合成膜的功能可按它们的孔尺寸进行分类。按照 Kesting 分类，分为微滤（MF，$200\times10^{-10}\sim100000\times10^{-10}$）、超滤（UF，$10\times10^{-10}\sim200\times10^{-10}$ m）、RO（$3\times10^{-10}\sim10\times10^{-10}$ m）、气体分离（GS，$2\times10^{-10}\sim5\times10^{-10}$ m）。"[60]据此分析，所生成的表面过滤膜的孔径宜在 $10\times10^{-10}\sim450\times10^{-10}$ m 范围内方可有效。设想设计的滤料粒度可以截留靠近此范围或略大的颗粒物，当其部分被阻截后利用其自身再继续阻截其余较小的颗粒，渐次形成的网膜成为过滤主体，则残余有机胶体将可以得到较好滤除。

被滤物质的颗粒组成是十分繁杂的，仅就粒度而论，一般水中都包含多个数量级，且有含浊量大时大颗粒级增大增多的规律，即粒度与含量成正比，不能说含浊量很大的水中没有细小的颗粒，但是含浊量低的水中却没有大颗粒。例如，悬浮物含量为 1000mg/L 时，必然有可见的大颗粒存在，或许会有单个 1mg 的或更大的颗粒，悬浮物含量为 1mg/L 时，不可能只有 1 个 1mg 或只有 10 个 0.1mg 颗粒，绝不会有更大的颗粒。又如，悬浮物含量为 1mg/L 的水，任取其中一小部分水测量，基本都是 1mg/L，均匀分布。这些常见现象和常识是为大家所公认的。了解这个规律对认识过滤技术有帮助。含浊量大的水先着眼除去较大的颗粒和含量大的部分，不宜于一笋到底，连砂带胶体级一并除尽，当被处理水残余浊度不大于 1mg/L（NTU）时，大分子的有机物遗留也将会很少，现代凝聚澄清过滤技术已经完全可以做到对大分子物质的清除。

表面过滤技术的关键在选择滤料等级。欲在滤层表面形成滤膜必须有被滤物截留在表面砂粒间隙处，即或者是被滤物直径中含有大于最大间隙的固体物，或者被滤物达到可以淤积的浓度，实际在工业系统设计时很难自然形成，因为大颗粒物或高浓度泥砂在澄清过程就被除掉了。当希望得到表面过滤技术时，影响前者形成的只有两种因素，一是砂粒径，一是被滤物直径。

如图 7-4 所示，设砂粒径选择 0.3mm，球形，理想的三颗砂粒平面相切时的最大间隙为 $\phi0.046$mm，当砂粒立体相交时，其间隙将大于该值，实际完全平面相切状况是不存在

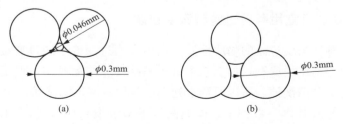

图 7-4　表面砂层球形砂粒构成示意图

（a）球形粒径 0.3mm 平面相切时的间隙；（b）球形粒径 0.3mm 立面间隙

的（概率很低），故被滤物中必需含有至少大于 0.046mm（即 $46\mu m$，或 46000nm）的固体物，而到达表面直接可以过滤除去这样大的胶体物中是极少的，可想必需施以辅助措施才可能实现。

表面过滤与上层过滤或深层过滤的运行曲线有较大的区别，表面过滤的滤膜一旦形成后，水流阻力有明显的上升，即有一个进出口压差的拐点，出水水质也有一个明显变好的拐点。在之后的运行中出水水质更好，直至终点。

表面过滤的用途是去除少量残余的胶体物或接近胶体物，保护后续膜处理的安全或其他需要。当表面过滤设备用于石灰水处理系统中时，需注意在前方对被滤物结垢活性的消除，以防止在滤料上聚集时的结垢倾向和发生。

为促进和加快表面滤膜的生成，可以外加辅助颗粒物，此辅助物应有一定级配，较大颗粒起骨架作用，较小颗粒起成膜作用，以尽快成膜并具透水性为佳。外加覆盖物不应有溶解有害分子，以防影响水质。

此处所述表面过滤技术与"动态膜水处理"相近。"动态膜，又可以称为二次膜、次生膜或源位形成膜，是指通过预涂剂或反应池中混合液在基膜或支撑体（一般采用打孔支撑网）表面形成的新膜（泥饼）。既然滤饼层在过滤中不可避免，那么应有意识地在通过过滤某些特殊的悬浮料液，在膜表面事先形成一层适当厚度的滤饼，以滤饼取代膜介质的作用，这样反而能优化过滤工艺。当滤饼过滤阻力达到一定值后，必须进行反冲洗，把预制的滤饼和截留物质一同冲洗出系统，然后进行下一轮的制膜和过滤。"[61]二者的区别如下："动态膜"是以覆盖物质（如硅藻土、高岭土、聚合氯化铝、二氧化锰等）为过滤主体，而表面过滤是利用某些颗粒物作为骨架（可能就是被滤物本身），让被滤物附着其上成为过滤主体。表面过滤的支撑体是砂粒，覆盖物仍是被滤物自身，清洗残渣可以回收，允许较大的压力差（较长的运行周期）等。"动态膜水处理"所述定义与早年已有工业应用的覆盖过滤器相同，覆盖过滤器又称烛式过滤器，滤元多用不锈钢梯形绕丝制成，助滤剂与用途有关，除油时可用硅藻土、活性炭粉、焦炭粉等，除腐蚀产物和悬浮物可用纤维素（如纸粉），除盐采用粉末树脂等。

膜过滤也是一种表面过滤，它与砂滤的表面过滤有相似之处，也有很大不同，此处不多论述。

第四节　石灰水处理用深层过滤

一、石灰水处理只宜用颗粒过滤和深层过滤

由于石灰水处理所需要过滤的物质性质，当用表面过滤或上层过滤技术时，形成的滤膜（又被压缩）更容易结块成型，加上它本身有黏结性或结垢倾向，严重阻止水流继续通过，此结块很难打破和清洗掉，所以石灰水处理中需用深层过滤技术。

深层过滤的目标及技术参数如下：流速高（不小于 10m/h）、阻力小（周期末，不大于 $19.6\sim24.5kPa$（$2\sim2.5mH_2O$））、周期长（不小于 24h）、截污量大（不小于 $2\sim3kg/m^3$）。这些参数的提出是介于如下原因：出力大——流速不小于 10m/h、设备数量不宜太多、利

用澄清池出水静压头不需升压——周期末阻力不大于 $19.6\sim24.5kPa$（$2\sim2.5mH_2O$）、入口水质较差——悬浮物含量为 $10g/L$（异常时为 $20mg/L$）、出口水质好——悬浮物含量小于 $1mg/L$，滤池在清洗后可以 100% 恢复（允许偶然局部不足，不允许习惯性洗不干净）。这些技术指标对于表面过滤或上层过滤技术是很难达到的。

深层过滤的主要特征是被截留物比较均匀地分布在滤层内部，不是集中地聚集在滤层局部，而并不降低出口水质量，这就要求过滤过程中更有效地截留在小于 $1mg/L$ 可能存在的微小颗粒那样的能力。意即要求滤料和滤层的构成与其过滤技术原理能够实现上述目的。

二、颗粒过滤的几种结构形式

理想的深层过滤是逆排列过滤（逆向过程），是指按水流方向由滤料大粒度到小滤料，即孔隙逐渐缩小的过程，在此过程中被滤物质逐渐截留，逐层截留，后阶段孔隙达到最细小，水质最佳，即使可以形成这种形式的滤层，滤料的级配也需要优化且与被过滤的颗粒相适应，才能做到逐层合理截留。但是此种状态在当水流自下向上反洗时，滤层不能保留逆向状态，这是这种理想过滤技术长期未能应用的难题，我们曾试用类似浮床式离子交换工艺，可以接近理想状态，但是工业应用技术一直没有完善解决，有人做过某种型式设备的尝试，由于技术不成熟就急于商业化，结果止于试点。

被称作"双介质滤料"不是真正意义的深层过滤，它只是两个正排列过滤而已（非逆向过程）。譬如常见的无烟煤与石英砂组合的滤层，粒度为 $0.8\sim1.8mm/0.5\sim1.2mm$，上下滤料本身仍然都是按上小下大顺序排列，水流也仍然是由小孔隙到大孔隙顺向流动，仅仅是两次顺向过滤而已，仍然依靠下层表面作为主净化层。这种方式因上层煤粒较大，主要截留段有所延长（约 $300mm$），下层砂粒径与一般砂滤一样，有效滤层最大仍为 $50\sim100mm$，总截污量、总制水量、流速等虽有所提高（表现在入口浊度含量较大时），基本特征与上层过滤仍相近，但是砂层不能得到彻底清洗，因为清洗强度只能按照无烟煤所允许的较低值设置，过去曾有报道下层表面截留物不能洗出而积累，逐渐形成泥球更洗不出去。如果用于石灰水处理时会成为决定性的缺陷，几个周期洗不干净就会结块，并愈加严重最后成为一个整体大坨，加上阻力增大影响流速，也是不可用的重要原因。

图 7-5 为六种典型滤层结构示意图，图 7-5（a）为表面过滤，砂径上小下大，水流自上而下，水先流经小粒径砂，粒径更小（一定厚的表层均粒），总砂层较薄，为表面过滤技术；图 7-5（b）为普通过滤砂层，砂径上小下大，水流自上而下，水先流经小粒径砂；图 7-5（c）为理想的深层过滤，砂径上大下小，水先流经大粒径砂，按浊物颗粒构成和含量设计级配；图 7-5（d）为双滤料过滤技术，一般上煤下砂，砂径各自仍为上小下大，水流先经小粒砂；图 7-5（e）是变空隙过滤技术，在大粒径砂中间掺有小粒径砂，水流自上而下，水流在混合砂层被净化；图 7-5（f）是均粒过滤技术，粒径均一，滤层较深，水流自上而下。

理想的深层过滤由于反洗砂层结构被破坏（将上大下小变为上小下大），很难恢复所需要的构型，一直没有工业实施。有人试用过浮床方式实现深层过滤，即砂层构造如图 7-5（a）的普通砂层，粒径上小下大，运行时水流自下而上逆流，与离子交换器的浮动床相同，启动时利用较高流速将床层托起后，按照正常流速保持运行，可以取得深层过滤的效果。周期完毕，落床反洗如常。此技术关键是滤料的选择和工作程序。

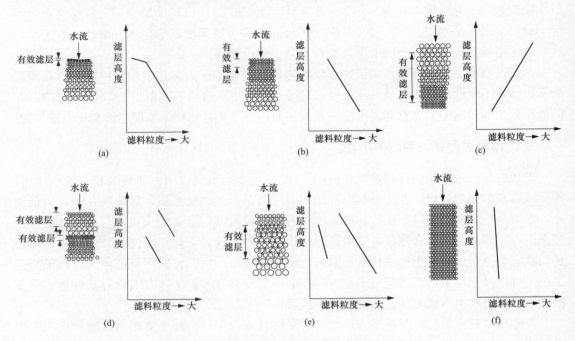

图 7-5　六种典型滤层结构示意图

（a）表面过滤模式；（b）上层过滤模式；（c）理想深层过滤模式；（d）双滤料过滤模式；

（e）变孔隙过滤模式；（f）均粒滤料过滤模式

三、关于均粒过滤

均粒过滤是企图延长滤层高度（接触时间）的办法，以避免表面过滤，获得某些深层过滤的效果。其技术特征是企图拉长工作滤程，直至达到净化指标，深入滤层的深度与滤料粒度和水的流速直接有关。

也有资料被认为，均粒过滤是一种型式的深层过滤技术，它由可以有截留作用但又不易形成表面滤层直径的滤料组成，所有滤料颗粒大小接近均匀。例如，有资料载用 $d=0.8mm$、$d=1.0mm$、$d=1.3mm$ 等试验，也有用 $d=0.95mm$ 与 $d=1.0mm$ 试验，二者很接近（是直接引用国外资料规格）。至于 $0.95\sim1.35mm$（$0.7\sim2.0mm$）的 V 形滤池（《水处理手册》法德格雷蒙，1950），实际上仍然属于顺流过滤，反洗后砂粒仍然是上小下大，只不过小砂的粒径较传统砂粒增大（由约 0.5 增加到 0.95mm 或 0.7mm），不属于均粒滤料讨论范围。就所见到的试验（或工业实验）资料，可以得出以下结论：

用较大颗粒均粒滤料，流速高、阻力小、周期长，克服了小颗粒表面砂滤的不足；

污物逐层截留，水质逐层净化，在恒定流速下出水质量良好；

粒度 $d=0.80\sim1.00mm$ 的滤料比较适用。

但是从这些资料中还可以看到：

（1）存在截留物穿透问题。出水质量与流速有关，与负荷波动有关，与入口水质有关，无论哪个因素波动都将直接影响出水质量，除非长期衡负荷运行并定量（或定时）缩短运行周期；

（2）截留物下移必然影响到出水质量和周期终点监测的困难；

（3）所用砂粒度的均匀性必需良好，规格符合设定，如果工业使用时质量降低或者破损后不及时清除，不仅分层效果会降低，而且几乎所有技术性能都会发生变化；

（4）如果在石灰水处理中水使用，希望滤除的物质主要是胶体或超大胶体，单一滤料空间变大，（截留作用降低）对更小颗粒的过滤效果将会降低。

图 7-6 为均粒滤料出水浊度与周期特性试验曲线，图 7-7 和图 7-8 分别为第一过滤周期和第二周期的水头损失变化曲线。

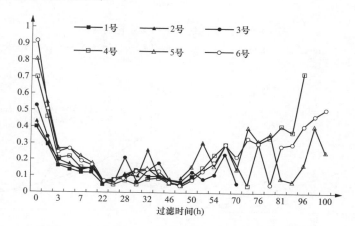

图 7-6　均粒滤料出水浊度与周期特性试验曲线[62]

滤料直径：1——0.6mm；2——0.8mm；3——1.0mm；4——1.15mm；5——1.3mm；6——1.45mm

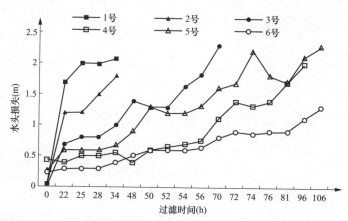

图 7-7　第一过滤周期的水头损失变化曲线[62]

滤料直径：1——0.6mm；2——0.8mm；3——1.0mm；4——1.15mm；5——1.3mm；6——1.45mm

从图 7-6～图 7-8 可以清楚地看出，0.6mm 直径颗粒滤料通水周期终止于 34h 左右，0.8mm 直径颗粒通水周期终点略迟于 0.6mm，其余大于 0.6mm（或 0.8mm）颗粒可以继续运行，但是出水水质逐渐变差，直至穿透漏过。

《均质石英砂滤料过滤性能的试验研究》[63]的一组试验也可以介绍了均粒过滤的特性，具体如图 7-9～图 7-11 所示。

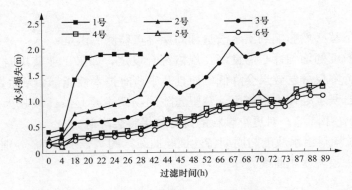

图 7-8　第二周期的水头损失变化曲线[62]

滤料直径：1——0.6mm；2——0.8mm；3——1.0mm；4——1.15mm；5——1.3mm；6——1.45mm

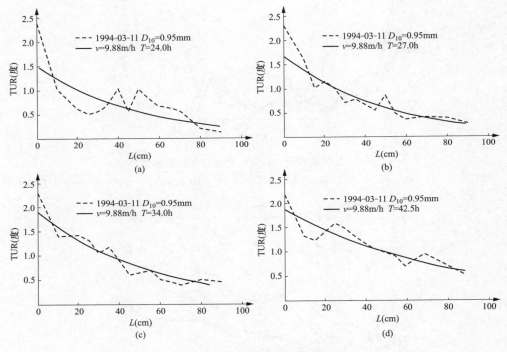

图 7-9　沿滤层深度浊度的变化

试验条件：粒径 0.95mm，滤层高度 1000mm，滤料石英砂。

从图 7-9 和图 7-10 可以看到，在滤料粒径为 0.95mm 时，滤层逐层截留但逐渐减小，积泥量曲线趋势也与之相同。从图 7-11 可以看出，过滤速度提高去除率下降，说明污泥截留强度低，这与周期末的穿透同理。均粒过滤与级配滤层的区别是下层滤料仍然有滤除作用，较级配滤层滤除效率有明显改善，虽然此时水中的颗粒物含量已经大幅降低，颗粒物的几何尺寸也已大幅度减小。在延长滤层高度下可以在限定周期内（超出周期有穿透）保持较好水质，从图 7-9 可以看到，全部砂层都处于过滤状态，末期曲线已倾向平缓，滤除作用已经不大，说明在此种条件下的有效滤层即为 1000mm，也说明它没有（缺少）保护层，当滤层条件或进水水质条件变化时，会引起水质变化。

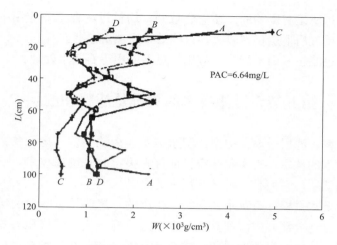

图 7-10　均质滤料层的含污量

$A—v=15.4\text{m/h}$，$t=49\text{h}$；$B—v=10.2\text{m/h}$，$t=48\text{h}$；$C—v=9.2\text{m/h}$，$t=95\text{h}$；$D—v=15.3\text{m/h}$，$t=28\text{h}$

《均粒石英砂滤料过滤效果的生产试验与应用》[64]中指出，"过滤周期终止不是因为滤后水头损失达到极限，而是砂层穿透致使浊度超标（大于 2 度）而终止。"《均质石英砂滤料过滤性能的试验研究》[63]也指出，"试验过滤速度范围为 8~20m/h，滤柱的进水浊度控制在 10 度以下，当滤后水浊度超过 3 度时试验即告结束，以控制过滤周期"和"随着过滤时间延长，滤层中截留浊质不断积累，且向下层迁移，当过滤到一定时间时，发生穿透现象，停止过滤。"

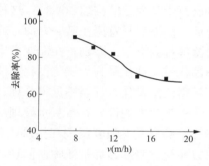

图 7-11　过滤速度与去除率的关系

均粒过滤技术可视为有深层过滤作用，具有深层截留、阻力小、流速高、截污量大和可满足水质需要的优点，但是如果付诸实用则存在选砂困难、有截留物穿透、流速波动、截留强度低等问题。

所以这种过滤技术是否适合石灰水处理或工业给水使用，其可靠性需要进一步验证。

砂滤的原理不外乎截留、沉淀、桥接、吸附、凝聚等作用，在一定的滤层高度和一定滤料颗粒下有一定的"驻留强度"，水流的某种力（如剪切力、冲击力等）超过"驻留强度"极限被滤物就将脱落。它不同于表面过滤，主要是架桥作用，一旦形成滤膜很难破坏。可以设想在深层过滤滤层内截留物的下移有几种可能：①逐渐截留，与被截留物性质或大小有关，容易截留的先截留，不容易截留的移向下层；②逐层下移，先截留后下移（类似离子交换），逐层截留逐层下移；③截留一定程度后，孔隙率降低，流速增高，因水流冲刷部分下移。总之随滤砂粒度增大，孔隙也增大，虽然以某种原理可以对水中颗粒截留过滤，但截留物（或部分截留物）在孔隙间的"驻留强度"因孔隙加大而降低（主因），而滤层中没有改进"驻留强度"的对应措施，截留物不得不下移，下移到滤层底部即穿透。可以想象，如果是携带下移（不是①），下移的截滤物性质可能有所变化（因为被截留时会形成新的聚合），下一阶段的再截留与上一阶段状态不同。如此等等，均粒过滤的理论还需要深入研究。当然如与 DENSADEG 型澄清池配合使用时（因技术同引进于法国），增大 PAM 型

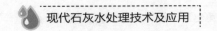

澄清池的加药量对过滤是有影响的。还应注意到，均粒过滤在工业应用中，实际滤料粒度还是不均的，那么反洗后下层仍然较大，过滤效果当然更差些。

至少迄今均粒过滤技术尚不能工业应用，更不能用于石灰水处理。

第五节　过滤技术的关键是滤料和滤层

过滤设备由滤料、滤层、设备构型、配水装置、清洗工艺、运行参数等因素合成，这一切都取决于被滤水的性质，为实现既定目标首先决定的是过滤技术，一项过滤技术中的主导因素是滤料和滤层，它们是主导过滤技术的要素。

本节基本参数要求是根据石灰水处理特点提出的，这些技术参数的实施取决于滤料性质或组成，而不是滤池（器）构型和其他。无论选用静压式滤池或压力式过滤器，无论是用某种结构的池型，只要滤料的性质和组成合适，无论装载在哪种构型的池（器）内，能满足所需要的条件都是可行的，滤料和滤器的配合是可以选择的。有时说要用某型滤池，意已特指某固定的构型和滤料，这种说法是本末倒置，也许该型设备的构型可以用在很多方面，而滤料只宜用在某一方面，或单纯凝聚过滤，或用在石灰水处理过滤，或用在接触过滤等都会有很大差别。在商业竞争中某商家提出一种滤池是特定构型和滤料组配，并有商品代号，往往是为了避免侵犯其他商家权益而为（尤其对于法制健全的国家），在技术上不见得匹配最佳，甚至不见得合理。

关于滤料的性质，石灰水处理（至少当前技术范畴）只能选重质砂滤，因为它能洗干净，能够承受大强度反洗和擦洗，在水流和气流中互相强力摩擦、剧烈搅动、反复撞击，可以净化自身和破坏被滤物。同理，纤维滤料、轻质滤料、易损滤料等很难达到同样效果，所以尤其不能用纤维过滤，因为它完全洗不干净。

滤料的组成通常指滤料颗粒的直径、级配、形状、比例及滤层结构等，不同过滤技术有不同构成关系，如表面过滤、细砂过滤、深层过滤、分层过滤、均粒过滤等。水中的颗粒物含量与颗粒直径成正比，而且在水中均匀分布，同时它不是等径的，尤其是浊度含量较大时，浊物本身粒径级差也大，所以对于不同浊度含量的水，选择滤料时也应有差别。

滤料的构成影响出水质量，表面过滤在形成滤膜后水质最好，周期自始至终越来越好。天然砂滤料优于破碎砂滤料。虽然理论上破碎砂的过滤效果会好于光洁砂，因为它有不规则和多棱角的表面，尖角效应易于截留污物，因此它也不易清洗，当截留污物是 $CaCO_3$ 时可与砂粒结为一体生长。破碎砂每个颗粒几乎都有裂纹，容易再破碎而损失或改变原级配关系。天然砂没有这些缺点，而且水流阻力相对也较小。

在引进英国 Boby 公司的变孔隙过滤技术与设备中，同时供应了滤料，这引起了我们对该滤料的关注和兴趣，受电力部委托电力建设研究所对该滤料和未来国内供应问题进行了调查研究，将一些国内砂和进口砂进行了对比。

一、外观

几种国产滤砂的外形见表 7-2 和照片 7-1。

表 7-2　　　　　　　　　　　　　几种国产滤砂的外形

砂类型		进口砂	北戴河砂	松门山砂	雨花砂
外表光洁性	外表光滑	97%	46%	80.4%	78.7%
	外表有小棱角，凹处有积垢	3%	54%	19.6%	21.3%
外状	近方近圆形	90%	83%	88.4%	86.8%
	长形	8%	13.5%	4.3%	6.6%
	片状	2%	3.5%	7.3%	6.6%
表面颜色	近白色	3%	30.5%	66.3%	62.6%
	浅黄色	51%	31.5%	20%	12.6%
	琥珀色	32%	—	—	12%浅蓝
	棕色	7%	9.5%	11.3%	9.6%
	近黑色	7%	28.5%	2.3%	3.3%

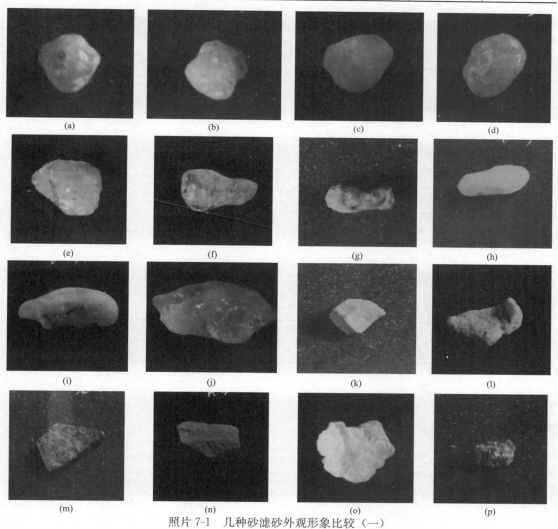

照片 7-1　几种砂滤砂外观形象比较（一）

（a）神头引进砂（圆形）；（b）北戴河砂（圆形）；（c）松门山砂（圆形）；（d）雨花砂（圆形）；（e）石英砂（圆形）；

（f）神头引进砂（长形）；（g）北戴河砂（长形）；（h）松门砂（长形）；（i）雨花砂（长形）；（j）石英砂（长形）；

（k）神头引进砂（片状）；（l）北戴河砂（片状）；（m）松门砂（片状）；（n）雨花砂（片状）；（o）石英砂（片状）；

（p）神头引进砂（粗砂）

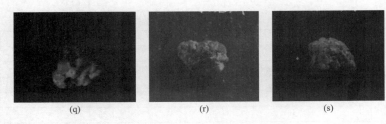

(q)   (r)   (s)

照片 7-1   几种砂滤砂外观形象比较（二）
（q）北戴河砂（粗砂）；（r）松门砂（粗砂）；（s）雨花砂（粗砂）

二、粒度

进口砂和国内砂（随意取样）粒度的比较见表 7-3。

表 7-3   进口砂和国内砂（随意取样）粒度的比较

筛型号	进口砂（粗砂）	松门山天然型砂
8 目筛（孔径 2.5mm）筛上	11.7%	1.6%
10 目筛（孔径 2.0mm）筛上	25.4%	13.46%
12 目筛（孔径 1.6mm）筛上	34.4%	36.5%
16 目筛（孔径 1.25mm）筛上	23.1%	39.3%
18 目筛（孔径 1.0mm）筛上	4.4%	9.02%
18 目筛（孔径 1.0mm）筛下	0.4%	0.15%
平均粒径	1.75mm	1.476mm

三、耐压性

进口砂与国内砂耐压性的比较见表 7-4。

表 7-4   进口砂与国内砂耐压性的比较

类型	进口砂	北戴河砂	松门山砂	雨花砂	加工石英砂
压碎指标（%）	98.7	95.25	98.64	96.43	94.9（87.6）

四、耐磨性

进口砂与国内砂耐磨性的比较见表 7-5。

表 7-5   进口砂与国内砂耐磨性的比较

筛目	进口砂		北戴河砂		松门山砂		雨花砂		加工石英砂	
	质量	比例（%）	质量	比例（%）	质量	比例（%）	质量	比例（%）	质量	比例（%）
20 目筛上（g）	112.2	74.8	85.65	57.1	109.6	73.07	69.7	69.7	110.8	73.86
40 目筛上（g）	14.85	9.9	75.4	16.93	17.9	11.93	9.2	9.2	14.25	9.5
60 目筛上（g）	8.3	5.53	15.12	10.08	8.9	5.93	6.4	6.4	8.95	5.97

筛目	进口砂		北戴河砂		松门山砂		雨花砂		加工石英砂	
	质量	比例（%）	质量	比例（%）	质量	比例（%）	质量	比例（%）	质量	比例（%）
80目筛上（g）	2.75	1.84	5.05	3.37	2.8	1.87	2.1	2.1	3.15	2.10
100目筛上（g）	2.22	1.48	3.80	2.54	2.2	1.47	1.8	1.8	2.50	1.67
100目筛下（g）	9.68	6.45	14.98	9.98	8.6	5.73	10.8	10.8	10.35	6.90
磨后均径（mm）	0.688		0.583		0.681		0.649		0.69	
平径减低值（mm）	1.562		1.667		1.569		1.601		1.56	
均径降低率（%）		69.42		74.09		69.73		71.16		69.3

五、坚固性（硫酸钠）

进口砂与国内砂坚固性的比较见表 7-6。

表 7-6　　　　　　　　　　进口砂与国内砂坚固性的比较

损失率	进口砂	北戴河砂	松门山砂	雨花砂	加工石英砂
总重量损失率（%）	7.36	4.65	2.53	5.44	1.17

六、化学稳定性

进口砂与国内砂化学稳定性的比较见表 7-7。

表 7-7　　　　　　　　　　进口砂与国内砂化学稳定性的比较

砂种类	全固形物增加量　砂（mg/L）			SiO_2（mg/L）			$KMnO_4$（mg/L）		
	HCl	NaOH	NaCl	HCl	NaOH	NaCl	HCl	NaOH	NaCl
进口砂	2	22	7	0.64	2.0	0.2	0.64	0.57	0.58
北戴河砂	35	4	4	1.70	2.8	0.2	0.79	0.45	0.46
松门砂	30	20	5	0.64	2.0	0	0.86	0.57	0.42
雨花砂	7	18	5	0.64	2.8	5	0.75	0.31	0.46
加工石英砂	14	4	8	0.21	2.8	0	0.61	0.31	0.48
永定河砂	237	14	12	1.90	3.2	0.8	0.68	0.31	0.46

七、成分分析

进口砂与国内砂成分分析的比较见表 7-8。

表 7-8　　　　　　　　　　进口砂与国内砂成分分析的比较

成分	进口砂	北戴河砂	松门山砂	雨花砂	加工石英砂	永定河砂
SiO_2（%）	91.6	76.02	91.26	88.25	97.00	62.56
Fe_2O_3（%）	4.29	1.00	0.58	0.55	0.20	1.76
Al_2O_3（%）	2.58	13.95	4.62	6.13	1.45	8.71
CaO（%）	0.35	1.04	—	—	0.35	7.14

续表

成分	进口砂	北戴河砂	松门山砂	雨花砂	加工石英砂	永定河砂
MgO（%）	0.12	0.30	0.49	0.54	0.12	4.35
SO_3（%）	—	痕迹	—	—	—	—
烧失量（%）	1.07	0.62	0.59	0.80	0.10	10.01

八、试验结果综述[65]

（1）从外形上看，除加工石英砂外（包括永定河石英砂）都比较近似，这些国内砂都是天然砂，无论它们产于海滨、湖滨、河床都随水浪（水流）经过多年的反复冲刷、摩擦、迁移，表面被磨光，棱角被磨掉，这些砂是大自然加工的结果，进口砂也符合这些特征，故也是一种天然砂。

（2）所测各项指标各类砂之间虽有差别，但都近似，作为滤料使用是可以满足的，其外形、大小、级配所形成的水力特性、滤水效果则只能依用途、过滤器类型选择。

（3）松门山砂、雨花砂和小粒度的永定河砂与进口砂无大区别，某些方面性能还要好一些，初步分析认为其可以直接作为变孔隙过滤器使用，其滤水效果需经通水试验观测。北戴河砂作为滤料的优劣性，也需经过试验鉴别。

（4）我国地域辽阔，砂资源十分丰富，除河口、湖滨外还有许多其他类型的砂矿，在沙漠边缘某些山侧也会有所需砂料，可根据工程需要就地取样、分析和选用。

第六节　深层过滤的几个技术概念

一、有效滤程

有效滤程指实质起足够过滤作用的滤程，或具有按需要截留水中颗粒物能力的砂层。"有效"指它的全部"工作层"所具有的过滤能力在限定高度内能够实现预期水质效果，其截物能力必须能够容纳周期内要求它截除的污物量。

有效滤程的过滤能力包括截滤物数量、截留质量和适应性（不同的被截滤物）。因此在工程设计中应根据截滤物的数量、性质和出水质量等实情选择滤料规格和滤层结构，组成有效滤程。

有效滤程的观念专指深层过滤，只有具备有效滤层才能称为深层过滤。深层过滤是渗透于滤层内部较大范围（深度）的截留作用，所使用的砂粒粒度较大，单位接触表面积小，故需有较长的时间、较大的空间和较长的流程，它的截留强度和泥渣密度低于表面过滤和上层过滤。滤砂的截滤作用随粒径的增大而降低，当滤砂粒度大到一定程度，截滤作用低到不符合应用需要时，就不是"有效"的了。

有效滤程的截滤效率（能力）与滤砂的粒径、级配、滤速、被截留物的大小和性质等因素有关。工业应用中，无论滤池或过滤器所装入全部砂层有效滤层的比率越高越好，全部装载砂层都起有效过滤作用是最高理想。自然，不可避免地有承托层或富余量，这不在此范畴之内。

形成有效滤程的过滤原理不同，其技术特点也不同，它从属于对颗粒物截留作用的差异。除去前述至今未能实现的逆向过滤外，已知的深层过滤技术有变孔隙过滤技术和均粒过滤技术，两者的截留原理不同，技术表现也不同。前者主要因有较大的速度梯度（G）而产生直流凝聚作用，后者以接触为主受颗粒表面积和孔隙率制约，所以二者的特征也不同，变孔隙过滤只有在大小颗粒滤料交叉的地方才可以起有效过滤作用，截留物比较牢固，而均粒过滤需要更长的滤层高度（滤程），有截留物容易下移的问题等。

普通的砂滤不属于深层过滤，如 $d=0.5\text{mm}$ 砂在常用流速下所形成上层过滤的有效滤层只有 $5\sim10\text{cm}$，在逐渐深入到这样的深度时，滤层的表面已经或已有了较多截留物，孔隙有了阻塞而变小，可以进行更有效地截留，包括更细小的颗粒，滤层基本不再向下延伸，这个较短的滤程就是它的有效滤程。表面过滤技术的滤层在滤层表面，其厚度更小，有时只有几毫米，只有有辅助滤料或滤料粒径更小时才可能形成。当截滤作用处于同径滤料层中时，起过滤作用的滤层延长很多，从前述几组均粒过滤试验曲线中见到，所有起过滤作用的滤程（从开始有截留起达到水质合格止）都应视为有效滤程，如图 7-6～图 7-9 所示，它的滤程很长，可达 1m。非同径滤层逐渐进入下一层粒度增大后（孔隙变大，被滤颗粒变小）过滤作用大幅降低，即不是有效过滤。凡用多级砂粒组合成的滤层，都是由小到大逐级按级配层叠组成，起过滤作用的只是上层较小的颗粒，所以不能成为深层过滤。如双滤料中总装滤层为 $H=800\sim1000\text{mm}$，砂层 $h=400\sim500\text{mm}$，粒度为 $0.5\sim1.2\text{mm}$，煤层 $h=400\sim500\text{mm}$，粒度为 $0.8\sim1.8\text{mm}$，都是上小下大的结构，其中煤虽然有过滤作用，但是很小（估计只是表面吸附和接触作用），很难称具有有效滤层，砂有效滤层仍然在它的上层 $50\sim100\text{mm}$。

二、最低滤层

最低滤层指被滤水进入滤层后至水质达到过滤效果所需要的滤层高度。例如，进水含浊量为 10mg/L，设定出水浊度小于 1mg/L，在额定滤速（如 $v=10\text{m/h}$）下在滤层中经过 500mm 已经达到要求的浊度值（小于 1mg/L），则此 $h=500\text{mm}$ 滤层即为最低滤层。当然过滤池（器）内装砂量不止 500m，或装 1000mm 砂层。例如，在变孔隙过滤里，当有效滤层为 $300\sim400\text{mm}$ 时，如低于此值水不能达标，此值也是最低滤层，被滤水通过此高度后已成为清洁水，再经过下层滤料只是通过而已。再如均粒过滤，如图 7-6～图 7-9 所示，当要求出水水质为 0.5TUR 时，至砂层 60cm 处已可达标，最低滤层即为 60cm。

最低滤层除满足额定流速下达到出水水质外，在水流速波动之下也能达到水质指标，同时满足储纳限定周期内的全部截留物量。

随着滤料的级配或配比的不同，或分布不同，以及被滤颗粒性质的不同，最低滤层可能占据全部有效滤程。好的深层过滤设计，最低滤层较短而有效滤程更长。最低滤层可能比较"坚固"，周期始终保持稳定，这是此型深层过滤可供实用的标准。有效滤程也可能有逐层下移或逐段下移的情况，但是它的过滤质量不能降低。

滤层逐层下移是因为深层过滤对污物的截留强度低于上层过滤，更低于表面过滤，当影响它的环境变化时就会较容易脱落。如负荷增大水流对已截留的颗粒物的冲刷力增大、滤层淤积截留物使通道变小、被截留物本身与滤料结合力弱等。因此，移至下层的物质不会照样复制原被滤情况，因为颗粒的性质、状态等都发生了变化。

三、保护层和缓冲层

工业应用中为保护生产安全，所有的滤池设计都要有缓冲层，这是为应对运行中随时可能的条件变化，如负荷波动、进口水质变差等，此外深层过滤几乎都存在滤层下移问题，为的是使抗变能力更强些。

允许滤层下移是有条件的，否则这种过滤技术难以工业应用。这个条件是在工业应用中可能出现的变化下不会出现出水水质恶化，而且运行周期和水质是可以监督控制的。

理想状态下被滤水中的颗粒物均匀分布于整个砂层之间，穿过砂层的水恰好达到净化程度，即所设计的砂层高度正好满足周期滤水能力，当然实际是做不到的。实际装载的砂层都大于最低滤层，多余部分作为待用、保护或承托层。有规律性下移的深层过滤技术，必须设保护层。

深层过滤纵然有许多优点，但在实用中安全是第一位的，所以不允许有滤物穿透发生，即或是在特殊条件下。

四、天然砂与破碎砂

已知的深层过滤技术对滤料粒度都有严格要求，因为只有按照一定颗粒级配组合的滤层才能构成深层过滤，滤料粒度变了，级配关系也变了，深层过滤技术前提就被破坏了。滤料级配变化是由滤料粒度变化引起的，一般有两种情况会引起滤料的变化，一是滤料的损坏，一是滤料的流失，滤料的流失也与滤料损坏有关。滤料在运行—反洗—运行不断反复中，互相挤压、撞击、摩擦，必须有良好的强度和硬度，保持长期使用不变。历来用途最广的是天然石英砂，无论是海砂或是河砂，早已证实它是非常适合用于过滤的优良物质，其主要成分是 SiO_2，是由自然水流冲击摩擦形成的光滑体，硬度为 $7g/cm^3$，密度为 $2.65\sim2.66g/cm^3$。石英砂也是常被用于水处理的滤料。人工石灰砂是矿石的破碎砂，在反复的破碎中，经筛分得到，几乎每一颗砂粒都有裂痕（或伤痕），且表面多棱角，这是一个严重的缺点，使用中很容易再分裂破碎，每年的补充率为 $5\%\sim10\%$，甚至更高。砂粒破碎后，再水反洗时很容易被冲走，有的过滤器在反洗时必须把破碎砂清洗掉。深层过滤如果使用它，粒度、级配经常发生变化，深层过滤的基本条件被破坏，截留率降低、阻力增加、滤层下移等种种问题就会相继发生。

另一种改变滤料形态的可能是滤料"长大"。滞留在滤料表面上的截留物，如果清洗不干净，长期积累愈加难清洗，会和滤料结合成为一体，滤料就"长大"了。石灰水处理被滤物质主要是 $CaCO_3$、过饱和的或成微小颗粒的固体，有些具有黏结性或自身结垢倾向，对此更要及时清洗干净。处理中水或废水时，被滤物中含有有机物，它也有黏结性，它会使砂粒凝结，也应当洗净。破碎砂的棱角虽然有利于截留水中细小颗粒，但是很难清洗干净，所以深层过滤不能用此类砂。

第七节　池型的基本构型

池型一般是围绕实现过滤效果和工程布置而设计或选用的，可以是方形或圆形，可以用钢筋混凝土或钢制，可以单池或以不同面积或不同方式组合。

压力式和静压式取决于流速和周期，压力式取较大流速和较长周期，但压力式的进水要储水和升压，耗能大，必需用钢制圆形设备。静压式多用钢筋混凝土方形连体形，可以节省占地和投资，静压式也可用钢制。压力式过滤器为圆筒形构型，有单室、双室、卧式单室、卧式多室等，该设备构型各种手册、资料多有介绍，本书不再赘述。

单体规格按照工程总用水量选择，在用于石灰水处理中时不主张过大面积，以免反洗泵出力太大，不便频繁起停，且容易布水不均匀洗不干净，水回收系统也随之加大。常用的典型系列有 $20\sim40m^2$ 范围内的几种规格。大型工程多选择母管制，母管组合方式依照工程总量或供水安全等因素设计，可以是单组合，也有多组合。大的单组合已见有 12 室并联，多组组合已有 4×6 等模式。

滤池一般包含如下几个结构要素：进水配水设备、滤料和承托料、疏水配水设备、水反洗配水设备、气反洗配气设备、反洗膨胀空间、反洗监视设备、反洗排水排气设备、进出口阀门与控制设备等。

一、反冲洗工艺与设备

反冲洗有多种工艺，可按滤料规格、截留物性质、滤层结构、周期等情况计算选择。现有单一水反洗、水大反洗、表面冲洗-水反洗、气-水合洗、排水-空气擦洗-水反洗等。

各种反洗方式是针对不同滤料和污脏情况制定的，它们各自的作用如下：

（1）水反洗：以促使被压缩的滤层达到一定膨胀率的强度将滤层冲起，使滤层松动和膨胀，主要洗掉滤层空间的大量已脱离砂粒的泥渣。

（2）空气反洗：利用气泡运动比水更快，携带部分滤砂窜动，带动水流往返冲击（气流过后水填补空间），滤料与水气之间互相撞击、摩擦，促使滤砂表面的复着物脱离母体。

（3）表面冲洗：用设置在滤层之下的配水或配气设置将聚结于滤层表面的截留物（往往已结成二次滤壳）破坏冲散，以免在水反洗时仍维持块状（块内会有滤砂）浮起，保持原状得不到清洗。

（4）空气擦洗：在只保留少量水的情况下，以强气流向上窜动，造成滤料呈沸腾状，反复起落，整个滤砂都会介入其间被搅动起来，因含水量少无排水，故不会有砂粒损失。

（5）二次水反洗：将砂粒表面被气洗脱落的泥污垢斑排除，使滤料和滤层得到完全清洁。

（6）气水合洗：气与水同时进入，在适当强度下促进滤层的膨胀和搅动，破坏可能的结块，有利于污泥上浮。

清洗恢复是保持滤池长期使用的关键。石灰水处理所截流的颗粒物质主要是过饱和析出的 $CaCO_3$、$Mg(OH)_2$ 和残余非溶解的有机物，原水的无机悬浮物已经很少。这些颗粒物有黏结性或结垢倾向，被截留于滤料间可能黏结于滤料层，如果长时间不洗掉愈加坚固并会结块。所以清洗一定要彻底，即使每次清洗不一定都获得同一结果，但是多周期平均应接近100%恢复。每周期清洗必需有空气擦洗，擦洗方式可优选，但擦洗和反洗强度必须足够，使颗粒间激烈摩擦和碰撞。清洗水或气沿滤池横断面流量均匀，防止局部死角积累，所以进水和排水都要合理，如果一个几十平方米池面只有一点（侧）排出，则必有短流（这是常见的现象）。水和气的反洗涤强度应达到砂层不小于 20%蓬松度，一般水 $q \geq 10 \sim 16L/(s \cdot m^2)$，气 $q \geq 14 \sim 16L/(s \cdot m^2)$。反洗后期应将反洗产物携带出去，不要积存在池内。

滤池面积增大时容易反洗不均匀。尤其是采用滤板式配水设备时，可能出现配气不匀，原因是进气时池体内充满水，进气要在滤板之下挤出一个气层，以便通过进气孔进入长柄水帽到滤层。气层最早出现在靠近进气管的一侧，位于此处的长柄水帽的进气孔首先进气，气压随之降低 Δp，至第二个孔、第三个孔，越远则压力越低，排水能力越下降，至最远处的孔进气，已经延缓较长时间，此时最早进气孔的上部砂层已经松动，背压降低，远近的差别会在很大程度上影响清洗的均匀性，所以不宜选用过大滤面和设置配气均匀措施，如图 7-12 所示。

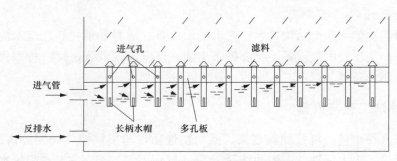

图 7-12　滤板式反洗进气不均匀示意图

石灰水处理水的过滤更加注重空气反洗，为了取得更好的效果，有时需要加装专门的压缩空气分配管，当采用滤板时，空气分配管装在滤板之上，如图 7-13 所示。当采用管式配水装置时，装在配水管之上，如图 7-14 所示。

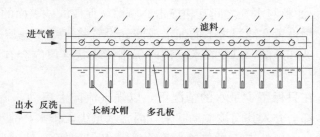

图 7-13　滤板式加反洗进气管示意图

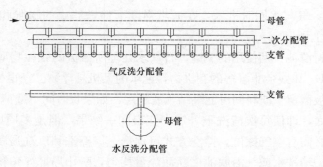

图 7-14　管式气水分配示意图

反洗之后运行开始时，砂层之上需留有足够量的余水，以免水流冲击破坏砂层，但余水不宜过多，因水中含一些没有排去的反洗杂物，会在周期恢复运行时留给下一周期。

二、配管式或滤板式配水设备设计

过滤池或过滤器的配水配气都可选择管式或板式设备。无论选择何种结构，都必须满足配水（气）均匀，这是配水（气）设备最基本的功能，保证水流通过滤层时沿断面流速相等，才会发挥滤料整体的效能，如果偏流，对滤层的均匀性有损害，周期制水量也有影响。虽然滤层本身也可以有一些调节作用（流速高的部分阻力增长快，水流会向其他部分自然分流，偏流作用不像对离子交换器影响那么大），但是当配水设备的总阻力大于滤层阻力时，深层过滤技术的滤层阻力更低，水流则受管道阻力影响较大。

水流（气流）由管道扩散到滤面，截面积增大了数百倍，反之缩小了数百倍，做到均匀分布是配水（气）的必要功能。历来设计中为达到均匀分配，常采用大阻力计算或小阻力计算方法。水流通过滤池的总阻力大约包含三部分，即进水配水系统阻力、滤料阻力、出水配水系统阻力，反洗时与此相反，运行时的进水侧与反洗时的出水侧经过一个高的水层，水流间的移动阻力很小，多数情况下可忽略不计，故一般不必专门进行均匀性计算。注意，进水水流动能不致破坏滤层表面或反洗排水背压影响反洗水偏流时，可采取适当措施克服。

大阻力或小阻力系统的内容和计算方法建议参阅文献[57]。

石灰水处理滤池（器）的下部配水系统一般按以下方案设计：滤池的下部配水（气）装置多为排水及反洗合用，有时气与水分置，反洗水量远大于排水量，如一台 $20m^2$ 滤池的进水量为 $160\sim240m^3/h$，反洗水流量为 $860\sim1150m^3/h$，相差 5 倍，为满足反洗水流量配水管或配水板，首先要适应反洗水的需要，对于排水自然成为小阻力系统。况且大阻力系统需要消耗较多水压，滤池结构为静压，故出水配水很难采用大阻力系统，恰好小阻力系统也适合静压滤池。

由于滤池的断面积大于过滤器（石灰水处理滤池已有 30、$40m^2$，过滤器最大的 $\phi3200mm$ 设备断面积为 $8m^2$），相差 $4\sim5$ 倍，反洗水分配显得更重要。管式配水只可采用大阻力系统。即或用板式配水状况优于管式，但下部水室因钢筋混凝土结构的梁柱阻隔影响水流畅流，也需要适当对滤板水帽分布或密度予以调配，尤应注意池体四周与中心的差异和进水（气）侧与远侧的差异。

面积大的滤池的反洗排水均匀性也应注意，如 V 形滤池的进排水都是侧壁上的一个方孔，进水时还有侧斗（即 V 形斗）协助，作为排水出口就会有阻碍憋水，影响水流不均。

三、最低静水位

滤池设备的布置必然高于与其出口连接的水池，出水水流自流入清水池，再用水泵升压供后续使用，当滤池周期启动时，打开进口和出口阀门，此时滤层阻力很小，出水流速很快（往往大于进水量），池内存水会很快泄流出去，砂层处于无水状态，进口水流直接砸向砂层表面，一则把砂层砸成大坑凹凸不平水流短路，更甚者砂间无水几乎没有过滤作用，水流直流通过，长时间成为无效状态。照片 7-3 显现的就是这种情况。

最低静水位即砂层之上的水面净高度，当进水口高于此处小于 2m 时，净高需 200～400mm。且需得到控制永远不得低于此值，不仅启动阶段如是，运行后亦如是，如启动时关闭出口阀门，积累水位，当打开出口阀任其自由流出，结果很可能回到砂层无水状态。PWT 型设备当用出口阀门控制无效时，每周期都有这种现象出现，严重时从被砸砂坑上直接可以看见配水管道。

四、滤池或过滤器的周期同步问题

凡母管制的过滤器都存在多台设备积累性同时达到终点，同时需要停运反洗的情况，母管制滤池进水流在各个池（器）之间，过滤过程平衡随时被破坏又随时自动有了新的平衡。然而这种平衡是低阻力的设备增加负荷取得的，反洗后新投入的设备阻力最低，容易赢得更大的出水量，阻力也增加得快，临近失效的设备阻力大，水流量降低，阻力增加得慢，一快一慢，逐渐达到一致，逐渐达到同一终点。无论数量多少都不可避免此现象的发生，极端情况下一组母管系统的设备都同时失效。母管制系统过滤器的运行靠人工调节，靠阀门开度的阻力，将新投入设备关小，临近失效设备阀门开大，人为使失效点错开。

过滤器的周期一般用压差控制，也可以用时间或周期制水量控制，而滤池尤其深层滤池三种方法实施都不很适宜，所以在设备或系统设计时，各台滤池的进水量不受滤层阻力大小的影响时，就可避免同时失效发生。

五、砂层高度

滤池的滤砂装载量与多种因素有关：①在深层过滤原则下达到水质指标的基本需求，不含承托层在内的砂层高度不低于最低滤层；②滤层加承托层以及管阀等在内的周期末的总阻力低于澄清池与滤池之间的最低高差；③滤层的总截污能力需容纳不小于周期 24h 的被滤水的污物总量；④设备构造可能引起的不均匀性，如面积过大、配水不匀等，需用高度适当补偿；⑤能承受水质或负荷变动带来的滤层波动等。

静压滤池的必要条件必需低阻力，在可能提供的水头内满足周期制水量。如需静压水头过大，则要求加大与澄清池的高差，浪费反洗水。一般要求周期最终阻力不大于 19.6kPa（$2mH_2O$）。阻力值与水流速有关，低阻力是在额定流速下实现的。额定流速是滤池在连续运行工况下的正常流速，中水回用时处理多用于全厂补充水或循环补充水，处理水量都比较大，故滤池必须具有较高流速，改进型变孔隙滤池额定流速达到 $v \geqslant 10m/h$，满足了大流量的需要。如果用在压力式过滤器，允许加大流速，在截污能力范围和周期内，周期终点可能达到 0.1MPa 或更高。

截污能力指在规定周期、最大进水含污量和相当流速下，截留污物的总量。截污能力是与高流速相对应的指标，只有较大的截污能力才能保持高流速，否则或降低流速，或缩短周期，都是不可取的。滤池的入口水质的计算值应当按照澄清池出口额定最差水质计算，如澄清池正常出水指标 SS≤5mg/L，最大 SS≤10mg/L，异常不大于 20mg/L，滤池入口应按 SS≤20mg/L 计算，周期不小于 24h，此时截污量仍在限定范围内，并留有余度，即用短时间异常情况下的水质核算，如澄清池出水 SS～20mg/L，仍能基本维持周期约 24h。依次计算最低截污负荷为 $4.8kg/m^2$，可想而知，这种要求任何形式的表面（或上层）过滤都是不可能做到的。

运行周期是一个综合性指标，也是一个经济性指标，如果频繁反洗就要增加设备数量，增加电耗水耗。它是流速、阻力、截污能力、清洗、滤料与滤层等配套技术的综合体现，任何一项不能满足都会从周期上有所体现。周期即反洗间隔期不小于 24h，合理理解是指周期内的总产水量。例如一台 $20m^2$ 滤池，流速 $v＝10m/h$，周期 24h，周期额定产水量为 $4800m^3$，流速降低周期时间就应当延长。

六、控制

工业系统或设备的控制以简单安全为最主要，设备设计的各个环节主要要靠自身功能合理，尽可能少依靠或不依靠控制装置为最好。滤池运行比较简单，需要监督控制的只是周期启停和清洗程序。压力式过滤器多用压差或周期水量作为终点信号，需依靠仪表监测。静压滤池很难单池计量，流量信号很难取和不准确（尤其母管制和大容量），需要改用更实用的做法，即液位法。有的滤池很复杂，实用中不可靠。例如，V 形滤池所用衡定液位的方法，必须要一个大的出水调节门接受随时频繁变化的液位波动信号，自动调节开度（其开关行程与水流量并不是线性关系），实用中因损坏或不好用而大都拆除，不仅失去控制，而且因不能维持高水位使滤层遭到破坏而滤池失去功能。GBKL 型调节滤料深层滤池的控制方式比较简单实用，只取终点液位一个信号即可以满足全部程序和周期控制需要。GBKL 型调节滤料深层滤池典型结构示意图见照片 7-2。

照片 7-2　GBKL 型调节滤料深层滤池典型结构示意

第八节　几种常见的石灰水处理过滤设备

一、几种曾使用的过滤设备

20 世纪 70 年代以前在石灰水处理系统中基本使用压力式过滤器，包含与苏联 цнии 型澄清池配套引进的单室煅烧白云石过滤器、与俄罗斯 вти 型澄清池配套引进的双室石英砂过滤器（$\phi3600mm$）、与美国 LA 公司澄清池配套的单室双阀石英砂过滤器 $\phi9150mm$（$\phi30ft$）等。早期国内设计的石灰水处理多用仿苏式单室煅烧白云石过滤器，那时采用石灰水处理的目的主要是解决高压锅炉补充水处理除硅，白云石过滤有辅助除硅作用，而白云石颗粒许多是片状，阻力大 98～147kPa（10～15mH$_2$O），流速低（5～7m/h），周期短

（8～12h），常见结块问题。

这些过滤器现在都基本不再被选用。不用或很少用的原因是它仍然使用普通级配的石英砂滤料，属于上层过滤，因而出力小、占地大、清洗不彻底、截污能力小、周期短、价格高、耗能高等。90年代石灰水处理工艺重新大发展，石灰水处理的配套设备也随着更新，过滤技术和过滤设备也同时更新。

80年代后随引进和自己研制大量被采用的是滤池。原因是过去石灰水处理多用于锅炉补充水处理，处理量较小，设备规格也较小，占地不作为重要评价内容。现代的石灰水处理是随中水回用而发展起来的，中水回用首先是补充循环水，加上机组和电站规模大幅增大，常规 $2\times300MW$ 或 $2\times600MW$ 机组补充水量常为 $1600\sim2200m^3/h$，如果用 $\phi3000mm$ 直径流速 $v=7m/h$ 的过滤器，要40多台设备是不可能的。滤池的面积可以扩大，单池 $S=20m^2$，$S=30m^2$，最大已见 $S=40m^2$。限于单池面积不宜过大，过大洗不干净，试想 $100m^2$ 的滤池在大反洗强度下要用 $4000\sim5000m^3/h$ 的反洗水泵，也是不可能的。

滤池可以连体建设并置于水池之上，所以大幅度节省了占地，符合当前的政策和规划。

市政设计被用于中小容量水净化的无阀滤池、双阀滤池等，不可用于石灰水处理，本来它就洗不干净，石灰水处理后就更不容易洗干净。

石灰水处理过滤技术今后的发展主要在于滤料组配和滤层结构，这使其在上述已认识到的技术条件下获得更高的效率。

二、关于变孔隙过滤技术

80年代引进英国Boby公司变孔隙滤池，同时让我们初次知道变孔隙过滤技术，当时

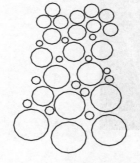

这是一项新过滤理论和新过滤技术，它切实实现了深床高流速过滤，尤其用在石灰水处理上符合上述基本技术要求，如图7-15所示。

变孔隙过滤主要用大颗粒滤料（$d=1.2\sim2.8mm$）和小颗粒滤料（0.3mm）掺合在一起组成混合滤料滤层，由于大颗粒滤料比一般滤料大很多，小颗粒滤料认为掺入大颗粒砂内不在滤层上面，所以不会形成上层过滤。它是基于如下原理："在过滤介质孔隙间产生凝聚过程，因而增加了被截留住的可能性。虽它已被认识了一段

图7-15 变孔隙过滤
砂级配示意图

时间，但是只是在近年才应用与过滤器的设计中，并利用这一现象来改进过滤器的效率和过滤水质。

同向凝聚是速度梯度产生的剪切条件的结果。在滤料孔隙中的流动近似于在毛细管内的流动。在每个孔隙中有一个速度梯度。靠近滤料表面速度为零，而最大的速度在孔隙的中央。在干净的滤床内这个速度梯度可用下式来表示

$$G=\sqrt{\frac{PgvH}{f\mu L}} \tag{7-1}$$

式中　G——速度梯度；

　　　　P——液体密度；

　　　　g——重力加速度；

v——过滤速度；

　　H——压头损失；

　　f——孔隙度；

　　μ——液体黏滞度；

　　L——床层厚度。

　　床层内的压头损失，根据 Kozeny-Carman 方程

$$H/L = \frac{5\mu v(1-f)^2}{\rho g f^3}\left(\frac{6}{d}\right)^2 \tag{7-2}$$

　　在滤床孔隙中产生的速度梯度可表示为

$$G = \frac{13.4(1-f)}{f^2}\frac{v}{d} \tag{7-3}$$

　　从式（7-3）明显地可以看出，速度梯度正比于过滤速度，而反比于滤料粒径。然而减小孔隙度对 G 的影响远较增加速度或减小滤料粒度为大。靠颗粒碰撞而发生絮凝，这个速度梯度对于克服由颗粒表面电荷的相互排斥力来说应该足够大才行。

　　Gt_rC_o 被称为絮凝准则。t_r 为在有剪切条件存在情况下的停留时间，C_o 为颗粒的局部浓度。

$$t_r = \frac{Lf}{v} \tag{7-4}$$

　　于是絮凝准则为

$$Gt_rC_o = \frac{13.4(1-f)}{f}\frac{L}{d}C_o \tag{7-5}$$

　　从式（7-5）可以明显看出，在任何滤床内部区域凝聚的程度都取决于这个区域内的颗粒浓度、局部的滤料粒径和这个区域滤床的孔隙度，但却与过滤速度无关。这表明过滤速度必须足够高来获得足够高的速度梯度，使其能够发生絮凝，此后由于絮凝而引起的颗粒增长程度与流速无关"[66]。

　　变孔隙过滤允许高流速，原引进资料载可达 $v=28\text{m/h}$（未指明在何种条件下），阻力很低，试验观察周期始末相差不过 $19.6\sim29.4\text{kPa}$（$2\sim3\text{mH}_2\text{O}$）。但是变孔隙过滤池在当时引进项目中和以后仿造的工程中使用效果都不理想，现场按原态（在外方公司给出的技术参数下）都不能正常运行。经对其进行系统研究，证实了它介绍的优点都可信，但存在技术问题也很明显，这些问题如下：

　　（1）有一个截留"工作层（即有效滤程）"，此工作层限于有小砂粒存在的位置，当小砂粒分布不均或不足时，截污量和截留强度将受影响。

　　（2）按给出的技术参数，"工作层"运行过程随时间下移，周期末会排出。

　　（3）"工作层"因负荷变化，负荷增大（流速提高）时会暂时破坏，将截流物下移，有部分被排出，工作层有可能（一定流速范围内）在新的负荷下稳定下来恢复工作。

　　（4）不能高强度清洗，不能彻底恢复。只允许低流速反洗，否则会使砂粒大小分层，破坏原结构后就不是变孔隙过滤技术了，也不能用空气混合（如混床）。

　　（5）"工作层"不均匀，不能保持。

　　加上引进时该变孔隙滤料是置于 V 形滤池中的，而 V 形滤池也有种种问题（后述），

致使其投运不久即陆续修改或弃用。

总观该技术原理正确，是一种可以实现深层过滤的新技术，优点突出，但问题也突出，滤层下移和不能彻底清洗恢复是致命的问题，只有彻底改进才可发挥优点、长期使用。

现代石灰水处理需要深层过滤技术，因为它大量被用于中水回用和循环水处理（补充水处理、旁流水处理、污水处理等），处理量大，可以利用澄清池的静压头（2m 左右）同时高流速运行，以大幅度节约能源，而上层过滤阻力大，不能实现上述要求。为适应工业需求研制了 GBKL 型调节滤料深层滤池，该池型经试验研究提出改进型变孔隙技术，设计了改进型变孔隙滤池。

理想的变孔隙过滤技术必须克服引进技术的重要缺欠，保证工业设备的长期安全可靠运行，主要技术目标如下：

（1）进一步研究变孔隙过滤技术原理，不断改进变孔隙滤池应用技术，实现变孔隙过滤技术的完善化。

（2）优化砂层的级配关系，增高有效滤程的比率，更大发挥深层过滤截污量大、周期长的优点。

（3）研究超大型滤池大强度均匀反洗或擦洗，节省水耗，做到 100％恢复砂粒原态和砂层原态。

三、关于 V 形滤池

V 形滤池在国内最早见于 20 世纪 70 年代，引进英国 Boby 公司的变孔隙技术的滤池结构就是 V 形滤池。该型滤池最早资料见于法德格雷蒙公司中文版《水处理手册》，该书如从第一版（1950 年）算起，迄今已 60 余年，如果从原文出版算起，至少是 40 年代的技术，故它并不是一项新技术，其间应当有不少的改变和进步，如图 7-16 所示。

手册中介绍的快滤池有 Aquazur T 型、N 型，MediazurT 型、N 型和 G 型，高速滤池有 AquazurV 型和 T 型，MediazurV 型、T 型和 GH 型。这些型式的区别主要在于为适于不同滤料（密度差异）清洗的次序和强度有所不同，有的砂滤料的级配推荐 0.95～1.35mm（0.7～2mm），有的强调用均质滤料（有效粒径 0.95mm）。但是都要求无论水洗—气洗—漂洗，还是水气合洗—漂洗的流程中，最后的漂洗都控制"床层不膨胀"。一种做法是先排水至砂面上，然后气反洗，实际是求得将不同砂粒混合均匀，类似于混床离子交换器阳阴树脂混合的做法。

该型滤池的床体结构基本相同，只是底板水帽有长柄和短柄的差别。在控制上都是采用衡定水位的方式，水位高低因设计流速而定。

70 年代随变孔隙滤池引进的设计就是类似这种构型，如图 7-17 所示，只是所装滤料是按照变孔隙过滤特点确定的，下部配水配气改为管道。实际运行中存在如下问题：

（1）清洗必需控制流量（强度不够），反洗不干净，加大反洗强度，小粒砂会被冲走。

（2）衡定液面的控制系统很复杂，维护量大，耗资也大，最后因失灵而拆除。

（3）启动时不能保持最低水位，进水没有分配而直接冲击砂层，造成严重偏流甚至短路。

（4）V 形配水侧板很难找平，运行后也变形，进水和排水都因跑偏而短路。

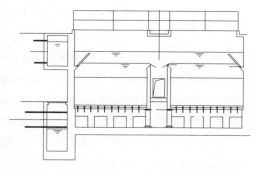
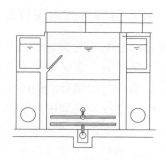

图 7-16 城市给水用 V 形滤池示意图　　　图 7-17 引进的变孔隙滤池示意图

（5）多个滤池并联运行，进水量受滤层阻力影响，容易形成几个池同时失效。

综上所述，这种 V 形滤池由于反洗和控制方式不适合石灰水处理要求，不宜直接简单套用过来，单池面积太大和两池并联的做法也是不适用的。

V 形滤池是衡压控制方式，要求运行中进水液面在周期终点所需要的高度保持不变，当周期开始时滤层阻力小，水流量自然大，就用出口自动阀门截流增加阻力，需要做到

$$h = h_1 + h_2$$

式中　h——终点净液位高度；

　　h_1——砂层阻力，随流速和周期变化；

　　h_2——出口阀门调节阻力。

从原理分析，h_1 的增大基本呈线性关系，阀门的开度与流量本身不是线性关系，而阀门执行机构（无论是电动或气动）的动作与信号是比例关系，所以很难取得协调。出口阀门的调节信号由液位的波动发出，运行中砂层的阻力随时变化，比较频繁，而且并不均匀，液位有波动，故带来信号发送的某些紊乱。实际运行中这种控制方式因不可靠而基本废弃，而保持高液位运行是此池型设计的基本运行技术条件，不能保持液位由此引发了一系列问题，如周期之始滤层砂面裸露，被水流冲击，甚至造成水管外露水流直接无滤旁流；周期终点无法判断；砂层混乱出水质量差等，如照片 7-3 所示。

V 形滤池定液位高流速（高截污容量）运行，为此它要求用低阻力高孔隙度的滤料层，均粒滤料是必然选择，而且（德律满资料）给出了反洗程序和参数，核心是不要使

照片 7-3　GBD 电厂 V 形滤池运行周期之始
进水直接冲击砂层和偏流情况

砂层膨胀。国内许多试验表明，大颗粒滤料和均粒滤料滤层穿透结论是一致的。仅此两点 V 形滤池不适宜在石灰水处理中应用。试想不膨胀颗粒间如何能撞击、摩擦而洗掉与之结合的污物？终点穿透如何保证水质和周期控制？

四、GBKL 型调节滤料深层滤池简介

调节滤料深层滤池的滤料组合是以变孔隙过滤技术为基础经研究改进成功的，所以可称改进型变孔隙滤池。它保留了变孔隙过滤技术深层过滤、流速高、阻力小、截污量大的重要优点，克服了它限制反洗强度、有效滤层浅、污物下移和终点泄漏等缺点，较完整地实施了变孔隙过滤技术的理论，从而获得满意的效果。它利用澄清池出水静压高差即可以达到流速 $v=10\sim12m/h$，终点阻力不大于 $19.6kPa$（$2mH_2O$），截污能力不小于 $3kg/m^3$，水和气反洗强度满足 $12\sim16L/(m^2 \cdot s)$，无砂层表面冲击，有效滤程约 $1m$，周期不小于 $24h$，多个滤池之间可以自动控制分配，避免同时出现终点等技术性能，出口 $SS<1mg/L$，如图 7-18 所示。

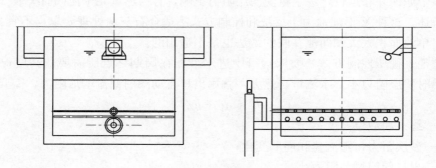

图 7-18 调节滤料深层滤池示意图

中水石灰水处理后的过滤物质主要有过饱和的 $CaCO_3$、$Mg(OH)_2$ 和残存的有机物。大的 $CaCO_3$ 颗粒和原水中的 SS 在清水中已基本不存在，主要是在澄清器后期可能被携带出来的小于 $0.05mm$ 的颗粒物和大胶体态或胶体态物质，它们仍然有继续结晶的倾向和黏结性。残余有机物大部属于溶解物和胶体态，所以中水回用的过滤阶段希望能够具有一定的去除胶体物质的功能，而变孔隙过滤技术有同向凝聚作用和接触吸附作用。当中水经石灰深度处理后仍然需要膜法脱盐时，澄清池中可能少加或不加助凝剂（PAM），在此工况下，清水质量可能变差，$CaCO_3$、$Mg(OH)_2$ 和有机物残余含量都会增高，澄清池出水 SS 可能达到 $5\sim10mg/L$，异常时或更高些，有机物的去除率可能降低 $20\sim30$ 个百分点，过滤设备不仅会增大承担负荷，而且要更强的截流和清洗作用。GBKL 型调节滤料深层滤池可以在上述两种运行工况下保持原有技术性能。

GBKL 型调节滤料深层滤池的主要技术特点如下：

（1）滤料：GBKL 型调节滤料深层滤池的滤料为两种级差较大的滤料交叉组合，构成差异大而多变的孔隙流道，使 G 值发生突变有利于产生同向凝聚，同时使大小颗粒交叉层扩大，增大了有效滤程，提高了截留概率和截污能力。由于 GBKL 型调节滤料深层滤池按照试验与实际验证的结果合理地调整了滤料的级差、配比、质差，从而可以设计出所需要的最佳关系参数，使变孔隙过滤技术的优势得以发挥，得到长期稳定运行，而不会产生截留层下移和周期终点穿漏的情况。

（2）彻底反洗恢复：GBKL 型调节滤料深层滤池的清洗按设定的优化程序进行，可以气水合洗、气水分洗和单独擦洗，也可以重复或延长某一过程，以保证完全恢复为准则。

水气清洗强度可以达到 $q=12\sim16L/(m^2 \cdot s)$。在任何水反洗或空气擦洗下，均不改变给定的滤层结构，不会产生跑砂、漏砂现象，如照片 7-4 和照片 7-5 所示。

照片 7-4　邯郸电厂 GBKL 型调节滤料深层滤池大强度反洗时实况

照片 7-5　山东 XY 电厂超大型滤池反洗情况和清洗效果

（3）进水分配与反洗排水：滤池进水经进水阀门一般为单孔进入，会带来配水不匀并因水流冲击破坏滤层，专门设计的鸭嘴阀可以缓冲进水的冲击能量，使水流分散溅落，它可以自由翻动，运行时随水流而开启，滤池反洗时随水流关闭，不干扰反洗布水。

GBKL 型调节滤料深层滤池的设计不但注意在反洗时配水配气管道的均匀性，而且排出也是两侧双向排水（图 7-8），有利于水流分布均匀，克服清洗死角及节省时间和水量。

（4）输水输气设计：滤池输水系统有多种方案可供选用，可用滤管配水、气水分流方式，也可选用滤板长柄水帽方式，都可满足大强度冲洗需要。当采用滤板长柄水帽方式时，增设布气措施避免了大池型（如 $40m^2$）一侧气容易出现（图 7-12）布气不均匀的情况。

滤池输水系统兼作运行排水和反洗进水共用，符合大阻力和小阻力设计计算要求。滤层反洗强度按照较高值 $12\sim16L/(m^2 \cdot s)$ 计算，可以保证滤砂达到周期性充分恢复（照片7-5）。当运行最大流量只相当反洗流量的 $1/5\sim1/4$ 时，可以保证配水的均匀性。

无论滤板式或配管式都考虑了维护检修的方便，单根滤管或单个水帽都可以拆装更换。在布局上尽可能消除运行流动和反洗死角，防止残余有机物可能的谑生繁殖。

（5）控制：进口水自然均匀分配，池间互相无周期性干扰，在多达 12 台滤池并联运行中，可以人为控制顺序清洗，少有两台同时待洗的情况出现。负荷波动时出水量自然分配，周期也随之自动调整，长时间改变负荷而停开部分滤池时，仍可以在新负荷下自行分配负荷。周期始终液位随阻力自然涨落，按照要求设置的液位位置点作为控制信号。具有按照优化的设计程序或在调试时调整的程序与时间调整变量功能。

（6）规格：已经投入运行的单池规格有 $S=21m^2$、$S=24m^2$、$S=27m^2$、$S=30m^2$、$S=40m^2$ 等，滤池的单池规格可以根据工程总产水量的需要选择滤池数量，并合理设计单池面积。

实践证明，GBKL 型调节滤料深层滤池（改进型变孔隙滤池）是迄今最适合石灰水处理的过滤技术和设备。

GBKL 型调节滤料深层滤池也可以用于压力式过滤器，在增大允许运行阻力和周期终点阻力的情况下，可以选择更高的流速，但是要在设计时调整滤料参数，以适应增大出水量后的截污能力等关系。

GBKL 型调节滤料深层滤池也可以与其他过滤技术配合使用，如表面过滤，满足系统设计不同的水质需要。

第八章

石灰水处理用石灰乳液的制备

第一节 概   述

石灰水处理时都要把石灰以乳液的形态注入澄清池中，不应把固体石灰直接放到反应器中，这是因为实际操作的困难和反应效果不好，固态石灰乳化是石灰水处理良好反应的必要过程。购入的石灰都是固体或少有膏状的，必须把它溶解调配成乳液状才可输送供使用。在整个过程中完成这样几项操作：运输、卸料、储存、溶解、计量、输送，统称石灰乳液制备。随石灰原料的状态不同，工艺系统和设备也会不同。石灰本身的特性是溶解度低、容易污染环境、多数质量较差，含有大量不溶杂质、容易吸潮吸碳而潮解成团或钝化，给储运制备带来极大困难。

石灰的溶解度只有 0.165%（20℃），工业应用只可能配制过饱和乳液，所以整个制备过程都面临着堵塞、沉积、磨损、泄漏、结垢、污染等问题，这是历来促使石灰系统瘫痪、废弃的主要原因，也是石灰系统为现代工业接受必须解决的问题。

石灰的质量不仅与成分含量和形态有关，与其前期的煅烧和消化关系也很大，水处理用石灰希望用轻烧和高温消化的产品，并且密封运输和保存以保护表面活性。现代大型工业用石灰原料早已不再用原始态块状生石灰，而用密闭运输的粉状石灰。在工程实用时为了方便就地取材，这样实际供货品种或质量往往不能达到要求，但为了保护环境和使用效果必须满足基本要求并在事前明确质量状况，以便工艺设计中采取必要措施补足。我国当前没有水处理用石灰标准，兹推荐暂用德国 DNA 19611 标准和 DNA 19614 标准。

我国各省遍布高质量的石灰岩矿，只要看看那些南北各省可供观赏的溶洞，就会知道我国石灰岩矿非常丰富，获得高质量的石灰具有雄厚的社会基础。

第二节 石灰乳液制备工艺的技术要素

一、石灰的基本性质

下面列出石灰水处理用石灰原料的一些数据。

"石灰石（$CaCO_3$）为同质多晶结构——方解石、霰石、球霰石，密度为 2.65~2.8g/cm³，密度为 1.9~2.8g/cm³，20℃溶度积为 0.525×10⁸mol/L，$CaCO_3$ 溶液常温下 pH＝

9.5～10.2。

生石灰（CaO）的组织结构取决于煅烧温度，在较低温度下煅烧的是轻烧石灰，平均密度为 3.35g/cm³，体积密度（含自身气孔的密度—不是堆积密度）轻烧为 1.5～1.8g/cm³，中烧为 1.8～2.2g/cm³，硬烧大于 2.2g/cm³，当体积密度为 1.6g/cm³ 时比表面积为～21000cm²/g（回转窑），水化热为 $CaO+H_2O \Longleftrightarrow Ca(OH)_2+65kJ$（15.5kcal），再碳酸化生成 $CaCO_3$ 放热 177.65kJ/mol。

熟石灰 $[Ca(OH)_2]$ 是复三方偏三角面体结晶（波兰特石），密度为 2.2～2.3g/cm³，堆积密度（因生产工艺不同）为 0.37～0.52kg/L，比表面积随水灰比和消化温度不同，为 15314～58300cm²/g，粒度因消化水质等因素不同而不同，范围在 0.01～10μm，10～30℃ 时溶解度为 0.176%～0.153%，解离度10℃下（折合成 CaO）浓度 0.1024～1.164g/L 时为 96%～77.4%，在 20℃ 下（折合成 CaO）浓度 0.615～1.230g/L 时溶液 pH＝11.42～12.60，流动性生石灰粉 50～70，熟石灰粉 35～55（阿德勒西尔施法）（熟石灰粉的休止角为 42°），见表 8-1 和图 8-1。

表 8-1 　　　　　　　　　　CaO 和 Ca(OH)₂ 在不同温度下的溶解度

温度（℃）	g CaO/100g 饱和溶液 Ca(OH)₂	
0	0.140	0.185
10	0.133	0.176
20	0.125	0.165
30	0.116	0.153
40	0.106	0.140
50	0.097	0.128
60	0.088	0.116
70	0.079	0.104
80	0.070	0.092
90	0.061	0.081
100	0.054	0.071

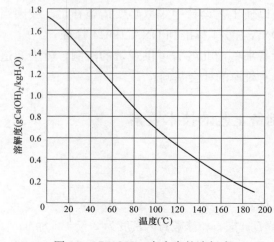

图 8-1　Ca(OH)₂ 在水中的溶解度

氢氧化钙的溶解度对石灰水处理的反应和设备设计有较大影响。氢氧化钙的溶解度受到某些盐类的影响，情况如下：

（1）氯化钙在约 30% 浓度以内随着浓度增加可以促进熟石灰的溶解度，而在浓氯化钙溶液中，如升高温度的熟石灰的溶解度比在纯水中有所增加。

（2）硝酸钙也能改进熟石灰的溶解度，大约可达到用纯水时的二倍。

（3）相反，硫酸钙可降低熟石灰的溶解度，0.2% 的磷酸钙溶液，在 25℃ 时可将熟石灰的溶解度降到 0.062g/L。

"碱类氯盐，如 NaCl、KCl 和 LiCl 促进氢氧化钙的溶解度，氯化钡也是如此。氢氧化钠和碳酸钠可大大降低熟石灰的溶解度。浓度为 0.8％的氢氧化钠溶液在某些情况下甚至能完全阻止热石灰的溶解。一般可以说，熟石灰的溶解度在加入酸性盐溶液时就增加，在碱性介质中就减少。

氧化钙在消化时与水或水蒸气按下式反应，并放出热量：

$$CaO + H_2O \Longrightarrow Ca(OH)_2 + 64.96kJ(15.54kcal)$$

在 100℃以内随着温度的升高反应速度加快，这时又放出热量，于是温度又大大升高，加速了转化。

到 100℃以上反应速度下降，直到 547℃，在该温度下呈可逆反应。氢氧化钙吸热后分解成氧化钙和水。

生石灰在消化过程中由石灰块分解成细粉状熟石灰。其原因是组织结构发生了变化，使密度由生石灰的约 $3.35g/cm^3$ 变成熟石灰的 $2.24g/cm^3$ 左右。

从反应式 $CaO + H_2O \Longrightarrow Ca(OH)_2$ 可以算出，熟石灰的水含量为 24.3％，其余 75.7％则是固体氧化钙。因此消化过程会使质量增加。100 份的生石灰加上 32 份的水，产生 132 份的熟石灰。

实际上由于蒸发损失，达到完全水化所需要的水量要大得多，至少需要 52％的水"[67]。

再碳酸化是石灰石分解的逆反应，其反应式为

$$177.65kJ(42.5kcal) + CaCO_3 \Longrightarrow CaO + CO_2$$

它对石灰的储运，特别是对石灰乳的硬化很重要。在正常温度和压力条件下，干燥状态的 CaO 和 CO_2 的反应不明显。在两个条件都提高时能促进反应。但到 400℃还几乎没有吸收 CO_2，到 600℃以上才能看到大量和迅速的吸收。"[67]

不同温度下各种浓度 $Ca(OH)_2$ 溶液的解离度和 pH 见表 8-2 和表 8-3。

表 8-2　　　　　　　　　　0～30℃时各种浓度 Ca (OH)₂ 溶液的解离度

CaO 浓度（g/L）	解离度 α（％）			
	0℃	10℃	20℃	30℃
0.1024	94	96	96	95
0.564	86	84	83	83
0.724	83	83	81	81
0.842	83	81	80	79
1.164	79.3	77.4	75.5	75.3

表 8-3　　　　　　　　　　20℃和 25℃时各种浓度 Ca(OH)₂ 溶液的 pH

CaO 浓度（g/L）		pH	
		20℃	25℃
0.615		11.42	
	0.064		11.27
	0.065		11.28
	0.122		11.54
	0.164		11.66

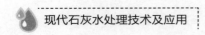

续表

CaO 浓度（g/L）		pH	
		20℃	25℃
0.246		11.98	
	0.271		11.89
	0.462		12.10
0.492		12.25	
	0.680		12.29
	0.710		12.31
0.738		12.41	
	0.975		12.44
0.984		12.53	
	1.027		12.47
	1.160		12.53
1.230		12.60	

二、石灰的制备与石灰原料

无论使用何种乳液制备工艺，石灰原料的质量都是乳液质量的基础。

（一）石灰原料

我国各地普遍拥有高品位的石灰石矿，到处可见的溶洞都由优良的石灰石构成，其有效成分含量均可达到 92%～96%甚至更高，但是很少有高质量的商品石灰，原因在于市场习惯于使用低质量廉价产品和没有形成工业生产体系，关键是人们的认识停留在石灰就是低质材料而不是工业原料，中华人民共和国成立初期从苏联学来的就是这种模式。各个工业生产需用高质量石灰时自己烧制，如钢铁企业、化工企业等，大量使用石灰的建材业习惯用低质灰，必要时挖坑淋膏提纯，这也是基础工业落后的一种现象。工业发达国家对工业原料石灰的质量要求很高，钢铁工业用石灰质量从 1940 年到 1972 年 CaO 含量由 78%～85%逐步提高到 94%～97%，化学工业普遍要求大于 90%，有的 94%～96%（如生产 CaC_2 和漂白粉等），建材工业要求达 92%～95%，建筑业也大于 80%。相比之下水处理用石灰的质量标准不是最高的，所以在市场获得并不困难。

（二）石灰的煅烧

煅烧是取得高质量石灰的关键。土窑虽然不一定不能烧成高质量石灰，但是在商业利益驱动下怕只有样品还可以。机械化窑生产的石灰基本上都可以达标，其中以转窑最优。水处理希望用轻烧灰，因为轻烧灰可以获得更大的比表面积和孔隙度，提高反应的吸收效率，轻烧（900～1000℃）石灰晶体为 $1\mu m$，体积密度为 $1.6g/cm^3$；中烧灰（1000～1100℃）晶体为 $10\mu m$，体积密度为 $2.0g/cm^3$；硬烧灰（约 1300℃）晶体为 $20\mu m$，体积密度大于 $2.2g/cm^3$。照片 8-1 表示煅烧温度与消化时间的关系。

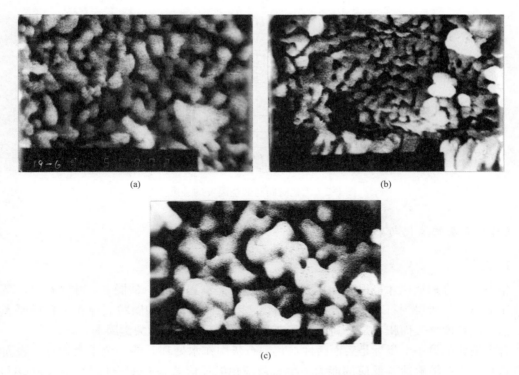

照片 8-1　不同温度煅烧下的石灰组织结构照片

（a）欠烧石灰试样；（b）正常煅烧石灰试样；（c）过烧试样石灰

由照片 8-1 见到欠烧石灰结构紧密，过烧石灰结构有玻璃态，正常煅烧石灰结构松散多孔。图 8-2 所示为 $CaCO_3$ 与 CaO 的晶体结构。

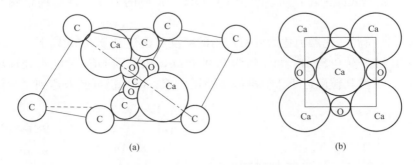

图 8-2　$CaCO_3$ 与 CaO 的晶体结构

（a）$CaCO_3$ 的结构；（b）CaO 的结构

　　石灰的活性取决于结晶的大小及结晶格子破坏的程度。氢氧化钙为六方晶体系的晶体。为此石灰在煅烧消化的过程中都伴随着晶体的改变。随着煅烧温度的提高，结晶的大小增加，晶格的破坏程序减少，而生石灰的活性也随之降低。在温度 950℃ 时煅烧石灰石有较高的活性并较容易消化。当煅烧温度为 1300℃ 时，活性 CaO 的损失率为 $86\%\sim89\%$，消化时间由 15min 增加到 80min，仍未得良好的结果，如图 8-3 所示。

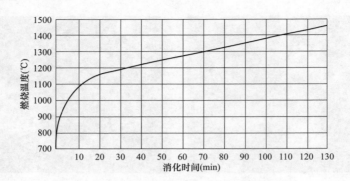

图 8-3   消化时间与煅烧温度的关系

（三）石灰的消化与熟化

1. 消化

生石灰的合理消化才可得到优质石灰粉，最好是高温消化。从图 8-4 可以看出，高温消化比低温消化所得到石灰粉粒度差约 3 倍，二者同样质量下的颗粒表面积小粒径要大出约 3 倍。而粒度（表面积）是提高石灰乳液与碳酸盐反应效率的关键因素。

合理消化的另一个指标是表面活性，它是石灰用作水处理时的一个重要指标，表面活性是指它与水中溶解盐类反应的能力。生石灰消化的反应式是 $CaO + H_2O \longrightarrow Ca(OH)_2$，在消化时必需加水，如果用纯净水即水中没有盐分，那么即可获得活性良好结果；如果水中有可与石灰反应的盐分如碳酸，在消化反应的同时碳酸立即与 $Ca(OH)_2$ 反应生成 $CaCO_3$。因为是酸碱反应，速度很快，最早的反应在 $Ca(OH)_2$ 颗粒表面，所以反应产物 $CaCO_3$ 也存于颗粒表面，$CaCO_3$ 是难溶物质，可以包围在颗粒四周，阻碍了 $Ca(OH)_2$ 的进一步反应，这就是表面钝化，所以保持 $Ca(OH)_2$ 良好的表面活性是衡量熟石灰质量的重要指标。

图 8-5 显示在高温消化器消化后的石灰粉的粒度可能达到 $0.6\mu m$ 以下（美国材料试验协会标准筛 170 目为 0.088mm，200 目为 0.074mm，按德国 DIN 标准水处理用石灰粒度小于 0.09mm），虽然其粒度远小于标准满足使用要求，但是仍可能未达到完全消化，在小

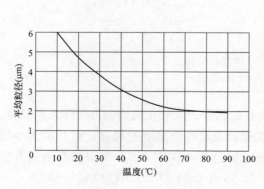

图 8-4 $Ca(OH)_2$ 平均粒径与消化
最高温度的关系

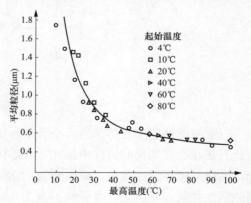

图 8-5   石灰消化温度与石灰粉的
粒度关系

颗粒内部还存在 CaO，即使按照理论需要量注水也会在粉的表面留有游离水，况且在高温消化时还有大量蒸汽消耗掉一些水，经验介绍游离水一般约为 5%。图 8-5 是沿消化历程的不同粒度，说明在延续消化。新消化的石灰粉进入储仓后仍继续有熟化反应，此期间甚至为 5 天到一周，称为陈化。图 8-6 是预化器与陈化仓后的灰与试剂灰溶解速度比较的差异，即反映不同部位粉的粒度和消化程度的影响。

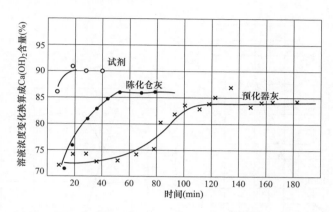

图 8-6　不同部位（消化后不同时间）$Ca(OH)_2$ 溶解速度

我们希望在消化中得到更细的粉状石灰是为了有利于处理时的反应，其中好处之一是溶解得快。图 8-7 是不同粒度的 $Ca(OH)_2$ 粉的溶解速度曲线，40 目较 160 目二者相差数倍。

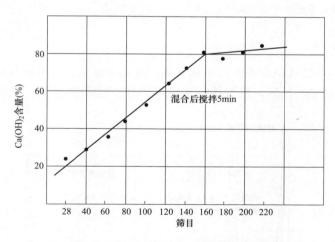

图 8-7　不同粒度 $Ca(OH)_2$ 粉的溶解速度曲线

膏状的质量优于块状灰，一般多是工业副产品，以浆液态排出，浓度为 10%～20%，有效成分为 60%～70%，高于土窑生产石灰质量。这种灰可以用于水处理，如果临近产地可以直接用浆（有这样的先例），也可以由其堆积场取膏。用膏时储存和计量比用粉困难，环境也略差。

水处理用石灰必须是粉状体，最好是熟石灰粉，熟化是得到粉状体的较好方法。

水中不同粒度的石灰沉降速度差别很大，图 8-8 为不同粒度石灰在紊流水中的沉降曲线。

无论 CaO 或 Ca(OH)$_2$ 粉都应当密闭储存，避免与大气长时间接触，吸取空气中的水蒸气、CO$_2$、SO$_2$ 等易造成表面钝化，而降低使用效果。在储仓中粉的表面也有自我保护作用，图 8-9 所示为经 1 个月暴露后粉层之下不同深度的变化，由图可知保护层厚度约 30mm。

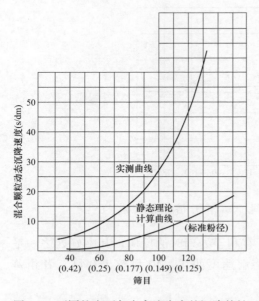

图 8-8　不同粒度石灰在紊流水中的沉降特性

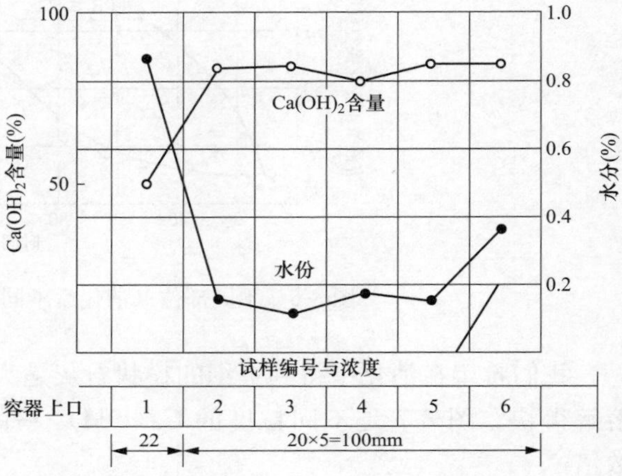

图 8-9　熟石灰粉与大气接触时成分的变化

2. 熟化

"许多石灰使用者没认识到正确熟化具有降低损耗和浪费、影响石灰浆质量和经济性的重要性。为了取得最好的结果，仔细选择正确的熟化方法是必要的，见图 8-10 和图 8-11。

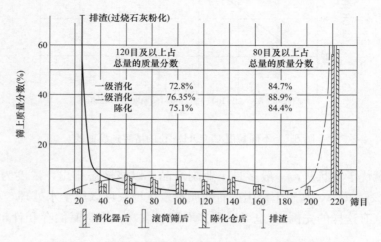

图 8-10　不同部位（消化后不同时间）石灰粉筛分结果

甚至质量最好的生石灰，因熟化使用的水分太多或太少也会降级。水化石灰不是极度过烧就是过水，两种情况都不能完全水化或成废石灰，颗粒粗、表面积小的活性就低。生石灰（磨碎的、磨细的或细屑）的粒子大小都相同时，所用的水-石灰比、温度及搅拌也应相同。因水质不同，会得到不同的熟化结果。因此，要仔细地检验，若所用的回收水像许多废水一样含有亚硫酸和硫酸铁，则在很大程度上会阻碍熟化。这些粒子起缓凝剂作用，与石膏一起沉积，包住石灰颗粒，阻止其完全水化。在最不利的情况下，仅有50%～60%的石灰熟化。并且粒子粗、活性差。有效处理过的废水含有氯离子，氯离子是有利的，因它能适当地起到加速消化的作用。"[68]

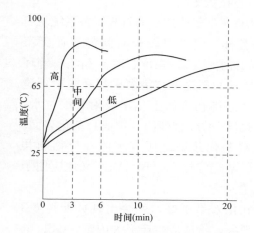

活性	升至 40℃	完全作用
高	3min 或小于 3min	10min 或～稍小于 10min
中间	3～6min	10～20min
低	大于 6min	大于 20min

图 8-11　美国自来水协会 B-202-65 进行熟化比例试验绘制的石灰活性标准曲线

三、石灰的乳化

石灰乳是制备系统的成品，工业用一般都配制成过饱和状态乳液，由于石灰属于难溶物质，因此要求配乳过程保持石灰本身性质和适应进入澄清池后的反应环境，也要选择恰当的设备和系统参数，使之获得优良乳液。

乳化指干石灰粉加水成为乳浊液的过程，它是由固态和液态两相物质组成的混合分散体系。乳化过程首先进行粉状灰和水的快速完全接触，其次在粉粒内外表面充分吸水并逐渐溶解，溶质向距离较远的水系扩散直至全部水达到饱和。煅烧良好的石灰为多孔状单体，水分通过孔隙进入内表面，过饱和乳液分散体系的颗粒或可小于未溶解前的单体，但不可大于单体。此单体在初进入溶液（水）中时，迅速吸取周围的水分，同时表面分子开始向水中扩散，细小颗粒的巨大表面积和微小的颗粒半径，有助于水进入内部，达到完全湿润状态。良好的混合使体型处于变化中的颗粒，始终有一层水膜所包裹，表面分子透过水膜扩散，水膜的存在有助于颗粒在合理剧烈的搅拌碰撞时，仍能维持充分分散状态。以上描述的是成功的乳化经历和结果。

必须防止石灰粉抱团成块，因为一旦出现粉团，进入水中后粉团表面先吸水并达到饱和形成饱和层，会阻止水分深入内层，即所谓"自制"现象，内层粉的吸水只靠饱和层的水分逐渐向内传递，就缓慢很多。可想而知如果在粉的输送过程中即吸潮而成团，或进粉不匀（瞬时大量进粉），都可能出现这种情况。这是衡量石灰搅拌器与进粉设备结构是否合理的技术要素之一。

如果在溶解设备内不能完成上述乳化过程，就是溶解不良，乳液中如果有粉团带出就可能有严重后果——"噎塞"而堵塞管道，如人入食时咀嚼不够而强制下咽，这也是北京某电厂的仿英 PWT 石灰制备系统输送管道三个月即堵死的重要原因之一。

生活经历让我们知道，即使在有搅拌的条件下，向粉中加入水和向水中加入粉的效果也是不一样的，粉加入水时更容易形成粉团，故对混合搅拌条件要求更高。同样，当粉与水接触时迅速搅拌（破坏"自制"）或缓慢搅拌效果也有巨大影响。

照片 8-2 是北京某厂经改造后的石灰制备系统从石灰搅拌箱取出的乳样，它可以较长时间静置而无沉渣，在于搅拌箱的搅拌方式、强度、时间和注粉等环节达到了乳化的要求。理论上"诸多矿物在水中不论是晶体或无定形状态都在表面上化学吸附着配位水，经过解离而形成大量—OH官能团，构成羟基化表面。表面带有羟基或羟基化几乎是所有水体颗粒物的共性，因此，界面羟基配位化学原理可以广义地应用于各种水体颗粒物。"[3]

当然，如果乳化效果不好，就会出现如照片 8-3 所示的严重堵管现象，给造成生产极大困难。GBD 电厂自投入运行始至改造前 7 年间，每年都会出现 4～5

照片 8-2　良好的石灰乳化效果样品

次这种情况。照片 8-4 和照片 8-5 是河北 SH 电厂两期工程同样问题的照片。

石灰乳浓度的换算如图 8-12 所示。

照片 8-3　仿制引进英 PWT 石灰制备系统
GBD 电厂输出管道三个月堵塞照片

照片 8-4　河北 SH 电厂一期工程
堵塞照片

照片 8-5　河北 SH 电厂二期工程堵塞照片

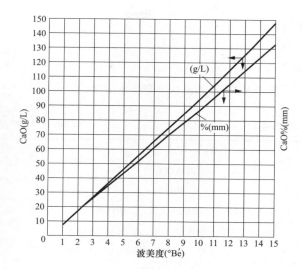

图 8-12　石灰乳浓度的换算

四、推荐暂用的水处理石灰质量标准

我国没有水处理用石灰的质量标准，推荐参考德国 DIN 19619611 标准作为设计或检验标准（表 8-4）。

表 8-4　　　　　　　　　　　　推荐的水处理用熟石灰质量标准

项目	数据
商品形式	干粉
外观	白色
溶于蒸馏水并去除不溶物后的溶液外观	无色
水溶性氢氧化钙含量［表示为 $Ca(OH)_2$］	至少 80％（质量分数）
镁含量（表示为 Mg^{2+}）	最多 1.5％（质量分数）
硫酸盐含量（表示为 SO_4^{2+}）	最多 1％
筛余物	0.63mm，无
	0.09mm 最多 10％（质量分数）

注　推荐的熟石灰粉应当是高温消化的石灰粉，而不是机械研磨粉。

（一）目的

采用这个标准号的熟石灰，即用于净化天然水为饮用水，又用于工业用水的脱酸、软化和除去悬浮物。

（二）概念

此标准号的熟石灰是由石灰石 $CaCO_3$ 经煅烧、水淋制成的。它的成分绝大部分是氢氧

化钙 $Ca(OH)_2$。

（三）要求

熟石灰应符合表 8-5 中要求。

表 8-5 　　　　　　　　　　　　　　 **对 熟 石 灰 的 要 求**

项目	数据
商品形式	干燥粉末
外观	白色
蒸馏水中不溶物沉淀后，溶渣外观	无色
水溶性氢氧化物含量［以 $Ca(OH)_2$ 表示］	最少 80%（质量分数）
镁含量（以 Mg^{2+} 表示）	最多 1.5%（质量分数）
硫酸盐含量（以 SO_4^{2-} 表示）	最多 1%（质量分数）
金属筛上的残渣	0.63DIN4188（约相当 28 目），无
	0.09DIN4188（约相当 200 目），最多 10%

注　使用熟石灰将水净化为饮用水时，处理后水中有害物质不能超过规定值。

（四）产品的包装、发送和作标志

此标准牌号的熟石灰以专门容器或纸袋供货，供货必需附有供货单。此单附有详细的熟石灰商业产品标志和内容符合德国工业标准的说明。单个标准均应附有质量、商品标志、商标及供货单位的名称。

（五）检验

1. 取样

以标准牌号熟石灰的待检样品必须在发货到目的地时立即取出。在用袋供货时，必须从 10% 的供货袋中取样，至少也得从 5 个供货袋中取样。为此，在包装打开之后，去掉上部大约 10cm 后的一层熟石灰，用探棒式取样器深到 10cm 以上。用容器供货转载时必须取样。在整个卸货时间内，均匀分配地取样，此时取样至少 1kg。

单个样品混合成一个均匀试样，然后将这个试样堆成圆锥形，对称分为 4 份，其中位置相对的两份弃去，留下的两份再混合，堆成一个圆锥。这些部分的操作常常这样重复，直到出现一个大约 2kg 的剩余圆锥用作试验室试验为止。

由试验室样品中取每份 500g 装入 3 个玻璃瓶或塑料瓶中，然后密封、查封，并注明文字。检验员以份样品进行测定。剩余的留作以后有争议时备用。

样品将要测定下列成分的应尽可能不与空气接触，因为氢氧化钙吸收二氧化碳转成碳酸钙。

2. 水溶性氢氧化物含量［以 $Ca(OH)_2$ 表示］

器皿和试剂如下：

小口径量瓶（NSIE DIN 12663）、搅拌器、全量移液管（100B DIN 12690）、艾仑麦尔烧瓶（大口径、300 DIN 12385）、施耳巴赫滴定管（850×0.1A DIN12701）、酚酞溶液——0.2g 酚酞溶于 100mL 甲醇中、盐酸（0.1mol/L）。

操作如下：

称取 0.1～1g 样品，准确至 0.001g，置于小口径量瓶，加无二氧化碳的蒸馏水800mL，在搅拌器上搅拌 5min。接着加入无二氧化碳的蒸馏水至刻度，之后直接用干滤纸过滤，最初的 50mL 溶液弃去，后面的 100mL 滤液加入 5 滴酚酞溶液，用 0.1mol/L 盐酸滴定到褪色，在滴定过程中，不断搅拌溶液。盐酸必需逐滴滴入至达到终点，否则易滴过量，使结果偏高。滴定时间不应超过 1min。

计算如下

$$G_1 = \frac{b \times 37.05 \times 10}{10 \times a \times 1000} \times 100 = b \times 3.705/a(\%)$$

式中　a——熟石灰的称重，g；

　　　b——0.1mol/L 盐酸的消耗量，mL；

　37.05——当量值，g/L。

3. 筛渣的规定

称取样品 100g±10g，准确到 0.1g，置于一筛组中，具有金属筛网底 0.63DIN4182 检验筛过筛。这个筛组，从下向上由收集盆、金属筛网底 0.09DIN4188 检验筛、金属筛网底0.63DIN4188 和一个盖子组成。试样筛 5min，过筛时，一手抓住这个筛组，用另一手掌每秒 2 次敲打处在稍倾斜的位置的筛帮。在敲打 30 次之后，筛组在差不多水平位置旋转 90°，这时对筛帮狠敲 3 次，5min 后，从筛组上拆下收集盆，倒空试样。在具有金属筛网底0.63DIN4188 的检验筛上不允许有残渣，否则试样不合格，在拆去具有金属筛网底0.63DIN4188 的检验筛的情况下，以上述方式继续筛分，直到 5min 后，在收集盆内的筛分不超过 0.3g 为止。然后，在金属筛网底 0.09DIN4188 的检验筛上的残渣在轻轻敲打倾斜的检验时，被收集到一个紧靠筛帮的坚硬的衬套上，并且用毛刷将全部残渣扫入一个磁盘内，此残渣的量规定为 0.1g。

计算[67]如下

$$G_4 = h/g \times 100$$

式中　G_4——在金属网底 0.09DIN4199 上的熟石灰残渣，g；

　　　g——熟石灰称重，g；

　　　h——在金属网底 0.09DIN4188 残渣的称重，g。

第三节　石灰乳液制备装置的设计

一、石灰乳液制备的技术与质量水平

人们对石灰制备设备的认识往往停留在过去低水平或所见乡间民窑灰质的基础上，脏乱差，呛人污染，到处飞尘、堵塞、结垢、泄漏、随便排污等，很难达到现代企业所能达到的文明生产程度，存留此种观念就永远滞留在落后的状态之中止步不前，或者对一些勉强使用隐患较大的工艺，也只得容忍其存在，甚至（在当前市场存在无序竞争之下容易）受某些误导（欺骗），认为使用石灰就得这样，久之，人们会产生讨厌石灰水处理技术的观念，再蹈历史覆辙，丢弃这个经济实用、有利于环境、有利于社会的先进技术。对于石灰水处理和石灰制备，我们已经有了 60 多年的经验积累，它的技术进步已经达到现代工业水平，只有坚持这样的高水平，才可以巩固和发展，才可以让更多的企业普遍受益，才可以揭示假冒伪劣，使国家少受损失。有准绳才可以衡量，有比较才可以鉴别，为便于识别现代石灰技术，辨别伪劣技术，现依据近年经验，对石灰制备系统与设备可以实现的技术质量归纳几点，以供鉴别：

（1）全密闭：由粉卸车开始至乳液送出，全部流程处于密封容器或管道中，无任何粉尘或乳液外泄或排出，车间粉尘达到日平均小于 $2mg/m^3$。

（2）全自动：除卸车外全部流程、计量、输送、分离过程都在自动控制下进行，实现无人值守。

（3）无堵塞：系统没有死点、没有停歇和静止、没有沉积，从而消除了产生堵塞的原因。

（4）无泄漏：全部流程通畅，不人为设任何阻隔，没有滞留和灰浆泄点（检修外），不给下水系统带来隐患。

（5）无硬垢：防止出现成垢因素，保持转动和操作部件灵活，保持灰浆活性。

（6）无污染：设备、厂房、地面、空气环境保持清洁，能够达到Ⅰ级企业标准。

（7）低磨损：关键部位（如轴承）采取积极可靠措施，实现长期安全运行。

（8）低能耗：单元总耗能小于 20kW。

现代石灰水处理的制备技术可以达到这样的良好效果。达到如此效果的装置，至今已有上百套在运转，历时 19 年，技术全部自有，设备全部国产。照片 8-6 为北京 GBD 电厂石灰乳输送 470m，高差 12m 管道运行 2 年后检查的情况。照片 8-7 是天津 PS 电厂石灰储存与制备车间控制盘与设备同室布置运行 14 年的情况。

照片 8-6　北京 GBD 电厂改造后 2年检查的情况

照片 8-7　天津 PS 电厂石灰粉仓和制备车间

二、石灰乳液制备系统的设计

系统：石灰制备系统的功能包括原料储存、乳化、计量和乳液输送，其中要点是出粉口防堵、计量、乳化搅拌和管路系统。石灰制备装置与石灰水处理澄清池原则为单元制，即一组石灰制备装置对应一台澄清池。

容量：设备或单元装置的出力习惯指其单位时间内的供应量，如 t/h、m^3/h 等，而石灰制备装置的供应量在较大石灰需用量范围内大体一致，即输送泵的出力规格一样，这是因为渣浆泵的结构输出量不适宜过小，一般约 $10m^3$/h，石灰乳的使用量已经足够，所有配套设备也就变化不大，只有石灰粉储仓可随耗量变化，常以储仓容积（m^3）为单元计量规格。

设备：石灰制备系统中所用的设备，每一台设备都必须适应它所具有的功能，功能变化设备或需变化，但是要充分掌握它的主作用，不可引起不良的副作用。当前推荐石灰制备系统中的每一台设备都是经过实践检验实用可靠的，多一不当，缺一不可。

布置：石灰制备单元可以多组集中布置在一室，应尽可能靠近澄清池（用乳处），如远距离送乳，需单独设计、注意防冻和排空措施、合理地选择输送流速和压降。近年来习惯将主体设备都布置在室内，以便于防尘和管理，有可能露天布置，但须充分注意防风、防雨、防冻等技术措施，安排好相关的转动机械、监控仪表、控制设备等的合理布局。高位粉仓头重脚轻，支撑架的设计需满足当地最大地震强度的规范要求。

石灰理论耗量的传统计算公式

$$Ca(OH)_2 = 37(CO_2 + Y_{JD} + Y_{Mg} + Fe + N_j + C)$$
$$CaO = 28(CO_2 + Y_{JD} + Y_{Mg} + Fe + N_j + C)$$

实际耗量计算

$$q = \frac{Ca(OH)_2}{\eta\beta} \quad \text{或} \quad q = \frac{CaO}{\eta\beta}$$
$$G = q \times Q \times 10^{-3}$$

式中　$Ca(OH)_2$——氢氧化钙（熟石灰）耗量，mg/L 或 g/m^3；

　　　　CaO——氧化钙（生石灰）耗量，mg/L 或 g/m^3；

　　37 或 28——$Ca(OH)_2$ 或 CaO 的物质的量；

　　　　CO_2——水中二氧化碳含量，mmol/L；

　　　　Y_{JD}——水中碳酸盐硬度含量，mmol/L；

　　　　Y_{Mg}——水中镁硬度含量；mmol/L；

　　　　Fe——水中铁含量，mmol/L；

　　　　N_j——凝聚剂剂量，mmol/L；

　　　　C——石灰过剩量（有利 OH^- 含量），mmol/L；

　　　　q——石灰实际剂量，mg/L；

　　　　η——$Ca(OH)_2$ 有效含量（率，按实际），%；

　　　　β——$Ca(OH)_2$ 有效利用率（与澄清池等设计有关）%；

G——单位时间耗量，kg/h；

Q——被处理水出力，m^3/h。

将如上计算常用公式与常见公式相比做如下修正，增加有效利用率 β 值。石灰水处理所投加的乳液一般都是过饱和状，进入澄清池与含有 CO_2 和 HCO_3^- 的原水接触发生反应，即刻产生 $CaCO_3$，它妨碍 $Ca(OH)_2$ 继续溶解，致使部分 $Ca(OH)_2$ 未反应就沉淀失去作用。利用率与颗粒直径、有效含量、水质、温度、反应条件等因素有关，影响较大的是钝化作用。据测试，利用率系数可选 0.7～0.9，设计良好的澄清池可取 0.9。石灰中有效含量低者利用率略高，含量高时利用率略低。

过剩量 C 值一般取 0.2mmol/L，这是在引进苏联石灰水处理技术中的经验值，当时的运行水温是 40℃，使用低质石灰原料，同时除去水中的钙和镁，控制 pH>10.2 的经验值（pH=10.33 是 HCO_3^- 消失产生 OH^- 的节点）。现在石灰水处理的用途、水源和运行条件等有较大变化，故此值也应适当调整。在处理污水回用时，有时控制 pH 在 10 左右，也有时控制 pH≥10.4，高 pH 对水中溶解盐和有机物的去除率略高。不需要除去水中镁时，可在更低的 pH 下运行。建议此值选在 0.2～0.4mmol/L。

凝聚剂在石灰水处理时宜选铁盐，现代多用聚合铁。过去用硫酸亚铁时计算剂量选约 0.2mmol/L，现在可以略低，不过在调试期间剂量将增大。

是否除镁，根据需要确定。当石灰回收技术时，石灰耗量为（含钙量）等当量或低剂量均可，仅供循环水处理也可少除或不除镁。

石灰剂量的调量范围是很大的，有可能达到半倍或一半。

三、系统优化和配件设计

石灰制备系统的优化就是更加可靠、没有遗漏可能的故障点和预设有效的针对措施。石灰的所有问题都表现它的特性，顽固不化，无孔不入，所以关键在于工程实施的细节，石灰系统的设计忌讳的是设计者的盲目性，即违背规律、脱离实际和随意空想带来的错误和严重后果。

（1）石灰粉罐车气力卸料的尾量时管道阻力突然降低，空气余压膨胀，引起大量粉尘喷出，需给予膨胀空间或减压措施。许多设计无视此节，是环境扬尘的重要来源。

（2）石灰粉储存仓的出粉收缩口是最容易堵塞的部位，PWT 设计采用空气流态化失败，早已证实此技术不适于石灰粉料，而在近年如鄂尔多斯 JT 该技术仍被盲目采用。如图 8-13 所示，空气中带有水分和 CO_2，遇石灰粉迅速被吸收结合成块，将气孔和气道堵塞。况且粉仓的堵塞是在下部出口呈蓬状，空气流态化设在斗壁上，也是挠非所痒。

（3）多螺旋给料机是一种大断面、大下料的给料设备（图 8-14），不知出于何种原因有人把它用在粉仓出口，节流？计量？给料？防堵？结果这些作用都不能发挥。多螺旋扩大了出料面积，实际耗量远小于它，只可依靠另加一个阀门限流，半开的插板阀通道是月牙形（圆形门）或一

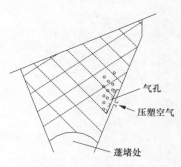

图 8-13　石灰粉仓活化锥防堵立面示意

气孔

压塑空气

蓬堵处

条缝（方形门），从而成为更差的堵点。

（4）固体粉状石灰投入剧烈搅拌的乳液中会引发水汽挥发，并携带待溶解的粉尘溢出，需要给予它们以出路，并设置呼吸器及除尘装置，否则很容易在落粉口处被待落下的石灰吸收，粘在那里并长大，很快把口堵死。这是发生在鄂尔多斯 JT 厂的故障，因为它把搅拌箱的进粉口完全密封（喉癌），如图 8-15 所示。进粉口在搅拌箱顶盖上，也是出汽口，粉汽在这里相遇，空间的落粉吸收水汽自无大碍，而水汽会在钢壁上结露，粉向露吸水，就固结在沾

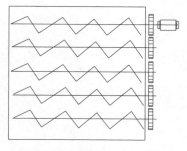

图 8-14 多螺旋给料机平面示意

水的钢件上，就像水泥抹墙，为了结合牢固，要向墙上喷水，水泥固化需要吸水就吸砖隙含水，于是结合牢固。水与钢虽不如水与砖那样牢固，但生成粉瘤也并不需很大结合力。此外，水汽没有出路还会继续沿着通道向螺旋输送机内扩散，在那里结瘤是不可避免的。给出路必须合理设置，粉有粉路，汽有汽道，各自畅通。

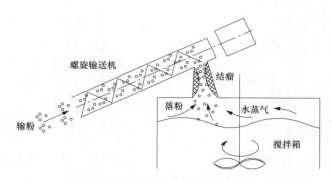

图 8-15 JT 厂石灰搅拌箱灰进口与排汽示意

（5）粉系统的多处可能使用振打器，需使用得当。振打器有敲打、摇动等多种型式，也有多种规格，应用得其所。目的是帮助粉下落，过分的振动会适得其反，越振越实。在 PWT 石灰乳化系统中和国内某公司推介系统中都使用石灰粉计量罐，在出口关闭下进粉时，为排除空气进行振打（图 8-16），结果罐内粉被振实，当开启出口阀门需要出料时，仍需振打，整罐粉突然喷出而四溢。

（6）石灰系统所用的阀门需要特选，绝不能用阀门调节流量。常见的几种阀门之所以不能用，是因为在阀体内部结构上有许多死角，会淤积石灰渣。球阀开启半途时乳液与间隙相通，间隙处即可积渣，而且球面生垢膜，也会阻止球芯旋转。闸阀闸板四周淤积后阀板无法关闭、截止阀密封口四周淤积后阀芯不能落实等，而且这些阀门一旦未全开全闭，将很快磨损。各类阀门的开闭过程也不同，阀门选型只宜选择开启曲线更陡、基本没有这种缝隙过程的结构，如图 8-17～图 8-20 所示。

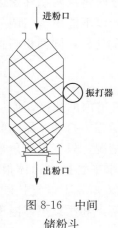

图 8-16 中间储粉斗

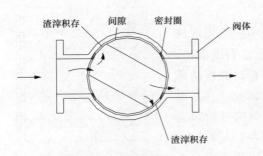

图 8-17　球阀半开时间隙积渣示意图

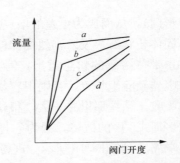

图 8-18　阀门开启流量曲线示意图

a—隔膜阀类，含碟阀；b—闸阀类；

c—截止阀类；d—针型阀类

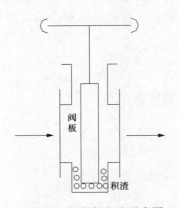

图 8-19　闸板阀积渣示意图

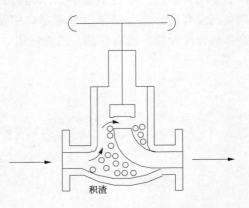

图 8-20　截止阀积渣示意图

　　为什么这些型阀不能用作调节呢？试举球阀（插板阀等更不能用）为例，看阀门不同开度时的情景，如图 8-21 所示。设阀芯通道孔径为 15mm，孔面积为 177mm²，开度为 9mm 时，通流面积为 122.6mm²；开度为 6mm 时，通流面积为 88.3mm²；开度为 3mm 时，通流面积为 45.6mm²；开度为 1.5mm 时，通流面积为 23mm²。它的逐渐开启过程通道面积随之变化，形状呈月牙状，两端细小中间略宽阔，输送颗粒物时将从两端开始逐渐被截留，逐渐被阻断。当关闭到一定程度成为缝状，将很快堵塞，所以不能用阀门调节流量。如需要调节流量，不如用同面积小径孔，如图 8-21 中圆孔所示的比较，同面积圆孔虽小，但无阻隔显然顺畅，此论断也为实践所证实。

　　（7）注意事项：

　　1）系统宜疏不宜阻。消除所有设备管路死点。死点指容器或管道内的死区，如见照片 8-8 和图 8-22 所示，即使阀门可以打开，也不能排放，只得拆卸后强力打通，器内乳液渣滓等会一并泄出，污秽满地。器内或管端的任何死角都会有同样情况，只有无死角才可无淤塞，更有甚者，如鄂尔多斯 JT 厂石灰系统的搅拌排污门，用水平管接出箱体很远，连管带阀都被堵死。更不要人为制造麻烦，譬如历来习惯在各级泵入口管上设置扑砂器，原愿望为截留对后面设备磨损的颗粒物，而它本身就是一个人造堵塞点和污染点，岂不知过饱和石灰颗粒就是占最大比例的颗粒砂粒。

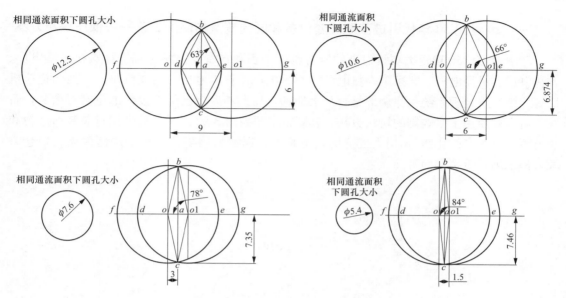

图 8-21　阀门开度与通道形状关系

照片 8-8　河北 SH 电厂石灰乳箱底部排污口

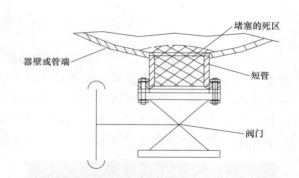

图 8-22　石灰乳液系统排污点的必然状态

　　2）粉尘和乳液不得设外溢点。例如，石灰搅拌箱不能有直接溢流口，以免乳液泄出堵塞沟道。鄂尔多斯 JT 厂只设了一支孤立的溶液箱，如平稳搅拌使乳液乳化不好，或强烈搅拌而无法计量和控制液位，而且只能设直接溢流口，使乳液任意流淌至地沟。石灰间应无乳液排到厂区的污水系统管网，免得使整体受损。

第四节　我国使用过的几种典型制备工艺及其经验教训

　　这里不厌其烦地叙说历史，只是为了使今人和后人不要忘记，前事不忘后事之师，这些都是我国用大量金钱买来的，而那时的钱都是从我们身上一点一滴节省下来的，代价十分巨大，四次大的起伏用现在的币值估算，也恐要有几十亿元，而现在不仅设备拆除，怕连资料也都湮灭了，如果连一点经验教训都留不下，岂不太可惜，也让人耻笑国人无能，假如有人现在还抱着这些经念，重回老路，让其谬种流传，则更加惭愧了。

一、20世纪50年代引进苏联成套设备和国内普遍仿制的工艺——低质块灰方案

50年代随156项重大项目引进的所有电站工程和自备厂电站工程（如富拉尔基电厂、吉林电厂、吴泾电厂、北京第一热电厂、西固电厂、青山电厂、第一汽车厂、洛阳拖拉机厂等）中，水处理系统一律全部是石灰水处理，加上其后自己仿造设计的也有百余套，石灰原料全部使用土窑烧制的块状石灰，其制备工艺如图8-23所示。后期用过袋装石灰粉和袋装菱苦土粉（氧化镁），用人工抗倒入浓浆槽，也曾采用菱苦土粉干法储存立式粉仓方式，但也因严重堵塞而拆除。

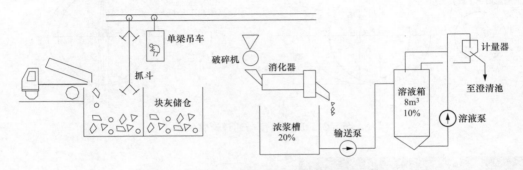

图8-23　50年代引进苏联典型石灰制备系统示意图

这种工艺的流程如下：火车或汽车运输散装块灰，人工卸在地下的储存坑里（照片8-9），配浆时用抓斗吊车吊入破碎机，经破碎后的小块料进入石灰消化器加水消化，不能消化的石块分离出来排出，浓浆下流至约20%浓浆槽待用，浓浆泵循环的同时将需要的浓浆送到石灰乳计量箱稀释至10%，稀释的乳液被溶液泵送到高位的垫圈计量器，凭人工可更换的大小孔径垫圈内的乳液流向澄清池，多余的乳液流回溶液箱。

照片8-9　天津PS电厂散块石灰库抓斗运行工况

80年代引进俄罗斯设备与50年代苏联技术基本属于同一类型，二者的差异是以消化池代替了消化器，设备管道堵塞略减轻，但环境污染情况更严重，如图8-24和照片8-10所示。

苏联引进技术是我们首次见到的大型工业成套石灰水处理工艺装备，也是我们首次知道的石灰水处理技术过程，是技术启蒙，也是最初建立的技术基础，如同我们在那个时期见到大部分都是译自苏联的水处理书籍一样，是我们最早的老师，让我们长了见识。这套石灰水处理设备告诉我们：石灰水处理要经过由生石灰—熟石灰—石灰乳—处理水的全过程；技术上要解决装卸、运输、储存、乳化、计量、输送各个阶段的措施和设备；我们最初尝试了作为主处理药剂的石灰与其他水处理药剂的性能差异；体验到不掌握石灰性能和反映规律或系统设备，在使用不当时的种种事故、困难、污染和损害，让我们知道石灰是个有用之物，也是个不易调教的顽劣之物。

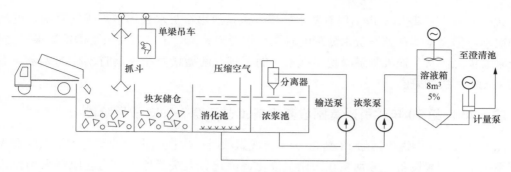

图 8-24　80 年代引进俄罗斯典型石灰制备系统示意图

这样的石灰制备系统设计是早期技术的典型代表，其特点如下：进厂石灰原料是煅烧后的原始生石灰块，块加工和消化及乳化、计量连续一体；使用低质量的原料石灰，我国更是民间土窑生产，不仅质量毫无保障，而且变化很大，渣滓量大于有效量；消化制浆很不合理，大量沉积，到处淤塞，浆液质量差，给输送和使用带来困难；高位回流孔板计量方式，暴露于空气中严重结垢堵塞；自动化程度很低，其系统与设备本身也实现不了自动化。

其主要缺点见表 8-6。

照片 8-10　天津 PS 电厂引进俄罗斯石灰
制备的制浆车间

表 8-6　　　　　　　　　　　　　苏联（俄罗斯）石灰制备系统问题

部位或节点	原设想功能	暴露问题	分析原因
原料质量过低	适应工业基础差的国情	沉积、堵塞、磨损、排渣、消耗、控制等系列困难	没有商品石灰，没有专用标准
露天储运作业	满足最原始的需要	粗放管理、环境极劣、供货随意、无法改造	基本工业落后、对现代工业基础缺失，对水处理技术的漠视
乳化	制浆、配浆、稀释三级	逐级沉积、逐级堵塞、逐级磨损、逐级污染、逐级留渣	消化不是制浆，浆液不能储存，多级增加了渣滓的危害范围
三级计量	逐次配浆，定浓度计量	使系统复杂化、增加控制困难、更无法做到准确	被习惯的恒浓度变流量的溶液计量方式思维所束缚
储存	储存浓浆液为运行主要调剂	储存量小、制浆设备工作频繁、沉渣淤积极难清理	土法储存块灰属无能为力，把20%浓浆池改为开式大池熟化，解决不能挖渣的困难，更是不得已，从而使环境更恶劣
系统工艺	移植药剂一般储存计量习惯	系统功能繁多、事故频繁、污染严重、很难管理优化、影响技术进步	对石灰基本性能认识不足，功能过多，互相牵制、互相影响，原料加工和应用技术是性质不同的过程

50～60 年代是我国不得不用石灰水处理，也是使用石灰水处理最艰难的时期，更是我们初次学习但完全不理解石灰水处理的时期。作者亲见亲尝了工人在浓浆槽挖渣艰辛之苦，石灰泵磨损之惨状，输乳管道敲瘪了都不通的艰难，硬垢堵塞扣不动打不掉的无奈，不得不用又无力解决的窘态。

二、20 世纪 70 年代引进美国成套设备工艺示意——电子秤阶段

图 8-25 是 70 年代我国随 13 套 30 万 t 合成氨项目一次性引进的八套美国提供的石灰水处理系统中的配套设备，分别装在云化、沧化、泸化、大庆等地。因为它原料采用粉状石灰，用电子秤计量，当时认为比较新颖故称其为电子秤方案，由它也带来了电子秤计量的仿制，故也称电子秤阶段，但因当时石灰水处理仍处于比较冷的时期，工程仿制应用比较少。

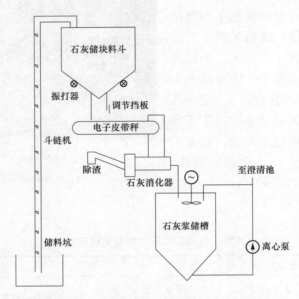

图 8-25　随大化肥整套引进的水处理石灰制备装置系统示意图[51]

该引进设备运行后，水电部电力规划设计院组织部分设计院对其中三套进行了调查，西南电力设计院也进行了调查。

调查组评述意见如下："设计要求石灰纯度 93％～96％，石灰块状应小于 38mm。人工通过篾子将铁桶石灰倒入地下集料斗，经斗式提升机入顶部日用量储料斗。储料斗有高低液位信号在盘上显示，并有控制开关，料位高时自动停运提升机；料位低时，人工启动提升机储料斗并有气动振荡机，防止石灰粉结块。储料斗下有手动旋转阀，旋转阀下有自动控制垂直闸板达到恒重下料（准确度达 1％），经可调速度的称重皮带（在控制盘上，有加料调节器，可以调节加料速度）进入消石灰机，配成 5％～10％石灰乳液，进入钢制石灰储存槽，用离心机式石灰乳泵打至澄清池。石灰乳泵出口有一个气动调节旋塞，原设计为依据澄清池水流量的气压信号，自动调节加石灰乳量。而泸天化与云天化实际运行中因为堵塞，这个阀门不能起到自动调节作用，靠人工手动调节。石灰乳泵及输出管路设有冲洗

水管。云天化在石灰乳槽前加装了罩笼，由细铁丝网粗滤除砂；泸天化加长了石灰乳泵吸入管，以减少砂粒吸入泵内。在石灰乳槽顶装设了电动机械搅拌装置。该槽有液位高低控制器。液位低时，启动消石灰机；液位高时，消石灰机系统自动停运。消石灰机可以短时清洗"[51]。

"石灰地下集料斗，由于施工防水层质量差，引起地下水渗入，石灰结垢，为此地下斗大修一次。斗链提升机因结垢卡住，只好人工敲打，严重时停机检修，检修周期为一周左右，每年3～4次，严重时7～8次。地下斗翻修，结垢现象好转，冬季斗链提升机仍有卡住现象。

石灰粉料斗有高低粉位计，由于石灰粉流动性差，下降速度不够均匀，周围高、中间低，因此粉位指示不够准确。料斗振荡器噪声大。

石灰粉的称量由皮带送料机自动恒重。当皮带移动时发出信号，通过可控硅控制电路调整由控制电动机驱动的垂直闸板门，以达到恒重下料。由于皮带发信机构失灵，自动恒重下料改为人工整定。

消石灰机中石灰搅拌桨叶，由于石灰纯度低、杂质多，加之叶片结垢未及时清除，搅拌扭矩大，严重时卡住，加之过负荷报警装置失灵，致使电动机烧毁一次。皮带空转发热经常烧毁，有时一班发生多次，严重时出现皮带供应紧张现象。

由于石灰渣滓多，引起排渣机经常卡住、排渣机过负荷保护锁断裂、运行中断、底部渣滓堆积，发现后人工清除，工作量大。至此，排渣机停运半年多，另加篦子，改用人工除渣。

石灰搅拌器出口侧加装滤网，出口管加粗，石灰泵磨损减轻，堵塞减少。

石灰乳泵出口至澄清池石灰乳水平管道，由于石灰沉积结垢，一段时间后需人工清理，严重时换管。为了运行方便，另加旁路一条。

石灰乳计量，靠装于管道上的自动旋塞根据澄清水量自动调整石灰加药量，实际运行为手动调整。"[52]

此次引进的石灰水处理技术逢"文化大革命"后期和改革开放前期，我们的技术视野初始展宽，求知欲望强烈，该设备引进给予了我们一些启发：水处理用粉石灰是发展方向、可直接计量粉的加入量、高位储存等。它帮助我们开始脱离苏联模式，探索另一条路。实用中很快暴露出它的缺陷，具体分析见表8-7。

表8-7　　　　　　随大化肥引进的电子秤式石灰储存计量设备的技术缺陷

部位或节点	原设想功能	暴露问题	分析原因
块原料	制粉与计量一体	地坑、斗链、储斗一系列问题的根源	制粉为原料生产，可社会化。未脱离苏联思路，仅提出改进纯度
地坑式储料	便于块灰卸料	潮湿、露天而结垢堵塞	触犯石灰本性之忌
斗链机	机械提升	卡堵损坏，结块	用块灰的必然选择
储料斗	原料储存	结垢、结块、堵塞	块的蓬堵振打效果差，大仓小出口（耗量少），空隙大，易呼吸

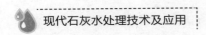

续表

部位或节点	原设想功能	暴露问题	分析原因
旋转阀	节流或关闭	卡塞，自动失灵	块体设阀，常识性错误
三级计量	挡板、皮带、乳量	损坏、不起作用、堵卡	不符合石灰水处理的使用特点，没有必要这样烦琐
挡板	粗调，限流	自动拆除，不得已固定位置	用挡板限定石块运行量，不可能
电子秤	准确计量	损坏失灵	在那样的环境下电子件必然缩短寿命。此处计量意在控制乳液浓度，后面又控制乳液流量（回流），即泵不是恒流量，表现出对石灰计量的技术无奈
乳液调节	随处理水量变化	泵出口设调节阀和回流阀，互相干扰	互相干扰很难调节，常规做法是设回流阀，只调回流即可
调节阀	主调节	堵塞	各种阀门开启过程都从缝隙开始，或月牙形，或环形等，含颗粒乳液极易堵塞

关于石灰原料，用块灰是一个落后的观念。水处理用块灰和粉灰不是形态的差异，使用效果和制备乳液的技术内涵完全不同，涉及对石灰水处理过程理解认识的进步，故这个系统设计的失败不仅在于设备与工艺；把石灰消化与乳液制备置于一个统一的连动系统之中，边消化边使用，用多少消化多少，而如果石灰制备系统与澄清池是单元制，那么耗量将很小，变量更小，不可能良好消化而失去其意义，也可见设计者对消化技术的不了解，对消化的目的也不了解；块灰设置两级储存（下斗和上斗），而石灰粉是最终使用原料，却没有储存，这种思路结果不仅带来如块灰计量等种种困难，而且系统的安全性大大降低，这种做法与苏式系统比也没有本质的进步；石灰加入量的计量是石灰制备系统技术要点，也是难点，这里使用三级计量，结果都失败了，等于没有计量。

三、20 世纪 80 年代引进英国 PWT 成套设备工艺示意——自烧灰阶段

图 8-26 是当时从英国引进的石灰水处理装置——包括澄清池、滤池等的一部分。这几种设备当时都比较新颖，作为"文化大革命"后成功引进西方新技术的姿态出现，引起了广泛关注和兴趣，主体设计院进行了全面的测绘和总结。三种主要设备对其后我国石灰水处理石灰技术发展产生了很大影响，其技术装备较随大化肥引进石灰工艺技术有明显进步，也促进了我们对石灰水处理技术认识的深化，特别是对彻底摒弃 50 年代引进和大批仿制苏联技术的思想认识起到重要作用。

其主要流程如下：粉石灰用罐车运输气力直接卸料到高位粉仓内储存，输送压缩空气从储藏顶部经除尘器排出，石灰粉在仓内自由下落，从底部出口输出。为防止底部收缩口的棚堵，"石灰筒仓配有一套 GLOBA 型 GBA2-8-24 强气流破拱装置，利用压力为 $6.9\times10^5\,Pa$ 的压缩空气破除仓内的物料拱桥。配备一套粉料流态化装置，利用 $5.6\times10^5\,Pa$ 压缩空气向粉仓锥部连续供气，保证粉料流动通畅。"[54]

"石灰仓的下料，受一台螺旋输粉机控制。只有在螺旋输粉机运行的状态下，流态化装置启动，筒仓下料供粉。螺旋输粉机将消石灰粉送入缓冲斗（中间储存斗）。

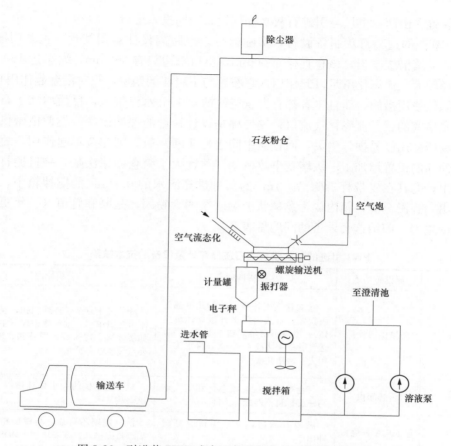

图 8-26　引进英 PWT 成套石灰乳制备单元设备系统示意

　　容积 $1m^3$ 的缓冲斗，是向皮带秤直接供粉的中间粉仓。为保证连续、稳定供粉，它装有 Roto-bin 高位、低位粉位开关，用于控制螺旋输粉机的运行，保持缓冲斗粉位稳定。一台机械式振动器安装在缓冲斗锥部，用于保证缓冲斗落粉通畅。

　　MF225 型精密称量干粉给料机（简称皮带秤）是石灰系统的加药计量装置。它采用皮带机形式，皮带速度由一台直流调速电动机控制。电动机转速受澄清池入口流量压差传感器给出的 4～20mA 电流信号控制，使给料速度和给水流量达到按比例自动调节的要求。当切断入口流量信号时，皮带秤控制箱上的手动多圈电位器可用于手动控制。

　　石灰乳的配制采用一台容积 $0.78m^3$、直径 1000mm 的石灰乳搅拌箱，一台容积 $0.28m^3$、直径 600mm 的辅助箱。消石灰粉直接由皮带秤落入石灰乳搅拌箱，而清水则由辅助箱通过连通管进入搅拌箱，配制浓度 5％左右的石灰乳，通过一台出力 $7m^3/h$ 的离心式石灰乳泵输入澄清池。石灰乳搅拌箱的液位，由辅助箱进水浮球阀控制。辅助箱还设有一套液位控制电极，以保证设备安全运转。"[54]

　　它给予我们的主要启示如下：以优质粉石灰为原料，高位密闭储存，连续计量和制乳；计量粉量不必计量乳量。该阶段由于强调用高质量粉石灰，国内又没有符合要求的商品石灰，在引进乳化制备设备的同时，自己研制煅烧和消化等生产粉石灰的工艺设备，建窑烧灰，并引发许多地区都投入力量研究和开发类似工作，所以称为自烧灰阶段。石灰煅烧与熟化制粉装置在山西一电厂与引进石灰水处理设备同期投入运行。

引进 PWT 的这套石灰制备设备，实际运行效果距离设计意图甚远，主要问题如下：储仓出口防蓬堵措施不当，该仓直径 6000mm，出口窄边只有 360mm，缩小达 160 倍，可想棚拱直径较大，流态化不足以起作用（它布置与下料斗的四壁，只对沿壁起作用），空气炮只能是偶然使用措施，而且二者都有大量空气携 CO_2 和水汽带入，反而增加了石灰结块趋向，首先堵塞的就是流态化气流口；皮带秤是设计计量的关键设备，类似精密仪器，在粉尘聚集场所使用极易损坏失灵，而且当中间缓冲斗断灰时，则完全不起作用，故首先被拆除；缓冲斗的设置增加了一级堵塞事故概率，并远大于筒仓棚堵次数，一旦振打筒内储灰全部冲出，尤其在皮带秤拆除后，$1m^3$ 的灰冲进充满水的 $0.78m^3$ 的搅拌箱中，大量粉从人孔喷出，弥漫全室，箱内成为黏稠状干湿间杂的大粉团，是泵和管道（一年更换四五次）堵塞的主因。归纳这套设备的问题见表 8-8。

表 8-8　　　　　　　PWT 引进的高位粉仓式石灰储存计量设备的技术缺陷

部位或节点	原设想功能	暴露问题	分析原因
系统	防堵供料计量	除储存作用外所有功能几乎都事故频频。石灰粉精密计量（计量主体），本身不可靠，进料也不可靠。送乳管一年堵换 4～5 次，排水沟一年人工清堵几次	环节过于复杂，环环相扣，互相依托，不可靠点很多，致整体破坏。主体设备，如缓冲罐、皮带秤、搅拌箱、输送泵等要点设备都不适用
螺旋机	缓解起拱	与仓径不匹配，流态化和空气炮与螺旋机也不匹配，不能防拱	对可能起拱的大小估计错误，空气破拱弊端甚多
缓冲斗	保证皮带秤供粉	满罐时越振越实，用料时倾罐冲出	粉位控制不可靠，与螺旋机难配合，满罐被强挤入，塞满堵住，体积过大
皮带秤	精确计量	插板卡死，电子器件损坏	在恶劣环境下，就地设置电子控制设备是失当的，石灰不需要过分精确计量
搅拌箱入粉口	与皮带秤直接	是造成皮带秤堵塞的重要原因之一	石灰乳化过程需要呼吸，要给予蒸汽出路
搅拌箱	容易乳化	半乳化或未乳化，乳液带大量粉团，是管道堵塞的重要原因	容积过小，反应时间不足，搅拌器设计不当，强度低，混合不够
输送泵	按需要量选型	原设计出力过低，后改为 $30m^3/h$ 仍然不足	与管道不匹配，是管道常堵塞的原因之一
输送管道	长距离低流速	470m 管道每年因堵塞结垢需更换 4～5 次	规格选择不当，与计量、搅拌、乳化、泵等原因一起造成的直观后果

四、20 世纪 90 年代引进德律满成套设备工艺

图 8-27 所示是冶金系统随德律满石灰水处理成套引进的设备，属于直接使用粉状石灰类型。工艺过程设计很简单，包括储存、粉输送、溶解、乳液计量。从设计可以看出，其基本思路与原苏式乳液计量方式类似。它的设计注意到了粉仓出口的蓬堵，也意识到计量的困难，但是解决措施不当，故运行中事故频频，需要人经常监管和维护。其工艺设计的主要特点是依靠一个较大的乳液储存槽，配制设定并较低浓度的乳液，用螺杆泵计量，以大容积池配制低浓度乳液和更多沉渣以求缓解螺杆泵的过快磨损。实际运行后出现的问题

如下：机械刮板破棚堵效果差，粉仓出口经常堵塞，也很难检修，试想把一组转动机械埋放在磨蚀剂里，损坏的还不快吗，一旦卡死一大罐石灰粉怎么卸出来，堆放在哪里？大方形乳液槽死角多，搅拌效果不好，不可避免地引起石灰沉积积累，逐渐扩大淤积搅拌所及余下部位越来越小，积渣成垢，清渣困难，只好长期堵塞；两级计量配乳浓度无控制措施，很难保证，所谓计量无以判定准确度；过饱和的石灰乳液仍然使螺杆泵磨损很快，且不能随时清洗，难以正常使用已为众多实践证实，停运后被自身卡紧和沉积渣或垢黏固，启动转矩大，不能自动启动；乳液计量方式与管道畅流存在自然矛盾，从而使管道中的淤塞沉积问题必然发生。计量乳液的思路如同走入了一个死胡同，以容量法计量浑浊液本身带来许多难以逾越的矛盾，为什么还要千方百计地走这一条路呢？整体系统仍存在多处泄漏污染，见表8-9。

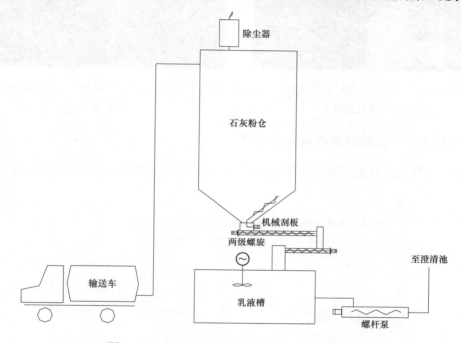

图 8-27　引进法德律满石灰乳制备单元系统示意

表 8-9　　　　　　　　引进德律满的高位粉仓式石灰储存计量设备的技术缺陷

部位或节点	原设想功能	暴露问题	分析原因
粉仓出口	通过环形式卸料器摆动破拱	破粉拱臂效果差，自身易坏，修时排光粉	斗形、耙臂与拱位不匹配，底部出粉而需要常拆卸修理，技术选择不当
螺旋器送粉搅拌池入口	粉进口自然下落	粉汽接触淤积结块、堵塞，经常拆卸清理	没有呼吸口，蒸汽无出路，不仅落粉口结块，螺旋内部也会结块堵塞
乳化搅拌池	装了搅拌器，粉水顺利乳化	搅拌区域有限，沉渣淤积阻滞，尤其四角逐渐堆积塞满	池型选择错误，容积过大，搅拌器功能有限，桨叶设计不当
计量方式	定浓度，计量乳液	容器容积变化，乳液浓度难控，计量设备损坏不能调量	保持所需浓度困难，计量方式选用不当
螺杆泵	变速容积计量	磨损严重，结垢积渣，不能自动启动	对石灰乳液性能不了解，计量设备选型错误
输乳管	像水一样流动	泥渣沉积，淤塞堵管	不适应石灰乳液特性和所用石灰质量

如照片 8-11 所示，石灰粉斗出口采用机械摆头式搅动破拱技术，实用效果较差，只得靠敲打帮助下料，经常损坏排粉拆卸修理。如照片 8-12 所示，两级螺旋对接非余即亏，导入搅拌池溢出的蒸汽无泄处，积于绞龙内致使石灰粉结块成垢。

照片 8-11　北京 SG 钢厂引进德律
满石灰粉环形卸料斗

照片 8-12　北京 SG 钢厂二级螺旋机
入搅拌池状况

五、21 世纪引进的丹麦成套设备工艺

图 8-28 为引进的丹麦石灰制备系统示意图，前面多了拆袋机和机械提升装置，多储存

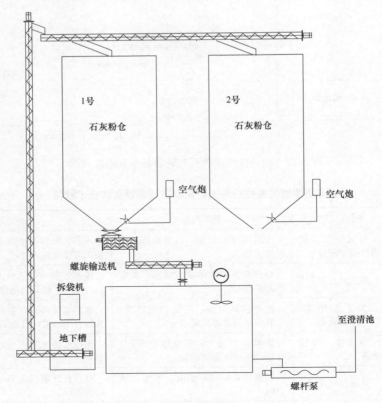

图 8-28　引进的丹麦石灰制备系统示意图

仓中间给料由螺旋机连接。出料口是多螺旋机，多螺旋机前设插板阀。此工艺可见在自来水厂有用，用于调节水的 pH，耗灰量较小。乳液槽与计量泵和德律满相同。

对这套设计的评价如下：拆袋机是为袋装石灰设计的，而袋装方式在大型工业中已基本不用，因为虽然拆袋可机械执行，但在运输装卸储存时都要人工，不仅劳动量大，而且粉尘污染不可避免（类似于块灰方式）。把石灰粉储存在地下敞开式钢筋混凝土储存槽里，不仅容易被空气潮解，也易为地下潮湿结块，多储存仓以母管式供料，一旦地下储槽或提升机发生故障，则全部供料都受影响，斗链提升机在石灰粉尘环境中更易磨损、结垢或卡死。多螺旋给料机是为扩大下料口、防止出仓口棚堵而采取的措施，但其输粉量过大，在用粉量小时（恰本套设备用在耗量很小的自来水厂）不但原功能失去作用，而且还要依靠前置的阀门节流，堵塞更加严重。空气炮只可用来偶然处理整体性严重堵塞，因为它的副作用较大，已用者大部拆除，不可能用来解除经常性局部蓬堵。用螺杆泵计量和输送的结果与德律满相同，实际运行中螺杆泵有一年内磨损更换 20 余次的记录，不得已用户在泵前加装了沉砂箱，实质是将乳液稀释到接近饱和状态，为螺杆泵磨损解困。

这套系统的主要工艺问题是与使用对象技术特征不符，特别是用过饱和溶液投加会引起许多后续问题。所以总体设计不合理，见表 8-10。

表 8-10　　　　引进丹麦拆袋链斗提升的高位粉仓式石灰储存计量设备的技术缺陷

部位或节点	原设想功能	暴露问题	分析原因
卸料坑	机械式拆袋	工业基本不用袋装灰，其环境污染更甚，装卸劳动强度大	设计的盲目性
卸料坑	方便卸料	地坑式储存潮湿积水容易结块，死角处更严重	无视石灰特性
斗链提升	简单便宜	易磨损、结垢或卡死，粉尘飞扬	设计方案不当
多螺旋	进料面积大，可放堵	设备下料量更大，用料量很小，阀门控制更堵	设计错误
溶液箱	配制固定浓度乳液	箱体大，不好搅拌，死角沉积淤塞	系统方案设计不当
螺杆泵	用于计量	如果用过饱和乳液，磨损大、启动难、清洗难	系统设计不当

六、近几年国内市场出现的一种三级计量方案

图 8-29 所示系统除使用粉仓储存外，没有脱离 20 世纪 50～60 年代引进苏联设计的基本思路，分级多次计量以求得到一定浓度的乳液，为的是用计量泵进行容积式计量，设计使用螺杆泵，投运后很快拆除，换用离心泵，结果等于没有计量，不得不以时停时启代替计量。这套系统为了实现乳液用计量泵计量，要配制规定浓度的乳液，因乳液的耗量大，搅拌箱不能太大，只好先浓后稀两级配乳，那么就要两次计量（这是很忌讳的），因为是配制固定浓度所以加了一个粉计量斗，而粉斗虽可以固定容积，但是进粉量不好控制，只有装满为止，为了粉仓出口防堵装了振打器，粉斗装满后还可能继续振打（很难准确控制），越振越实，计量斗棚堵越严重，下次出料更困难。两级配乳就要两级搅拌箱不停地搅拌，两级输送为了防堵装了两级扑砂器，扑砂器本身更容易堵（堵物不仅是废渣，大量的是过饱和的有效颗粒），堵了就要拆，拆时就要溢，麻烦不说又引来了环境污染。实用结果是螺杆泵不能用，不得已调试期间就换成离心泵，几级制乳的努力都成为无功。如上述整个系

统设计围绕乳液计量安排了一系列措施，结果不但复杂化而且引发了许多新问题。分析这套工艺设计，在于它可以告诉我们许多有益的经验，它代表了人们多年来的传统认识，如果我们仍然受这些认识的羁绊，就永远不能从根本上发展合乎规律的先进技术，这就永远是石灰水处理工艺技术环节中的一个障碍，见表8-11。

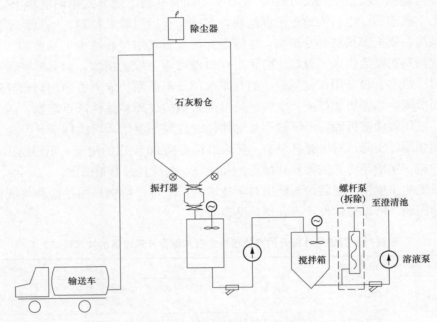

图 8-29　这是见于某厂的近年国内石灰制备设计方案

表 8-11　　　　　　　三级计量的高位粉仓式石灰储存计量设备的技术缺陷

部位或节点	原设想功能	暴露问题	分析原因
系统	定浓度容积式计量	系统复杂带来堵点增多，结果没有计量	沿用苏式思路
中间粉斗	粉定量	本身塞堵	没想到带来更大麻烦
扑砂器	截留固体物	经常堵、污染	思路不当
螺杆泵	计量	磨损块、启动难、清洗难	设备性质与乳液性质相违

七、一个错误设计，低劣质量的失败典型案例

鄂尔多斯JT厂一套由北京某公司近年设计供货的石灰系统设备，仅试运一个月就被迫停用搁置，石灰乳液制备设备更因无法投运而弃用。此套装置的技术错误比比皆是，可谓以上多个事例之大全，设计思路混乱导致系统的错误，使用错误的工艺，选择错误的设备，容纳错误的配件，得到悲惨结果。仅从图8-30可见一斑，图中凡×处都是技术错误点，在一个较小的用量和较简单的系统出现下堵点之多，事故之严重，拆除之快，损失之大实属罕见。为国家少受损失，为企业接受教训，为石灰水处理技术声誉，就所见局部种种披露如下。

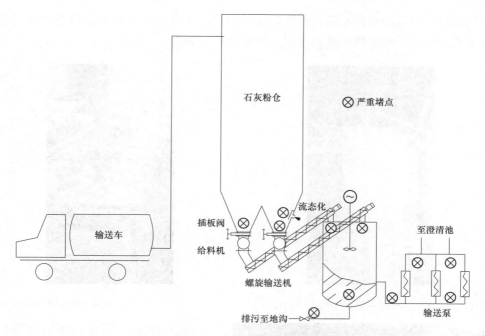

图 8-30　鄂尔多斯 JT 石灰乳液制备示意图

在最容易出现堵塞的粉仓出粉口处只是在下料斗壁上设置流态化以求避免拱堵，前已述及是隔靴搔痒，不仅无效，而且有害。靠设双斗双螺旋以求备用（照片 8-13），没有针对性技术措施，只能是无的放矢，自然照堵无误。照片 8-14 所示为粉仓流态化装置拆除后的情况。

片 8-13　JT 厂没有任何破拱
措施的一仓两斗出料

照片 8-14　北京 GBD 电厂粉仓流
态化进气管已拆除

石灰乳液搅拌箱是石灰乳液制备的核心设备，也是许多故障之源。从照片 8-15 可见，进粉口直插器顶正对排汽口，没有呼吸器，此处必堵无疑，运行一周即堵死。罐体过大，似乳液储存器、搅拌器设计不当，则乳化效果不好，罐内不可避免沉积堵塞，加上中间出浆，其下成为死区，更加快了淤积过程，如照片 8-16 所示。

照片 8-15　JT 厂两机一箱无呼吸很小的搅拌器

照片 8-16　JT 厂石灰螺杆泵已完全拆光

照片 8-17　JT 厂石灰系统设备已闲置

从照片 8-17 拆除的残迹可见，输送泵采用母管制连接，三台泵供两台澄清池，那么就是两用一备，出口管已拆除不见，看不出如何切换，泵的进口管由母管直接下插接。这样的系统设计所有部位管道都有堵塞的可能。拆掉的螺杆泵未能见到使用情况，但由此可见它会严重磨损、严重淤塞，选用螺杆泵是为了计量，而澄清池规模很小，石灰乳液输送量必然很少，输送管道堵塞也是必然。所以它的整个系统和设备为处处出现故障准备了充足条件，见表 8-12。

表 8-12　　　　　鄂尔多斯 JT 厂污水回用石灰水处理系统工艺设备的技术缺陷

部位或节点	原设想功能	暴露问题	分析原因
粉仓容积	单仓周转	目测容积较小，如按运输车容+余用量+膨胀空间，显然不足	计算错误
系统制混乱	单仓双配料	单粉仓储存，裤衩斗配双给料机和输送机，单搅拌箱，共用一台备用计量泵，供两台澄清池	给料机非用于计量，输粉设备可靠性较好，无必要备用，也没必要并联运行。重要的搅拌乳化设备为单台，体内沉积淤塞危及系统。泵是易损设备，50%备用，切换系统复杂
出料防拱堵	流态化气流松动	气粉相混是大忌，易堵难通，高悬空中无法处理，不能解决拱堵	这是石灰系统的第一事故点，如此轻率对待说明对石灰性质特征的无所知
出料阀门	切断或调整	增加卡堵	石灰通道最需通畅，任何障碍都是事故点

续表

部位或节点	原设想功能	暴露问题	分析原因
无呼吸器	只要提升到高位，自然就会下落	开始送灰很快就堵塞	只管粉进去，不管汽出来，粉汽一相遇，自然堵起来
大型搅拌箱	乳化、储存，掌握浓度	大容积细长形结构很难整体搅拌，溶解不好，沉积日多，有效容积日缩，无法清理。中间乳液出口以下的容积只能沉积。长管连接排污一起都堵	不知此箱设计连续运行或间断运行，连续运行未见水粉如何平衡，间断运行不知如何控制。从搅拌器看是短杆小浆叶，只能局部旋流，乳液质量无法保证，一旦有粉团后患无穷
计量泵和计量	螺杆泵定容积计量	螺杆泵计量石灰乳液之弊前已有述。搅拌箱兼溶液储存箱不可能定浓度，如间断配乳，单罐边用边配，无法保证乳液质量	这种系统设备的工作方式不仅从设想上就不合理，而且严重脱离实际，更不能用在石灰制备上
乳液系统	参照水管路设计	无一处不会堵，无一处不结垢	对乳液特性无所知，盲目设计
系统控制	—	从设备设置和系统连接可见无法进行全面控制	没有自动化系统控制，即使合理的设计也难长期保持，更何况本工艺也无法实现系统自动

八、以电石膏和电石渣为原料的工艺

我国不同地区的电厂为就地取材曾经长期使用过电石渣为石灰水处理的原料，效果较好。试举两例，其一，北京热电厂曾使用北京化工二厂生产的电石废渣为原料供锅炉补充水石灰水处理，对苏联提供的块灰系统进行改造，取消块灰制乳部分，保留输送部分，使系统得到简化、安全性得到提高，也使环境得到较大改善，如图 8-31 所示。北京热电厂曾用电石渣储存池如照片 8-18 所示。

其二，河北 BD 热电厂拟使用本市塑料厂废弃的电石膏为原料，供锅炉补充石灰水处理。将翻斗车运来的电石膏直接卸到地下储存坑，用抓斗直接提升送入消化器，利用苏式制乳系统的制乳和输送设备，代替了污染最严重的块灰部分，而且提高了乳液质量，如图 8-32 所示。

一些以乙炔为原料的化工厂，其乙炔废渣中尚含有 70% 左右的石灰可用成分，较一般当地土法生产的石灰质量要高，且是废物利用，价格便宜。但是存在浆液计量的困难，膏状品时，膏的自动乳化配制系统也缺乏经验。曾经设计过一组设备和控制工艺，如图 8-33 所示，后因商务原因没有实施。

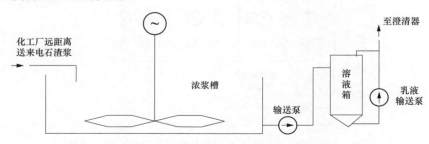

图 8-31　电石渣浆制备石灰乳液示意图

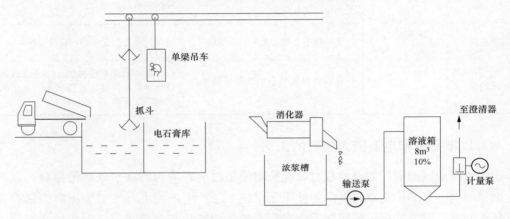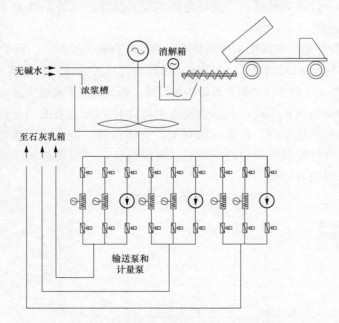

照片 8-18　原北京热电厂电石渣储存池

图 8-32　BD 热电厂电石膏原料制备石灰浆示意图

图 8-33　河北 LG 工程电石膏制备石灰乳设计方案示意图

第五节 石灰乳液制备单元的主要设备

一、石灰粉储仓

粉石灰的储存只宜选用高位钢制储仓，其卸料和使用都方便。钢制储仓有多种形式，大致如图 8-34 所示。

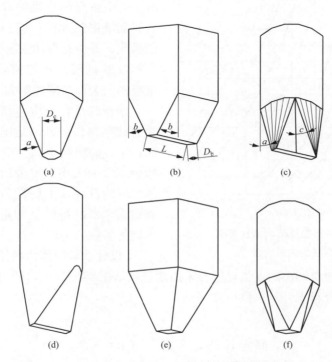

图 8-34 可供选择的粉仓形式示意图

（a）圆锥形；（b）楔形；（c）过渡形；（d）凿形；（e）金字塔形；（f）正方形出口

"两种主要形状是圆锥形及楔形。整体流动料斗的特征是其收缩部分角度小，对于给定的物料，圆锥形料斗的半角 a 在正常情况下要比相应的楔形漏斗的半角 b 小。此外，圆锥形料斗开口的大小或直径 D_c 是楔形料斗最小缝隙宽 D_b 的两倍多。当给定物料的储存量时，就所需的净空高度来说，楔形料斗更为有利。楔形料斗的缺点是要求缝隙开口的长度等于料斗的宽度，这样就构成了一个狭长的开口，楔形开口缝隙的最小长度为 $L=3D_b$。"[69]

为便于圆形储仓设计，可参考图 8-35 求得直径、高度和有效容积的关系。

保持石灰粉储仓的有效容积和顺利下料，关键在于下部收缩部分，其角度必须大于石灰粉的抑止角。石灰粉储仓形式的选择也与储料容积、设计布局及相连的其他设备情况有关，其中主要是出料口直连设备，这些设备不应有阻隔顺畅下料的结构点。

钢制储仓壁的焊口不得有呛茬障碍下料。内壁一般不许有涂料，如有涂料必须严格防

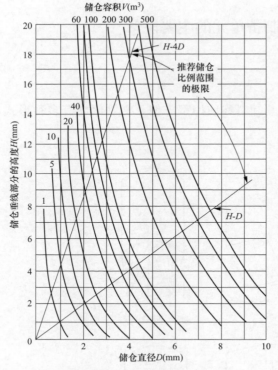

图 8-35　圆柱形整体流动储仓容积、
直径与高度的关系曲线[69]

止局部脱落的可能。储仓为密封结构，但需能够承载微正压和微负压下的强度和稳定性，具有超压时的安全设施。所谓微正压指气体卸料时进入粉仓后的残余压力（膨胀），微负压指粉位下落时空位可能产生的负压，其量的大小与粉仓容积、扩散空间、输粉气压、进排气器件通畅等因素有关。提供仓体呼吸的设备，在南方空气长时间潮湿的地区，应当设置空气过滤吸潮措施，并应有自动恢复吸潮能力的措施，虽然试验证明，石灰粉较长时间储存时，被吸潮的表面深度并不大。

储仓的总容积应包括两部分，一是物料的储存容积，另一是压缩空气输送物料时，尾气的膨胀空间。空间的大小取决于残余压力的大小，残余压力的取值影响罐体强度的设计，主要是顶部平板强度，并兼顾除尘器的排气量和阻力，以及负压泄压阀的参数。

"设计散状固体物料储仓或筒仓过程的重要一步是估算出料口卸出的流量，推荐采用现已发表的英国规范，即可按下式计算（只供参考，因为原载资料无计量单位）：

1. 圆形出口

$$M = 0.58\rho g^{0.5}(D_0 - f_p d)^{0.25} f_h$$

式中　M——从整体流动料斗卸下的物料量。

　　　ρ——物料的堆密度。

　　　g——重力加速度。

　　　D_0——料斗卸料口直径。

　　　f_p——物料的形状系数，对于球形颗粒，$f_p = 1.6$，对于非球形颗粒，$f_p \approx 2.4$。

　　　d——颗粒直径。

　　　f_h——$\tan\beta^{-0.55}$，$\beta < 45°$时，β按料斗休止角计；$\beta > 45°$时，$f_h = 1.0$。

2. 矩形出料口

$$M = 1.03\rho g^{0.5}(L - f_p d)(W - f_p d)^{1.5} f_h$$

式中　L——出料口长度；

　　　W——出料口宽度。"[69]

出口流量参考图 8-36 计算。

有效仓容与辅助措施有关，当无辅助措施时，有效仓容可能大幅度减小，如图 8-37 所示。

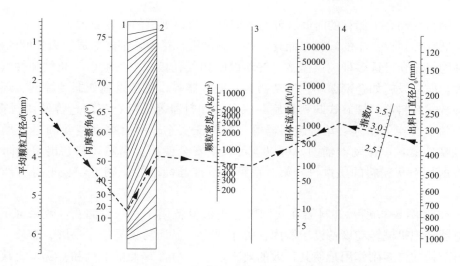

图 8-36　用 Zanker 列线图估算中心流动仓圆形出料口流量[69]

使用方法：以图左边的刻度颗粒直径 d 连接内摩擦角 ϕ 的数值，将连接线与第一根轴线相交；按斜线指示的方向将连接线移动到第二根轴线上；将第二根轴线上的交点与颗粒密度的近似值相连接，并将连续延长至与第三根轴线相交；在图右边的刻度上找料斗的出料口直径值与指数的数值连接，并将连线延长，并与第四根轴线相交；连接第三根及第四根轴线上的交点，连线通过固体流量的刻度线，其交点刻度即为所卸出的流量值。

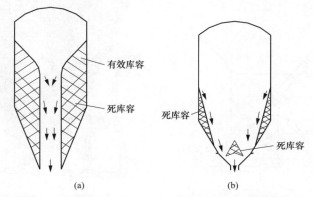

图 8-37　石灰粉储仓直接出料与料斗出料库容比较示意图

（a）中间下料库容（无辅助措施）；（b）料斗下料库容（无辅助措施）

二、石灰料斗

"固体物料架桥性是指物料在料斗及储仓中形成拱桥的能力。这是物料在料斗或储仓中流动的主要障碍。拱的强度和下列性能有关：

（1）堆密度：较高的密度会有较大的拱强度。

（2）压缩性：较高的压缩性会有较大的拱强度。

（3）黏着性：黏的或软的物料会形成比较结实的拱。

（4）吸水性：如果物料颗粒有吸水性，就可能有较高的拱强度。

（5）喷流性：流态状的物料会形成脆弱的拱，并易于踏落变成含气物料。

（6）拱顶物料质量：储仓内拱顶物料的质量和拱的强度成正比。

（7）物料在储仓中储存的时间：储存的时间较长，则拱的强度更大。

（8）储仓卸料口：小的卸料口储仓、料斗斜度设计错误，都能造成较大强度的拱。"[69]

各种物料储仓可选多种破拱措施，气动设施如气孔板、空气喷射、充气弹性气束、空气清扫等，振动设施如仓壁振动、振动物料、振打器等，机械设施如振动筛网、环行式卸料器、旋转式卸料器、螺旋式卸料器旋转底盘式卸料器等。粉石灰储仓曾使用过振打器、空气炮、流态化空气疏通、单杆疏通器等，实践证实迄今只有振动料斗和过渡形出料口配合异径螺旋器，以振动器辅助，可以满足长期安全使用。当然，料仓出口的防堵拱措施都是在所用石灰粉料的质量符合第八章第二节推荐标准的原则下，且不得有严重吸潮情况。

图 8-38 和图 8-39 所示卸料器在我国曾有类似设备用于石灰粉储仓，效果都不好，环行式卸料器是把机械转动设备设于器内，置于粉中，显而易见易损、易磨、难修。气动设施之于石灰粉的许多副作用是使其致败的要害，空气中含有大量水汽和 CO_2，直接与石灰粉接触，被石灰吸收，石灰粉立即潮解、结块、成垢、堵管、堵孔、钝化而失去功能，而且安装侧壁与破拱位置不符。

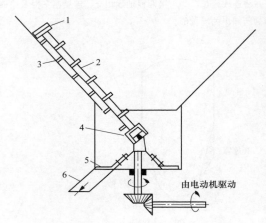

图 8-38　环行式卸料器示意图
1—支撑轴承架；2—破拱臂；3—钉凿；
4—万向联轴节；5—支撑板；6—出料口

由电动机驱动

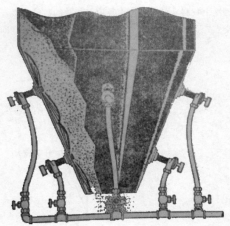

图 8-39　空气清扫式器示意图

用前述特性衡量石灰粉的成拱条件，不会形成强度过大的拱，但是它有良好的吸水性或有较大的黏着性（吸水后），所以密封对粉石灰储存很重要。目前石灰粉储仓最大直径为6000mm，最小直径为3500mm，出口直径为150～250mm，收缩率为14～40倍，下斗一般设计锥角60°，估计可成拱的直径将远小于1500mm，如果在可能成拱位置的上方设置一个更大的人工拱，那么在这个人工拱之下就不可能再生成拱，这就是料斗设想的原理，如图8-40所示。工作时人工拱上面的粉从拱的四周滑落，从出口卸出。人工拱下永远不会充满，拱下没有粉压很难再成拱，聚集在这里的粉必要时轻度振打即可顺畅排出。如照片8-19所示，振打器装在人工拱四周的上部，虽然可能有环形拱，此类拱受力不匀，比较容易破坏，当安装在侧壁上的振动器启动时，人工拱板左右晃动，总有一侧的拱踏落，或会引起连锁反应。

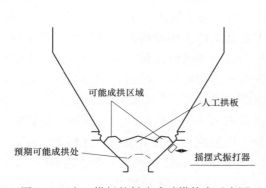

图 8-40　人工拱板的料斗式破拱技术示意图

照片 8-19　振打料斗外形

　　照片 8-20 是一套石灰制备装置，"创"新采用多螺旋石灰粉计量兼避拱设备，它可能是从引进丹麦的设备中学来的。其用意是取巧一机多用，实际不仅无法计量，而且严重堵塞，直观锥斗被敲击斑痕可知带来的运转困难。多螺旋机有较大的进出料口径，全部口径断面布满并列螺旋，所有螺旋同时旋转都能下料，假如多螺旋机的进口断面大于可能形成粉拱的直径，那么在锥斗中将不会成拱，似乎可以起到避拱作用，可是设备断面是否大于拱径呢？未知（因为粉拱直径未知），那么此举在对付粉拱上就存在盲目性。所选 5 轴多螺旋机，具有的下料量，远远大于需用量，不能全面积下料就失去破拱的设想，也就失去计量功能，只好在它的上部装了一个阀门——插板阀限流，插板阀与多螺旋机同径，所以插板阀的限流量就会很大，即阀门开度很小，仅留一条缝，反而促进了成拱，结果既不能避拱也无法计量，只能靠人工敲击落粉维持工作。

照片 8-20　河北 SH 电厂多螺旋下料口

三、石灰乳搅拌器

　　石灰制备单元不外乎储存、乳化、计量的功能。事故率很高是因为它经历两个形态——固体变液体，结块、沉渣、磨损、结垢、淤塞、潮解等情况都会集中表现出来，这些情况可能发生围绕的中心就在搅拌器，故搅拌器是石灰乳液制备中的中心设备。粉石灰与水结合成石灰乳要经历多个过程：大大小小粉团入水——粉团外围吸水为湿粉团——水湿润至水饱和及粉团破坏——小粉团再湿润再饱和，水分渗入颗粒内部——直至呈颗粒态，水继续向颗粒内部渗透——同时石灰逐渐溶入水中达到饱和——颗粒表面生成水膜，呈充分分散状态；水中溶入石灰——温度升高——继续溶入，继续升温——逐渐接近饱和——升温过程溶解度降低——溶解度与温度的平衡——溶入与析出的平衡。在乳液自身达到平衡之前，随时都要向石灰颗粒提供所需水分，激烈的搅拌是破坏粉团和自制现象、促进乳化过程的重要条件，足够的时间是保持反复灰水接触的另一必要条件。

搅拌器运转中不断地进入粉料和清水，不断地输出乳液，希望输出的乳液是已经得到平衡状态的成品，不希望输出"半成品"，更不希望输出"未成品"，它会带来很大危害。这个动态平衡靠搅拌箱合理设计得到，关键是搅拌作用，就是初进来的粉料不要一下子跑到出口乳液中去，而是让它在器内有足够的时间和接触过程。搅拌箱给粉料提供的接触时间，不能单纯依靠加大容积取得，混合强度与停留时间、相对容积是相互矛盾的，应当通过合理的搅拌作用形成循环回流和足够强度实现。故此，小桨叶高桨位是最不合理的设计，而低桨位大桨叶的困难是结垢引起的机械动态不平衡。理想的出口乳液（过饱和）较长时间不会沉积，即石灰颗粒已吸入足够水分，均匀地为水膜所包裹，互相之间或有"排斥作用"，乳液的水分已经完全处于饱和状态，溶解析出和热交换的平衡已达到稳定。

石灰搅拌器是密闭的又是连续进出的，同时具有呼吸作用。无论石灰为 CaO 或 $Ca(OH)_2$，都会引发水蒸气，水蒸气由上部水面蒸发，这恰是石灰粉进入之处，水蒸气必将携带一定量的石灰粉溢出，这是石灰制备单元唯一可能污染环境的部位。对待此状况不可无视，一是要允许它排出，二是不得让它乱窜，跑到粉系统的任何部位都将带来很大的麻烦——潮解、结块、结垢等都容易发生。发生水蒸气与水温直接有关，当然如使用 CaO 则会发生较多热量，热量可计算得知，在浓度小于 5% 和常见石灰剂量情况下，升温一般不会超过 10℃。

照片 8-21 河北 SH 电厂搅拌箱
半腰出浆结构

照片 8-21 显示河北 SH 电厂石灰搅拌器出乳口设置在器中间，无异这是一个不当的设计。其一，如果为取得"净化"的出乳，让渣滓沉积在搅拌器内，那么器内的沉渣如何处置呢？当石灰质量不好时，很快就会堵满，堵满后就没有沉淀空间，带砂乳液还是都原样出来。其二，器底沉渣淤积会越积越实而成硬垢状，又怎么办呢？怎么挖出来呢？假如想不等渣滓沉淀就及时排出来，把搅拌箱当砂子沉淀器，那么渣水如何处理？其三，搅拌桨放在哪呢？估计在更高的位置，搅拌效果不好，颗粒更容易沉淀。石灰搅拌器的机械设计必须满足工艺的需要，而不是迁就机械设计的困难。

四、石灰乳泵

石灰制备单元中乳液泵的用途是输送乳液或兼做计量。单纯输送使用离心泵，兼做计量时需要计量泵，计量泵一般用容积泵。无论使用何种泵，因为都是输送石灰乳液，必须解决耐磨损、不漏浆液、体内无沉积堵塞等特定条件。

渣浆离心泵可以用于石灰乳液，它由高铬耐磨材料制作，采用多级轴端密封。行之有效的多级轴端密封是动力密封（副叶片或副叶轮）、水封和填料密封，允许有少量水滴外泄，以助润滑。动力密封是防止乳液外泄的主导措施，阻滞乳液由高压端向低压端流动，水封向内侧余压辅助抵制乳液，填料控制封水向两侧合理分配。

迄今我们认为原则上不用计量泵，因为它不适用于石灰乳液。近年只有几台特殊设计的立式柱塞泵供个别厂长时间工业应用，如照片 8-22 和照片 8-23 所示，规格有 $Q=1000L/h$、$Q=2000L/h$、$Q=10000L/h$，曾有进口卧式柱塞泵，其缺点是很难解决柱塞处偏磨易漏的问题。计量泵需要考虑的另一个问题是输送管道最低的乳液流量。举例说明，出力 $Q=1000m^3/h$ 石灰水处理澄清池，按入口水碱度 5mmol/L 计算，耗高质量石灰量约 260kg/h，浓度 5% 乳液量为 $5.2m^3/h$，按 $v=2.0m/s$ 计算，管径为 25～30mm，这样小的管径稍有沉积或结垢极易堵塞，还要考虑焊口焊渣等影响，大一级即为 $\phi40mm$，流速急速降低到 1m/s，难免沉积淤积发生，更何况低负荷或水质波动时，这种情况将更严重。纵然把容积泵在管道中可能产生的湍流考虑进去，也是很危险的。

照片 8-22　天津 PS 运行中的立式石灰计量泵

照片 8-23　华北 HD 初期的立式石灰计量泵

有人曾经使用螺杆泵。螺杆泵是溶液计量的常用泵，但是用于难溶的、有颗粒存在且容易结块或结垢的石灰乳液会存在特殊的困难。实践已经证实，螺杆泵用于石灰乳液时，套筒磨损很快，需要频繁检修，停运时很难清洗或清洗干净，在叶片与套筒间石灰发生沉积阻滞，尤其叶片与套筒滞留的灰渣也会阻滞再启动，需要人工盘车，且不能投入自动程序运行等。同样有乳液流量与管道淤积矛盾的问题。

石灰系统无论使用何种输送泵，因为它是易损设备，都必须设置备用，这是安全生产的基本要求，而且应当定期轮换运转，以保持时刻可用状态。北京某厂厂家只供一台石灰乳输送泵，这是一种违背设计规程和基本需要的严重偷工减料（照片 8-24），而且没有自动清洗系统，经常停运维护，致使管道经常堵塞，生产十分困难（照片 8-25）。

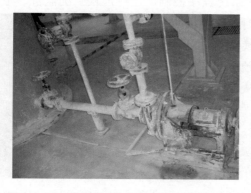

照片 8-24　华北 SH 电厂的石灰系统单泵运行

照片 8-25　华北 SH 电厂堵管状态

五、呼吸器

石灰乳化过程会产生热量，"氢氧化钙的溶解热在 18℃时为 11.66kJ/mol"[67]，落粉处局部温度升高较快，有水蒸气溢出，石灰粉也在水表面处投入，故蒸汽溢的出同时还会携带一些粉尘，如果任其四散，蒸汽和粉尘都会污染周围空气。如果以完全密闭方式不加处理，粉尘自不会外溢，但蒸汽将在系统窜动，直接受影响的部位是位于其上的螺旋输送机和给料机。

照片 8-26　河北 SH 电厂无呼吸器
密闭除尘

给料机是较精密的设备，叶槽很浅，非常容易堵塞，是呼吸不畅常见的事故。照片 8-26 所示的设计是将排气管直接连接到除尘器，以为靠除尘器的负压就可以解决排汽问题，实际运行效果证实这是一种错误的设计，呼吸必须要有气流，负压不等于气流，必须有入风口才可能形成气（携带汽）流。

溶灰水温过高将有大量汽灰溢出，某厂曾使用生产回水，水温近 60℃，适逢夏季，汽粉大量喷出，一般呼吸器不能对其进行分离和控制，这是应注意的。

六、室内除尘器

室内除尘器是与呼吸器互相配套的设备，是保持室内空气粉尘标准的必备设施。除尘器可用布袋式，也可用水膜式，吸尘系统可以用多台母管制，共用一组除尘器，吸风量要满足最大满负荷量，风压和母管风量分配要满足最远端设备吸尘。

除尘设备的积尘应当及时清除，水膜除尘时，可自动输回石灰系统再用。

七、石灰制备系统的控制

石灰制备系统必须设置程序自动控制，保证在各种工况下合理工作。

石灰系统的控制内容包括经常运行状态的系统程序控制、运行远程工况监督、主要部位的检测、异常情况报警等。其中在系统暂时停运、系统长期停运、系统局部停运、设备切换等工况时，自动关闭、开启、清洗、排放等按预定步序动作，为此系统阀门必须为自动阀。从照片 8-27 可见，该厂系统阀门全部是手动，即无程序控制，这是它们出现严重堵塞的原因之一。照片 8-28 是 GBD 电厂全程序控制，同样的石灰制备车间，干净整洁，控制盘就在设备旁边。车间不允许系统空载、乳液储存、水粉乳出入混乱等情况出现。

照片 8-27　华北 SH 厂
石灰手动系统

八、石灰饱和器

现代大型工业中石灰水处理一般都不会用饱和乳液，偶然或许用到它，这种设备仅见到在苏联有。

虽然配制饱和溶液对反应和耗量都有利，而实际操作时一般情况下石灰乳液都是被制成过饱和状态，因为石灰常温下的溶解度很低，只有 1480mg/L，石灰的加入量比较大，这样如果按饱和标准耗水量很大。例如，一台出力 $Q=1000m^3/h$ 石灰水处理澄清池，设石灰耗量为

照片 8-28 GBD 电厂就地控制盘
布置在乳化设备旁边

500kg/h，所配石灰饱和乳液制备设备耗水达 $338m^3/h$，乳液水量占澄清池出力的 1/3，石灰乳液制备设备将非常庞大，是工业使用所不能接受的。然而在某些情况下，仍然需要制备饱和石灰乳液。例如，自来水厂采用石灰调节 pH，就应当使用饱和乳液。因为它的加药量较小，加药混合和澄清设备不可能增加泥渣的收集和排出装置，即加入石灰乳只起调节 pH 的作用，使 pH 由小于 7.0，到大于等于 7.0 即可，饱和乳液不会产生额外沉淀物和污染物。

石灰饱和器只有苏联有典型设计，我国仅 20 世纪 50 年代引进一台运行，后随该电站已被拆除，故世人多不了解。现将苏联设计的饱和器典型设计介绍如下，以备需要时参考选用。

СТРУЯ 式石灰饱和器设计规格见表 8-13 和图 8-41。

符号	单位	饱和器总体积（m^3）										
		3.4	7.3	11.7	17.0	20.5	35.0	50.7	61.0	102.0	138.0	310.0
D_H	mm	1010	1338	1678	2008	2350	2678	3010	3310	4022	4606	6690
D_{cp}	mm	1005	1106	1308	1500	1769	2010	2260	2480	3012	3450	5012
d_{H1}	mm	1010	1112	1316	1508	1778	2020	2270	2490	3024	3460	5024
d_{H2}	mm	1110	1232	1476	1668	1938	2180	2430	2710	3244	3720	5272
d_1	mm	65	80	80	80	100	100	100	100	100	200	200
d_2	mm	50	80	80	80	80	100	100	100	100	125	150
d_3	mm	200	250	304	354	350	406	406	400	406	400	500
d_4	mm	308	308	308	308	400	400	400	400	400	400	500
d_5	mm	50	80	80	80	80	100	100	100	100	125	150
d_6	mm	50	80	80	80	80	80	80	80	80	100	125
d_7	mm	50	80	80	80	80	80	80	80	80	100	125
d_8	mm	100	150	150	150	150	200	200	200	200	200	200
d_9	mm	470	470	470	470	620	620	620	620	620	620	620
d_{10}	mm	50	50	50	50	80	80	80	50	50	80	50
H	mm	5200	6490	6785	7085	8110	8394	9345	9492	10884	11350	13200
h	mm	4205	5505	5618	5740	6515	6585	7457	7395	8372	8520	8985
h_1	mm	240	275	300	280	280	320	340	330	328	370	310
h_2	mm	3900	4890	4890	4890	5585	5585	6285	6140	6980	7000	7000
h_3	mm	305	615	728	850	930	1000	1172	1255	1392	1520	1985
h_4	mm	1300	1600	1895	2195	2525	2809	3080	3352	3904	4350	6200
h_5	mm	460	460	450	450	500	512	500	510	500	500	506

表 8-13　石灰饱和器结构尺寸

符号	单位	饱和器总体积（m³）										
		3.4	7.3	11.7	17.0	20.5	35.0	50.7	61.0	102.0	138.0	310.0
h_6	mm	240	240	240	250	303	314	300	312	255	200	317
h_7	mm	160	180	215	225	230	250	250	250	250	400	400
h_8	mm	1700	1800	1750	1850	2200	2350	2400	2400	2900	3600	2775
K_1	mm	120	131	131	100	151	150	150	150	148	155	155
K_2	mm	100	125	136	105	150	200	200	150	180	150	100
K_3	mm	80	80	80	80	65	80	80	65	80	80	80
K_4	mm	130	200	150	525	195	755	460	839	1025	1244	1220
K_5	mm	—	150	131	100	150	—	150	150	—	—	—
K_6	mm	—	150	131	100	150	—	150	150	—	—	—
K_7	mm	—	—	40	79	105	90	90	90	—	—	—
截面	m²	0.8	1.4	2.8	3.1	4.3	5.6	7.1	8.6	12.6	16.6	35.0
质量	kg	941	1635	2135	2596	3675	4790	5950	6200	9272	12300	22120
载荷	t	4.8	9.7	15.0	21.2	32.8	48.0	62.0	72.8	121.6	164.3	363.3

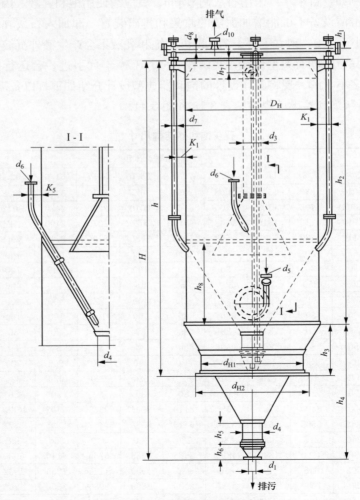

图 8-41　石灰饱和器结构图[70]

图 8-42 为有双层隔室的 **СТРУЯ** 饱和器，它是根据多次饱和原理制成的，在这里两个饱和器装在一起，一个在另一个上面。成乳状的石灰原液，沿着管 3 或 9 进入上层饱和器 1，工作一定时间（12～24h）以后，即开启球阀 6，残余石灰渣即被放到下层饱和器 2，重新再注入一部分新的石灰乳。工作过的石灰渣，即以泥渣形状，由下层饱和器排到污水沟中。由配水器进入的水，先沿管 4 引入下层饱和器，在其中进行部分饱和，接着向上升起，沿着装置在饱和器外侧的两个管路 5，以不超过 0.5m/s 的速度流入饱和器上面的汇集器中，由此再沿着管 12 进入上层饱和器 1 的下部。水由管中出来，即经过保护区的饱和层，一直饱和到溶解度的极限，再以减低到 0.2～0.3cm/s 的速度上升。此时悬浮状的颗粒便由水流中沉淀下来，降落在里面的锥形体上。

　　进入饱和器的水带有一些空气泡，这些空气泡常常阻碍悬浮状的石灰颗粒下落，因此在上层饱和器的里面，装着一个空气引出管 13，管下设置锥状扩展的伞形体。这样使上升的空气泡集聚在伞形体上，经过引出管放到大气中去，即不会再妨碍悬浮状石灰颗粒由主要饱和溶液流中沉落下来。

　　逐渐分离掉悬浮石灰颗粒的饱和溶液，沿着饱和器壁与空气引出管之间的环形空间上升，澄清的溶液便经过溢流槽 7 的边缘流出，再由管口 8 引向反应器或沉淀器的混合槽中。石灰主要是在下层饱和器中进行饱和，上层饱和器中只是使溶液进行再饱和或者说补充饱和而已。当下层饱和器中石灰全部消耗掉时，即停用饱和器，重新装入新石灰。先将废石灰渣放到排泄沟中，然后提起球形阀 6，将上层饱和器中部分没有用尽的石灰全部放到下层中。

　　上述进水是指饱和器用进水量控制出乳量，即加药量，进水量是通过"配水器"计量的。所谓"配水器"是将被处理水按比例分配给澄清器和各加药设备，来水量变化，配水也按原定比例变化。配水器配水方式已经落后，可以其他方式计量。**СТРУЯ** 饱和器是 20 世纪 80 年代前设计的，其原理基本可用，一些部分可以按现代技术改进，如计量方式、浓石灰乳的制备、渣滓排出、运行控制自动化程度等。

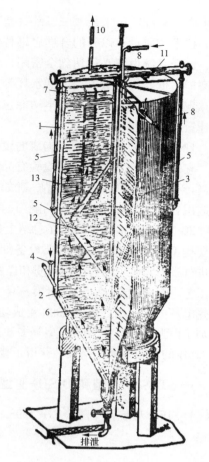

图 8-42　双层隔室的 **СТРУЯ**
饱和器流程示意图[5]

1—上层饱和器；2—下层饱和器；3—装入石灰乳管口；4—进水管；5—由下层向上层溢流连络管；6—球形阀；7—环形溢流堰；8—饱和石灰液出口；9—由搅拌器来的石灰乳进口；10—空气管；11—取样阀；12—由汇集器流入上层饱和器下部的石灰溶液引入管；13—空气排出管

第六节　现代粉石灰单元成套装置的几种类型

　　石灰乳液制备是石灰水处理工艺构成的主要环节之一。石灰水处理欲达到现代企业文明生产的标准，历来最"脏、乱、差"的石灰制备车间首先需彻底改变面貌，必需深刻改革其技术和质量，以新的合理思维替代传统理念，设计切合我国实用的完整成套的工艺系统。这套系统设备必须达到全密闭、全自动、无污染、无泄漏、无堵塞、无硬垢、无值守、低磨损、低噪声、低电耗、低水耗等技术质量水平。

现代石灰制备单元的基本功能包含机械化卸料和密封储备、彻底乳化和输送、自动调节计量、防沉积堵塞。

现代石灰制备成套装置构成的设备与配件按照功能需要优化组合，多一嫌赘，少一即亏。它是成熟的，经过实践检验有品牌、有质量规范、有系列规格、有技术标准、有责任担当，工厂化生产的成熟产品。犹如在购买一台汽车、一组家具、一座别墅，改变那种仅凭遐想在施工现场任意拼凑的陋习。

20 世纪 90 年代，我国在总结上述几十年经验的基础上，吸取 ST 电厂德国引进设备的主要构型设计，对系统中主要设备如振动料斗、给料机、螺旋机等对国际名牌产品单项引进进行学习吸收，结合国内灰质和经验逐件研究改进，并做实用检验，提出了一组完整的系统工艺，逐渐国产化，设计出第一套"干粉一次计量 D-SJF 型粉石灰单元成套装置"，并借邯郸热电厂中水回用之机于 1998 年成功投入运行，初步实现了技术目标。之后逐步改进充实，增加了Ⅱ型、Ⅲ型、Ⅳ型和Ⅴ型等多种类型，以满足不同工程需求，百余套都陆续投产经历了近 20 年的考验，无一错失，获得了普遍赞许，成为工程设计普遍选用的典型技术。

一、D-SJF-Ⅰ型和 D-SJF-Ⅱ型单元石灰制备装置

D-SJF-Ⅰ型装置（图 8-43）1998 年于邯郸热电厂投产，至今已沿用 19 年。D-SJF-Ⅱ型装

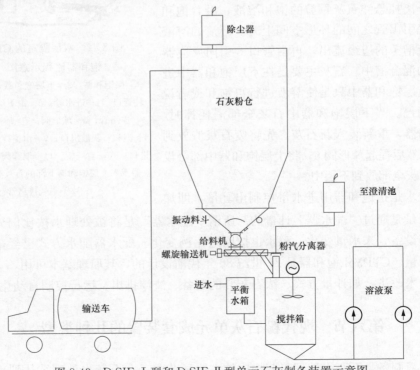

图 8-43　D-SJF-Ⅰ型和 D-SJF-Ⅱ型单元石灰制备装置示意图

置是在Ⅰ型装置基础上的改进型，陆续用于多个电厂。这套装置是在总结我国几十年石灰制备系统的经验教训基础上，按照新的理念设计的当代我国第一套典型工艺，并获得了成功，它彻底改变了石灰制备工艺满屋飞尘、无处不堵、乳液四溢、惹人厌恶的情景，以一个全新局面，得到广泛认可，开创了我国石灰制备现代化技术的典范。它的特点如下：

（1）为了彻底克服历来无法解决的难题，必须在系统设计的技术上突破传统理念，另辟蹊径，依其自身规律导引，构建新的技术措施，才能获得预期。新的理念的基本点是认识规律的全面性（不遗漏）、掌握问题的真实性（针对实质）、措施的实用有效性。概括系统改革的要点是简化系统，疏导而非堵截，动者恒动，静则清净。具体技术内容如下：

1）尽可能简化工艺。让设置的每个设备都有独立作用，每一条管线都是不可缺的，不设多余的备用，更不要备用加备用，不用带有副作用的装备。石灰制备相对于澄清池一对一单元制，除输送泵外全部设备只设置一台，用系统的可靠性和质量的可靠性保证设备的可靠性。

2）乳渣全部输向澄清池，在石灰系统没有任何截留、排放和处理。再高质量的石灰也有渣，它是非钙物质和过烧生烧的产物，而且过饱和的 $Ca(OH)_2$ 颗粒与杂质不可分，送到澄清池乳液可以完全使用，沉渣得到清洗失去黏结性，由澄清池统一排除处理，免去到处污染为害。

3）取消系统内所有排污点和死角。每个排污点都是一个污染点，也是一个泥渣沉积死点，系统内只设停运检修一个排放点（主要是余水），设备管道切换、暂停、系统长期停运输光全部内藏物。

4）专用阀门。阀门内的死角很多，流动死区也很多，那就是乳液中颗粒的储藏处，或关不上或打不开，是石灰系统阀门的通病。有人试用球阀或旋塞，也是不当选择，如图 8-18 在球阀开启过程中，通道孔在旋转的中间会同时将进口（或出口）与阀芯与阀体的中间间隙连通，乳液即进入间隙并积存下来，构成阻碍物，也会出现或打不开或关不上的情况，阀芯如有外露部分（如排污阀），在阀芯表面容易结成一层垢膜，阻碍旋转。旋塞阀与此类似，这类阀门都不可以用。但我们在系统设计中推荐用蝶阀，口径小时必须用双偏心结构，也可以使用隔膜阀，但隔膜易损。

5）可以选择母管制。过去为避免管道堵塞，曾提倡管道完全单元制，易磨损的泵需要备用，故变为两套管系，停运的一套面临同样的问题，因此解决停运沉积是症结。这就是静则清净，只要它静下来，让它干净，就迎刃而解了。

6）改革计量。石灰系统的计量技术要点，也是历来存在的技术难点，之所以难是因为人们总把计量停留在习惯使用的计量容积的观念上，而石灰乳液含有大量容易沉积、容易结垢的颗粒，常规的计量泵不好用，也带来系统的复杂化（需要制备一定浓度的储备液，或几级定量制备），引发更多的困难。计量粉是西方引进设备给我们的启发，计量粉要简化许多，不但计量设备较易解决，而且完全改变了因计量制约系统的困难。计量粉虽然有延迟的问题，即计量粉改变乳液浓度有较长的延缓期，这是过去人们常常忌讳的，但我们认识到它的影响很有限，尤其它的延缓与澄清池设计的性能可以互补，经实践完全满足总体反应要求。

7）石灰的溶解注水要用无碱水。富碱水除直接使石灰颗粒表面钝化外，还会使乳液系统设备结硬垢。

（2）当时我国已有少数地区可供应粉状石灰，但质量不一，设计决定不应迁就落后，摈弃用块灰习惯，以粉石灰为唯一原料，学习 PWT 和德国技术，采用汽车密封运输（必要时自购罐车），气动卸料，高位粉仓储存的原料供应方式。邯郸热电厂开创第一个工程建设时虽然该厂老机仍在使用低质量块石灰，人工装卸，露天储存，可以接受那样的做法，但是最后还是从粉石灰原料开始，打破历来对各种水处理药剂制备的习惯观念和做法，按照全密封，机械化设计，一步到位，暂时远途高价购灰，不留后遗。自此开创了我国石灰水处理自己设计、自己建造、自己供货、完全使用粉状石灰的历史，至今 19 年来（至少在电厂里）无一例外。围绕粉仓的配套设备一一予以完善，如微压粉仓、进粉分布、排粉与罐车风量控制关系、安全设施、仓斗和出料破拱选择等，都设计专用设备，制定使用条件，为今后推广打下了基础。

（3）为保证系统可靠，关键的计量设备——给料机和螺旋输送机选用高标准设备，必要时采用进口，在进口选择中对其型式、规格做了严密的论证和验算，对比了轮式给料机、"电子秤"式给料机、螺旋式给料机等，认为给料机是系统中唯一的计量器，因为给粉量小，机内容料空间很小，不得有黏滞、沉积、局部堵塞等发生，否则会影响计量效果，机件长期运转磨损小、故障率低，同时起到粉仓最后隔离作用等质量要求。最终选定的给料机计量精度为 1%，叶片表面搪瓷，叶片间隙仅有 7 丝的一款设备。其后至今的多年中就用此型设备，数百台无一异常。

（4）已研制专用设备。石灰水处理技术和工业应用在我国已经停滞多年，系统改革后每一级设备都被赋予了单独的专用功能，是新工艺中重要的组成部分，不是市场常规所见所能满足，逐项研制设计和生产，计有筒形高位粉仓、石灰搅拌箱、石灰乳输送泵、粉气分离器（呼吸器）、粉仓正负压泄压阀、无阻隔插板阀、粗粒分离器等，构成一整套完整的成套装备。

照片 8-29　邯郸热电厂石灰制备车间

（5）自动化程序与控制。包括自卸料始到乳液送达为止的全过程，系统流程和操作程序按优化设计设置，并落实到控制程序和调试中切实实施。设计中除用 PLC 可编程序控制器外，所用监控仪表、信号发送器等的选用以实用为准，摈弃那些好看不好用的花架子（高花费在线表计）。

（6）重新逐项核算设备管线设计技术参数，合理有据，指有可靠的实践依据，如石灰粉的输送特点、乳化搅拌时间与强度、不同质乳液的流动等。

（7）简化布局节省占地。为简化系统和粉液流程顺畅，吸取 PWT 布置将乳化设备直接布置在粉仓之下，缩短了粉道，不再多占厂房面积，由于全套设备密闭，低于室内粉尘含量标准，电气操作盘和就地控制盘与设备同室布置，如照片 8-29 所示。

二、D-SJF-Ⅲ型单元石灰制备装置

D-SJF-Ⅲ型装置（图 8-44）2003 年于天津 PS 电厂投产，至今沿用 14 年。此型装置是为适应小计量低位布置而设计的，室内净高仅 11m（Ⅰ型、Ⅱ型仓容 $V = 250 m^3$ 时屋梁下悬约 20m），以容积型泵为主要计量设备。

PS 电厂的改造项目中，原石灰工艺为俄罗斯设计供货，原料为块灰，储存溶解甚为原始，环境极差，工人操作要戴防护服和防毒面具，系统工序复杂，设备落后，水电耗量大。改造后达到无人值守，车间净洁可与控制室媲美，占地仅为原来的 1/4，成为其后此类用途的典型。

该型工艺的特点如下：

（1）低位布置。料斗和给料机靠近地面（图 8-44）可以直接观察和维护（照片 8-30），乳化设备与粉仓平行错位，粉料用倾斜螺旋提升，解决了高差问题，不额外增加提升设备，同时获得断绝搅拌箱蒸汽溢入粉系统的可能，提高了给料机的安全性。乳液系统设备置于仓体之外单独布置。该装置利用原石灰储存位置（照片 8-31），厂房保持原状不动，取得紧凑方便实用效果，也获得了一种新的布局和制备系统。

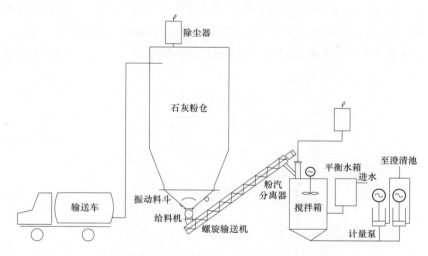

图 8-44　D-SJF-Ⅲ型单元石灰制备装置示意图

照片 8-30　PS 电厂低位布置事例　　　　照片 8-31　PS 电厂原石灰储坑

（2）干粉计量和乳计量。自行设计的专用石灰乳活塞式容积泵输送至俄 вти 型澄清器进口，维持原澄清池运行方式不变，由于改进了石灰质量和配制效果，对澄清池的运行工况有所改善。该工艺是以干粉计量为主，立式计量泵（专门设计）为辅的方式，配合较高质量的石灰，已正常运行 14 年。

（3）此石灰制备系统俄与 BTE 型澄清池直连，属于循环冷却水旁流系统处理，为实现"零排放"配套的重要环节。

（4）该装置的石灰耗量仅约为补充循环水的大型石灰水处理的 1/10，小于 50kg/h，故计量、输送等需增设辅助措施，以保持长期连续运行。

（5）改进了石灰料斗的结构，使其适应国内灰质有时较低的情况。灰质较低指有效含量较低，灰中含有较多的生烧过烧灰或 $CaCO_3$，这样灰的压缩性和堆密度增加，拱的强度增加，灰中掺有较大颗粒物，使灰的流动性降低，容易成拱。为在遇到这些变化时仍然可以顺畅下灰，调整了料斗拱角和对称性，使拱的稳定性降低，在同样周期、振幅、频率下系统安全运转。

三、D-SJF-Ⅳ型单元石灰制备装置

D-SJF-Ⅳ型装置（图 8-45）是间断配制连续供乳的方式，适用于更小耗量的地方，如脱硫废水处理。于 2004 年迄今已有四十多项工程使用该装置。脱硫废水处理的石灰加入量小（剂量大、流量小），只可乳液计量，乳液计量需要配制一定浓度，特研制了异径螺旋

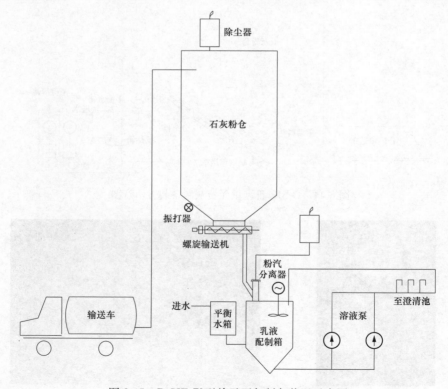

图 8-45　D-SJF-Ⅳ型单元石灰制备装置示意图

机，它可实施随时随用按定量供粉，不用升斗配乳的习惯，简化了配乳程序，即克服了繁杂过程的事故可能，可基本仍然保持一级计量状态。

它的基本特点如下：

（1）间断配乳连续运行工况，配乳浓度为 6%～10% 或其他。

（2）药量的调整为专用计量喷嘴计量。乳液系统循环供乳，保持管路畅通，不同的喷嘴口径适应不同耗量需要，自动调整切换改变，设计最小口径也不致淤塞。

（3）参阅 PWT 供粉方式，研制了在一定供粉量范围内，用过渡型锥斗配合异径螺旋防止粉斗成拱的技术，此"一定供粉量"恰与间断配乳所需粉量吻合。

（4）密闭储存配乳，随主系统全自动或就地程序控制。

（5）统一方式和设备结构，可随脱硫需求而调整。

照片 8-32 和照片 8-33 是北京 GBD 电厂改造前后的实况。

照片 8-32　北京 GBD 电厂仿英 PWT 改造前

照片 8-33　北京 GBD 电厂 D-SJF-Ⅳ技术改造后

四、D-SJF-Ⅴ型单元石灰制备装置

D-SJF-Ⅴ型（图 8-46）装置为饮用水调节 pH 而设计。自来水处理系统本身一般不需用石灰水处理，此处是由于水源水质污染等原因造成 pH 偏低，在净化处理过程中用石灰调整 pH 达到合格。此类石灰水处理与工业给水石灰水处理有较大的差别，主要是处理后水直接供给人用，不得在处理过程增加新的污染，处理水量大，pH 调节范围小，随主系统波动自动调节出水 pH 在限定范围，必须接受 pH 信号控制且克服延迟的困难。据此特殊用途，研制的 Ⅴ型单元的技术关键在于注入的石灰必须是全溶态的有效物质——$Ca(OH)_2$，不允许携带其他颗粒或过饱和颗粒状石灰，即乳液中不仅不含其他限定杂质，$Ca(OH)_2$ 最高浓度是饱和浓度。提出这个严格要求也是因为饮用水（自来水）处理设备不具备清理石灰反应沉渣的设施，更不能增加意外堵塞等故障的可能，切实保证设备和千百人饮水的安全。

此项技术的主要特点如下：

（1）灰原料和石灰乳的质量（杂质含量）对自来水的溶入量，不得超过饮用水标准限量。

（2）石灰乳液的性质要尽可能避免在反应中延迟反应时间而出现检测困难的情况。

（3）灰乳液注入的目的是调节 pH，而 pH 调高范围最高值将低于限定值，可以严格控制在小于 8.34。杜绝出现 $CaCO_3$ 反应析出物的可能，关键就是所配置的石灰乳液是饱和

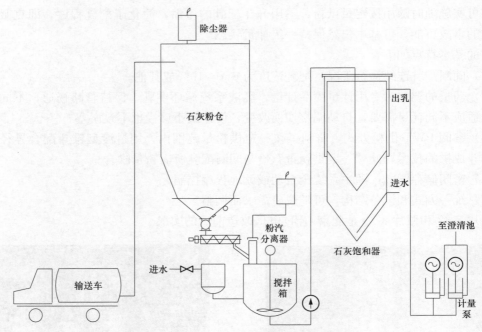

图 8-46　D-SJF-V 石灰制备装置示意图

乳液，本系统中使用了几乎已经失传的"石灰乳饱和器"，设计了与之配套的全密闭自动的粉乳设备。

（4）制备装置本身的环境应达到与自来水厂相同的环境程度。

（5）石灰系统的控制应与主系统协调一致，适应生活用水规律，饱和石灰乳可用液体计量方式。

第七节　吸取教训，总结经验，走自己的路

以上归纳的这些有代表性的失败的典型事例曾给予我们许多启发，虽然有的技术在合适的地方还可以用，但是产生以上这些问题的根源在于错误的选择和组合。通过实践得知，具体技术措施不但会带来局部或相关问题，而且设计思路不当将引起系统整体困难。其中的教训是深刻的，是最需吸取的经验。值得重视的是，直至今天我们还可以常见到这些错误的在工程中反复出现，还在制造损失和重蹈覆辙。成功的现代石灰水处理技术告诉我们，它是在我们认识到石灰水处理的基本规律的基础之上，找到的克服那些缺点错误的技术方向和措施，它可以用于现代大型工业，如其他水处理技术一样文明生产，而不会制造新的麻烦。石灰水处理的技术成果属于我国，我们不妄自菲薄，也不再糟蹋国家的钱为凭空臆想做实验。

石灰与其他药剂的性质有很大不同，或者说截然不同，故不可用习惯的观念或做法对待石灰，我们需要突破滞留在头脑中的框框，从教科书式的模式束缚下解脱出来。

一、指导思想

最主要的经验是正确客观地认识石灰、石灰与水的关系、石灰与水中溶解的和非溶解

的物质的关系及其反应过程。

之一是轻视或漠视石灰反应过程的异样性，对石灰水处理是具有某些独立特性的技术分支有足够重识，依循它的规律，不能违拗它的性格而一再吃亏也不觉悟，接受前人的经验教训，要进入它的科学领域，研究它的内在特性，从而驯服它。

之二是要了解石灰水处理技术应用的广泛性、有效性、实用性和社会性，利用其节水和减污的不可替代的巨大价值，才能发挥它的巨大效能。

之三是责任承担，总承设计者应对技术效果负责，决策者应对审批意见负责，照抄照搬的由抄录者负责。

二、经验教训

我们应当从我国石灰水处理前后六十年"四上四下"的经历中，认真总结教训，吸取经验，清醒觉悟，才能聪明起来，得到技术进步。

（1）整体工艺技术设想与石灰性质和反应规律不符，流程与实际形态变化不协调，设备与技术参数不能实施所赋予的功能要求，总之想的不切实际，措施不符所用。

（2）技术不配套，设备使用不合理。就整体看不能完成预设目标，功能不协调或有严重缺陷，不是遵循石灰特点专项设计，有技术拼凑之惑。随意择用代用设备，不知专用之要。

（3）盲目迷信和套用国外技术，往往没有切实消化，而是把某些"新见技术"认为是先进技术，在自己认识不足的情况下全盘接受，推而广之，覆盆难收。

（4）治标不治本。堵塞、泄漏、磨损、污染是石灰制备系统的痼疾，只重表面不重本质，头痛医头，脚痛医脚，因为没有施予治本之策，堵了就敲，漏了就补，磨了就换，污染就扫，以为这是石灰水处理技术的必然现象。

（5）技术落后，依靠人工。落后的工艺与设备只有依靠人工，处处要人扛、人挖、人堵、人操，检修维护操作困难，没有掌握规律，不能合理检测也无法自动控制。

（6）难过计量关。本来明知乳液计量泵（把浆液当溶液）会引发种种问题，却非走这条路，技术观念落后甚至僵化，如浓浆用螺杆泵，又不能及时清洗，磨损极快。

（7）没有实践检验和长期运行考验。许多工艺仅仅产生于设想，缺乏反复实践检验和改进，失败了也缺少认真总结，拿了钱一走了之，打一枪换一个地方。

三、正确认识石灰制备单元的技术内涵是合理设计的基础

（1）粉石灰制备单元的综合应用技术包括卸料、储备、出料、转运、计量、乳化、输送等环节，在各个环节注意防止的故障有卸料除尘、出粉口硼堵、粉汽分离、彻底乳化与水润、输送顺畅等，不可忽视任何一个环节。

（2）粉石灰的储存和输送过程不得因外来原因致使石灰被钝化和潮解，甚至结块。

（3）根据用量随时破坏储仓出口蓬堵，破拱技术要适应不同粉状石灰流动性能，不能人为造成新的蓬堵点，如阀门限流、中间储存罐等。

（4）搅拌箱要有呼吸口，给予蒸汽出路，呼吸口要呼吸——形成气流，防止蒸汽串流至粉系统，汽粉尘需滤除。

（5）乳液部分（设备和管道）必须注意不得有流动死角、动量不够或静止滞留等现象，否则会使颗粒产生沉积。

（6）搅拌器的紊流强度和滞留时间，不但能保证充分溶解，而且能使残粒形成表面水膜，没有任何粉团存留。

（7）系统中不得设置任何截留点，不允许用阀门节流。阀门需选择没有凹槽（闸阀）、开缝（球阀）、限流（截止阀）等的结构型式。

（8）保持石灰车间环境良好，不应有浆渣排溢、地面沟道池底管端不得积存沉积物、室内空气含尘符合国家标准。

（9）系统和设备工作、停运、切换、维护及调整时，必须保证清洁无沉积，也不得向外界排出污物，所有这些都在设定程序下自动进行。

四、技术路线

总结这些经验教训是为了得到思想启示和建立一条正确的技术路线，石灰制备系统看似简单（如有人说：不就是把石灰扔到水里搅和吗），真正认识它的规律和掌握其技术并不容易，越轻视它越要吃大亏。为了获得石灰制备工艺良好的效果要求，概括以上得到的简要经验如下：

（1）用高质量（符合推荐质量标准的）石灰粉，可以考虑就地取材，不可迁就劣质；允许质量适当波动，不允许掺假；如用生石灰粉（有缺点），但需有针对技术措施。

（2）整体系统要全密封，指从粉进到乳出的中间设备和管道的任何环节都没有暴露和外泄，故不能发生沉积、堵塞、泄漏和不要常出机械故障。

（3）系统简单而实用，每一级设备都有其存在的必要，每一种功能只由一个设备来完成，不要或尽少重复。

（4）每一个环节都要注意防止沉积和结垢发生，防止石灰被钝化；计量只需平均量准确，避免多级计量，除非饱和乳液（或接近饱和乳液）和无结垢倾向时不要用类似螺杆泵。

（5）专用设备专用设计。不要随便套用其他工艺的设备，或所谓标典设备。

（6）环境标准要与其他水处理装置相当，不要认为有点漏、有点外泄污染是正常的。

（7）所有设备管系总体技术配套一致，不要有缺口和薄弱环节。

（8）必须要有程序控制，但要简单可靠，适应现场可能较差的环境，不要稚嫩娇贵的花架子配置。

（9）原则上石灰制备工艺是根据石灰原料设计的，石灰原料也要根据石灰制备工艺技术的能力而选购。掌握石灰的性质特点和作为水处理使用的规律，而不可把它当抹墙的那种东西，二者同类不同质。

石灰水处理的发展由落后到现代，技术随着时代进步，人的不断追求和探索起着核心作用。与此同时，仍能见到在延续着（新建）许多曾经遗弃的东西，不是技术能力亏欠，而是有意人为制造垃圾，它的破坏作用不在于一时一事，而在于"假作真时真亦假"，从而蒙蔽众多，混淆视听，带来很坏的社会影响，让人忆及历史而失去信心，以致对水处理总体技术合理构成产生影响。

第九章

石灰水处理用泥渣处理制备

石灰水处理澄清池的排渣是一个重要的环节，该渣与单纯除浊澄清池沉渣的性质有很大差异，不同石灰水处理的沉渣性质也有不同。它的沉降速度较快，具有不同程度的黏结或结垢性，密度也较大，不可与单纯凝聚澄清下的污泥等同对待。过去设计水处理的排渣或排入下水道，或送去灰场，现在重视环境保护后有的改为浓缩和固化处理。石灰水处理排渣处理是一个较新的技术课题，主要是缺乏对泥渣性质的研究。除有的工业污水外，石灰水处理排渣一般不具有污染性，如何处置更合理、可行需要做深入的分析。

它的排泥和浓缩不宜简单套用市政定型设备。澄清池的泥渣聚集与排出要与池外储存、浓缩（或均质）、输送方式、脱水等一体规划设计，而此设计必须在掌握石灰泥渣性质的基础上才会合理实用，否则堵磨漏垢现象将不可避免。

第一节　石灰水处理排出泥渣的性质

石灰水处理运行中排出的主要是澄清池的底部渣和滤池反洗排水中的过滤渣，这两种泥渣的性质近似，可称为反应产物渣。有的石灰制备系统中间有截留渣或积存渣排出，它的性质与前者差别很大。

澄清池排渣中的成分主要是 $CaCO_3$，其次也有 $CaSO_4$、$Mg(OH)_2$、$Fe(OH)_3$、$MgSiO_3$、有机酸钙、聚丙烯酸钙及聚丙烯酰胺等，按澄清池优劣也有不同数量的 $Ca(OH)_2$。其中的 $CaCO_3$ 虽然是反应产物，但依其结晶活性情况可能有黏结性，$Ca(OH)_2$ 是不应当存在的，如果它存在是澄清池反应不彻底的缘故，是由石灰制备过程不合理或澄清池结构不合理造成的，当这些物质含量较多时，泥渣整体呈现较大的黏结性，当然在澄清过程所投加的 PAM 也会有黏结性，尤其当其加入量较大时黏结性更强。$Ca(OH)_2$ 的黏结性不但给泥渣系统带来麻烦，而且其自身或继续反应还会结硬垢，从而带来更大麻烦。

滤池反洗排渣是过滤产物，也是澄清池出水携带物，性质与澄清池排渣近似，但是因加酸而略有变化。由于其是在大量反洗排水中故浓度很低，如果直接排放则需要浓缩，如果回收则再经澄清池一并处理。

一般石灰水处理的沉渣虽然是废弃物，但不是环境污染物，水是净化处理过的好水，渣是生活常见物质，除非迄今尚未遇到过的某些工业废水致使沉渣中可能含有某种有害物外，它不一定含对环境的有害物。

"$CaCO_3$ 含量高的污泥固体浓度比 $Mg(OH)_2$ 含量高的污泥固体浓度更高，因为低细粒、稠密的沉淀而 $Mg(OH)_2$ 是一种更加胶状的物质（表 9-1）。"[85]

表 9-1　　　　　石灰软化污泥的典型物理性质及化学成分[85]

项目	单位	数值的范围
物理性质		
体积	％（处理水的体积分数）	0.3～6
总固体量	％	2～15
干密度	kg/m^3	1100
湿密度	kg/m^3	1920
比阻	m/kg	$12×10^{10}$
黏度	$Pa·s$	$(5～7)×10^{-3}$
初始沉淀速度	m/h	0.4～3.6
化学成分		
BOD	mg/L	0～低值
COD	mg/L	0～低值
pH	量纲为 1	10.5～11.5
总容积固体量	％	2～15
固体		
$CaCO_3$	％	85～94
$Mg(OH)_2$	％	0.5～8
硅酸盐及惰性材料	％	2～6
有机物	％	5～8

第二节　石灰水处理澄清池排出泥渣量的计算

石灰水处理澄清池的沉渣物质与被处理水所含的杂质直接相关，不同的原水差异很大，大体可分为如下几类：①以溶解盐为主，非溶解物含量很少，如深井水；②以溶解盐为主，非溶解盐多为机械杂质，如有少量污染的表面水；③溶解盐近自来水，经生化处理达到二级排放标准，无工业废水污染，如城市生活中水；④溶解盐和非溶解盐污染均较严重，某些重金属超标，或有一些油脂污染，如有机物已经生化处理的工业废水。

石灰水处理除掉水中各类杂质的原理不同，过程也不同，所产生的泥渣也不同，直接进行化学反应的可依据化学反应式核算，复合反应也可分别计算，吸附反应或间有吸附反应只可计算可计算部分，其余只宜估算，难以计算且影响较大时，应通过试验确定。

一、前三种（井水、表面水和城市中水）水源石灰处理沉渣计算

此种水皆主要计算溶解盐的沉淀物，非溶解物一般仅为悬浮物。以下各式中仅列出沉淀物。

w_1：$Ca(OH)_2+CO_2$ 产物 $CaCO_3↓$，水中 CO_2 所产生的沉淀物，二者等当量，$mmol/L$。

w_2：$Ca(OH)_2+Ca(HCO_3)_2$ 产物 $2CaCO_3↓$，水中一份重碳酸钙产生两份碳酸钙沉

淀，mmol/L。

w_3：$Ca(OH)_2 + Mg(HCO_3)_2$ 产物 $CaCO_3 \downarrow + MgCO_3$，水中一份重碳酸镁产生一份碳酸钙沉淀和一份碳酸镁，mmol/L。

w_4：$Ca(OH)_2 + MgCO_3$ 产物 $Mg(OH)_2 \downarrow + CaCO_3 \downarrow$，水中一份碳酸镁产生一份氢氧化镁和一份碳酸钙沉淀，mmol/L。

w_5：$Ca(OH)_2 + MgCl_2$ 产物 $Mg(OH)_2 \downarrow$，水中一份氯化镁产生一份氢氧化镁沉淀，mmol/L。

w_6：$Ca(OH)_2 + MgSO_4$ 产物 $Mg(OH)_2 \downarrow$，水中一份硫酸镁产生一份氢氧化镁沉淀，mmol/L。

w_7：$8Ca(OH)_2 + 4Fe(HCO_3)_2 + O_2$ 产物 $4Fe(OH)_3 \downarrow + 8CaCO_3 \downarrow$，水中四份铁产生四份氢氧化铁和八份碳酸钙沉淀，mmol/L；$3Ca(OH)_2 + Fe_2(SO_4)_3$ 产物 $2Fe(OH)_3 \downarrow$，水中一份硫酸铁产生两份氢氧化铁，mmol/L；二者合并计算。

w_8：$Ca(OH)_2 + H_2SiO_3$ 产物 $CaSiO_3 \downarrow$，水中一份硅酸产生一份硅酸钙沉淀（水中硅存在的形态随 pH 变化，注意此处特指硅酸，如用镁剂除硅反应 SiO_2 和镁剂沉淀物见第五章第三节），mmol/L。

w_8'：$SiO_{2胶} \downarrow$，水中胶体硅按照原水含量被沉积，mg/L。

w_9：$4Ca(OH)_2 + 4FeSO_4 + O_2 + H_2O$ 产物 $4Fe(OH)_3 \downarrow$，水中投加凝聚剂时，以硫酸亚铁计四份硫酸亚铁产生四份三氢氧化铁沉淀，硫酸亚铁剂量取 0.2mmol/L。

w_{10}：水中悬浮物（机械杂质）与原水中含量相等，即出水中含量为零，mg/L。

w_{11}：水中有机物（COD 实测值），实际降低量，mg/L。

w_{12}：石灰原料中杂质含量，有效含量之外的部分，（1－石灰剂量×80%），mg/L。

w_{13}：石灰有效含量中没有反应的部分，可按石灰剂量×10%，mg/L。

w_{14}：出水中的残余溶解 $CaCO_3$ 碱度，低温情况取 0.6～0.8mmol/L，mmol/L。

w_{15}：出水中携带的残余的颗粒 $CaCO_3$ 碱度，低温正常下与 w_{17} 共取 5～10mg/L。

w_{16}：出水中的残余溶解 $Mg(OH)_2$ 碱度，低温情况取 0.2～0.4mmol/L，mmol/L。

w_{17}：出水中携带的残留的颗粒 $Mg(OH)_2$ 碱度，低温正常下与 w_{15} 共取 5～10mg/L。

w_{18}：出水中过剩量的 $Ca(OH)_2$，mmol/L。

石灰水处理总沉淀物量 $W = w_1 \times 50 + w_2 \times 50 + w_3 \times 50 + (w_4 \times 50 + w_4 \times 29) + w_5 \times 29 + w_6 \times 29 + (w_7 \times 4 \times 36 + w_7 \times 8 \times 50) + w_8 \times 51 + w_8' + (w_9 = 0.2 \times 36) + w_{10} + w_{11} + w_{12} + w_{13} - w_{14} \times 50 - w_{15} - w_{16} \times 29 - w_{17} + (w_{18} \times 37 - w_{18}' \times 37)$　（mg/L）

如果石灰水处理时需要加入 Na_2CO_3 去除永硬时，所增加沉淀物量为：

$$CaSO_4 + Na_2CO_3 \Longrightarrow CaCO_3 \downarrow + Na_2SO_4$$
$$CaCl_2 + Na_2CO_3 \Longrightarrow CaCO_3 \downarrow + 2NaCl$$
$$Ca(OH)_2 + Na_2CO_3 \Longrightarrow CaCO_3 \downarrow + 2NaOH$$

永硬的去除量按照系统技术的需要而定，可以只除去一部分，通过 Na_2CO_3 加入量控制，在反应充分情况下产生 $CaCO_3$ 沉淀物的量与 Na_2CO_3 等当量。反应式中的 $Ca(OH)_2$ 指石灰水处理反应中多余溶解部分的石灰量。如果系统处理中还需要加入磷酸盐更进一步去除残硬时，可按如下反应式计算增加的沉淀物量，不过这种情况较少，所产生的沉淀物量也很少。

$$3Ca(HCO_3)_2 + 2Na_3PO_4 \rightleftharpoons Ca_3(PO_4)_2 \downarrow + 6NaHCO_3$$
$$3CaSO_4 + 2Na_3PO_4 \rightleftharpoons Ca_3(PO_4)_2 \downarrow + 3Na_2SO_4$$
$$3CaCO_3 + 2Na_3PO_4 \rightleftharpoons Ca_3(PO_4)_2 \downarrow + 3Na_2CO_3$$
$$3MgCO_3 + 2Na_3PO_4 \rightleftharpoons Mg_3(PO_4)_2 \downarrow + 3Na_2CO_3$$
$$3CaCO_3 + 2Na_2HPO_4 \rightleftharpoons Ca_3(PO_4)_2 \downarrow + 2NaHCO_3 + Na_2CO_3$$
$$Na_2CO_3 + 2Na_2HPO_4 \rightleftharpoons 2Na_3PO_4 + CO_2 \uparrow + H_2O$$

系统设计如果澄清池出水所携带的颗粒物 w_{15} 和 w_{17}，在过滤中截留，反洗水仍然返回澄清池，则此项不再减去或按滤池出水含量（小于 1mg/L）计算。w'_{18} 为在该水温下 $Ca(OH)_2$ 溶解的部分。

石灰处理后的澄清水加酸，仅为钝化过饱和 $CaCO_3$ 的活性，量很少，按预计加入当量核算。

二、第四种工业废水源石灰水处理澄清排渣计算

第四种是工业废水，与前三种的差别是含盐量更高，其中石灰水处理可以除去的是永硬，重金属含量虽可在石灰水处理中得到分离，但是重金属的沉淀物量不大，对泥渣排放影响甚小，与溶解盐相比可忽略不计。永硬是否需要都除掉，根据整体工艺系统设计要求确定，此处只介绍有关碳酸钠法排除钙永硬排渣计算。

w_{19}：$CaSO_4 + Na_2CO_3$ 产物 $CaCO_3 \downarrow$，水中一份硫酸钙产生一份碳酸钙沉淀。

w_{20}：$CaCl_2 + Na_2CO_3$ 产物 $CaCO_3 \downarrow$，水中一份氯化钙产生一份碳酸钙沉淀。

w_{21}：$Ca(OH)_2 + Na_2CO_3$ 产物 $CaCO_3 \downarrow$，水中一份碳酸钠产生一份碳酸钙沉淀，一般水中不会含有 Na_2CO_3，此处的 Na_2CO_3 是指向水中投加的 Na_2CO_3 总量扣除与 $CaSO_4$ 和 $CaCl_2$ 反应可沉淀部分。

总沉淀物量 $W' = W + w_{19} \times 50 + w_{20} \times 50 + w_{21} \times 50$，mg/L。

如果只需要除去部分永硬，大体按照所拟除掉的钙量按等物质的量（等当量）计算 Na_2CO_3 的量添加即可，增加的排泥量即与所投加 Na_2CO_3 量等物质的量（等当量）的 $CaCO_3$ 量。

石灰水处理后总会残留一定量的 $CaCO_3$，残留溶解量的多少与水温有关，温度高则残留量小，具体见前述有关内容。残留颗粒物量与澄清池有关，差别较大可达 2~20mg/L，不过经滤池后相近。

镁剂除掉溶解 SiO_2 的生成物根据苏联理论是一种复杂的硅酸镁化合物，尚未掌握典型的反应式，故定量计算较困难。工业废水中有时含有较多的 SiO_2，甚至超过 100mg/L，其中或溶硅较多或胶硅较多。溶硅的沉积物，暂以硅酸镁（多种形态存在）估计，即或溶硅含量可能有 50mg/L，其对于泥渣量的影响也很小。胶体 SiO_2 可以在凝聚沉淀分离或接触吸附中大部分除去，故胶体硅沉淀物量按废水中分析量计算。在镁剂除硅时，氧化镁的加入量可能为 SiO_2 含量的 10~15 倍，低温条件下或许更高，反应多余的量将沉积于泥渣里，暂按加入的多余量估算。

废水中均有有机污染，工业废水的有机污染物与生活污水的有机污染物有区别，不同的工业废水中的有机污染物也会不同，特别是有的工业废水经历较高温度，有机生物生存的可能性很小。例如，电厂脱硫废水中的 COD_{Cr} 达 200~400mg/L，我们知道电厂脱硫的

污染物来自烟气或烟尘，而烟气或烟尘是经过炉内 1000℃ 燃烧，烟气余温也大于 200℃，有机生物应不存在。COD 的分析方法是生物接受氧化的耗氧量，生物已没有存活，也就不再"耗氧"，那么分析中的氧耗到哪里去了呢？对此我们没有研究和分析，也没见到更具体的试验报告，姑且存疑。我们怀疑至少其中含有部分的无机耗氧化合物，在分析中消耗了高锰酸钾或高铬酸钾，如亚酸盐类化合物等，但只是一种推测，没有深入试验证实。如是（或部分是），这部分盐类已做分析，COD 值就不必再计入沉积物中了。如不是，则可以视情况按水中含量的毫克数直接计入。

兹列出几种不同工业废水水质资料，供试算参考。

（1）烟气脱硫废水，若干厂经常规处理后的实测均值，单位除标明外均为 mg/L。

K^+—45，Na^+—434，Ca^{2+}—861，Mg^{2+}—3771，铁—1.6，Al^{3+}—46，NH_4^+—2.0，Ba^{2+}—0.1，Sr^{2+}—2.0，Cl^-—5447，SO_4^{2-}—11006，HCO_3^-—1.8mmol/L，CO_3^{2-}—0，NO_3^-—271，NO_2^-—12，OH^-—0mmol/L，pH＝7.4，NH_3-N—2.0，CO_2—0.3，CODMn—25，COD_{Cr}—211，BOD_5—83，TOC—6.5，$TDS_溶$—30545，$TDS_全$—36588，悬浮物—6043，$SiO_{2全}$—40，$SiO_{2非}$—26，$SiO_{2活}$—14，$\sum$ Hg—0.024，$\sum$ Cd—0.02，$\sum$ Cr—0.01，$\sum$ As—0.004，$\sum$Pb—0.03，$\sum$Ni—0.2，$\sum$S—0.03，F—36，$\sum$Cu—0.01，$\sum$Zn—0.04。

（2）某煤制油厂综合废水实测值，单位除标明外均为 mg/L。

K^+—35，Na^+—504，Ca^{2+}—331，Mg^{2+}—96，Fe^{2+}—0.01，Fe^{2+}—0.34，Al^{3+}—0，NH_4^+—0.05，Ba^{2+}—0.59，Sr^{2+}—6.7，B^{3+}—12.5，Cl^-—762.8，SO_4^{2-}—518，HCO_3^-—355.0mmol/L，CO_3^{2-}—0，NO_3^-—614，NO_2^-—47，OH^-—0，pH＝7.74，NH_3-N—2.06，CO_2—7.12，COD_{Cr}—63，BOD_5—4.6，$TDS_溶$—3344.8，$TDS_全$—3373，悬浮物—28.2，$SiO_{2全}$—52.62，$SiO_{2非}$—21.34，$SiO_{2活}$—31.28，正磷—8.84，总磷—8.90。

（3）某电厂混合废水计算值，单位除标明外均为 mg/L。

化学需氧量—241，全固形物—10268，氯根—3655，硫酸根—734，氟化物—18，钾—47，钠—3380，钙—268，镁—75，铁—3，钡—0.8，锶—2，硅$_溶$—356，硅$_非$—171。

三、泥斗容积计算

石灰处理澄清池的底部泥斗是唯一的储泥斗，全部石灰水处理反应沉渣都从这里排除。泥斗的容积设计与排泥周期和周期积泥量有关，与泥渣浓度有关，也与泥渣性质有关。

由于缺乏石灰水处理沉渣的沉降速率试验数据，无法计算沉降时间和浓度的关系，只能暂时按照实际运行经验参考估算。如果排泥周期按照 2～4h，一般渣浆浓度为 5％～8％。

泥斗内的泥渣处于浓缩的过渡段和压缩段，因为有搅拌，除死角外大部是过渡浓度。泥斗之上是刮泥机聚集的泥浆，其浓度也处于过渡性质，含水量较泥斗内略高。

第三节　排渣系统与设备

一、排渣系统

石灰水处理的排渣处理目的与其他废水处理目的一样，防止可能的污染环境，不同的是它的水和渣本身都不是污染物质（合在一起视为废水），故如果有存放地也可以直接排出，不必做分离等处理。

石灰水处理的沉渣中含有大量的 $CaCO_3$，浆液可以再利用，如用于烟气脱硫或与灰渣混用。所以排放形式可以是液态或浓缩为半固态。排渣系统按照用或不用两种归宿设计，或者两者兼顾。

石灰水处理渣内的固体物成分直接反映被处理水物质含量，大量的物质是常见的钙镁钠的盐，石灰水处理的沉渣与自来水厂的沉渣性质不同，与污水处理沉渣的性质也不同，但是至今仍缺乏对石灰水处理沉渣的深入研究，不能提出更多有关技术资料。

排渣系统包括澄清池排渣的输出、各池泥渣的汇集、渣浆含水量的调配和水回收、浆液输送、脱水处理与水回收、固体渣处理等。

图 9-1 是引进 PWT 配套设计的石灰水处理泥渣系统。泥渣由各澄清池集中排至一地下泥渣池，澄清池至泥渣池的输送管埋在澄清池底，必须切实防止堵塞，故每次用毕都清洗干净。泥渣池由数个液位信号控制，主要作用是当高液位时，启动泵向外排放，低液位时内部循环防止沉积。实际运行此地下池管理不方便，信号失灵，池内严重淤积（占池体大部分），地下埋管危险性较大，腐蚀后无法维修。

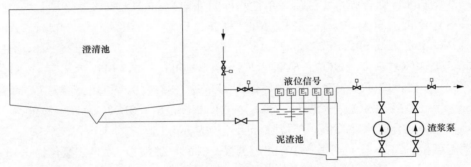

图 9-1　PWT 配套设计的石灰水处理泥渣系统示意图

图 9-2 是针对 PWT 缺点改进设计的系统，主要点有泥渣池由地下移至地上，为设备管理带来很大方便；方形池改为圆形池，彻底消除死角淤积困难；可调节泥渣池排出浆液浓度，防止过度沉积；增设脱水机，可以根据需要将废渣固体化；泥渣池与脱水机类型互相配合。

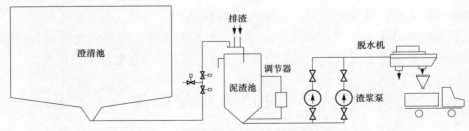

图 9-2　当前使用较多的泥渣系统示意

泥渣系统应尽可能地简化，而不是复杂化，以实用为原则，不求表面光鲜。如果有合适的地方可以容纳石灰水处理废渣，所含不多的水分自然蒸发，是最简捷的办法，或者研发适当进一步提高浓度（降低含水率）的设备而直排渣浆，也是较好选择。

二、泥渣设备的设计和选择

我们缺乏对石灰水处理泥渣性质的研究，也缺乏对石灰泥渣出路的研究，对石灰泥渣处理设备同样仍没有完整的设计和应用经验。市政泥渣处理设备不能用，污水处理、污泥处理设备也不适用，是需要开发的重要领域。

石灰泥渣设备中起核心作用的是"浓缩池"，为什么不能套用市政典型工艺和设备呢？资料介绍的典型设计市政排水污泥处理系统如下：排泥设备—污泥浓缩池—浓浆泵—助凝剂—脱水机—车运污泥外排，使用中主要问题是排泥浓度变化较大，浓缩机后浓度偏低，影响脱水机正常工作。由于污水处理或自来水处理排泥中的固体主要是原水中的悬浮物和有机沉淀物，质轻、量少、含水率高、沉降率低，故池内沉降时间要求 8~12h。而石灰水处理排渣是反应产物，主要成分是 $CaCO_3$、$Mg(OH)_2$ 等的聚集物，其中不乏结晶体，有延续黏结性和结垢可能，密度、浓度、粒度、黏度等性质与为市政排水设计的浓缩池泥浆性质差异很大，其他如排放量、排放方式与频率等参数也完全不同。所以不宜直接套用该浓缩池，有人直接套用而导致错误，使生产十分困难，更有甚者，沿着错误的途径盲目发挥，谬之千里损失更大。例如，天津 SH 电厂的供货商提供的一台"浓缩机"（照片 9-1），直径大到几乎与澄清池相同（照片远端的是澄清池）。设计者从市政系统使用典型浓缩池知道，该池沉淀物浓度低于脱水机进口浓度，认为沉降时间不足，于是放大池体、延长时间，结果适得其反，池内积泥浓度过高，泌结排不出来，因而也使脱水机堵塞、结垢，造成澄清池积泥过多，无法正常运行。究其原因，在于对石灰水处理渣的误知，岂不知，石灰水处理沉淀物的速度数倍于一般悬浮物的凝聚物，不仅不是浓度低，反而是浓度过高，二者的设计思路完全相反，放大池体、延长停留时间，是沿着错误的方向越走越远。这么巨大的构筑物最终不免废弃的结果。

如果按照供货者的思路设计，浓缩池需要满足沉淀时间（8~12h），那么一台浓缩池明显不能满足，两台也不行，而要三台，一台进液，一台沉淀，一台出液。因为两台澄清池，每天各排泥 6~8 次（或 8~12 次），间隔 3~4h（2~3h），排泥间隔时间 1~2h，只一台浓缩池就无法得到 8~12h 去静静地沉淀，单纯扩大池体积，依然未解决问题。

照片 9-1　天津 SH 电厂错仿市政浓缩
池面临拆除的浓缩池

无论从哪个角度看，用市政设计污泥系统和设备都不适宜，石灰水处理的污泥系统和设备都要按照石灰泥渣特性和排放规律设计，也要按照澄清池数量和排泥量以及排泥次数核算。

依据石灰水处理沉渣特性，不应当是"浓缩池"，也不是沉淀池，应当是调节池或调配池。其用途在于适用于石灰水处理泥渣最终归宿的需要，研制所需用的池型。如果最终需要排固体渣，则与脱水机配合，满足进口浆液浓度和相关参数。如果最终需要排浓度较大

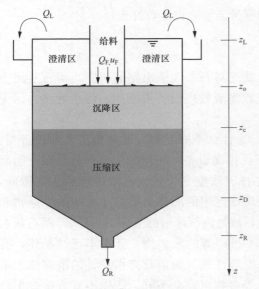

图 9-3　普通沉降-浓缩池沉降过程

的膏，则应当使调节池排出的是石灰膏状渣。如果最终可以再用，就按照再用的浓度设计合用的调节池。

图 9-3 所示为浊水的沉降过程，经过沉降区的分离，清水在上层，浓水进入压缩区。工业污水回用处理中其污水含浊量很大，达到压缩区的程度，需要新型的池型适应它，也需要新型脱水设备适应它。

现在没有完全适用于石灰水处理泥渣的脱水机。现在各工程设计习惯推荐用离心式脱水机，而离心式脱水机也是按照常见污泥性质设计的，与石灰沉渣区别较大，石灰沉渣有结晶物，密度较大，离心力增大，干泥甩于四壁贴牢，很难流向出口，降低转速也难控制，故常出现卡、塞、堵并结垢情况，所以并不完全适

用。板框式脱水机，需要定时清洗，不能连续运行，尤其当用于零排放技术，工业高度污染废水处理，排渣量更大，泥浆性质有新特点变化时，更要合理选择适用的脱水机。研制适用于石灰水处理泥渣的脱水机也是当务之需，技术要求是能接受浓度有变化、性质随水质有变化、连续运行、可调节排泥含水量等。

第十章

石灰水处理的系统设计、设备配置与设备成套

第一节 石灰水处理系统设计

石灰水处理单元设计，亦如工程设计，还包括设备设计，介于二者之间与二者都有密切关系。它比其他小单元（如加药装置、取样架、凝结水处理设备等）的规模要大，构成独立建筑群，是单独控制和独立运行的系统，可称单元工程设计。它是从各种小单元市场化发展以来，更具有独立性和完整性的典型，为水处理逐渐打破自20世纪50年代初学习苏联以来，实行计划经济下，工程统一规划，设计审核管理，集中采购建设的模式。它的技术、责任和效果由企业承担。因此它需具备设计工作的基本要素：掌握可靠的原始资料，最主要的是水质资料；备有遵循的质量和技术标准或制水技术指标，系统与设备可靠运行的相关保证；额定的水流量和主体设备规范；投资或运行的经济指标；注意做好的环境效果。

一、水质资料和水型核算

（一）水质分析资料

水质分析资料是水处理设计和决定方案的最重要的基础资料。中水处理或污水回用都需要掌握水质全分析资料，水质全分析资料内容参考表10-1。

表 10-1 　　　　　　　　　　　水质全分析表格和项目

工程名称				化验编号			
取样地点				取样部位			
取水时气温　　℃				取水日期　　年　　月　　日			
取水时水温　　℃				分析日期　　年　　月　　日			
水样种类							

	透明度				嗅味		
	项目	mg/L	mmol/L		项目	mg/L	mmol/L
阳离子	$K^+ + Na^+$			硬度	总硬度		
	Ca^{2+}				非碳酸盐硬度		
	Mg^{2+}				碳酸盐硬度		
	Fe^{2+}				负硬度		

续表

	项目	mg/L	mmol/L		项目	mg/L	mmol/L
阳离子	Fe³⁺			酸碱度	甲基橙碱度		
	Al³⁺				酚酞碱度		
	NH₄⁺				酸度		
	Ba²⁺				pH		
	Sr²⁺				氨氮		
	合计				游离二氧化碳		
阴离子	Cl⁻			其他	COD		
	SO₄²⁻				BOD		
	HCO₃⁻				溶解固形物		
	CO₃²⁻				全固形物		
	NO₃⁻				悬浮物		
	NO₂⁻				细菌含量		
	OH⁻				全硅（SiO₂）		
					非活性硅（SiO₂）		
	合计				TOC		
离子分析误差							
溶解固体误差							
pH 分析误差							

注　水样采集见 GB/T 6907—2005《锅炉用水和冷却水分析方法　水样采集方法》的规定。

　　不是所有类型水质的水都适宜石灰水处理，所以每个工程项目在选择处理方案前需要对水型进行核算。所谓水型是指水中的溶解盐分子存在的型式。水型的核算就是将水质分析报告中的各项离子还原成它在水中原来存在的型式和含量。溶解盐核算的大体顺序如下[71]：

　　阳离子：钙—镁—钾—钠。

　　阴离子：重碳酸根—硫酸根—氯根。

　　核算时需先对水质资料进行校核（方法为阳阴离子平衡、硬度平衡、总盐量平衡等），误差在 5% 以下为合格。

　　常见的水型构成示例见表 10-2。

表 10-2　常　见　水　型　示　例

Ca²⁺		Mg²⁺	Na⁺＋K⁺
HCO₃⁻		SO₄²⁻	Cl⁻

(a)

Ca²⁺		Mg²⁺	Na⁺＋K⁺
HCO₃⁻		SO₄²⁻	Cl⁻

(b)

Ca²⁺		Mg²⁺	Na⁺＋K⁺
HCO₃⁻		SO₄²⁻	Cl⁻

(c)

Ca²⁺		Mg²⁺	Na⁺＋K⁺
HCO₃⁻	SO₄²⁻		Cl⁻

(d)

Ca²⁺		Mg²⁺	Na⁺＋K⁺
HCO₃⁻	SO₄²⁻		Cl⁻

(e)

　　注　(a)、(b) 为暂硬型水；(c) 为负硬型水；(d)、(e) 为永硬型水。

"阳离子与阴离子组合成假想化合物的规律，介绍如下：

　　阳离子与阴离子的组合顺序为 Mg^{2+}、Fe^{2+}、Al^{3+}、Ca^{2+}、Mg^{2+}、NH_4^+、Na^+，最后是 K^+。在一般水质中，只有 Ca^{2+}、Mg^{2+} 及 Na^++K^+ 3 种主要离子的浓度如上图显示，在这种情况下，Ca^{2+} 和碱性阴离子首先组合，Ca^{2+} 组合完成后，Mg^{2+} 才和剩余的阴离子组合，Na^++K^+ 则最后顺序与所余下的阴离子组合。反之，仍然依此顺序，即 Na^++K^+ 首先与 Cl^- 结合，剩余 Na^++K^+ 才与 SO_4^{2-} 结合，依此类推。

　　阴离子的组合顺序为 PO_4^{3-}、HCO_3^-、CO_3^{2-}、OH^-、F^-、SO_4^{2-}、NO_3^-，最后为 Cl^-。在一般水质中，只有 HCO_3^-、SO_4^{2-}、Cl^- 3 种主要离子的浓度才能在图上显示出来。从表 10-2 也可以说明，只有在产生假想化合物 $Ca(HCO_3)_2$ 后，SO_4^{2-} 才和剩余的 Ca^{2+} 组合，只有在产生计算化合物 $CaSO_4$ 后，Cl^- 才与最后剩下的 Ca^{2+} 组合，得到计算化合物 $CaCl_2$。反之，亦如图 10-2 所示顺序。

　　由阴阳离子组合成的假想化合物出现的顺序大致就是它们溶解度大小的顺序，溶解度小的化合物先组合出来，溶解度大的化合物后组合出来。"[71]

　　例如，如下水质离子分析值进行假想分子组合："K^++Na^+—0.2mmol/L，Ca^{2+}—3.6mmol/L，Mg^{2+}—1.2mmol/L，Cl^-—1.6mmol/L，SO_4^{2-}—0.8mmol/L，HCO_3^-—2.6mmol/L；得到计算化合物：$Ca(HCO_3)_2$—2.6mmol/L，$CaSO_4$—0.8mmol/L，$CaCl_2$—0.2mmol/L，$MgCl_2$—1.2mmol/L，$NaCl+KCl$—0.2mmol/L。"[71]

　　当水质分析数据经核算是正确的，即阳阴离子当量值相当时，为了使用方便也可以从另一侧（溶解度大的一侧）开始核算。例如，水质含 K^+—0.9mmol/L，Na^+—21.9mmol/L，Ca^{2+}—16.6mmol/L，Mg^{2+}—8.0mmol/L，Fe^{3+}—0.06mmol/L，Ba^{2+}—0.01mmol/L，Sr^{2+}—0.15mmol/L，Cl^-—21.5mmol/L，NO_3^-—9.9mmol/L，NO_2^-—1.0，SO_4^{2-}—10.8mmol/L，HCO_3^-—5.8mmol/L，全硅 SiO_2—53mg/L，活硅 SiO_2—31mg/L。当分析值有误差时，两种计算方法计算结果的误差值表现在最后计算的分子上，要看哪种结果在使用中的影响更小一些。

　　水型核算（主要分子）如下：

KCl	0.9mmol/L	余 Cl^-	20.6mmol/L
NaCl	20.6mmol/L	余 Na^+	1.3mmol/L
$NaNO_3$	1.3mmol/L	余 NO_3^-	8.6mmol/L
$Mg(NO_3)_2$	8.0mmol/L	余 NO_3^-	0.6mmol/L
$Ca(NO_3)_2$	0.6mmol/L	余 Ca^{2+}	16mmol/L
$Ca(NO_2)_2$	1.0mmol/L	余 Ca^{2+}	15mmol/L
$CaSO_4$	10.8mmol/L	余 Ca^{2+}	4.2mmol/L
$Ca(HCO_3)_2$	4.2mmol/L	余 HCO_3^-	1.6mmol/L（分析误差）

　　此水属于高含盐量、高硬度、高碱度、高 SiO_2 类型的水，如果后续处理需要除盐，则前处理中应除掉大部暂硬、部分永硬和 SiO_2，适合使用石灰水处理。

　　又如，碱度很低且有负硬的水［表 10-2（c）］，一般不适合石灰水处理，但是有时为了除 SiO_2 或重金属等杂质，或许可用石灰水处理。

　　有时在不能得到完整水质资料的情况下开展设计工作，将对处理水质进行估计，为避免大的盲目失误，更多了解我国水的基本情况会有所帮助。石灰水处理的缓冲能力很大，只要水型基本符合，含量有增减或单项杂质（如硅、SS 等）变化较大，一般均可接受。

（二）我国天然水水质概况

我国天然水和水质都是十分繁杂的，有专门的学科进行研究，这里所谓概况也只限于曾接触到的用于给水处理的一些个例，从统计数据中寻找某些有规律性的内容，以求对水质概况获得一些认识。1982 年水利电力部电力规划设计院和水利电力部电力建设研究所合编《火力发电厂工程设计原水水质资料汇编》，共收集 28 个省市的 1100 份水质全分析资料，其中表面水源资料 748 份，地下水源资料 410 份。虽然资料已远去 30 多年，水质明显劣化和污染，不过了解水型还是有用的，故予简介（表 10-3）。

表 10-3		我国部分地区水质统计					
项目	单位	地表水平均			平均地下水		
含盐量	mg/L	227			457		
硬度	mmol/L	3.04			5.05		
碱度	mmol/L	2.42			2.94		
水型：Ⅰ型，钙＋镁≥重碳酸根 Ⅱ型，钙≥重碳酸根 Ⅲ型，重碳酸根≥钙＋镁		Ⅰ	Ⅱ	Ⅲ	Ⅰ	Ⅱ	Ⅲ
		77％	11.5％	10.5％	48％	17％	35％

由表 10-3 可见在地表水中碱度占硬度的 80％，地下水中碱度占硬度的 60％。统计中亦知钙与镁之比约为 8∶2，意即我国的水质为以钙盐为主的重碳酸盐型水。

（三）城市生活污水的水质估计

污水处理厂提供的水质分析资料是按照污水处理需要和习惯编制的，溶解盐部分分析不能满足作为回用深度处理使用。只要该城市生活中水不含工业污水，可以参考城市自来水水质分析资料，因为城市居民生活用水基本都是来自自来水，使用中很少有对溶解盐的污染，水型基本不变。

（四）工业排水的水质估计

工业排水中重点关心的是工艺排水，往往它是全厂排水中污染最重、变化最大的部分，这部分水一般会进行污水处理，水质接近排放标准。当需要深度处理并回用时，常是混合排水，工艺排水是其中的一部分，另外可能有冷却排水、脱盐浓水、再生排水、厂区生活排水等。这些排水的水质大部可以依据原水水质估计。冷却排水水质按原水水质乘以浓缩倍率（平均值或最大/最小值）获得（根据运行水的 pH 核算水中碱度存在的成分），脱盐浓水按 RO 回收率换算的倍率计算，阳床或阴床的再生排水（周期）水质估算需要了解离子交换器规格（直径和树脂高度），按常规再生液倍数（如 1.1～1.4）和工作交换容量直接计算得到，厂区生活排水的溶解盐与原水近似。这些估算的目的主要是大体掌握水型，并不是计算具体数据。深入设计时，应当直接分别取样分析或按设计比例混合水样分析，并以此为准。充分留有余地，排污水的水质和水量都多变，尤其是混合水，故要掌握最大/

最小值。虽然石灰水处理对含量的数量适应能力较强，但需注意水型的变化和单项盐含量的影响，如果后续处理对某项杂质有严格限制，处理技术需有对应措施。

二、综合处理系统方案

（1）石灰水处理的应用范围很广，可用于给水处理中的脱碱处理，中水回用的深度处理，工业废水处理的去除硬度、碱度、重金属、硅等的专项处理，以及工业废水回用或零排放处理等。

工业给水处理，当原水为（a）、（b）类型时，碱度（暂硬）含量较高，我国多属于此类型的水，为防止膜浓水可能结垢或减轻离子交换负荷，置石灰水处理于前，可节省费用和减少污染。

中水回用作为独立系统已经存在大量工程实施，自身的澄清—过滤—泥渣浓缩和药剂制备等构成完备的系统工艺。

工业废水专项处理迄今应用较少，使基于石灰水处理在这方面的作用和效果经验较少。

工业废水回用或零排放处理视工业废水污染程度而异，污染严重的水处理系统比较复杂。例如，煤化工废水、页岩气洗涤水、脱硫废水等，含量达数千上万，高于海水，而且各项杂质很多。处理系统包括水源水质整理阶段、前处理阶段、补充处理阶段、脱盐阶段、溶解盐固体化结晶阶段和泥渣处理阶段，简述之为前处理、系统组合、脱盐和结晶三个要素。前处理即石灰水处理，用以除去悬浮物、碱度、硬度、二氧化硅、重金属、残余有机物等，接受系统其他处理排放水的再处理等，它是整个系统处理的基础，是后续处理的技术保证。脱盐和结晶是盐分完全分离阶段，污水回用必须脱盐，无论膜法脱盐或热法脱盐，是污水变成淡水的唯一途径，是工艺的关键。系统组合是合理安排全部处理技术的技术衔接和设置，更重要的是安排系统实现水质和水量平衡，是系统起到可以实现安全经济运行的指导和引领作用，故它是处理方案的灵魂。

要实在完成一项节水减排工程，三个技术要素必须发挥自身的功能作用，即石灰水处理必须起到稳定器的作用，做到在预测的有变化的进水水质下保证出水水质稳定；膜浓缩和热蒸发脱盐必须做到长期连续运行，不允许三天两头停下来除垢、清洗、检修、维护（近有一种说法，认为膜设备一周化学清洗一次是可以接受的正常现象，蒸发器亦同，作者认为这是一种不负责任的、为自己无能为力而解脱的借口，即使处理污水不能与处理深井水几年不洗相比，但最低周期不宜低于 3～6 个月，膜寿命仍应不低于 3 年）；系统组合必须能够使石灰水处理和浓缩设备发挥其最大效率、能够抓住要害应对合理范围的水质变化随时取得平衡、系统中设置的辅助处理措施各有其用并无臃肿缺失多余、所选主体设备非勉强代用能恪尽职守质量合格，系统组合体系的经济性良好。

这三个要素也是它们自身的性质、技术特点和作用决定的，盐分最佳浓度浓缩或成为固体从水中分离出来是最理想的结果，虽然不一定都成为固体。石灰沉淀法是一种最经济合理的方法，同时对预防后续处理的结垢、堵塞等做了预处理（习惯把它简单称为预处理是不全面的，为后续的预防是兼得的）。后续的脱盐要先浓缩，当首选膜过滤技术（指中间浓缩），膜分离的主要特长是溶解盐和水的分离，是细分离作业，不应用来当作粗分离用（滤除固体物或有害胶体物），否则很容易被堵塞损坏，由此基础处理与脱盐处理的大体分工就很明确了。

（2）依质分流是节水减排技术的重要因素。在规划一个企业的水平衡中，依质分流可以简化技术方案、节省投资、方便管理，是首先应当考虑的。在净化水中各类物质时，大体可以按溶解盐、有机物和油脂分类，因为对这三类物质的处理技术有较明显的差异，分别处理是最合理的选择。例如，有 $10m^3/h$ 含盐量很高的排水、$10m^3/h$ 有机物含量高的水、$10m^3/h$ 油脂含量高的水，当这三种水混合一并处理时，则处理三类物质的技术措施都必须处理 $30m^3/h$ 的水量，而且是都被稀释了两倍，增加了处理量和难度。

实际在工业用水中同时造成这三类物质污染的情况并不多。某些工艺排水 COD 含量很高（百级），含盐量增高不多；离子交换器排水含盐量含量很高（万级），不会含有机物和油脂；厂区回收废水（如雨水）含有油脂（十级），盐分含量不高；循环冷却浓缩排水和膜分离浓水含盐量中等（千级），无油脂。

依质分流在厂区管网布局上可能会遇到某些困难，但是在设计初期（规划或初步设计）中认识到它的重要意义，在水平衡设计时作为一个准则，也是可以做到的。

三、系统综合处理中的辅助处理

系统综合处理中的辅助处理指系统中石灰水处理之后膜处理之前，在石灰澄清过滤中未能除尽需要再除掉的残留物，当然所指不是大的颗粒物，常是小的胶体物（有机或无机的）、溶解态的有机物、某种形态的硬度盐、SiO_2、其他可能对膜污染的非溶物等。这些物质的残存量比较少，但是有危害。

有的工业废水中含有某种可回收盐，在处理废水兼有浓缩过程（为回收净水），如果不过分增大投资和过多增加管理，而且不干扰工厂主业时，可以顺便兼顾回收。

（一）以石灰水处理为基础增扩功能

现代石灰水处理后残留的有机物是小分子级或溶解态，与微污染水中的形态近似，吸取近代微污染研究强化混凝成果于工业排水回用处理，或可得到成效。"强化混凝去除水体有机物的研究认为，对于大多数金属盐混凝剂，去除有机物的机制主要有两点：①在低 pH 时，带电负性的有机物通过电中和作用同正电性的金属混凝剂水解产物形成不溶性化合物而沉降；②在高 pH 时，金属水解产物形成的沉淀物可吸附有机物而将其去除。很多研究认为，对于混凝过程中有机物的去除而言，pH 比混凝剂的投加量影响更大，是有机物去除的决定性因素。如果调整 pH，强化混凝的混凝剂投加量接近常规混凝剂的投加量，也可以实现有机物有效去除。pH 对混凝剂的水解形态分布、水中污染物形态分布等都有影响，在一定程度上决定着混凝效果的发挥。在 pH 较低的水体混凝过程中，混凝剂水解过程比较缓慢，混凝剂有效作用时间长、效力强，有机物的电性被部分中和使其亲水性降低，导致更多的有机物被混凝剂电中和沉淀去除，因此（以铝盐作混凝剂为例）较低的 pH（pH=5.5～6.5）环境有利于有机物通过混凝被去除。试验中虽然用 NaOH 调节 pH，但因为原水中具有较高的 Ca^{2+}、Mg^{2+} 浓度（Ca^{2+} 为70mg/L，Mg^{2+} 为30mg/L），在 pH 为 10 左右，相当于石灰软化。$CaCO_3$ 沉淀是方解石晶体，比表面积低，且带负电性，不同于铝盐水解产物，对有机物的吸附性能不如铝盐的水解产物显著。但是通过附着在表面

的 Ca^{2+} 可以吸附去除部分有机物。在此 pH 下，高碱化度的聚合铝中含有较高的 Al_b 量，Al_b 能附着在 $CaCO_3$ 沉淀表面，改变其表面电性，具有较好的去除效果"[72]。

当 pH 升高到 11 以上时（无须 11），$Mg(OH)_2$ 开始生成见图 10-1，$Mg(OH)_2$ 沉淀与铝盐水解产物一样，是带正电性的无定形结构，具有较大的比表面积。$Mg(OH)_2$ 沉淀不仅像混凝剂一样能去除水体中的有机物、颗粒物和 $CaCO_3$ 沉淀；而且，Mg 与 Al 能形成具有较大比表面积、带正电性的无定形 $Mg_xAl_y(OH)_z \cdot nH_2O$ 沉淀，其具有很强的吸附凝聚性能，对有机物具有较高的去除效率，同时使溶解性残余铝显著降低，如图 10-2 所示。

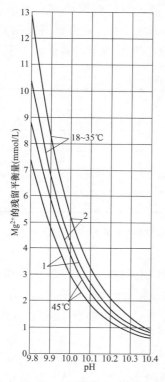

图 10-1　水中残留镁和 pH 的关系[50]
1—阳（阴）离子总量 $M=1.1\text{mmol/L}$，$f_2=0.92$；
2—$M=5.8\text{mmol/L}$，$f_2=0.74$

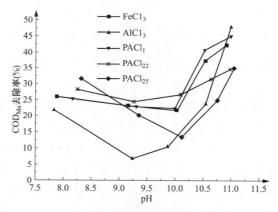

图 10-2　各种絮凝剂去除 COD_{Mn}
效果影响的比较[72]

（二）UF

"超滤膜多数为非对称膜，由一层极薄（通常仅 $0.1\sim1\mu m$）具有一定孔径的表皮层和一层较厚（通常为 $125\mu m$）具有海绵状或指状结构的多孔层组成。前者起筛分作用，后者起支撑作用。超滤膜和微滤膜的特性见表 10-4。"[73]

表 10-4　　　　　　　　　　　超滤和微滤及其过程特征的比较

过程	膜特性				过程特性	
	结构	空隙率（%）	孔径（nm）	孔隙度（cm^{-2}）	截留分子量	操作压力（MPa）
超滤	非对称	~60	$1\sim100$	10^{11}	$10^3\sim10^6$	$0.3\sim0.7$
微滤	对称	~0	$10^2\sim10^4$	10^9	很高（一般不用）	~0.2

"理想的超滤膜分离是筛分过程，即在压力作用下，原料液中的溶剂和小的溶质粒子从高压料液侧透过膜到低压侧。因为尺寸大于膜孔径的分子及微粒被膜阻挡，料液逐渐被压缩；溶液中的大分子、胶体、蛋白质、微粒等则被超滤膜截留作为浓缩液被回收。但有些情况，超滤膜材料表面的化学特性起到了决定性的截留作用。比较全面的解释是超滤膜分离过程中，膜的孔径大小和膜的表面的化学性质等将分别起着不同的截留作用。"[74]

从一般过滤原理分析，当被滤物的含量（浓度）很大时，大于颗粒直径的孔有可能截留"淤积"的小于孔的颗粒，当实际含量很少时，小于孔径的颗粒截留率就会很低，或者在膜内部的曲形孔道有颗粒滞留，但这是我们所不愿意见到的，因为它很难清洗恢复。

"我们曾用超滤法对几种水样的溶解态有机物分子量分布进行测定，结果示于表 10-5。

表 10-5	几种水样的溶解态有机物分子量分布								%
水样	>7万	5万～7万	3万～5万	2万～3万	1万～2万	4千～1万	2千～4千	1千～2千	<1千
黄浦江（上海）	20.70	0	1.5	10.8	1.5	13.1	0.8	8.4	43.1
蕴藻浜（上海）	10.6	1.6	0	12.7	3.2	14.9	2.7	1.06	53.2
南京某水样	6.38	0	0	13.48	7.8	6.4	2.13	66.0 (<2000)	
射阳港某水样	5.8	2.5	1.67	11.6	0	13.3	10.8	10.8	43.3

从表 10-5 的分析结果可以看出，天然水中溶解态有机物的分子量大多在 1 万～3 万以下，分子量大于 3 万的比较少。

超滤膜对水中物质的去除是一个纯粹的过滤过程，所以它对水中溶解态有机物的去除与膜的孔径（截留分子量）有关，目前工业用的超滤膜的截留分子量有 6000、1 万、2 万、5 万、10 万、15 万、20 万、30 万等，截留分子量小于 1 万的超滤膜在工业上应用较少，主要是因为孔径小，阻力大，水通量少。

现在水处理中常用的是截留分子量 15 万～30 万（对应孔径为 $0.015\sim0.05\mu m$）的超滤膜，对比表 10-5 中的数据可以看出，由于水中溶解态有机物分子量较低，这样的大孔径超滤膜无法截留水中低分子量的溶解态有机物，去除率很低，大部分分子量小于该膜孔径的有机物在处理中将穿透超滤膜。所以，在这样的水中使用超滤处理，只能起到降低 SDI 的作用，不能降低水中的溶解态有机物含量，不能给后续的反渗透提供防有机物污染保护，而且，由于自身进水中高有机物含量，超滤膜本身的污染变得极为严重，需要频繁清洗，安全性及经济性显著下降。"[75]

"邯郸热电厂曾对中水回用经石灰深度处理后的 UF-RO 系统中，UF（孔径 8～15 万分子量）对 COD 的截留作用进行测试，结果见表 10-6 和表 10-7。

表 10-6	2005 年 6 月 6 日邯郸热电厂水质测量结果	mg/L
项目	超滤进水	超滤出水
TOC	4.4	4.0
COD_{Mn}	5.3	5.78

表 10-7　　　　　　　　　2005 年 6 月 9 日上午邯郸热电厂水质测量结果　　　　　　　　　mg/L

项目	纤维过滤入口	纤维过滤出口	过滤水箱	超滤水箱	RO 入口	RO 出口
TOC	6.0	2.64	2.58	2.60	2.32	0.24
TBC 细菌)	45	500	112	19	58	0
COD_{Mn}	7.208	7.152	7.320	6.981	7.208	0

水质分析：在预处理阶段对 TOC 和 COD_{Mn} 的去除率不高，而反渗透对 TOC 和 COD_{Mn} 的去除非常显著，在出水中未检出，而细菌总数在纤维过滤出口达到了最大，也就是说纤维过滤器中使细菌大量繁殖，超滤对有机物的去除不明显，而对细菌的去除较明显，从112 降到了 19，细菌在纤维过滤器的出口达到了最高，说明纤维过滤是造成细菌污染的主要部分，并且纤维过滤器出口的 TOC 也是最高的，COD 的含量相对比较高。"[76]

从 2005 年 6 月 9 是和 2005 年 6 月 6 日的测试结果中可以明显看出，现在所用超滤对 TOC 截留作用很小，分别为 2.58mg/L→2.6mg/L 和 4.4mg/L→4.0mg/L，去除率为 0% 和 9%，说明设置 UF 一级过滤没有达到预想功能。

《邯郸热电厂深度处理污水 UF-RO 试验报告》[84]中 SDI 值与污染物的关系中，UF（国产）对污染物的去除率平均为 44%（最大 59%，最小 9%），出水 SDI 值为 1.63，该污染物指 COD_{Mn} 和无机胶体物。锰法测量的有机物只是全部有机物的一小部分，去除率不代表全部，但是可看出可以除去一定量。当时试验的 UF 微孔为约 2 万分子量，比现在实际用的 10 万分子量低很多，有效性会高些。

最早应用的 UF 膜是于 1998 年山东十里泉电厂装设的，$Q = 160m^3/h$，一组国产 UF 膜（孔径厂家称 2 万分子量），水源为河边浅井水，主要截留物是上游排水污染物、汛期有机物和管路腐蚀产物，RO 膜可保持数月不需清洗，效果较好。

实际工程设计中多要求使用进口膜，进口膜孔径为 8 万～15 万分子量，其孔径过大，对小胶体物和溶解或半溶解态有机物基本没有截留作用，对 RO 保护作用不大。

（三）NF

为了去除 RO 前水中残余的硬度和有机物，用 NF 膜过滤可以达到此目的，NF 膜很接近 RO 膜，膜表面分离皮层亦多选用芳香族聚酰胺复合材料，其基本通性与 RO 膜亦相近。

"钠滤膜的孔径是纳米级的，它可以使水完全通过，而截留或部分截留比水分子大的物质。对于离子而言，离子价数越高，钠滤膜对其截留率就越高，一般而言，钠滤膜让一价离子通过，二价或多价离子截留或大部分被截留。重金属离子和磷一般均为多价离子，钠滤膜对其截留率均很高。对于物料所构成的 COD、BOD 等有机物成分的不同，可以选用不同分子量截留率的钠滤膜进行废水的浓缩分离，将有机物截留在浓缩液中，使水和一价离子透过膜。"[77] 有商品 NF 膜对 SO_4^{2-} 截留率高，对 Ca^{2+}、Mg^{2+} 截留率低，选用时需注意。

"膜的污堵是一种复杂现象，它涉及几个相互关联、但影响不同的因素。图 10-3 中的曲线是正常流量损失条件下的关系曲线，它是时间的对数函数（即流量的对数对时间对数绘制的关系曲线是一条直线）。两条锯齿形曲线表示污堵和清洗或冲洗的影响。对于其他参数，如压降和盐透过量也可以得出类似曲线，因为它们也受污堵的影响。"[77]

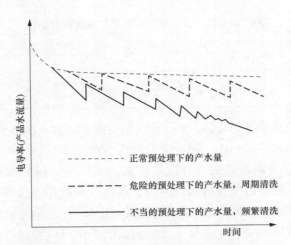

图 10-3　反渗透组件产水量与时间的关系曲线

"有预处理系统的反渗透系统，定期清洗能很大程度地恢复膜的产水量。如果预处理系统不合理，清洗次数也会增加，但频繁的清洗并不能代替合理的预处理。"[77] KMS 公司生产的 TFC[R]-S 钠滤膜对硬度的去除率达到 98.5%，海德能公司生产的 ESNA 纳滤膜对氯化物的脱盐率达 50%～90%，东丽生产的 SU 纳滤膜脱盐率达 55%。依次计算此型膜的残余硬度：按入口含量为 1mmol/L，按出口含量为 0.1～0.45mmol/L。

如上所述，当用 NF 膜时也必须注意防止本身可能的污堵问题。

（四）软化

当系统设计需要再进膜水对硬度严格要求时，可在石灰水处理基础上进一步软化，常规技术可用磷酸盐处理和钠离子交换。

（1）磷酸盐处理。在石灰水处理之后再进行磷酸盐处理可以进一步降低残余硬度，因为磷酸钙的溶度积（10^{-29}）远小于碳酸钙的溶度积（5×10^{-9}），石灰水处理后的碳酸钙与磷酸盐反应 [$3CaCO_3 + 2Na_3PO_4 \Longrightarrow Ca_3(PO_4)_2 \downarrow + 3Na_2CO_3$]，残余硬度高温处理时可以达到 0.035～0.07mmol/L。

（2）钠离子交换。顺流再生时出水残余硬度小于 0.01mmol/L，逆流再生时低于此值。脱硫废水用钠离子软化器，以出力 $Q = 20m^3/h$，残余硬度 1mmol/L 计算，$20 \times 1 = 20$（mol/h），一天再生一次时，$20 \times 24 = 480$（mol）。强酸性树脂交换能力取 $1000mol/m^3$，需树脂量 $480/1000 = 0.48$（m^3）。两天或三天再生一次时，需树脂量 0.96m^3 或 1.44m^3。离子交换器装载高度为 2m，设备直径为 600、800mm 或 1000mm，设置备用时单台规格适当减小。曾有人建议使用弱酸离子，再生时先用酸后用盐，理由是交换容量高一些，从以上计算看出这完全没有必要，何况弱酸树脂盐二次再生时，膨胀率很高将会遇到很大困难，得不偿失。当处理严重污染废水且含有大量 NaCl 时，如脱硫废水，可能高达数万毫克/升，则不能用钠离子交换，因为存在巨大的反离子作用，使软化交换不能进行，如选用选择性强的树脂（如弱酸树脂）略有补偿，但 Na^+ 转型膨胀率高，是需警惕的。

四、建立以水质平衡为主导的节水减排新型水系统

（1）水不是取之不尽用之不竭的资源，供水系统也不是只供不管的通道，为实现节水

减排目的，应建立新型的节水减排系统，改革习惯的开放尽用的系统，差别在于对水功能作用建立新的认识，改任其所用为尽其所能，水如血液，珍惜每一支水流、每一项工艺的合理用水，从而一水多用最少排弃。

以水质平衡为主导的节水减排系统包含水量的平衡，水质平衡是技术内涵，追求的是水量的节省。

新的节水减排系统：唯有水的消耗量是当地可以供给的才是可行的，唯有液体和（水中）固体排放物达到允许标准才是合格的，唯有动态平衡的才是实用的，唯有经济可接受的才是可持续的，唯有技术可操控的才是安全的。

动态系统的工况应当是包括水质、煤种、季节、负荷等运行中可能发生各种变化在内的平衡关系（运转模式），可能发生的事故状态或气候异常下工作方式的对应措施，运行中随时变化的监控和调度（建立全厂水的监控和调度中心），水的中间储备和紧急排放等。所有保持全厂主机正常运行的预案应当纳入最初的设计中。当工厂扩建或生产规模变化引起用水系统变化时，应及时修订水系统的设计，取得新的平衡关系和管理方式。

节水减排的经济性应当是包含投资和运行费两部分。两部分相互关联，投资高，则运行费亦高，都取决于治理程度，主要表现在排放情况，最终排放水浓度越高（直至固体化）即治理深度大，则花费亦大，成倍率上升。所以正确选择排放方式将起决定性作用。石灰水处理后的水中盐分是否具有有害物、是否超标，应当具体工程具体分析。就电站调查废水看，仅氟化物去除效果较差，部分厂未能达标，有针对性改进技术后可望较大改善。只要避免高含盐水直接排去水体或自然，无有害于环境，以什么形态排应当是可以接受的。

节水与用水，可排与减排是相互对立统一的关系，用水与排水是建设工厂不可逾越的两件事，用水与排放和节水与减排都要付出代价，经济性也是在这中间选择平衡，买水的代价与节水的代价有一个平衡点，即经济合理点。正确求取这个平衡点是设计比较的任务。

技术可操控性指水处理的系统与工艺应简单可靠适应性强，简单可靠性就强，适应性为满足各种变化的水质和工况需要，满足动态系统所需。以图5-3火电厂节水减排系统为例分析，其与通常供排水系统的差别主要在于几项处理工艺。处理设备集中在三部分——循环水、锅炉给水和脱硫废水处理。为简单可靠，要尽可能使三者工艺相近，每个处理系统中除石灰基础处理和最后浓缩设备外，尽可能简化中间辅助处理措施，石灰水处理是适应性最广泛的工艺，应最大限度地发挥它的作用。

建立节水减排系统水质与水量的平衡，要抓住重要节点（如火电厂）中的循环水排放与处理是中心环节，锅炉给水处理和脱硫废水处理等处，抓住这几个环节，即可带动全厂，控制局面。

为改革节水减排的给排水系统和探寻水处理工艺，树立新的技术观念和管理办法是必要的一环。设计工作中打破原有的专业壁垒，在一致的思路指导下，才可能绘出整体完美的设计蓝图，以新的技术认识来选择处理技术工艺和给排水系统，而不是习惯的单纯给水处理或单纯污水处理，或单纯给水与排水，似需有一个以水平衡为核心的"设计总工程师"的机制。生产运行也需专人管理克服任其自然的管理态度，"水管理"的要意在管，它已涉及全厂的安全性、经济性和及时性，不管就乱，不管就废。

（2）重复使用是节水的最佳途径，浓缩是减排的唯一选择，故此以节水和减污为目标的水处理系统设计技术的核心内涵在于水质平衡。污水回用达到节水是将脏水变成净水，变化的是水质，得到的是水量，减污是将污水中污染环境的物质减少到允许值（水中固体物量无有害性），二者都是求溶解盐和非溶解盐的减少，这个过程中的系统设计在于人为地选择某种技术措施，让水中盐分按人为意志变化，直至实现节水和减排目的，此技术措施和人为意志都必须符合客观实际的科学规律。这些水处理技术措施不外乎沉淀分离、过滤分离和蒸发分离三种类型，尽管其中还有吸附、分解、交换、浓缩等诸多反应。为使演化过程工业化运行，就需保持它的安全性、经济性、连续性和可操作性（可行性）。节水不是不用水，减排不是不排，故不宜都追求"零"。

水质平衡有多重含义，一是工厂总进入水中的物质量（含原水中的）与允许排放水排掉的总物质量（含自然向天上地下流失部分）的平衡，如果不平衡，多余部分应当采取措施维持其平衡。另一是为实现上述总平衡在工厂内所有用水和处理措施（满足每个用水单体水质需要）之间维持平衡。还有用水单元内水质平衡，每一单项污水回用处理系统内部也需要水质平衡，单元的平衡含在总体平衡之中，影响总体平衡。例如，脱硫废水回用处理进一步回用减排处理，本身水系统物料需要平衡，也要核算全厂水平衡。

宏观观察全厂水中总盐量的平衡：

系统总水量含盐总量＝进水携带总量＋药剂加入总量（包括再生剂）＋冷却塔空气溶入总量＋烟气洗涤带入总量＋洗炉污物＋雨水携带＋生活用水回收等；

从水中排出的盐类总量＝石灰水处理排渣总量＋最终排放浓水（脱硫废水处理后的浓缩水或渣）＋各种污染水（煤场、冲渣）消耗总量。

其中煤场可以消耗用于喷洒的污水，也可以回收雨水。

火力发电厂的最终污水排放集中在脱硫废水处理后的排水，因为脱硫系统可以容纳全厂其他污染水，是水质条件最差的部分，集中表现了污染物特征。

五、水质指标

水质平衡中不同的允许限值即水质指标。需要系统处理（包括石灰水处理）后进入膜浓缩的水质（即或最终采用蒸发结晶其前期浓缩多需膜法）各项盐类的允许值是系统处理（含石灰水处理）主要的水质指标。其中的关键指标是残余硬度值、SiO_2 残余值和 COD 残余值。

防止硬度的析出历来有两种技术方式，锅炉补充水处理必须除尽，因为进入炉内高温下硬度盐分解或析出，在反复循环下钙镁最终沉积成硬垢，无论在何部位都构成严重危害。在低温环境下，情况则不同，具体情况具体对待。例如，循环冷却水通常温度为 30～40℃，暂硬部分分解，可按照极限碳酸盐硬度控制（计算方法见参考文献［8］）。极限值与浓缩倍率和添加阻垢剂有关，永硬一般不会形成危害，特别是镁硬。RO 浓水侧的浓缩情况与循环水不同，虽然同属于低温状态，但碳酸盐的平衡关系与循环水有较大差异，当其前处理为石灰水处理时，水中没有 HCO_3^- 存在，浓缩过程中也基本没有 CO_2 溢出，没有再循环，至今未见可供计算的有关研究成果。极限碳酸盐硬度应通过试验确定，永硬中的钙或镁在该温度下的溶解度不同，按照其极限控制比较经济合理。当最终浓缩或结晶采用热法蒸发时，情况又有很大不同。例如，热源使用压力为 $p＝0.25～0.4MPa$ 的低压饱和蒸汽，相应的温度在 120℃以上，当水中含有硬度时（无论暂硬或永硬，无论含量多少），换热管壁的水侧必然会结垢（有人主张不断用机械法清除，其落后无须赘言），故水中硬度盐必须除掉。这是给水处理工作者常用的技术和理念，已为无数实践所证实，无须多论。

SiO_2 高度浓缩超过极限值将结垢，硅垢极难清理，故必须防止。SiO_2 的结垢极限值与 pH 有关，如图 10-4 所示。pH＝7 与 pH＝10 比较，SiO_2 溶解度提高了 3 倍多，这样给 SiO_2 的去除留下了很大空间。

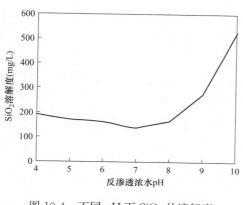

图 10-4　不同 pH 下 SiO_2 的溶解度　　　　图 10-5　不同 pH 下 COD 的溶解度

有机物是膜污堵最棘手的物质，也是极难去除的物质，生化处理后达到排放标准的污水中残存的量，足以对 RO 膜构成严重污堵，即使降低到最低也不过是延缓而已。从城市生活中水回用深度处理经验得知，石灰水处理可望在生化处理的基础上再降低 30%～60%，假如生化处理出水为二级排放标准的 120mg/L，石灰水处理后为 60mg/L，设膜的药剂清洗周期为一周，每处理 $1m^3/h$ 水，将积累 10080g 的 COD，这将是无法承受的。

近年出现的 Hero 技术提出，提高水的 pH 可以大幅度提高 COD 的溶解度。由图 10-5 可知，当 pH＝10 时溶解度约 350mg/L，当 RO 浓缩倍率为 4 时，允许进水 COD 含量为 80mg/L。不过当用 NaOH 调整 pH 时，会将永硬中的钙或镁排代出来而产生结垢威胁，技术上互相矛盾，需要合理协调。

从以上硬度、二氧化硅和 COD 的极限值分析得知，进行系统组合的意义在于把不同单项技术优化组合，利用其各自的功能取得最佳效果。

有害物质允许其存在的极限观念，比起把有害物质除尽的思路，是一种技术更合理、更高要求的技术观念，但可得到更实际、更经济的效果。

六、工业排放污水回用设计一例

内蒙古 YT 煤制油公司重建水处理车间，目的是满足地区限制排水要求和解决原脱盐系统 RO 膜硅、硬度、COD 等严重污堵，脱盐率降低、水通量减少、几天就须药洗、膜寿命大幅缩短的困境。污堵的原因主要是 SiO_2 和 COD。设计脱盐水出力 $Q＝300m^3/h$，RO 回收率为 80%，部分水脱盐率为 98%。污水由工艺污水（经生化处理）、循环冷却排水、水处理再生水等构成。按比例混合后水质见表 10-8。

表 10-8 三种污水混合后水质全分析

项目	回用混合水样				项目	回用混合水样			
	结果	单位	结果	单位		结果	单位	结果	单位
K^+	35	mg/L	0.9	mmol/L	非碳酸盐硬度			18.6	mmol/L
Na^+	504	mg/L	21.9	mmol/L	碳酸盐硬度			5.82	mmol/L
Ca^{2+}	331.4	mg/L	16.6	mmol/L	负硬度			0	mmol/L
Mg^{2+}	95.79	mg/L	8	mmol/L	甲基橙碱度			5.82	mmol/L
NH_4^+	0.0498				酚酞碱度			0	mmol/L
Fe^{2+}	0.01	mg/L			pH			7.74	
Fe^{3+}	0.34	mg/L			电导			4.48×10S/cm	
Al^{3+}	0	mg/L			浊度			11.6NTU	
Ba^{2+}	0.59	mg/L			色度			38Unit 铂钴	
Sr^{2+}	6.70	mg/L			正磷 PO_4^{2-}	8.84	mg/L		
B^{3+}	12.5	mg/L			总磷 PO_4^{2-}	8.90	mg/L		
NO_3^-	614	mg/L	9.9	mmol/L	溶解氧	8.5	mg/L		
NO_2^-	47	mg/L	1.0	mmol/L	NH_3-N	2.06	mg/L		
Cl^-	762.8	mg/L	21.5	mmol/L	COD_{Cr}	63	mg/L		
SO_4^{2-}	518	mg/L	10.8	mmol/L	BOD_5	4.6	mg/L		
HCO_3^-	355.02	mg/L	5.8	mmol/L	全硅 SiO_2	52.62	mg/L		
OH^-	0	mg/L			活硅 SiO_2	31.28	mg/L		
CO_3^{2-}	0	mg/L			非活 SiO_2	21.34	mg/L		
酸度	0				全固体	3373.0	mg/L		
游离 CO_2	7.12	mg/L			溶解固体	3344.8	mg/L		
余氯	0.05	mg/L			悬浮物	28.2	mg/L		
全硬度			24.42	mmol/L					

该混合水质具有如下特点：高含盐量，溶解固形物达 3344.8mg/L；高含硅量，全硅含量 52.62mg/L；高 COD，COD_{Cr} 含量 63mg/L；高硬度，总硬含量 24.42mmol/L。此四项水质指标远超出一般常见水质。从水源组成可知混合水质会有较大变化，因为各单项盐分来源不同，如硅主要来自前段 RO 浓水、COD 来自工艺污水等，而循环水的浓缩倍率冬夏差别很大、离子交换器再生排水间断送水等。

RO 回收率为 80%，浓缩倍率为 5，按此计算上述几项水质指标将达到：TDS——3344.8×5=16724（mg/L），SiO_2——52.62×5=263（mg/L），COD_{Cr}——63×5=315（mg/L），Ca+Mg=122（mmol/L）。这种水质条件对膜过滤发生污堵结垢是必然的，故大幅度降低这些物质含量是膜前处理首要解决的问题。

设计中纳入的新技术措施如下：

（1）该厂原有 RO 严重结硅垢，故十分关心的是除硅。石灰水处理本身就可以降低一部分硅，镁剂除硅在 20 世纪 50 年代是熟用的苏联引进技术，现代人们多不掌握，当作一项新技术传播，其实它的新意在于"低温"。当年要求残余含量小于 1mg/L，温度维持 40℃±1℃，是基于后续软化器磺化煤对温度的限值。后续处理中有 RO，且需要提高回收率到80%，最高温度必须小于 30℃，这是系统平衡两者互相矛盾的限值。

由试验得知，低温除硅可以降到约 10mg/L，最低可达 5mg/L。为避免过度处理，极限取值是决定因素，如果最高限值取 150mg/L，则清水为 30mg/L，如果极限值取 100mg/L 或 50mg/L，清水为 20mg/L 或 10mg/L。配合系统辅助处理，既满足低于极限值，也降低低温除硅负担，为 RO 运行留出安全空间。实际调试膜和前期处理两方面都在可控范围。由实践得知，原水含镁对平衡余硅可起到有益作用。

镁剂乳液的制备技术也是过去曾经遇到的难题，因为镁剂的吸潮性和流动性比粉石灰更不易控制，当前也不能用罐车运输，所以需要解决机械化装卸、储存防堵和计量等新问题。照片 10-1 是澄清池运行工况。

照片 10-1　YT 厂工业废水石灰水
处理澄清池运行情况

（2）极限控制值和处理值。被处理水的永硬近 20mmol/L，浓缩 5 倍约 100mmol/L，暂硬 5.8mmol/L，石灰水处理后残留碳酸盐 0.5～1.0mmol/L，浓缩 5 倍后残留碳酸盐 2.5～5.0mmol/L。永硬和暂硬需要降低到何指标，取决于极限允许值，它与水中所含盐类有关，需要通过试验确定。我国对于循环水浓缩暂硬的控制积累了丰富的经验，但 RO 的浓缩与之比较有相似处也有不同（开始循环浓缩与闭式脱水浓缩），控制极限值的技术理念是正确的，但获得极限值既无计算方法也无实践经验。永硬的首要结垢物质是 $CaSO_4$，一般核算溶解积即可大体了解其析出趋势，简单的计算方法是直接计算 Ca^{2+} 和 SO_4^{2-} 的乘积。由多国经验知，常温下 $CaSO_4$ 的离子乘积为 80 万～120 万 mg/L，添加阻垢剂增高很多，不会产生危害，甚至可能高达 200 万或 400 万。

（3）Na_2CO_3 的储存与计量。它是结晶散料，储存计量本不是很困难，但是某省工程设计规定用与石灰相同的方法，从而使问题复杂化，开创了一个不好的先例，增加了许多人造的麻烦。其实只要简单湿存直接计量就可以了。

（4）COD 问题。工业污水中的 COD 是影响膜污堵最难处理的杂质，一个重要原因是不了解此类污水中 COD 的性质，而且生化处理后的水质波动很大。

设计混合水质中 COD 含量为 63mg/L，实际运行大体相近，个别最高曾有 200mg/L 以上值。为防止可能的有机 RO 膜的污堵，应当增加预防措施。良好的石灰水处理和澄清池设计对 COD 可以有较高的去除率，经验值是在不同条件下为 30%～60%（与有机物形态、石灰反应效果和投加助凝剂有关），实际运行可达 50% 以上。即或如此残余量仍为 25～30mg/L，浓缩后为 125～150mg/L。理化处理中可探索从分子量大小差异，以精密过滤方法滤出较大分子量部分，残余量就很有限了。于是在系统中设置了一级次生膜过滤，试用结果如下。照片 10-2 和照片 10-3 是次生膜过滤投入前的 SDI 照片，SDI 值为 3～4 或更高；照片 10-4 是次生膜投运后出水的 SDI 照片，SDI 值为 2～2.5；照片 10-5 为 SDI 值≤2；照片 10-6～照片 10-8 是保安过滤器堵塞所截留物的照片，与照片 10-2 比较可见次生膜过滤器所截留物相同。膜前的 5μm 保安过滤器曾出现被残余有机物污堵的现象，严重时一天内需清洗 2～3 次，次生膜投运后调试期间 10 天以上压差基本不增。至今运行近 3 年，RO 膜 1～1.5 月定期清洗一次，脱盐率和回收率基本保持原态，澄清池出水浊度～1°，次生膜后 SDI～2.5，这说明次生膜过滤对降低残余是有效的。

照片 10-2　YT 次生膜投运前
SDI 为 3～4 的滤膜照片（1）

照片 10-3　YT 次生膜投运前
SDI 为 3～4 的滤膜照片（2）

照片 10-4　次生膜滤后水 SDI 为 2 的滤膜照片

照片 10-5　次生膜滤后 SDI≤2 的滤膜照片

照片 10-6　YT 保安
过滤膜照片（1）

照片 10-7　YT 保安
过滤膜照片（2）

照片 10-8　YT 保安膜
脱落物照片

（5）永硬的去除。碳酸钠法软化是古老技术，我国仅 20 世纪 50 年代在一个工程中应用，是高温（98℃）石灰水处理。永硬是否需要全部除掉或除掉多少是可以控制的。关于永硬的允许量，即对极限量的认识和极限量的研究。永硬在不同温度下的析出情况不同，以 $CaSO_4$ 为代表（其余永硬的溶解度都高于它），仍然可以 RO 浓侧低于极限为度。加

Na_2CO_3 除永硬需要与石灰水处理配合进行，最终也是成为 $CaCO_3$ 沉淀物分离。怎样加、加在哪，效果不同。虽然本项目废水中 SO_4^{2-} 含量比较大（$SO_4^{2-}=518mg/L$，核算水型 $CaSO_4$ 10.8mmol/L，离子乘积 $518×[(10.8+1)×20]=122248mg/L$，但是在不超过极限（80 万～120 万 mg/L）含量之下，可以允许其存在。但是为慎重，可以建设加药备不时之需。实际运行仅开始调试阶段投加了一段时间，以后即停加，未发现有硫酸钙结垢倾向。

（6）镁剂的投加。氧化镁是袋装，主要产地在大石桥。粉剂吸潮，容易结块，故需密闭储存，与石灰一样会遇到堵塞、粉尘、结块现象。查其流动性近于石灰，故按粉石灰储存与计量方式设计，只运输与装卸单独按大型袋装方式设计。

（7）Na_2CO_3 的储存与计量。虽然它是散料，但是它是结晶体，没有粉尘，容易溶解，在空气中常温长期储存没有大的变化，故沿用传统 NaCl 的储溶方法，低位储槽饱和液直接计量，便捷、简约、实用。当时有人推荐也仿制粉石灰的方式，认为石灰与碳酸钠是性质完全不同的药剂，储存与溶解差异更殊，用石灰办法对待 Na_2CO_3 弃简从繁会适得其反，带来许多麻烦。结果得到证实，在另一项目中强行按某省模式设计出现堵塞、难于计量等一系列问题。实用中需注意用水水质和水温，防止结垢和沉积。

（8）COD 问题。设计水质混合中 COD 含量为 63mg/L，实际运行大体相近，个别最高曾有 200mg/L 以上值，为防止可能的有机 RO 膜的污堵，设计了预防措施——次生膜过滤和活性炭吸附（缓建）。次生膜设计流速选择较低流速，运行效果可将 SDI 值由～3 降低至小于 2，为解决保安过滤器堵塞起到了重要作用。其成功要素是生成次生膜，小分子量的胶体级有机物仅凭上层过滤截留率很低，而仅凭胶体级颗粒物又很难生成有效滤膜，故需采取综合措施加快次生膜的生长和成型。

保安过滤器内网污堵现象，与系统运行方式和残余 COD 有关，也与其他某些因素有关，可通过控制改进。

改建后的水处理车间已安全供水近两年，据该厂自行核算每年从改善水质出力中节省的资金两年内即可全部收回。

与其相邻的 JT 厂，由于膜前处理和系统设计不当，膜的污堵比起 YT 厂改造前更加严重，拆卸的膜堆积如示（照片 10-9），厂家为弥补特供下线清洗装置（照片 10-10），供现场不断拆洗。这种思路和做法不仅劳民伤财，而且严重影响主业的正常生产运行，损失不是用供水本身可以计算的。

照片 10-9　JT 厂回用水处理车间
堆积的待离线清洗的膜

照片 10-10　JT 厂回用水处理车间膜离线清洗机

第二节 设 备 配 置

一、处理容量和设备选择

(一)系统容量

石灰水处理容量是由工程设计根据全厂水平衡的结果确定的。所谓系统的额定出力应当指正常运行工况下每小时的出水量。另外，应满足允许范围内的波动，高限是110%～120%，低限各类设备有价不同。每个设备都应适应总容量的需要。

(二)主体设备

迄今石灰水处理澄清池设计有Ⅰ型（图10-6）、Ⅱ型（图6-39）、Ⅲ型（图6-40）等多种类型，应按工程实际条件选择。Ⅰ型为低位布局类型，壳体由钢筋混凝土构造，内部配件与桥架均为钢制，排污管道由基础间穿出。Ⅱ型为高位布局类型，壳体由钢筋混凝土构造，内部配件与桥架均为钢制，池底之下有空间可供布置设备，排污管道外露，维护检修方便。Ⅲ型壳体、桥架与部分内部配件均为钢筋混凝土结构，可调配件为钢制，池底之下有空间可供布置设备，地下设水池，以减少占地面积，排污管道外露，维护检修方便。低温低浊型非石灰水处理澄清池（图10-7）已运行多年的有320m³/h，壳体由钢筋混凝土构造，内部配件与桥架均为钢制，池底之下有空间可供布置设备，排污管道外露，维护检修方便。

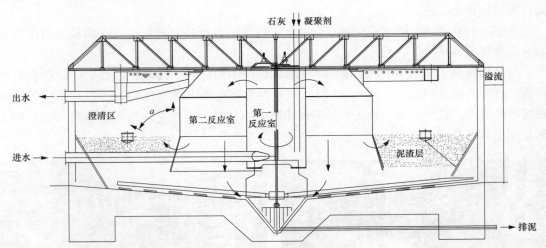

图10-6 Ⅰ型石灰水处理澄清池示意图

主体设备数量应符合各类工厂的设计规程规定，即是否设置检修事故备用或最低允许设备数。澄清池一般不低于两台，曾有规程规定当近期有下一期工程连续建设时，允许短期设置一台。当主体设备只有两台，一台设备检修期间时，另一台设备的出力不得低于总出力的75%。

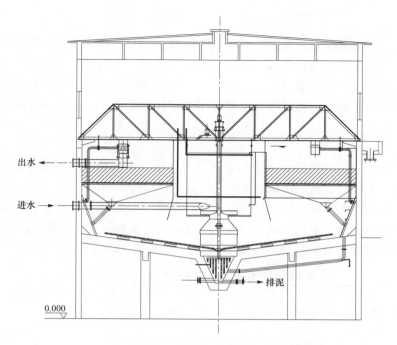

图 10-7　低温低浊型非石灰水处理澄清池示意图

　　澄清池与石灰乳液制备是单元制系统，即每台澄清池配备一组石灰制备单元。其他供水部分、滤池、辅助处理设备、膜浓缩和输出部分均可用母管制系统。

　　滤池规格按过滤面积区分，当前已有 21、27、40m² 等几种，池体规格的确定与设备布置及土建结构有关。

　　小出力的系统可选压力式过滤器，其系统构成变为设置清水池和清水泵，升压后进入过滤器，过滤水直接进入其他后续处理设备。过滤器的滤层和滤料构成仍需按适宜石灰水处理的深层过滤技术设计，须解决多台过滤器之间的水量分配和周期同步的问题。

　　过滤设备可设可不设运行备用，不设运行备用时，以周期制水量计算（如 24h）的总制水量计算，减去再生耗时（如 1h），在实际运行时间内（23h）制出周期总水量，储存在水箱内调剂补偿。

　　绝大部分石灰乳制备设备自身构成一个单元。Ⅰ 型和 Ⅱ 型（图 8-42）为基本构型，区别是控制方式，Ⅲ 型（图 8-43）为粉仓地位布置，Ⅳ 型（图 8-44）为小容量间断配乳，Ⅴ 型（图 8-45）为供自来水调节 pH 微型饱和石灰乳。

　　泥渣调节池和脱水机需用为石灰泥渣而设计的设备。

（三）系统和布置

　　给水处理的澄清池进水要用压力管道，各台设备出力以进口阀门调节，进口流量信号控制各加药剂量和需要控制部位（如搅拌），进口调节门随系统用水量（最后送出的水量）变化，可以用产品水箱液位发出信号，此控制是以产水量为准的原则。注意：这与污水处理以进水量为准的原则完全相反。各澄清池用进水阀门（压力管道）控制还可以人为管理各澄清池差别出力，以求得最佳水质效果。因此多台澄清池进水不可用高位自流固定配水的方法。

石灰水处理的系统设备布置多构成一组小区独立布局，如果系统内含脱盐设备，那么室内布置应将有关全部系统设备统一规划设计，小区统一监督控制和管理。小区布置设计为减少占地面积，澄清池、滤池、清水池三层楼式的典型布置可以大幅度节省占地面积，并不过多增加建筑费用。大容量水泵不宜选用立式自吸泵，因为这种泵启动困难。

（四）辅助处理设备

工业污水回用的膜法脱盐处理技术难点之一是残余有机物可能对膜造成污堵，如下资料说明不推荐在 RO 前设置 UF 试图保护 RO 截留有机物的原因。

"表 10-5 为几种水样的溶解态有机物分子量分布。从上述分析结果中可以看出，天然水中溶解态有机物的分子量大多在 1 万～3 万以下，分子量大于 3 万的比较少。"[74]

水源水中不同分子量有机物占总 DOC 的百分比见表 10-9。

表 10-9　　　　　　　水源水中不同分子量有机物占总 DOC 的百分比[39]

	小于 500	500～1000	1000～3000	3000～10000	大于 10000	DOC（mg/L）	取样时间
淮河水	18.30	24.78	16.86	12.69	25.59	8.35	1995 年
青甸水	30	15.60	26	12.4	16	5.57	1996 年
怀柔水库	53.79	14.62	19.84	0.52	11.22	3.83	1995 年
密云水库	40.09	45.69	13.68	1.89	1.41	1.12	1995 年

两份水质有机物分析资料显示的以分子量大小区分的分布数据都十分清楚地说明，在污染的天然水中有机物含量较低的情况下，小分子量（小于 1 万分子量或小于 7 万分子量）占绝大部分，故我国习惯在工程设计中要求选购进口 UF 膜 8～15 分子量道尔顿的膜（且不论商家为得到高的水通量偏向制造大分子量的膜——市场习惯按制水量计价），绝大部分的有机物会被透过。

活性炭吸附是可以有效去除小分子量有机物的很好措施，由表 10-10 可见混凝沉淀对较大分子量的有机物去除率明显较高。

表 10-10　　　　　　　不同方法去除有机物去除率[39]

有机物分子量	原水 DOC mg/L	混凝沉淀出水 DOC		生物陶粒出水 DOC		活性炭吸附出水 DOC		工艺总去除率（%）
		mg/L	去除率（%）	mg/L	去除率（%）	mg/L	去除率（%）	
0～500	1.67	1.61	3.6	0.665	58.7	0.557	16.2	66.6
500～1000	0.87	1.58	—	1.11	29.7	0.147	86.7	83.1
1000～3000	1.45	1.21	16.6	1.007	16.8	0.316	68.6	78.2
3000～10000	0.69	0.30	56.5	0.121	60.0	0.71	—	—
10000～100000	0.29	0.04	86.2	0.457		0.23	50.0	20.7

活性炭对分子量 500～100000 的有机物都有较好的去除效果。但是一般情况下不主张选择活性炭吸附处理，因为活性炭的吸附面积集中在内部，可以吸附有机物的部分约占总表面积的 5%。《活性炭在水处理中的应用技术》[82]资料载，"一个活性炭床对有机物的总吸附能力是可以预测的，实际能力将随水源水中有机物的类型而变，不过活性炭过滤器的典型吸附能力是约 14000 个床体积，一旦达到其能力后，则靠吸附过程除有机物的效率降为新床的 20% 左右。"试算一台面积为 $1m^2$ 的活性炭过滤器，装载高 2m，吸附量为 14000×

2＝28000（m³），当流速 v＝10m/h，流量 Q＝10m³/h 时，有效工作时间为 28000/10＝2800（h），只有 4 个月左右。众所周知，活性炭的恢复特别是再生是很困难的，价格高，破碎率高，对后续膜处理隐患也大。因此一般不主张选择活性炭吸附处理残余有机物，除非在残余量很小、水质要求很严格的情况下。

二、设备选用注意事项

储水箱的设置。单独的石灰水处理系统一般有两级水箱或一级水箱，系统中含脱盐时有多级水箱。这几级水箱的作用各不相同，生水箱的主要作用是调节温度，也可调节水质，澄清池进水要求恒定温度，因为快速升温将扰乱器内平静的水流，破坏渣层和颗粒沉降过程，使出水水质迅速劣化。ЦНИИ 型澄清池设计升温速度 10min 不超过 0.5℃。泥渣接触分离型澄清池缓冲能力较强，可以适当降低控制标准，具体操作与循环倍率有关，循环倍率越高，缓冲能力越强，以保持池底部进入澄清区的水温与澄清区上部的温差不大于 1℃ 为准。如果被处理水有温差较大的不同水源，在生水箱需采取混水调剂措施。

产品水箱的作用是储备，是保持全厂水平衡的水源之一，一旦停顿会引起给水和污水系统链的断裂。它应具备足够合理的储备量，一般储备 1～3h 出力的有效容积量。

澄清池可以选择钢筋混凝土或钢制，钢筋混凝土外壳的底板倾角多用 6°～8°，视石灰质量而有差别，四周的倾角必须一致，高度误差小于 10～20mm。如果滤池用静压式，则与澄清池高差应能保证滤池在额定出力下周期末的阻力。为了节省占地面积，澄清池可与清水箱联建，但是希望澄清池的排泥管置于可维护检修的位置。排泥管道应当是直管道，尽量不得有平弯，不得已时需用三通插接有可开启堵板式弯头。全钢制的澄清池，如果不设刮泥机，其底板倾角不得小于石灰泥渣的休止角，需注意焊接变形量。

澄清池可添加助凝剂或不加助凝剂，石灰水处理且后续有膜过滤时，需谨慎，最好不加。无石灰水处理的澄清池（单纯凝聚）可以投加助凝剂（即使有后续膜过滤）。

滤池的单位面积受配水均匀性和反洗水容量制约，不宜过大。例如，反洗强度为 12～14L/(m²·s)，滤池截面积 20m²，反洗水流量 864～1008m³/h，面积扩大为 40m²，反洗水流量 864～2016m³/h，大泵的电流量亦很大，频繁启停将比较困难。单位面积增大不仅池底配水设施需计算确定，上部进水和排水都需要有必要措施，进水不得让水流直接冲击砂面，反洗排水避免单侧短路。大出力系统的单体滤池面积也会随之增大，装砂量也大，深层过滤的砂层高度高于表层过滤，包含垫层在内可能达到 1600～1800mm，20m² 池总装砂量为 50～60t，多台池的总砂量达数百吨，故需要设置机械装卸砂措施。

石灰制备单元以粉仓容积区分规格，其容积大小取决于总耗量，计算时还需注意留出足够的卸料空间，即伴随空气减压膨胀空间和顶板承压能力，留出最低储备量和运输车的装载量，以及远途运输时的一次购买量。对于混装运输车（不单纯运输石灰），必须严格检查到货质量。为保证质量，制备石灰乳液的用水需用无碳酸水，而且水温应低于 30～35℃。

石灰水处理澄清池的沉渣与常见降低浊度澄清池污泥性质有很大差别，石灰水处理中钙镁含量比例不同，沉渣的性质也会随之改变，澄清过程是否添加助凝剂对沉渣也有影响，其处理技术和系统设备也必须适应石灰水处理沉渣的特性。在常规水质情况下，澄清池的排泥量不足以提供连续排放，只能用定期排放的办法。原市政设计污水处理系统中，设有污泥浓缩池，是因为那类污泥沉积困难，需要沉积 8～12h 才可以达到 3%～5%，满足脱水机最低的浓度要求。石灰水处理的沉渣沉速要快很多，设计良好的澄清池的排泥浓度已经有 5%～8%，从进入脱水机的浆液浓度参数看，已没有必要再"浓缩"，所以石灰水处理所用的泥渣池并非"浓缩"之用，主要在集中或便于与脱水机配合调剂。泥渣池应具备调节泥渣浓度和防止泥渣沉积结块的措施。

石灰泥渣的脱水也与普通悬浮物泥渣或污水泥渣不同，当前虽有多种类型脱机，在实际运行中仍存在一些问题。常用的离心式脱水机是按照轻质物质设计的，改用石灰水处理沉渣后污泥流动性差，容易积垢堵塞，而且离心机对污泥浓度要求高，稀了浓了都困难，尤其对大泥量情况更不适宜。板框式脱水机只间断运行，需要停机清洗，且压缩渣也易阻塞。

石灰水处理适用铁盐凝聚剂、硫酸亚铁或聚合铁。凝聚剂溶液有较强的腐蚀性，储存和计量设备不宜使用不锈钢等金属材料，可用工程塑料配件。

第三节　关于 $CaCO_3$ 回收再利用的石灰水处理

石灰水处理的主要沉淀物是 $CaCO_3$ 和 $Mg(OH)_2$，在不同 pH 条件下二者析出次序不同，只要控制适合 $CaCO_3$ 析出的 pH 范围而没有达到 $Mg(OH)_2$ 析出的 pH 条件，将只有 $CaCO_3$ 沉淀发生，它是烧制 $Ca(HO)_2$ 的原料，即石灰石，产物与原料之间可以构成循环过程。这是一个良性循环过程，国内外都进行了一些研究、试验和实用，证实此项技术是可行的。

"对只需除钙离子的水进行处理时，可以利用碳酸钙结晶速度很快的特点。水处理可在装有作为结晶核心的粒状接触介质的设备中进行（涡流反应器）。水在设备中高速流动，基本反应过程在 5～10min 内即可完成。这种设备的尺寸较小，设备中的沉淀物含有少量的水分。在水中杂质含量不大的情况下，可以采用这种处理过程。在涡流反应器之后通常装有澄清过滤器，进入过滤器的澄清水的悬浮物含量不应超过 30mg/L。正如观察中所见到的那样，水中含有数量不多的有机物和镁盐（沉淀物的氢氧化镁在 3%～5% 以下），能改善涡流反应器中所形成的沉淀物的物理参数。此时，沉淀物颗粒的尺寸（大于 3～5mm）比纯碳酸钙结晶时要大一些，这是由在表面活性物质作用下结晶特性的变化所决定的。在此情况下，上述物质就是表面活性物质。由于这种变化，沉淀物颗粒具有接近于球形的形状，即与一般方形碳酸钙晶体显著不同。"[16]

一、$CaCO_3$ 回收再利用的工业典型案例

在美国俄亥俄州戴通市于 1957 年建设了一座处理井水的石灰水处理与回收石灰的综合性工厂，石灰水处理在涡流反应器内对井水进行软化，回收石灰水处理沉渣 $CaCO_3$（石灰石），将 $CaCO_3$ 送入煅烧炉再煅烧，成为生石灰 CaO，熟化后 $Ca(OH)_2$ 用作石灰水处理的原料重新使用。被除掉 Ca 的水仍含有大量的 Mg，继续提高 pH 成为 $Mg(OH)_2$ 沉淀物。把石灰煅烧炉排出的 CO_2 与 $Mg(OH)_2$ 重新结合成为 $MgCO_3$，加热使其浓缩并分离出来，

轻质碳酸镁可以是副产品也可以再用作凝聚剂。多余量的 $CaCO_3$ 和 $Mg(OH)_2$ 作为商品出售。在这里专门介绍这项技术是因为它对我国有很大的意义，我国的水质特征是以碳酸盐含量为主的，很适合石灰水处理，现在又有严重的污水环境污染问题，同时现代石灰水处理技术也发展起来了，我们没有高质量的商品石灰，这就给我们带来一个机会，如果有有远见的志者投资于此项事业，想必会有所作为。况且，之前曾有过试点，有成功也有失误，关键技术点是成功的，当时的这代人仍在，丢失了就可惜了。

为更多地了解该项技术摘要介绍有关报道如下：

原水主要物质如下：CO_2 为 14mg/L，碳酸盐硬度为 265mg/L，去除的非碳酸盐硬度为 20mg/L，石灰中的不溶物 SiO_2、R_2O_3 及 MgO 等为 8%。在俄亥俄州的戴通市，对含钙量高的净洁井水进行了软化，用日产 150t 的石灰窑废气，从结晶碳酸钙（$CaCO_3$）中，选择性地溶解其胶体的 $Mg(OH)_2$，从 1958 年以来，一直连续生产含有 CaO92%～93% 的高级化学用石灰。

从含有溶解性的重碳酸镁的碳酸化污泥浓缩池而来的上清液，则排入马德河里。这种废水的排放需要符合严格的标准。这就需要寻求另外的方法，这种需要导致开创出一种简而省的方法，回收一种很纯的碳酸镁式的镁。另一种步骤，使其可能用于软化硬而浑浊的水时，能处理含有黏土的污泥，对所有的这种处理厂来说，由于钙和镁的价值是作为高级的生石灰和碳酸镁来回收的，实质上使化学处理成本降低了。所有的污泥回收了，而且能循环使用，仅仅留下来固体废物黏泥，由于其可以埋地处理，所以亦不存在污染问题。

（一）石灰回收

运行开始于 1957 年的晚些时候，从那时就成功地生产出了高质量的石灰。表 10-11 列举了俄亥俄州戴通市 1958～1970 年石灰再煅烧厂产品生产数字与价值。

表 10-11　俄亥俄州戴通市 1958～1970 年石灰再煅烧厂产品生产数字与价值[78]

年份	水处理用的石灰 [kg(磅)]	价值（美元）	出售的石灰 [kg(磅)]	价值（美元）	总生产的石灰 [kg(磅)]	总价值（美元）	水处理用 CO_2 价值（美元）
1958～1970	143127(315536)	5868970	38830(85604)	941744	181957(401140)	6810764	416000

（二）生产的碳酸钙

在池 1 和池 3 中处理了 75% 的原水。池 1 和池 3 的全部流量流入池 2 和池 4 中，再加入 25% 的原水。苏打灰就在这里投入。

在应用部分的软化处理中，产生了两种不同类型的污泥。

在池 1 和池 3 形成而沉淀的初期污泥主要是 $CaCO_3$，但也包括成形了 $Mg(OH)_2$ 的镁，这是从大约 3/4 原水里全部去除而来的，所有存于石灰中的不溶解物也在这种污泥里。

与前者相反，在池 2 和池 4 沉淀区中产生沉淀的二期污泥，实际上就是纯 $CaCO_3$。这种 $CaCO_3$ 是初期出水中的过量石灰和在池 2 和池 4 絮凝区加入的二次原水中的钙硬度互相反应而产生的。软化 450 万 L（100 万 gal）水，所产生的 3140kg（6900 磅）污泥中，大约有 2720kg（6000 磅）是 $CaCO_3$。

（三）二氧化碳的生产

石灰窑在三种不同的生产率（50、100、150t）下，每年生产的 CO_2 量为 68、136、204t。

（四）$Mg(OH)_2$ 的生产

从 450 万 L（100 万 gal）水中产生的 $Mg(OH)_2$ 量是 3391kg（8800 磅，初期污泥质量的 11.7%）。

石灰化学质量很高，CaO 的含量通常为 92%～93%。分析结果表明，并不是所有的 $Mg(OH)_2$ 都得到溶解，对石灰成品进行化学分析，可能含有 4% MgO，这种不完全溶解的原因，在后期的研究才发现，要用更好的办法才能将全部 $Mg(OH)_2$ 溶解回收。重新煅烧的生石灰比市售的质量要高。

关于镁的回收，简单的中间试验就是按成批运行来建立的（图 10-8），人们一直细心研究反应过程中的动力学。包括三个单元方法：从初期污泥里用含有 19%～21% CO_2 的室内烟道废气选择性地去除 $Mg(OH)_2$；用沉淀或过滤去除固相的 $CaCO_3$；加热和通气从澄清液里回收碳酸镁。反应如下

$$Mg(OH)_2 + 2CO_2 \rightleftharpoons Mg(HCO_3)_2 \tag{10-1}$$

$$Mg(OH)_2 + CO_2 + 2H_2O \rightleftharpoons MgCO_3 \cdot 3H_2O \tag{10-2}$$

$$MgCO_3 \cdot 3H_2O + CO_2 \rightleftharpoons Mg(HCO_3)_2 + 2H_2O \tag{10-3}$$

$$Mg(OH)_2 + Mg(HCO_3)_2 + H_2O \rightleftharpoons 2MgCO_3 \cdot 3H_2O \tag{10-4}$$

$$Mg(HCO_3)_2 + 2H_2O \underset{空气}{\overset{35\sim45℃}{\rightleftharpoons}} MgCO_3 \cdot 3H_2O + CO_2 \tag{10-5}$$

反应式（10-1）是全部反应，由此，不溶解的、胶状的氢氧化物变成了溶解的亚碳酸盐。反应式（10-2）及反应式（10-3）是连续发生的，在全部反应中代表两个阶段。在碳酸化进行中，逐渐滴定其碱度找出其标定的碳酸盐和重碳酸盐来，在碳酸化阶段里，前者的浓度达到并保持了一个十分稳定的值于饱和之下，重碳酸盐的浓度平稳地增加到以 $CaCO_3$ 表示的约有 16500mg/L 的碱度，对一种含有 20% CO_2 的石灰窑排气系统来说，这个浓度是一种平衡的，污泥流率是控制到一点要能提供这种浓度而没有不溶解的 $Mg(OH)_2$ 流到窑里去。反应式（10-4）说明，碳酸化进行中，未溶解的 $Mg(OH)_2$ 和溶解的 $Mg(HCO_3)_2$ 相反应，会有增加的趋势，结果沉淀出 $MgCO_3 \cdot 3H_2O$。这种沉淀随从 $CaCO_3$ 到窑里而损失了，这是由于高温煅烧形成的 MgO 在 20% 的 CO_2 里不溶解的缘故。实践中，这种事实就是说明，在一个连续过程的溶液不断发生中，新鲜污泥可用不超过有 CO_2 来溶解 $Mg(OH)_2$ 的流率来加进去。

反应式（10-5）是在产品回收的时候发生的。由沉淀或过滤而来的 $Mg(HCO_3)_2$ 溶液，流入到一个热交换的设施里，加热到 35～45℃，此后把压缩空气通到一个装有机械搅拌的池子里。三个结晶水的沉淀约在 90min 就很快而主要地完成了，雪白的产品 $MgCO_3 \cdot 3H_2O$，经过真空过滤、干燥、包装，就可以出售。

含有剩余物而不沉淀的产品滤后水，再循环到污泥储存池去。

在澄清浓缩池里，碳酸化的污泥澄清了，剩下的底是浓缩了的 $CaCO_3$ 泥渣。这种泥渣

送到储存池，然后从储存池送到一组三个伯德式的离心机，浓缩成约有70％的固体。随后送入烧窑煅烧成高级生石灰。离心机的排渣和清洗水循环到污泥储存池去，这两套完整的流程就能得到下列加工处理法。

（1）实际上，在污泥中的全部镁收益都能回收。

（2）鄂大瓦处理厂和迈阿密水厂的全部污泥都能回收和重循环。

（3）最主要的是，在烧窑所产生的纯得多的石灰中的少量不纯体，会再出售给把精制石灰作为主要用途的其他部门去除掉，这就不会再把相当量的固体当作废物排掉了。

（4）过去当作废物排掉的离心机废渣部分，可以回收来增加石灰产品量，石灰的化学质量实际上提高了，能得到94％～95％的CaO。

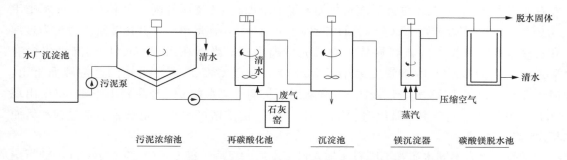

图 10-8　石灰软化泥渣的全部回收，碳酸镁回收中间试验站[78]

（五）对硬而浑浊水的适应性

在主要的美国水处理厂里，使用这种类型的污泥做了许多这样的尝试都不成功。在这种工作进行当中发现，如果不加混凝或絮凝，黏土很容易而且差不多完全从$CaCO_3$污泥里浮选出来。问题立即清楚了，也就是说，混凝或絮凝这样水里的黏土，不用明矾，而是用$Mg(OH)_2$，这种含有$CaCO_3$、$Mg(OH)_2$和黏土的混合污泥，像在戴通市一样，随后能用烧窑的废气进行碳酸化。$Mg(OH)_2$能被溶解，而且释放出来的$Mg(OH)_2$和重新悬浮着的黏土，从$CaCO_3$污泥里能浮选出来。除去了$Mg(OH)_2$和黏土的$CaCO_3$可经过滤或离心机脱水再进行煅烧。

较大的投加大量吨数苏打石灰来降低非碳酸盐硬度的软化处理厂，也有着使用下面一系列反应来生产纯度很高的$Mg(OH)_2$的"二者可以兼得"的机会。

$$Na_2CO_3 + Ca(OH)_2 \rightleftharpoons 2NaOH + CaCO_3 \tag{10-6}$$

$$MgCO_3 + 2NaOH \rightleftharpoons Mg(OH)_2 + Na_2CO_3 \tag{10-7}$$

从反应式（10-6）中，购来用作软化用的苏打石灰，是用再煅烧过的石灰，在一个工业用的苛化器里加以苛化，这和许多造纸厂里所用的一样，清滤后的NaOH溶液加到通热风的$MgCO_3$的污泥里，$MgCO_3$就沉淀为很纯的$Mg(OH)_2$，再经过滤、干燥即可出售。

含有Na_2CO_3的滤后水，用泵送到原水加药的地方。在反应式（10-6）中，沉淀的$CaCO_3$送回到烧窑里再进行煅烧。

（六）循环使用的凝聚剂——碳酸镁

使用石灰水解的碳酸镁证明，其在去除有机色度与浊度上与明矾一样有效，其絮体既大且重，沉降速度，使很多水厂能提供其处理能量。混凝中的 pH 经常超过 11.0。①如果在有适当的接触时间的地方，就会达到完全消毒；②在很多的处理厂里可以省掉预氯；③对有铁和锰的水质，基本上都能去掉。循环和重复的混凝剂以及污泥所脱的水，降低了化学处理的费用。在软化地面水的情况下，使用新技术后，其软水具有足够的钙碱度，控制再碳化的 pH 可以使水质稳定，从而降低或消除了腐蚀性。

二、$CaCO_3$ 沉渣回收与再利用的小型试验研究

石灰的回收再利用系统是首先分离回收 $CaCO_3$，再分离回收 $MgCO_3$。先分离 $CaCO_3$ 是利用 $CaCO_3$ 与 $Mg(OH)_2$ 的析出次序不同。通常水多数属于 $Ca(HCO_3)_2$ 型水，pH 在 7 左右或略大于 7，石灰水处理时随石灰加入量的增加，pH 逐渐升高，至 pH＝8.34 水中出现 CO_3^{2-}，也会随之产生 $CaCO_3$，pH 继续增高，$CaCO_3$ 含量增大，并由溶解态析出为过饱和及固体颗粒，长大后就容易从水中沉淀分离出来。当然在出现 $CaCO_3$ 的同时也会有 $MgCO_3$，因为 $CaCO_3$ 的溶解度远小于 $MgCO_3$，所以 $CaCO_3$ 很容易达到过饱和而析出，$MgCO_3$ 则仍然以溶解态存于水中。继续增加石灰剂量，水的 pH 升高到 10.33，水中出现 OH^-，其后才可能产生氢氧化物，并因 $Mg(OH)_2$ 的溶解度很小，也会在达到过饱和后而析出经沉淀分离。

试验室探索不同水质和不同石灰加入量下水质的反应，即 $CaCO_3$ 与 $Mg(OH)_2$ 的析出情况。

试验中的不足量加石灰指石灰剂量按 $Ca(OH)_2$ 加入量＝CO_2＋HCO_3^- 计算，等当量指石灰加入量按 $Ca(OH)_2$ 加入量＝CO_2＋HCO_3^-＋$Mg(HCO_3)_2$＋凝聚剂量＋余量。

（一）同一水质不同石灰剂量试验

原水水质如下：
HCO_3^-，7.00mmol/L；硬度，7.26mmol/L；Ca^{2+}，3.56mmol/L；
Mg^{2+}，3.70mmol/L；$Mg(HCO_3)_2$，3.44mmol/L；CO_2，0.55mmol/L。
试验结果见表 10-12。

表 10-12　　　　　　　　相同水质不同石灰加入量试验

项目	单位	$Ca(OH)_2$ 加入量＝CO_2＋HCO_3^-				$Ca(OH)_2$ 加入量＝CO_2＋HCO_3^-＋$Mg(HCO_3)_2$			
		出水	沉淀物	总计	比降（%）	出水	沉淀物	总计	比降（%）
CO_3^{2-}	mmol/L	0.84		0.84		1.68			
HCO_3^-	mmol/L	2.43		2.43		0.71			
硬度	mmol/L	3.26	11.03	14.29	55	2.50	15.30	17.81	66
Ca^{2+}	mmol/L	0.42	10.39	10.81	88	0.40	13.74	14.14	89
Mg^{2+}	mmol/L	2.84	0.68	3.52	23	2.10	1.57	3.07	43

从此组试验［以不足量加入 $Ca(OH)_2$ 数据分析］看出：

（1）出水中主要结垢物质 $CaCO_3$ 残留值为 0.42mmol/L，其余呈溶解状态的 $MgCO_3$＝0.84－0.42＝0.42（mmom/L），$Mg(HCO_3)_2$＝2.84－0.42＝2.42（mmol/L）。石灰加入

后首先与 $Ca(HCO_3)_2$ 充分进行反应，反应率达 88%，而 Mg^{2+} 只有少量沉淀产生。

（2）出水（经过滤）中 Ca^{2+} 残值（$0.42mmol/L$）可以认为全部以 $CaCO_3$ 状态存在，室温下溶解的 $CaCO_3$ 约为 $0.2mmol/L$，其余 $0.22mmol/L$ 应处于过饱和状态（其中有的呈胶态）。较大颗粒的固态物已被滤除，胶体与过饱和处于溶解态的 $CaCO_3$ 能够穿过滤纸，经加酸中和达到水质的稳定。

（3）沉淀物中 Ca^{2+} 占 94%，实际上沉淀物中占 6% 的 Mg^{2+} 比不真的处在沉淀物中，其中大部分悬浮于溶液中，可被滤纸滤出，上述数据是滤出物和沉淀物中 Mg^{2+} 的总值。

（4）等当量较不足量多加的石灰对出水水质没有什么影响，只是更多地增加了 Mg^{2+} 的反应产物，使出水中 HCO_3^- 进一步降低了 $[2.44-0.77=1.67（mmol/L）]$，pH 也稍有增高，增加了水的不稳定性，且加重了澄清设备的负担。增加石灰剂量还降低了石灰的有效利用率，纯度较高的石灰总有效利用率降低值在 5% 以下，纯度较低的石灰总有效利用率降低 10% 左右。

（二）原水不同碱度含量的试验

试验结果见表 10-13 和图 10-9。

表 10-13　　　　　不同水质不同石灰剂量试验　　　　　mmol/L

原水水质		分析项目	$Ca(OH)_2$ 加入量 $=CO_2+HCO_3^-$			$Ca(OH)_2$ 加入量 $=CO_2+HCO_3^-+Mg(HCO_3)_2$		
			出水	沉淀	总计	出水	沉淀	总计
HCO_3^-	2.13	CO_3^{2-}	0.24		0.24	0.72		0.72
硬度	2.18	HCO_3^-	1.90		1.90	0.64		0.64
Ca^{2+}	1.07	硬度	1.70	3.14	4.84	1.36	4.16	5.52
Mg^{2+}	1.11	Ca^{2+}	0.63	2.98	3.61	0.424	3.94	4.33
$Mg(HCO_3)_2$	1.06	Mg^{2+}	1.07	0.17	1.24	0.94	0.26	1.20
CO_2	0.17							
HCO_3^-	4.22	CO_3^{2-}	0.48		0.48	1.06		1.08
硬度	4.36	HCO_3^-	1.49		1.49	0.50		0.50
Ca^{2+}	2.14	硬度	2.04	6.49	8.53	1.78	8.95	10.73
Mg^{2+}	2.20	Ca^{2+}	0.424	6.13	6.56	0.024	8.13	8.55
$Mg(HCO_3)_2$	2.08	Mg^{2+}	1.62	0.36	1.98	1.36	0.85	2.19
CO_2	0.33							
HCO_3^-	7.00	CO_3^{2-}	0.84		0.84	1.68		1.68
硬度	7.26	HCO_3^-	2.41		2.41	0.46		4.46
Ca^{2+}	3.56	硬度	3.26	11.03	14.29	2.00	15.65	17.65
Mg^{2+}	3.70	Ca^{2+}	0.42	10.39	10.81	0.50	13.74	14.24
$Mg(HCO_3)_2$	3.14	Mg^{2+}	2.84	0.68	3.52	1.50	1.93	3.43
CO_2	0.55							

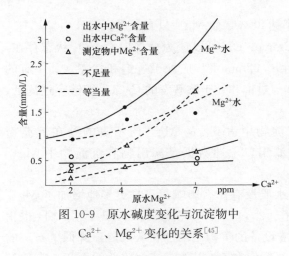

图 10-9　原水碱度变化与沉淀物中
Ca^{2+}、Mg^{2+} 变化的关系[45]

从表 10-14 和图 10-9 可见：

（1）原水 HCO_3^- 由 2mmol/L 增加的 7mmol/L，两种石灰剂量下，处理后水中残余 Ca^{2+} 均为 0.4mmol/L 左右，最高 0.6mmol/L。

（2）出水中 Mg^{2+} 含量随原水 Mg^{2+} 含量的增加而增加，投加 $Ca(OH)_2$ 的剂量大时其增加量较少。

（3）沉淀物（悬浮态）中 Mg^{2+} 的含量也与原水 Mg^{2+} 含量成正比，但 $Ca(OH)_2$ 剂量增多其增加量也多。

（三）原水钙镁含量比例不同的试验

在捷克设计的使用涡流反应器的冷法石灰水处理的设计中，原水的 Mg^{2+} 不得大于 1mmol/L 或不超过总硬度的 20%。实际工程中的水质，有时超过该限度，就限制了使用，为了探求在可能遇到的各种类型水质条件下的应用效果，本组试验选择原水 Mg^{2+} 含量在绝对值和比值都超过上述限制条件的水质进行了试验，结果见表 10-14 和图 10-10。

表 10-14　　　　　　　　　不同原水钙镁比与不同石灰加入量试验[45]　　　　　　　　mmol/L

原水水质		分析项目	$Ca(OH)_2$ 加入量＝CO_2＋HCO_3^-			$Ca(OH)_2$ 加入量＝CO_2＋HCO_3^-＋$Mg(HCO_3)_2$		
			出水	沉淀	总计	出水	沉淀	总计
Ca^{2+}/Mg^{2+}	1/1	CO_3^{2-}	0.84		0.84	1.68		1.68
HCO_3^-	7.0	HCO_3^-	2.41		2.41	0.46		0.46
硬度	7.26	硬度	3.26	11.03	14.29	2.00	15.65	17.65
Ca^{2+}	3.56	Ca^{2+}	0.42	10.35	10.81	0.50	13.72	14.24
Mg^{2+}	3.70	Mg^{2+}	2.84	0.68	3.52	1.50	1.93	3.43
$Mg(HCO_3)_2$	3.44							
CO_2	0.55							
Ca^{2+}/Mg^{2+}	2/1	CO_3^{2-}	0.84		0.84	1.26		1.26
HCO_3^-	5.36	HCO_3^-	1.12		1.12	0.52		0.52
硬度	5.51	硬度	2.04	8.67	10.71	1.78	9.67	11.45
Ca^{2+}	3.39	Ca^{2+}	0.424	8.31	8.74	0.47	9.20	9.67
Mg^{2+}	2.12	Mg^{2+}	1.62	0.36	1.98	1.31	0.47	1.78
$Mg(HCO_3)_2$	1.79							
CO_2	0.073							
Ca^{2+}/Mg^{2+}	4/1	CO_3^{2-}	0.28		0.28	1.08		1.08
HCO_3^-	4.64	HCO_3^-	1.11		1.11	0.28		0.28
硬度	4.24	硬度	1.27	7.67	8.94	1.27	8.39	9.66
Ca^{2+}	3.39	Ca^{2+}	0.424	7.47	7.89	0.51	8.09	8.61

续表

原水水质		分析项目	$Ca(OH)_2$加入量=CO_2+HCO_3^-			$Ca(OH)_2$加入量=CO_2+HCO_3^-+$Mg(HCO_3)_2$		
			出水	沉淀	总计	出水	沉淀	总计
Mg^{2+}	0.85	Mg^{2+}	0.85	0.21	1.06	0.76	0.30	1.06
$Mg(HCO_3)_2$	0.85							
CO_2	0							

由表 10-16 和图 10-10 可见：

（1）出水 Ca^{2+} 残量仍稳定在 $0.4\sim0.5mmol/L$。

（2）出水中 Mg^{2+} 随原水含镁量（绝对值）的减少而减少，但其残值占原水镁的比例在增高，这是由于原水镁量少（或占比例小）时，其与 $Ca(OH)_2$ 反应概率更小，不容易形成沉淀。

（3）当 $CaCO_3$ 沉淀后其出水透明度与其他试验相同。

（4）捷克设计中对 Mg^{2+} 含量的限制，在于 $Ca(OH)_2$ 是过量投加，当镁含

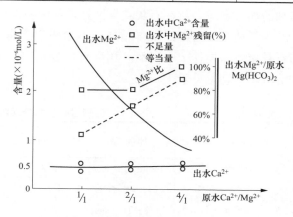

图 10-10　原水 Ca^{2+}/Mg^{2+} [45]
含量不同出水与沉淀物中钙镁含量变化

量高时必然会大量出现 $Mg(OH)_2$ 絮状物，它不会在涡流反应器中沉淀，造成出水浊度增高，污染整个冷却系统。在低 pH（低石灰剂量）条件下，基本无或有极少量 $Mg(OH)_2$ 絮状物形成，这个问题即不存在了。

（四）低剂量石灰水处理凝聚试验

石灰水处理后水中的浑浊物主要有过饱和 $CaCO_3$ 和微量的 $Mg(OH)_2$（低剂量石灰），试验时经滤纸过滤后残量为 $0.2\sim0.3mmol/L$，工业运行可能稍大，达到 $0.5\sim0.7mmol/L$。这是造成水的不稳定的主要因素，应当以适当的方式降低它。历来当加过量石灰或用慢速过滤器时，同时加凝聚剂达到澄清［针对 $CaCO_3$ 和 $Mg(OH)_2$ 微粒］，低剂量石灰水处理后的水中浊度主要是 $CaCO_3$，絮状 $Mg(OH)_2$ 极少，此时投加凝聚剂的效果如何呢？在 pH=9.5 左右使用何种凝聚剂？这是本组试验拟解决的问题，试验结果见表 10-15。

表 10-15　　　　　　　　　　低剂量石灰水处理凝聚试验　　　　　　　　　　mmol/L

分析项目	处理水未经过滤	$Al_2(SO_4)_3$ 0.5mmol/L	变化	水经过滤处理	$Al_2(SO_4)_3$ 0.5mmol/L	变化
CO_3^{2-}	3.86	0.72	−3.14	1.93	0.48	−1.45
HCO_3^-	1.15	2.23	+1.08	1.27	2.47	+1.20
硬度	4.66	4.42	−0.24	4.24	3.82	−0.42
Ca^{2+}	0.848	0.636	−0.212	0.636	0.636	±0
pH	9.3~9.7	9.0	−0.3~0.7	9.3~9.7	9.0	−0.3~0.7

加凝聚剂前后 Ca^{2+} 与硬度的变化不明显，只是 Ca^{2+} 降低同时 HCO_3^- 增高了，可见主要发生了中和反应，因为中和反应远较 $Al(OH)_3$ 的絮凝作用快得多。

$$Al_2(SO_4)_3 \cdot 18H_2O + 6H_2O \rightleftharpoons 2Al(OH)_3 + 3H_2SO_4 + 18H_2O$$
$$H_2SO_4 + 2CaCO_3 \rightleftharpoons CaSO_4 + Ca(HCO_3)_2$$

由上可以使我们联想到，过去设计的石灰水处理澄清设备，石灰乳与凝聚剂加入点很近，它可能与石灰直接反应，无意义地消耗了许多石灰和凝聚剂，增加了水的含盐量。凝聚剂的加入点应当放在石灰乳与被处理水中的盐类充分反应之后。

为了使沉渣可以回用再循环，不希望它含有超量的杂质，尤其是 Mg^{2+}。当被处理水与石灰接触后搅拌 20min 后，稍静置，分别测沉渣、悬浮物（可被滤纸截留的未沉淀物）和溶液，其结果见表 10-16。

表 10-16　　　　　　　低剂量石灰水处理沉渣分析[45]

生水水质		加石灰量	测定对象	硬度(mmol/L)	Ca^{2+}(mmol/L)	Mg^{2+}(mmol/L)	pH
HCO_3^-	7.14mmol/L	100mL 水中加入	溶液	0.41	0.144	0.266	
CO_2	0.42mmol/L	0.0412g $Ca(OH)_2$	悬浮物	0.964	0.902	0.062	
硬度	6.73mmol/L	相当于 1.11mmol	沉渣	0.516	0.498	0.021	9.9
Ca^{2+}	3.30mmol/L		总量	1.89	1.544	0.349	
Mg^{2+}	3.43mmol/L						

从表 10-17 中可概略计算出：
(1) 沉渣中 Mg^{2+} 占总量的 6%。
(2) 沉渣中 Mg^{2+} 占沉渣量（0.902 计入沉渣）的 1.48%。

经核算沉渣中含镁比例见表 10-17。

表 10-17　　　　　　　核算 $CaCO_3$ 沉淀物中镁含量[45]

原水碱度（mmol/L）	不足量加石灰时	等当量加石灰时
2.13	2.37%	1.7%
4.22	1.83%	1.47%
7.0	1.92%	1.32%

镁含量在 1.5%～2% 范围内，南定电厂涡流反应器实际回收的 $CaCO_3$ 中 Mg^{2+} 含量约占 0.65%，二者相比小时数据偏大。

三、工业规模实验

可回收沉渣的石灰水处理在我国 20 世纪 80 年代在山东 SH 电厂，即已进行了半工业实验，通过了技术鉴定，于 ZX 电厂建成工业规模装置，进行了调整试验。在大型涡流反应器、回收 $CaCO_3$ 煅烧等一些关键技术的设计和调试等方面都取得了成功的经验，只是因配套设备和管理等原因被搁置，见照片 10-11～照片 10-14。

照片 10-11　建于 ZX 电厂的大型涡流反应器外观

照片 10-12　建于 ZX 电厂的石灰沉渣回收装置外景

照片 10-13　建于 ZX 电厂回收的 $CaCO_3$ 煅烧炉

照片 10-14　建于 ZX 电厂涡流反应器底部和取出的球形 $CaCO_3$ 颗粒

第四节　石灰水处理工业应用的设备成套

鉴于石灰水处理技术的特殊性和技术的实施要靠系列专用设备才可得到保障，故此必须强调设备的成套性。

一、技术的一致性

技术的一致性和完备性是保证综合效果和成套的核心。

现代技术许多都是系统工程，任何环节都不能断链，必须相互衔接，自成体系，像高铁的路轨、机车、客车、运转、服务、管理，都要随提速创新变革，不可简单延续习惯，这是一般通理。石灰水处理亦如是，也不仅是好或不好的问题，而是一个环节不好或缺陷就会使整个环节断链，造成其他环节损害。譬如消化或制乳不良，可能使澄清池严重结垢，造成堵塞或破坏；再如消化或制乳表面严重钝化时，澄清池内反应将迟缓或向后推移，造成池体结垢或出水质量差甚至滤池结块。如澄清水稳定性低时，滤料或滤嘴很容易结垢、堵塞，把过滤器内结成一个几吨重的大坨子，这在过去并不鲜见，泥渣系统堵塞可使澄清池停运。所以石灰水处理系统的设计必需按照一个思路、一个标准，必需兼顾到每一个细节、每一个过程。

被处理水的流程无论经历多长和流经多少环节，它自身的反应始终是一致的、连续的和有规律的，它所经历的设备和环节都是人为分割的阶段，人为给予它的环境（这是强制的）条件是否符合它自身反应的规律，就会体现在效果上。例如，加药的次序、给予的间隔时间、反应的条件（温度、pH 等）等都要符合它本身的规律，才可以取得最佳的效果。这些人为给予它的环境条件就是流程、作用（如搅拌或静止）及技术参数（时间、速度）等。对于客观规律性的认识完全体现在整体工艺设计中，所以它也必须是一致的、完整的。这些对规律性的认识主要来源于实践（尤其是教训），再提升到理论，我们经历几十年的经验积累，对石灰反应有了较深刻的体验，特别是尝尽了错误的教训，故此在试验研究的基础上尽力做了较深入的理论思考，所以才可以获得一套较完整的实用技术（主要包括四大件——澄清池、滤池、石灰制备及污泥处理设备，三附件——加药、控制与系统方式）体系，它们在技术上是统一的，是不可随意改动的（在没有充分理解认识和验证时），虽然还要随社会进步而进步。

二、设备的专用性

石灰水处理主系统所用的设备都应当是专用的，主要指四大件——澄清池、滤池、石灰制备及污泥处理设备，具体是四个系列。

（1）石灰水处理澄清池与单纯凝聚澄清池的主要区别如下：

1）石灰水处理有化学反应过程，可以降低碱度、硬度、硅、铁锰等重金属及无机胶体物，单纯凝聚澄清主要除悬浮物。

2）中水石灰深度处理时必需形成良好的吸附作用，这可较稳定地吸附残余有机物，凝聚澄清除有机物时很少吸附介质，沉降分离也比较困难，耐冲击性差。

3）中水石灰水处理时要适应中水水质波动性大的情况，当进水水质差（即生化反应不好）时，自动调节工况与之相适应，提高去除率。零排放时还要去除 SiO_2、永硬、COD、苯萘酚硼、反洗再生排出物等。

4）必需全程刮泥，自动定期排泥，保持泥渣的活性和积泥浓度在合适范围。

5）当石灰水处理后续有膜脱盐时要能有措施实现最低药物残余和低反应产物，以减少对膜的污堵率。

6）在遵循以上具体技术要求下，石灰水处理澄清池应当按照石灰反应的特性规律设计各阶段参数和结构，不可用其他类型的澄清池盲目套用或简单随意修改套用。

每个地区或不同条件下使用的石灰水处理澄清池还要根据水质情况（即生化处理结果）——冬夏季节、负荷波动、清洗前后及培植期等变化；石灰原料质量；高含盐水的腐蚀性；系统用水要求等修正典型设计，以更合理适应具体工程技术条件。

（2）由于石灰水处理的过滤除去残留颗粒物的性质与常用过滤除去颗粒物的性质有很大不同，所以必须用深层过滤技术，不能用上层过滤或轻质双滤料过滤（仍然是表面过滤且洗不干净，情况还不如上层过滤）；必需能够实施大强度反洗和空气擦洗，保证平均周期 100％恢复；滤池要满足高流速、低阻力、大截污能力、长周期等技术条件；滤池间水量分配均匀，避免多台同时失效；周期终点控制简单可靠；占地面积小；按滤池进水总颗粒物含量大于（等于）澄清池出水颗粒物最高含量计算以上各参数。在计算中使用澄清池依据工程石灰和进水情况的计算结果，使澄清池与滤池相关联的技术特征一致。

（3）石灰制备和系统的技术特点如下：

　　石灰乳液制备的专用特性是指不可以和其他水处理药剂制备相同的思路和类似的方法对待，必须依据石灰自身特性专门设计，而且要按照不同使用条件（如循环水处理、锅炉水处理、污水处理、回收水处理等）、不同情况的差异设计。它的基本特点如下：

　　1）全自动：粉液的工作和管路设备的工作以及停备用时的清洁、全部运行留出和监督都在自动控制程序下完成，实现无人值守工况。

　　2）全密闭：自粉料卸出开始，至乳液送出全部设备管道处于一个封闭系统中，呼吸口亦需防止灰尘外泄措施。

　　3）无沉积：乳液无论在设备内或在管道内经常性处于悬浮状态。

　　4）无堵塞：系统设计消除了死区、死点，从根本上免除了堵塞源。

　　5）无阻塞：不人为设置隔离、阻断、截滤等容易产生停滞、涡流的区域。

　　6）无泄漏：关键泄漏点都采取可靠措施予以防止和导引，保证了周围的良好环境。

　　7）无排放：系统由始至终除检修排水外无一排放点，改变逐点截留的习惯，从根本上杜绝乳液外溢的机会。

　　8）低磨损：合理设计流态让粉和乳液过流部分除自然磨损外，极大降低严重磨损。

　　9）一级计量：整个系统中只有一次计量，以最简单的系统满足最基本的计量。

　　（4）石灰水处理系统所排污泥包括澄清池底部排泥和滤池反洗排泥，这些污泥的性质与单纯凝聚除浊处理排泥的性质有很大差异，不能用市政污水处理典型的计算方法、技术参数和系统设备盲目套用。

　　石灰水处理系统的排泥要按照整个工艺过程统筹安排，以排点少、排量少、浓度适宜为好，渣重度较除浊泥渣大，易于沉积。"调节池"设计要满足冲击负荷和连续排入的可能，输出浆液浓度适宜，池内排渣浓度可以控制到需要浓度，不要忽浓忽淡，余水可以回收。脱水机要适应污水浓度变化较大的工况，尤其是在浓度较大情况下能保持正常运行。

　　石灰水处理污泥排放系统管道要有防堵塞、防沉积措施。

三、主体设备的互相依赖性

（一）石灰水处理成套技术中各个设备之间的主要关联点

　　（1）必需长期安全运行，连续送乳，自动计量。

　　（2）整个系统按照补水负荷需要及时供应用水，这是工业给水必须达到的基本要求。

　　（3）随澄清池工作需要自动控制，控制方式简单可靠。

　　（4）满足澄清池内石灰彻底完成溶解过程和 $CaCO_3$ 生成反应对石灰乳液的技术条件。

　　（5）石灰乳液是过饱和状态，但溶解部分须达到饱和，未溶解部分须是悬浮乳液。

　　（6）未过饱和乳液的颗粒表面保持良好的活性和最大的表面积。

　　（7）清水进入滤池前不得超过允许的最大值和延续时间，水质安定性达到在滤料上不产生硬垢。

　　（8）各部位所排泥渣尽可能错时排放、控制浓度，避免黏度过大和有结垢性。

　　（9）泥渣调节池排渣浓度可调，满足脱水机进口参数，助凝剂反应完全，调配适当。

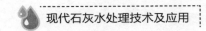

（二）石灰水处理澄清池在成套技术中的主要关联点

澄清池是全部石灰水处理的核心设备，以除硬为主目的时降低碱度的反应在此全部完成，以除有机物和稳定水质为主目的的中水处理时全部物化反应也都是在此完成，兼除其他重金属和盐类也同时在此完成。

澄清池的优劣重要表现在出水质量，出水质量好坏主要取决于石灰反应，它除依赖池体结构和技术参数合理外，药剂（重在石灰乳液）、排污、控制等条件的协调和符合主体需要是不可或缺的。出水质量的主要指标是浊度、安定度、去除率、稳定性等。

清水的质量决定滤池能否正常运行，滤池运行效果体现在石灰澄清的最终净化程度，使其达到使用标准。

澄清池的排泥周期要根据澄清池内运行积渣情况调整，排渣不影响工况，排渣与积渣平衡。

（三）过滤是成套技术中的关联点

过滤是水澄清的辅助过程，残存在清水中的颗粒物最后在此被截留，故可称是浊水的最后净化。

尤其当澄清池异常状态时（常常是不可避免的）滤池起把关作用。

滤池截留物都是石灰水处理残留物，其中还有一些活性物质，截留下来返回去仍可以起积极作用。如果用它再进行一次接触絮凝处理，有可能降低微量有机物的降低。

过滤池内不得有活性有机物积存、繁殖和孳生，以防止有机物在滤池内增殖。

（四）排泥不仅是排污，还是调节体内的过程

澄清池和滤池的排污是维持体内良性循环的必需步序，也是周期调节的重要环节，还是维系系统健康的措施。

排污处理是衡量现代石灰水处理工艺能否满足高环境标准的主要指标。

排污设计也体现系统节水指标的要素。

排泥系统是体现实现石灰系统零污染的关键点。

（五）为后续精密处理留下可续水质，接受并分离再生水

在节水减排系统中为高度浓缩需要而深度精密处理，它与石灰水处理相衔接，互相照顾和分工，接受精密处理的反洗或再生水，将改变了性态的废弃物分离并沉淀。

四、怎样取得良好的成套

（一）技术成套

成套不是拼凑，成套需要技术的完整性和一致性，成套体现对石灰水处理的总体认识水平和设计能力。

成套也不是简单地叠加，应当是优化组合和优化系统控制及优化系统管理，适用就是

最佳，配件既不是粗劣低价的，也不是以进口的和最贵的才是最好的。

（二）质量成套

各个设备和配件需要同一质量效果，不仅强度、耐久性和外观，更重视功能质量，主体设备是专门设计工厂化制造，所有配件（如阀门、水泵、仪表等）的选择都要符合"岗位"之需，恰到好处。

（三）装备成套

包含主体设备的配套装备，如机械装置、除尘系统、输送系统等，更包含其他药剂系统和控制系统，都应专门配置。例如，助凝剂配制现市售都不尽优良，有的虽然表面花样翻新，但是溶解和投加效果并不能满足需要。控制系统设计应满足时间可调和程序可调，菜单功能齐全，做到就地、远操和程序结合。仪表设置以实用常规仪表为主，没有必要用花费大、维护繁、只显示无后续连动的在线分析仪表。

（四）关键是责任成套

这是在现行市场机制下十分困难做到的一点。购方、决策方、工程设计方、审查方、施工方、监理方等都有权指点但难究其责。往往招标书仅是典型格式，少见各负其责，实施中不易公平检查，专业性越强，高低优劣越难辨识，这是优劣不齐、好坏不分、权责不明、容易浑水摸鱼的最大漏洞和根本原因。

例如，层层外包是常见现象，豆腐渣工程虽然人人喊打，但仍随处可见。低价的危害虽尽人皆知，但照行不误。至于其他社会种种非技术性干扰因素都是阻碍进步的要素。综合深究，责任是关键所在。

总承包在石灰水处理或中水回用深度处理中已有多厂施行，但责任不能到底，责任经不住考察，妨碍优秀技术和优良设备不得发挥效能。长期运行考验和综合效果考验是检验技术水平和质量优劣的试金石，可否实行后期评价办法，予各级责任者以声誉舆论。

使用者、设计与监审者、承建者责任的一致性是保证最终成效的关键，几方是获得良好效果的对立统一体。零星选购打包承建不是技术成套，也不可能实现成套技术责任，也不会得到良好的技术效果。

第五节　如何优选石灰水处理成套设备

虽然工程项目的运作都是通过招标形式，但是鉴于石灰水处理多年来已较生疏，对它的特性深入了解者不多，现在应用技术研发逐步向生产制造者转移，招投标能否真的选优，在现实社会环境下很难实现。选优是大家的愿望，而石灰水处理建设如果基础不好，即为永久性、长期性，不像膜、树脂等几年后可以更换，应当格外慎重。一分钱一分货虽是经验之谈，但商家不会赔钱赚吆喝，至于欺诈哄骗在高技术领域亦不鲜见。这里列举的内容止于建议，希望对用者有所帮助。

一、各负其责

技术方案：技术方案的制定者或决策者对技术方案的总体正确性和效果负责，实施者对所提供的设备和材料的质量负责。

设备：专用设备的提供者对所承诺的性能和效果负责，常规设备的选型者对适用性负责，制造者对质量负责。

系统：系统的设计者或图纸的提供者对其选择和作用负责。

责任关系：对承诺的负责，承诺与责任挂钩，责任与价格挂钩。指定使用的设备，由指定者对该设备的作用和相关影响负责，设备生产者对设备质量负责。对效果的负责，责任与效果挂钩，效果与处罚挂钩。责任含经济责任和法律责任，加重责任让那些投机者望而却步。

承诺：明确承诺责任，承诺与承包范围一致，鼓励超标书范围承诺，总体承包必须包含最终效果承诺，承诺必须有可考核指标和业绩。

措施：每一项承诺指标都有明确的技术措施，为防止抄袭，具体措施都应有具体说明，更不得有侵权。

深度：承建者要对设备性能和原理有更深的理解和论述，成套设备要对相关联部分进行技术陈述，要举出自己设备的特点和与别家差异，要点一一澄清。

创新：投标者不止于回答，明示创新点（含专利），保证技术指标实施的创新点给予加分。投标一方的自制方案不应统一修正、拉平，更不能介绍给他人抄袭。

评价技术：提高评价地位，改进评选质量，加强评者责任，公示评者意见。

评价经济：给予创新点和承诺责任重者提高价格计算基点，认真做好调试和运行效果的效果评价，让质保金起作用。

技术保密：明示招投标的保密责任，特色技术、创新技术可以口述。

二、成套技术质量评价

针对以下项目有明确技术论述：

技术统一性：全部工艺设备都是为石灰水处理的专用设计，技术性能一致相互衔接，衔接两边分别达到交叉技术指标。

技术先进性：必须是具有自己技术的产品，有创新点或专利，不得套（抄）用别人设计或技术，套（抄）部分应予明示。

配套完整性：完成整个技术过程和达到环境指标，无遗漏技术环节、设备、系统程序。

效果保证：对整体效果含水质指标、运转连续性和安全性、经济效果、实施自动化程度、环境污染等的初始承诺与运行结果一致。

非供货但相关部分的技术衔接处资料正确，配合无遗漏。

三、澄清池技术质量评价

针对以下项目有明确技术论述：

出水质量：在线检测指标（pH、悬浮物），定时检测指标（安定性、COD、硬度等）

符合承诺值，清水区壁挂垢率等于 0 或小于 0.5mm/a。

容积效率：配水设备需可调（孔水平差不大于 ±2mm），达到承诺值（≥95%）。

有效反应时间：石灰水处理～3h。

额定负荷与最大负荷：额定负荷 SS≤5mg/L，超负荷（20%）SS≤10mg/L。

排渣浓度：5%～8%，系统无沉积、无结垢、无堵塞。

搅拌刮泥：连续运转电流稳定，易损件可以不移动轴维护更换。

四、滤池技术质量评价

针对以下项目有明确技术论述：

流速出力：额定流速和出力不低于承诺值，工作流速（建议）$v=10m/h$ 和最大出力～120%（正常）。

水流阻力：低于静位差下额定周期和最大出力。

截污能力：不低于额定负荷额定周期（24h）和最坏进水水质下的悬浮颗粒总量。

进出口水质：进水水质不低于澄清池最坏出水水质下，出水水质不低于承诺值，SS＜1mg/L。

清洗效果与参数：周期平均 100% 恢复，无规律性缩短现象，水气洗设备规格满足最大强度。

池间配水：池间水量自动分配，两台或多台设备同时失效的偶然性低于 1 次/周。

五、石灰制备装置评价

针对以下项目有明确技术论述：

完全溶解：固液间呈完全的自由分散状，无任何漂浮粉团或颗粒。

自动计量：按照澄清池信号自动调整药量，无间断地配制。

全面防堵：在任何工况下在系统的任何部位不产生沉积和堵塞。

全无污染：除检修外零外泄点，包含固态、液态和气态。

低磨损率：不用易磨型式设备，易磨处有可靠抗磨措施，保证常年连续运行。

系统自动：无人值守。

六、污泥设备评价

针对以下项目有明确技术论述：

符合特点：依照石灰水处理沉渣设计，承受澄清池排泥规律，适应脱水机工况。

系统畅通：无论间断或连续排泥，任何部位均不出现泥渣沉积和堵塞。

保持浓度：积泥、汇集和浓缩设备都可保持需要浓度，技术参数与脱水机相适应。

最低排出：固态泥渣无害排出，多余水、分离水回收。

七、相关加药单元评价

针对以下项目有明确技术论述：

凝聚剂：按澄清池设计需要推荐剂型，按最大计量选择计量设备，自动计量。

助凝剂：保持全溶态，低于可靠浓度以下计量，没有淤塞，自动计量。

钠盐：可以干式或湿式储存，自动计量，避免生垢和沉积。

镁剂：干粉密封储存，避免潮解和结块，可靠防堵塞措施，自动计量。

杀菌剂：剂型与水质和系统合理配伍，恰当设计加入点。直供循环水或直连脱盐设备时，分别设计方案。

加酸：有安全稀释设备，恰当设计加入点，自动计量。

八、眼见为实

不怕不识货，就怕货比货，最好的选择办法是去看运行效果，首先要看好的，才知道什么是好，也应当看差的，也才知道会给你带来什么麻烦。选购石灰水处理技术和设备不是小事，不是在会上能够识别优劣的，更不是好坏都能用。不要走老路，回头路不通。

第十一章

石灰水处理技术的再发展

从 1953 年我国引进石灰水处理技术开始到现在已经 60 多年，成年了，除去中间断断续续停停打打的时间，也有 40 来年，也临青壮，可是如果从真的认识它、研究它、掌握它算起，青幼期而已。重新捡起石灰水处理技术到邯郸热电厂实践，是踏着前人的脚印、踩着前人的肩膀过来的，跨出了一步，取得的一些成效（如本书所归纳的），只不过让人们承认它、接受它、进入常态而已。最大的收获是揭开了面纱，见到了它的本来面目，知道它是一门科学技术，虽还不完全知道它的内在功夫。它是一个个性很强、脾气很拗、很能干活的"人"，顺之可获益，逆之必受害，得罪了它，会让你得难治疗且留有后遗症的慢性病。

就当前节水减排的现实需要，石灰水处理比过去更有用，污水回用处理中，它几乎成为必选技术。市场需要应当促进发展，竞争益于技术快速进步，这是业者引为庆幸的，而实际我们看到，发展的道路并不如所愿。市场乱象和任意而为，石灰水处理技术有历史走回头路的可能，如果这项技术再受一次沉重打击，会让人更失去信心，再挽回怕又要二十年的轮回周期，那时有经验的老人们就都不在了。最好的办法就是扶正它所走的道路，尽快促进它的进步，加强世人的识别能力，让抄袭滥为者跟不上步伐。

石灰水处理在我国现代有了一个较好的再起步，要得到更好的前途，必须深化对它的技术研究，全面探索它的应用规律，这是当前十分缺乏的。本书所引用的大量资料和数据几乎都是几十年前的成果，虽然它们的理论和结论今天仍然具有指导作用，但许多变化了的情况（如水质和检测技术、操作技术和应用目的等）已今非昔比。为方便后人，特将遇到、想到的待思考研究的一些问题示例于后，供同志者参阅。

一、工艺系统方面

（1）实用"水管理"技术：各类型企业典型水系统和参数、平衡计算，动态系统运行的控制方式和软件，主机工作的波动与事故分析及应对方案；系统节点污水处理和给水处理工艺与主要设备设计；工艺排水中的盐分性质与含量的规律性，有机物的性质与处理技术，其他污染源的预测与分析；"水管理"技术本身的经济性和对全厂经济性的影响，投资与长期运行经济性。

（2）"零排放"技术："零排放"的意义与价值、适应性与可实施性、经济与社会效果、技术内涵。

（3）"节水减排"或"零排放"：最后浓缩污水的处理技术研究。

（4）系统工况技术：后期最佳浓缩与水质极限参数、超极限控制技术、H-H 优化技术与辅助处理技术、系统安全监测。

（5）石灰水处理后残余有机物对膜过滤或热蒸发设备的危害性、残余有机物的精处理技术。

（6）小耗量石灰工艺系统。$CaCO_3$ 回收再利用成套技术与区域循环的关系。

（7）镁剂除硅技术：原水镁与外加镁的反应条件、与其他石灰水处理反应的互相影响、沉渣的性质。

（8）某些严重污染废水石灰水处理的可行性研究。

二、基础技术方面

（1）石灰水处理对有机物吸附反应和环境条件：过饱和石灰乳液在溶解过程和碳酸钙成长过程的活性表现和对周围颗粒物的作用和影响；不同水质和反应条件下 $CaCO_3$ 的聚合与结晶过程，水中其他盐类（镁、铁、硅等）和有机物、温度、pH 等的影响。

（2）废水石灰水处理活性泥渣基本性质研究：活性泥渣的理化性质，活性泥渣的形成与代谢，活性泥渣的活性期、生产与衰减，动态活性泥渣与静态活性泥渣的作用，静态活性泥渣层的形成条件和有效参数，水质变化或药剂（凝聚剂、助凝剂、镁剂、杀菌剂等）以及循环强度对泥渣作用的影响。

（3）石灰水处理排渣性质：石灰水处理排渣基本理化性质研究，排渣的结垢性、黏结性、脱水性、沉积性与流体特性，不同水质、不同药剂剂量、不同反应条件对泥渣的影响。

（4）深层过滤技术：实现理想状态深层过滤探索、变孔隙过滤技术理论和优化研究、深层过滤基本理论研究。

（5）不同工业企业生产工艺排水中 COD 在生化处理后残余含量物质特性研究、分子量的级差与特性、区分有机耗氧物与无机耗氧物简易测定方法、无机耗氧物物质和量级。

（6）NaOH 和 $Ca(OH)_2$ 的原理相同而效果不同，实际应用基本都采用 $Ca(OH)_2$，二者在反应过程、反应条件、泥渣性质、沉淀分离、技术参数等方面存在差异。

（7）精密过滤后膜设备污染物监测指标与技术、SDI 值的局限或改进。

（8）脱硫废水浓缩水对环境的影响，极限指标，其固化物对环境的影响，技术指标。

三、专用设备方面

（1）助凝剂大剂量与零剂量呈静态泥渣层的低温水澄清池的结构与参数优化。

（2）变孔隙滤池按实用有效滤层与最小滤层的试验研究，滤砂配比优选和优化。

（3）覆盖物或次生膜过滤技术，对去除残余胶体级物质的研究。

（4）不同规格石灰水处理澄清池，和不同泥渣量相配套的泥渣储存与浓缩（调节）系列设备。

（5）石灰水处理泥渣连续运行的专用脱水设备。

（6）脱硫废水残液固体化工艺、水质指标、设备与产物处理，包括烟道喷洒、高效天然蒸发及其他工艺技术设备。

（7）澄清设备和其他设备缓解较大温度波动影响的工艺设备。

（8）适用废水浓缩的膜过滤技术、相应的反渗透技术、正渗透技术等。

附　录

附录一　　　　　　　　　　**电解质在 25℃ 时的溶解度常数**[2]

物质	离子积	溶解度常数 K_s	主要意义
$Al(OH)_3$	$(Al^{3+})(OH^-)^3$	1.9×10^{-33}	混凝
$AlO(OH)$ 或 $HAlO_2$	$(AlO^{2-})(H^-)$	4×10^{-13}	混凝
$Fe(OH)_2$	$(Fe^{2+})(OH^-)^2$	1065×10^{-15}	除铁和混凝
$Fe(OH)_3$	$(Fe^{2+})(OH^-)^3$	4×10^{-38}	混凝和腐蚀
$FeCO_3$	$(Fe^{2+})(CO_3^{2-})$	2.11×10^{-11}	除铁
FeS	$(Fe^{2+})(S^{2-})$	1.0×10^{-19}	铁沉淀硫化物，腐蚀
$Cu(OH)_2$	$(Cu^{2+})(OH^-)^2$	5.6×10^{-20}	腐蚀
$Pb(OH)_2$	$(Pb^{2+})(OH^-)^2$	2.8×10^{-16}	腐蚀
$PbCO_3$	$(Pb^{2+})(CO_3^{2-})$	1.5×10^{-13}	腐蚀
PbS	$(Pb^{2+})(S^{2-})$	1.0×10^{-29}	分析方法
$Mn(OH)_2$	$(Mn^{2+})(OH^-)^2$	7.1×10^{-15}	除锰
$MnCO_3$	$(Mn^{2+})(CO_3^{2-})$	8.8×10^{-11}	除锰
$Zn(OH)_2$	$(Zn^{2+})(OH^-)^2$	4.5×10^{-17}	腐蚀
$Ca(OH)_2$	$(Ca^{2+})(OH^-)^2$	7.9×10^{-8}	软化
$CaCO_3$	$(Ca^{2+})(CO_3^{2-})$	4.82×10^{-9}	软化和控制腐蚀
$CaSO_4 \cdot 2H_2O$	$(Ca^{2+})(SO_4^{2-})$	2.4×10^{-5}	软化和形成锅垢
$Mg(OH)_2$	$(Mg^{2+})(OH^-)^2$	5.5×10^{-12}	软化
$MgCO_3 \cdot 3H_2O$	$(Mg^{2+})(CO_3^{2-})$	1×10^{-5}	软化
CaF_2	$(Ca^{2+})(F^-)^2$	3.9×10^{-11}	氟化和除氟
MgF_2	$(Mg^{2+})(F^-)^2$	6.4×10^{-9}	氟化和除氟
$AgCl$	$(Ag^+)(Cl^-)$	1.7×10^{-10}	分析方法

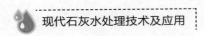

18～25℃时的溶度积[14]

物质（电解质）	溶度积 K_{sp}	$-\lg K_{sp}$
$Al(OH)_3$	10^{-32}	32
$BaCO_3$	5×10^{-9}	8.3
$BaC_2O_3 \cdot 2H_2O$	1.1×10^{-7}	6.96
$BaCrO_4$	1.6×10^{-10}	9.8
BaF_2	1.7×10^{-6}	5.77
$Ba(IO_3)_2 \cdot H_2O$	6.5×10^{-10}	9.19
$BaSO_4$	1.1×10^{-10}	9.97
$CaCO_3$	5×10^{-9}	8.3
$CaC_2O_4 \cdot H_2O$	2×10^{-9}	8.7
$CaCrO_4$	7×10^{-4}	3.2
CaF_2	4×10^{-11}	10.4
$Ca(IO_3)_2 \cdot 6H_2O$	7×10^{-7}	6.2
$Ca(OH)_2$	5.5×10^{-6}	5.26
$Ca_3(PO_4)_2$	10^{-29}	29
$CaSO_4 \cdot 2H_2O$	10^{-5}	5
$Cr(OH)_3$	6.7×10^{-31}	30.18
$FeCO_3$	2.5×10^{-11}	10.6
FeC_2O_4	2×10^{-7}	6.7
$Fe(OH)_2$	1×10^{-15}	15.0
$Fe(OH)_3$	3.8×10^{-38}	37.42
$FePO_4$	1.3×10^{-22}	21.89
FeS	5×10^{-18}	17.3
Hg_2Br_2	5.2×10^{-23}	22.28
Hg_2CO_3	9×10^{-17}	16.05
HgC_2O_4	2×10^{-13}	12.7
Hg_2Cl_2	1.3×10^{-18}	17.88
$HgCrO_4$	2×10^{-9}	8.7
Hg_2I_2	4.5×10^{-20}	28.35
HgO	3×10^{-26}	25.5
Hg_2O	10^{-23}	23
HgS（黑色）	1.6×10^{-52}	51.8
HgS（红色）	4×10^{-53}	52.4
Hg_2S	1×10^{-47}	47
Hg_2SO_4	6×10^{-7}	6.2
$K[B(C_6H_5)_4]$	2.25×10^{-8}	7.65
$KClO_4$	1×10^{-2}	2

续表

物质（电解质）	溶度积 K_{sp}	$-\lg K_{sp}$
$K_3[Co(NO_2)_6]$	4.3×10^{-10}	9.37
KIO_4	8.3×10^{-4}	3.08
$K_2(PtCl_6)$	1.1×10^{-5}	4.96
$MgCO_3$	2×10^{-5}	4.7
MgC_2O_4	8.6×10^{-5}	4.07
MgF_2	7×10^{-9}	8.2
$MgNH_4PO_4$	2.5×10^{-13}	12.60
$Mg(OH)_2$	$(2 \sim 0.6) \times 10^{-11}$	$9.2 \sim 10.7$
$MnCO_3$	10^{-11}	11
$Mn(OH)_2$	2×10^{-13}	12.7
MnS（粉红色）	2.5×10^{-10}	9.60
$PbBr_2$	9.1×10^{-6}	5.04
$PbCO_3$	7.5×10^{-14}	13.12
PbC_2O_4	3.5×10^{-11}	10.46
$PbCl_2$	2×10^{-5}	4.7
$PbCrO_4$	1.8×10^{-14}	13.75
PbF_2	3.2×10^{-8}	7.5
PbI_2	8×10^{-9}	8.1
$Pb(IO_3)_2$	1.4×10^{-13}	12.85
$Pb(PO_4)_2$	8×10^{-43}	42.1
PbS	10^{-27}	27
$PbSO_4$	1.6×10^{-8}	7.8
$SrCO_3$	1.1×10^{-10}	9.96
$SrC_2O_4 \cdot H_2O$	5.6×10^{-8}	7.25
$SrCrO_4$	3.6×10^{-5}	4.44
SrF_2	2.8×10^{-9}	8.55
$Sr(OH)_2$	3.2×10^{-4}	3.49
$SrSO_4$	3.2×10^{-7}	6.49
$ZnCO_3$	1.5×10^{-11}	10.82
$ZnC_2O_4 \cdot 2H_2O$	1.5×10^{-9}	8.82
$Zn(OH)_2$	10^{-17}	17
$ZnS(\alpha)$（闪锌矿）	1.6×10^{-22}	23.80
$ZnS(\beta)$（纤锌矿）	2.5×10^{-22}	21.60

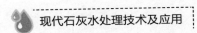现代石灰水处理技术及应用

附录三   一些难溶于水的氢氧化物的溶度积浓度[67]

物质	温度（℃）	溶度积浓度（mol/L）
$Ca(OH)_2$	18	$5.47×10^{-6}$
$Mg(OH)_2$	25	$5.5×10^{-12}$
$Cg(OH)_2$	18	$1.2×10^{-14}$
$Ni(OH)_2$	25	$1.6×10^{-14}$
$Mn(OH)_2$	18	$4×10^{-14}$
$Fe(OH)_2$	18	$4.8×10^{-16}$
$Zn(OH)_2$	25	$1×10^{-17}$
$Be(OH)_2$	25	$2.7×10^{-19}$
$Cu(OH)_2$	25	$5.6×10^{-20}$
$Cr(OH)_2$	18	$2.0×10^{-20}$
$Sn(OH)_2$	25	$5×10^{-26}$
$Bi(OH)_3$	18	$4.3×10^{-31}$
$Cr(OH)_3$	25	$6.7×10^{-31}$
$Fe(OH)_3$	18	$3.8×10^{-38}$
$Sb(OH)_3$		$4×10^{-42}$
$Te(OH)_3$	25	$1.4×10^{-53}$
$Sn(OH)_4$	25	$1×10^{-56}$

附录四　　　　　　　　　一些难溶于水的钙盐的溶度积浓度[67]

物质	温度（℃）	溶度积浓度（mol/L）
$CaCrO_4$	18	2.3×10^{-2}
$CaSO_4$	10	6.1×10^{-5}
$CaHPO_4$	25	5×10^{-5}
$Ca(OH)_2$	18	5.47×10^{-6}
$CaC_4H_6O_6 \cdot 2H_2O$	25	7.7×10^{-7}
$Ca(COO)_2H_2O$	18	1.78×10^{-9}
$CaCO_3$	25	4.8×10^{-9}
CaF_2	18	3.4×10^{-11}
$Ca_3(PO_4)_2$	25	1×10^{-25}

附录五　　　　　　　　　　活性炭吸附平均去除率[10]　　　　　　　　　%

数据来源

成分	※	①	②	①	②	①	②	①	②	①	①	①	①	③	④	⑤	平均
BOD	85	69	72	48	58	29	42	73	63	36	34	56	56	+	—		53
COD	90	60	39	49	47	29	43	61	52	31	42	52	59	41	60	39	47
TSS	90	88	83	98	98	47	44	84	71	+	+	44	51	60			64
NH$_3$-N		50	32	15	—										87	12	39
NO$_3$-N		5	×	—	—	—	—										5
磷		61	85	—										+			88
碱度		+	28	+	+	+	+	+	+					+			+
油脂		40	44	32	65	38	×	48	60								47
砷		30	0	0	0	0	0	×	0						0		0
钡				0	0	0	0	0	0						×		×
镉	66	23	0	0	66	16	30	46	67						×		0
铬	97	55	76	41	58	+	20	61	48						33		48
铜		×	42	+	58	+	20	61	48						63		49
氟化物		×	×	23	20	21		0	×								13
铁		88	73	88	89	+	×	56	48						68		73
铅		62	35	30	33	0	10	55	39						20		32
锰		44	26	+	25	+	×	33	×						+		32
汞															0		0
硒	37	0	0	0	0	0	0	0							0		
银	97	40	31	×	59	0		41	46						0		27
锌		74	57	74	44	×	×	62	83						66		66
颜色	90	100	88	76	74	56	20	75	79					65			70
起泡剂		0	×	91	73	75	66	76	69								64
浑浊度		92	87	57	83	81	67	70	63	+	+	58		×			73
TOC		83	88	62	69	44	51	88	72	×	54	53	58	51		58	64

注　1. 处理的废水水源：①生活、商业和工业废水；②生活和工业废水；③生活和商业废水；④二级处理出水；⑤生活废水。

2. 处理技术：1—由活性污泥后的明矾凝聚，过滤和活性炭吸附的综合除率；2—由铁混凝后的过滤和活性炭吸附的综合去除率；3—由分别以铁与石灰混凝后的综合去除率；4—明矾混凝后的过滤和活性炭吸附的综合去除率；5—两级碳吸附；6—过滤后串联的两级升流式碳柱；7—化学混凝后串联的两级升流式碳柱；8—过滤后串联的两级降流的碳柱；9—氨吹脱在碳酸化和过滤后接碳吸附的综合去除率；10—在化学混凝和生物硝化与反硝化之后。

3. 符号：※—发表文献中的典型去除率；×—数据不确定；——数据不足；+—增加；0—无明显去除。

附录六　　　　　　　**活性污泥出水经石灰水处理平均性能[10]**

系统流程：

废水 → 预处理 → 初沉池 → 曝气池 → 二沉池 → 混合 → 絮凝池 → 澄清池 → 再碳酸化澄清池 → 均衡池 → 泵 →

（石灰）（CO₂）（酸）（聚合物）

滤池 → 接触 → 出水

（氯）（SO₂）

成分	平均去除率（%）	平均可靠性（%）			平均出水浓度（mg/L）
		10	50	90	
BOD	98	100	99	86	4
COD	95	99	94	80	21
TSS	97	100	98	81	6
NH₃-N	76	92	74	42	4.8
磷	97	100	98	88	0.28
油脂	94	100	95	69	4
砷	61	98	63	○	0.003
钡	79	95	79	52	0.049
镉	98	100	98	87	0.002
铬	100	100	96	81	○
铜	97	100	98	86	0.004
氟化物	×	×	×	×	×
铁	98	100	99	91	0.045
铅	98	100	98	77	0.003
锰	97	100	98	85	0.003
汞	23	31	18	○	0.086
硒	7	26	12	○	0.006
银	76	100	99	80	0.005
锌	88	100	86	38	0.050
TOC	100	100	94	70	0
浑浊度	98	100	99	90	2（TU）
颜色	75	97	74	36	17（P-C）
起泡剂	79	—	68	—	0.454

注　1. ×—数据不确定；——数据不足；+—增加；0—无明显去除。

2. 表中平均可靠性指在达到去除率（如100%）的可靠性为10%，去除率99%的可靠性为50%。

附录七　　　　　　　　硝化出水经石灰水处理平均性能[10]

系统流程：

废水 → 预处理 → 初沉池 → 氧化曝气池 → 二沉池 → 硝化曝气池 →（石灰）沉淀池 → 混合 →（酸）絮凝池 →（CO₂）澄清池 →

（酸）再碳化池 →（聚合物）均衡池 → 泵 →（氯）过滤 →（SO₂）接触池 → 出水

成分	平均去除率（%）	平均可靠性（%）			平均出水浓度（mg/L）
		10	50	90	
BOD	99	100	99	87	5
COD	98	100	98	87	8
TSS	99	100	99	84	2
NH_3-N	99	100	99	97	0.2
磷	99	100	99	89	0.09
油脂	94	100	95	69	4
砷	61	98	63	○	0.003
钡	79	89	79	51	0.049
镉	98	100	98	87	0.0002
铬	96	100	96	81	0.003
铜	98	100	98	86	0.002
氟化物	×	×	×	×	×
铁	98	100	89	91	0.045
铅	98	100	98	77	0.003
锰	97	100	98	85	0.004
汞	23	31	18	○	0.086
硒	7	26	12	○	0.006
银	76	100	99	80	0.005
锌	88	100	86	38	0.050
TOC	99	100	94	70	1
浑浊度	100	100	99	90	0（TU）
颜色	75	97	74	36	17（P-C）
起泡剂	79	—	68	—	0.47

注　同附录六。

附录八　　　　活性污泥＋石灰水处理＋选择性离子交换平均性能[10]

系统流程：

废水→预处理→初沉池→曝气池→二沉池→（石灰）混合→絮凝池→澄清池→（CO₂）再碳化池→（酸）（聚合物）均衡池→泵→过滤→

（氯）（SO₂）离子交换→接触池→出水

成分	平均去除率（%）	平均可靠性（%）			平均出水浓度（mg/L）
		10	50	90	
BOD	99	100	100	86	2
COD	96	100	95	80	17
TSS	99	100	99	88	2
NH₃-N	100	100	97	84	○
磷	97	100	98	88	0.4
油脂	94	100	95	69	4
砷	61	98	63	○	0.003
钡	79	95	79	52	0.049
镉	98	100	98	87	0.002
铬	100	100	96	81	○
铜	97	100	98	86	0.004
氟化物	×	×	×	×	×
铁	98	100	99	91	0.045
铅	98	100	98	77	0.003
锰	97	100	98	85	0.004
汞	23	31	18	○	0.086
硒	7	26	12	○	0.006
银	76	100	99	80	0.005
锌	88	100	86	38	0.050
TOC	100	100	94	70	0
浑浊度	98	100	99	90	2（TU）
颜色	75	97	24	36	17（P-C）
起泡剂	79	—	68	—	0.454

注　同附录六注。

附录九　　　　　　　　**二级出水过滤十活性炭吸附平均性能[10]**

系统流程：

废水 → 预处理 → 初沉池 → 曝气池 → 二沉池 → 均衡池 → 泵 → 过滤 →（氯）→ 活性炭 →（SO_2）→ 接触 → 出水

成分	平均去除率（%）	平均可靠性（%）			平均出水浓度（mg/L）
		10	50	90	
BOD	98	100	100	87	4
COD	94	100	94	71	25
TSS	100	100	100	92	○
NH_3-N	88	99	84	42	2.4
NO_3-N	58	99	52	5	8.4
磷	98	100	100	94	0.19
油脂	97	100	98	73	2
砷	62	76	61	○	0.004
钡	31	62	34	○	0.162
镉	71	96	70	20	0.002
铬	92	100	94	66	0.013
铜	94	99	94	80	0.007
氟化物	×	×	×	×	×
铁	96	100	97	66	0.090
铅	90	99	89	56	0.015
锰	63	94	79	11	0.043
汞	23	31	18	○	0.086
硒	7	26	12	○	0.006
银	93	99	95	50	0.006
锌	89	99	89	48	0.046
TOC	96	100	95	78	4
浑浊度	99	100	100	93	1（TU）
颜色	91	99	39	52	6（P-C）
起泡剂	92	—	84	—	0.17

注　同附录六注。

附录十　　　　二级生化处理＋石灰水处理＋活性炭平均性能[10]

系统流程：

废水 → 预处理 → 初沉池 → 曝气池 → 二沉池 → 混合（石灰） → 絮凝池 → 澄清池 → 再碳化池（O₂） → 均衡池（酸｜聚合物） → 泵 → 过滤 →

活性炭（氯｜SO₂） → 接触池 → 出水

成分	平均去除率（%）	平均可靠性（%）			平均出水浓度（mg/L）
		10	50	90	
BOD	99	100	100	89	2
COD	97	100	97	84	13
TSS	99	100	99	87	2
NH$_3$-N	85	97	81	48	3
磷	100	100	100	99	○
油脂	97	100	98	73	2
砷	61	93	63	○	0.003
钡	79	95	79	52	0.092
镉	98	100	98	87	0.00002
铬	100	100	98	84	○
铜	98	100	99	98	0.002
氟化物	×	×	×	×	×
铁	99	100	100	94	0.023
铅	99	100	98	78	0.001
锰	98	100	98	86	0.002
汞	23	31	18	○	0.028
硒	7	26	12	○	0.006
银	82	100	99	82	0.004
锌	98	100	95	58	0.008
TOC	100	100	98	83	0
浑浊度	99	100	100	95	1（TU）
颜色	93	100	94	96	5（P-C）
起泡剂	92	—	84	—	0.17

注　同附录六注。

附录十一　　　　　生化处理＋硝化处理＋石灰水处理＋活性炭平均性能[10]

系统流程：

废水→预处理→初沉池→氧化曝气池→二沉池→硝化曝气池→（石灰）沉淀池→混合→絮凝池→澄清池→（CO_2）

再碳化池→（酸）均衡池→泵→过滤→（聚合物）活性炭→（氯）（SO_2）接触池→出水

成分	平均去除率（%）	平均可靠性（%）			平均出水浓度（mg/L）
		10	50	90	
BOD	100	100	100	90	○
COD	99	100	99	90	4
TSS	100	100	100	89	○
NH_3-N	99	100	99	97	0.2
磷	100	100	100	99	○
油脂	97	100	98	73	2
砷	61	93	63	○	0.003
钡	79	95	79	51	0.092
镉	98	100	98	87	0.0002
铬	100	100	98	84	○
铜	98	100	98	86	0.002
氟化物	×	×	×	×	×
铁	99	100	100	94	0.023
铅	99	100	98	78	0.001
锰	98	100	98	86	0.002
汞	23	31	18	○	0.028
硒	7	26	12	○	0.006
银	82	100	99	80	0.004
锌	98	100	95	58	0.003
TOC	100	100	98	83	0
浑浊度	100	100	100	95	0（TU）
颜色	93	100	94	56	5（P-C）
起泡剂	92	—	84	—	0.17

注　同附录六注。

附录十二　生化处理＋选择性离子交换＋活性炭平均性能[10]

系统流程：

废水 → 预处理 → 初沉池 → 曝气池 → 二沉池 →（石灰）→ 混合 → 絮凝池 → 澄清池 →（CO₂）→ 再碳化池 →（酸｜聚合物）→ 均衡池 → 泵 → 过滤 →

（氯）→ 离子交换 →（SO₂）→ 接触池 → 出水

成分	平均去除率（%）	平均可靠性（%）			平均出水浓度（mg/L）
		10	50	90	
BOD	100	100	100	89	○
COD	98	100	97	84	8
TSS	100	100	100	92	○
NH₃-N	100	100	98	86	○
磷	100	100	100	99	○
油脂	97	100	98	73	2
砷	61	98	63	○	0.003
钡	79	95	79	52	0.049
镉	98	100	98	87	0.0002
铬	100	100	98	84	○
铜	98	100	98	89	0.002
氟化物	13	×	×	×	0.752
铁	99	100	100	94	0.023
铅	99	100	98	78	0.001
锰	98	100	98	68	0.002
汞	23	31	18	○	0.086
硒	7	26	12	○	0.006
银	82	100	99	80	0.022
锌	96	100	90	57	0.017
TOC	100	100	98	83	0
浑浊度	100	100	100	95	0 (TU)
颜色	93	100	94	56	5 (P-C)
起泡剂	92	—	84	—	0.173

注　同附录六注。

附录十三　　生化处理＋石灰水处理＋离子交换＋活性炭＋RO 平均性能[10]

系统流程：

废水 → 预处理 → 初沉池 → 曝气池 → 二沉池 →[石灰] 混合 → 絮凝池 → 澄清池 →[CO_2] 再碳化池 →[酸] 均衡池 → 泵 →[聚合物] 过滤 →

离子交换 →[氯] 接触池 → 活性炭 → 泵 → 反渗透 →[O_3] 接触池 →[氯] 接触池 → 出水

成分	平均去除率（%）	平均可靠性（%）			平均出水浓度（mg/L）
		10	50	90	
BOD	100	100	100	89	○
COD	100	100	100	97	○
TSS	100	100	99	87	○
NH_3-N	100	97	81	48	○
磷	100	100	100	99	2
油脂	97	100	98	73	2
砷	61	93	63	○	0.003
钡	79	95	79	52	0.092
镉	98	100	98	87	0.0002
铬	100	100	98	84	0
铜	98	100	99	98	0.002
氟化物	×	×	×	×	×
铁	99	100	100	94	0.023
铅	99	100	98	78	0.001
锰	98	100	98	68	0.002
汞	23	31	18	○	0.028
硒	7	26	12	○	0.006
银	82	100	99	80	0.004
锌	98	100	90	58	0.008
TOC	100	100	95	83	○
浑浊度	100	100	98	95	0（TU）
颜色	93	100	100	56	5（P-C）
起泡剂	92	—	84	—	0.173

注　同附录六注。

附录十四   **石灰物理化学处理平均性能[10]**

系统流程：

废水 → 预处理 → ┌石灰┐ 混合 → 絮凝池 → 初沉池 → 氨吹脱塔 → ┌CO_2┐ 再碳化池 → ┌酸┐ ┌氯┐ 接触池 → 泵 → ┌聚合物┐ 过滤 →

┌氯┐ SO_2 活性炭 → 接触池 → 出水

成分	平均去除率（%）	平均可靠性（%）			平均出水浓度（mg/L）
		10	50	90	
BOD	86	98	90	52	25
COD	77	95	78	52	60
TSS	94	100	93	76	12
NH_3-N	97	(100)	(94)	(85)	0.6
磷	99	100	100	98	0.09
油脂	68	99	67	12	20
砷	○	○	○	○	0
钡	22	57	16	3	0.18
镉	38	64	38	10	0.005
铬	75	97	77	28	0.042
铜	78	99	76	29	0.026
氟化物	57	62	55	32	0.372
铁	96	99	98	80	0.090
铅	63	94	50	4	0.055
锰	95	100	97	74	0.006
汞	○	○	○	○	0
硒	○	○	○	○	0
银	50	60	38	1	0.011
锌	95	100	96	72	0.021
TOC	83	96	81	55	17
浑浊度	92	99	94	62	9（TU）
颜色	84	99	89	31	11（P-C）
起泡剂	78	95	82	○	0.48

注   1. 同附录六注。

     2. 括号中的值是用氨吹脱估计的，如果用析点加氯，氨去除是完全的。

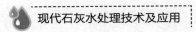
现代石灰水处理技术及应用

附录十五　　　　　　　　　　各种石灰乳的颗粒分布[65]　　　　　　　　　　%

粒度（μm）	所用石灰的煅烧温度（℃）				
	900	1000	1100	1230	1400
0.01～1	95	80	50	25	20
1～2	5	15	18	14	6
2～6	—	5	28	36	26
6～10	—	—	4	21	21
10～20	—	—	—	4	25
＞20	—	—	—	—	2

348

附录十六　　　　　　　　**熟石灰的化学成分和物理性能关系**[67]　　　　　　　　%

样品	CaO	MgO	SiO₂	Fe₂O₃	Al₂O₃	Mn₃O₄	SO₃	烧失量	CO₂	水分	溶解度 （%）	堆比重 （kg/L）	筛上物 ＞0.09mm	比表面 （m²/g）
1	72.76	1.15	0.56	0.37	0.25	0.04	0.11	24.76	0.75	0.80	91.47	0.460	0.58	17.3
2	73.53	1.16	0.45	0.32	0.21	0.03	0.10	24.20	0.31	0.33	93.19	0.440	0.15	19.2
3	72.97	0.62	0.89	0.38	0.22	0.03	0.10	24.79	1.72	0.52	89.20	0.390	1.40	16.6
4	73.56	0.71	1.01	0.34	0.20	0.02	0.12	24.04	0.43	0.66	92.08	0.400	1.63	16.9
5	71.39	0.52	1.92	0.56	0.59	0.03	0.14	24.85	1.60	1.00	87.08	0.520	0.98	15.1
6	73.62	0.43	0.61	0.29	0.19	0.02	0.08	24.76	1.11	0.06	91.10	0.500	1.21	12.8
7	71.33	1.12	2.39	0.88	0.48	0.02	0.18	23.60	1.57	0.91	80.92	0.460	0.79	13.7
8	70.50	0.96	2.59	0.94	0.53	0.04	0.24	23.95	1.76	1.27	79.17	0.470	0.73	16.4
9	71.08	0.53	1.66	0.54	0.47	0.04	0.14	25.54	1.46	1.85	86.77	0.370	1.20	18.2
10	69.99	0.51	1.68	0.52	0.50	0.05	0.14	26.61	1.95	2.85	84.14	0.430	1.43	13.9

附录十七　　　熟石灰比表面积的变化与消化温度 H_2O/CaO 比的关系[67]

温度（℃）	4	10	20	40	60	90
H_2O/CaO	Blaine 比表面（cm^2/g）					
2.5	50736	54293	52790	566606	57355	58300
4.5	—	—	48307	—	52260	55255
7.5	35246	34534	—	47035	49183	53070
10.5	29133	39840	—	45203	48920	51126
13.5	23166	24419	36520	41080	45967	52658
18.0	17833	18968	31556	37620	48307	53925
25.0	15314	18597	29405	40910	48244	53295

附录十八　　　　　CaO 和 Ca(OH)₂ 在不同温度下的溶解度[67]

温度（℃）	g CaO/100g 饱和溶液 Ca(OH)₂	
0	0.140	0.185
10	0.133	0.176
20	0.125	0.165
30	0.116	0.153
40	0.106	0.140
50	0.097	0.128
60	0.088	0.116
70	0.079	0.104
80	0.070	0.092
90	0.061	0.081
100	0.054	0.071

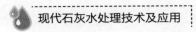

附录十九　　　　　　　石灰乳的密度（20℃）[12]

密度 (g/cm³)	CaO 的含量		Ca(OH)₂ 的质量百分数（%）	密度 (g/cm³)	CaO 的含量		Ca(OH)₂ 的质量百分数（%）
	%	g/L			%	g/L	
1.009	0.99	10	1.31	1.119	14.30	160	18.90
1.017	1.96	20	2.59	1.126	15.10	170	19.35
1.025	2.93	30	3.87	1.133	15.89	180	21.00
1.032	3.88	40	5.13	1.140	16.67	190	22.03
1.039	4.81	50	6.36	1.148	17.43	200	23.03
1.046	5.74	60	7.58	1.155	18.19	210	24.04
1.054	6.65	70	8.79	1.162	18.94	220	25.03
1.061	7.54	80	9.96	1.169	19.68	230	26.01
1.068	8.43	90	11.14	1.176	20.41	240	26.96
1.075	9.30	100	12.29	1.184	21.12	250	27.91
1.083	10.16	110	13.43	1.191	21.84	260	28.86
1.090	11.01	120	14.55	1.198	22.55	270	29.80
1.097	11.86	130	15.67	1.205	23.24	280	30.71
1.104	12.68	140	16.76	1.213	23.92	290	31.61
1.111	13.50	150	17.84	1.220	14.60	300	32.51

附录二十　　　　　　　　　　　水的黏滞度和温度的变化关系[2]

温度（℃）	0	5	10	15	20	25	30
绝对黏滞度 μ（cP）	1.792	1.519	1.310	1.145	1.009	0.8949	0.8004
运动黏滞度 v（cSt）	1.792	1.519	1.310	1.146	1.011	0.8975	0.8039

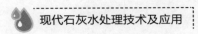

附录二十一　　　　　　　　　　　水的动力黏度 1997[79]

温度（℃）	μ（$\times 10^8$ Pa·s）	温度（℃）	μ（$\times 10^8$ Pa·s）	温度（℃）	μ（$\times 10^8$ Pa·s）
0	17.90	35	7.22	70	4.06
5	15.13	40	6.53	75	3.80
10	13.04	45	5.99	80	3.55
15	11.42	50	5.49	5	3.33
20	10.00	55	5.08	90	3.15
25	8.89	60	4.70	95	2.97
30	8.01	65	4.36	100	2.82

附录二十二　　　　　　　　　　水 的 运 动 黏 度[79]

温度（℃）	v（$\times10^4\,m^2/s$）	温度（℃）	v（$\times10^4\,m^2/s$）	温度（℃）	v（$\times10^4\,m^2/s$）
0	0.0179	21	0.0098	42	0.0063
1	0.0173	22	0.0096	43	0.0062
2	0.0167	23	0.0094	44	0.0061
3	0.0162	24	0.0091	45	0.0060
4	0.0157	25	0.0089	46	0.0059
5	0.0152	26	0.0087	47	0.0058
6	0.0147	27	0.0085	48	0.0057
7	0.0143	28	0.0084	49	0.0056
8	0.0139	29	0.0082	50	0.0055
9	0.0135	30	0.0080	55	0.0051
10	0.0131	31	0.0078	60	0.0047
11	0.0127	32	0.0077	65	0.0044
12	0.0125	33	0.0075	70	0.0041
13	0.0120	34	0.0074	75	0.0038
14	0.0117	35	0.0072	80	0.0036
15	0.0114	36	0.0071	85	0.0034
16	0.0111	37	0.0069	90	0.0032
17	0.0108	38	0.0068	95	0.0030
18	0.0106	39	0.0067	100	0.0028
19	0.0103	40	0.0066		
20	0.0101	41	0.0064		

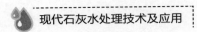

附录二十三　　　　　　　　　　　有 机 絮 凝 剂[80]

类别	药剂名称	分子式	适于凝聚的 pH	能否在饮用水中应用	备注
阴离子型聚合物	藻肮酸钠			能	用量应避免由于吸附而产生过分的交换作用
	CMC 钠盐	纤维素—OCH_2COONa		能	
	聚丙烯酸钠		6 以上		
	部分水解聚丙烯酰胺				
	聚马来酸				
阳离子型聚合物	水溶性苯胺树脂		有的在酸性条件下也能使用		对阴电荷的胶体，有时在单独使用时也能起凝聚作用
	聚硫脲	$-(R-NHCSNH)_n$			
	聚乙胺	$-(CH_2CH_2NH)_n$			
	季铵盐				
	聚乙烯吡啶				
非离子型聚合物	聚丙烯酰胺		强酸性条件下使用，碱性不强时也可用，8 以上		
	聚氧乙烯	$-(CH_2-CH_2O)_n$			
	苛性淀粉			能	
两性聚合物					

356

附录二十四　　　　　水的离子积 $K_w=[H^+][OH^-]$ [79]

温度（℃）	K_w	$\sqrt{K_w}$
0	$10^{-14.9435}=0.1130\times10^{-14}$	$10^{-7.4718}=0.3347\times10^{-7}$
5	$10^{-14.7338}=0.1846\times10^{-14}$	$10^{-7.3600}=0.4296\times10^{-7}$
10	$10^{-14.5346}=0.2920\times10^{-14}$	$10^{-7.2673}=0.5403\times10^{-7}$
15	$10^{-14.3463}=0.4505\times10^{-14}$	$10^{-7.1723}=0.6712\times10^{-7}$
20	$10^{-14.1689}=0.6810\times10^{-14}$	$10^{-7.0825}=0.825\times10^{-7}$
24	$10^{-14}=1.000\times10^{-14}$	$10^{-7}=1.0\times10^{-7}$
25	$10^{-13.9965}=1.008\times10^{-14}$	$10^{-6.9983}=1.004\times10^{-7}$
30	$10^{-13.8380}=1.469\times10^{-14}$	$10^{-6.9185}=1.212\times10^{-7}$
35	$10^{-13.6801}=2.089\times10^{-14}$	$10^{-6.841}=1.445\times10^{-7}$
40	$10^{-13.5348}=2.918\times10^{-14}$	$10^{-6.7674}=1.708\times10^{-7}$
45	$10^{-13.3960}=4.019\times10^{-14}$	$10^{-6.6980}=2.005\times10^{-7}$
50	$10^{-13.2617}=5.474\times10^{-14}$	$10^{-6.6309}=2.399\times10^{-7}$
55	$10^{-13.0369}=7.297\times10^{-14}$	$10^{-6.5685}=2.701\times10^{-7}$
60	$10^{-12.0171}=9.615\times10^{-14}$	$10^{-6.5086}=3.10\times10^{-7}$
70	$10^{-12.791}=16.18\times10^{-14}$	$10^{-6.396}=4.019\times10^{-7}$
80	$10^{-12.589}=25.7\times10^{-14}$	$10^{-6.295}=5.07\times10^{-7}$

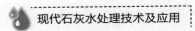

附录二十五 　　　　　　　　　　水　的　密　度[79]

温度（℃）	密度（kg/cm³）	温度（℃）	密度（kg/cm³）	温度（℃）	密度（kg/cm³）
0	999.87	34	994.40	68	978.94
2	999.97	36	993.71	70	977.81
4	1000.00	38	992.99	72	976.66
6	999.97	40	992.24	74	975.48
8	999.88	42	991.47	76	974.29
10	999.73	44	990.66	78	973.07
12	999.52	46	989.82	80	971.83
14	999.27	48	988.06	82	970.57
16	998.97	50	988.07	84	969.30
18	998.62	52	987.15	86	968.00
20	998.23	54	986.21	88	966.68
22	997.80	56	985.25	90	965.34
24	997.32	58	984.25	92	963.99
26	996.81	60	983.24	94	962.61
28	996.26	62	982.20	96	961.22
30	995.67	64	981.13	98	959.81
32	995.05	66	980.05	100	958.38

附录二十六　　　　　　　　　　水和空气接触时的表面张力[79]

温度（℃）		0	10	20	30	40	60	80	100
σ	mN/m	75.6	74.2	72.8	71.2	69.6	66.2	62.6	58.9
	gf/cm	0.0771	0.0757	0.0743	0.0727	0.0710	0.0676	0.0639	0.0601

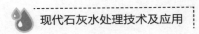

附录二十七 物料性质、堆积度、休止角及带式输送机的倾斜角[69]

物料名称	堆积度（t/m³）	休止角（°）	倾斜角（°）	性质符号
铁矿	1.60～3.20	35	18～20	D36
碎铁矿	2.16～2.40		20～22	C26
络铁矿	2.00～2.24			D27
铁燧石	1.86～2.08		13～35	D17Q
铅矿	3.20～4.32	30	15	B36RT
锰矿	2.00～2.24	39	20	D37
重晶石	2.88			D36
重晶石（粉末）	1.29～2.24			B26
白云石块	1.44～1.60		22	D26
石膏块 38～76mm	1.12～1.28	30	15	D26
石膏	1.1～1.28	40	21	C36
不含气的石膏灰	1.49			
含气的石膏灰	0.96～1.12	42	23	A36Y
石灰石（碎的）	1.36～1.44	38	18	C26X
农用石灰石	1.09		20	B26
卵石状石灰石	0.85～0.90	30	17	D35
碎石灰	0.96～1.04	43	23	B45X
石灰石粉	1.28～1.36		20	A46MY
熟石灰	0.64	40	21	B35MX
粉化的熟石灰	0.51～0.64	42	22	A35MXY
熟石膏（见焙烧石膏、粉末的）				C26
碎岩石（软的、挖土机开采的）	2.00～2.32			D26
岩石	1.60～1.76		22	D36
硅石	1.44～1.60			B27
小块无烟煤≤3mm	0.96	35	18	B35TY
筛分过的无烟煤	0.88～0.96	27	16	C26
烟煤（原煤）	0.72～0.88	38	18	B36T
烟煤（松散的≤12mm 原煤）	0.69～0.80	40	22	C45T
烟煤（露采，未净化）	0.80～0.96			D36T
烟煤（筛分过的原煤）	0.72～0.88	35	16	
烟煤（≤50 目的原煤）	0.80～0.96	45	24	B45T
褐煤	0.64～0.72	38	22	D36T
煤炭	0.38			
松散的焦炭	0.37～0.56		18	D47QV
焦炭（≤50mm）	0.40～0.56	30～45	20～22	C37Y
碎煤	0.72～0.96		20	
自然干燥的褐煤	0.72～0.88			D25
干煤（≤12mm）	0.56～0.64	40	20～25	C46TY
干煤（≤76mm）	0.56～0.64			D46T
湿煤（≤12mm）	0.72～0.80	50	23～27	C46T
湿煤（≤76mm）	0.72～0.80			C46T

续表

物料名称	堆积度（t/m³）	休止角（°）	倾斜角（°）	性质符号
木炭	0.29~0.40	35	20~25	D36Q
干活性炭粉	0.13~0.32			B25Y
水泥砂浆	2.13			37Q
混凝土（50mm块）	1.76~2.40		24~26	D26
混凝土（100mm块）	1.76~2.40		20~22	D26
混凝土（150mm块）	1.76~2.40		12	D26
重过磷酸钙（粉状）	0.80~0.88	45	30	B45T
苏打灰（团块）	0.80	22	7	C26
苏打灰（高密度）	0.88~1.04	32	19	B36
苏打灰（低密度）	0.32~0.56	37	22	A36Y
聚苯乙烯（小球状）	0.64			B25
氢氧化钾、钾盐等	1.28			B25T
氢氧化铝	0.29	34	20~24	C35
橡胶（粉状）	0.80~0.88	35	22	D45
橡胶（再生的）	0.40~0.48	32	18	D45
粗盐（普通干燥的）	0.64~0.38		18~22	C26TY
干粗盐饼	1.36	36	21	B36TW
细盐（普通干燥的）	1.12~1.28	25	11	D26TUW
干盐饼	0.96~1.36			B26NT
硅酸铝	0.78			B35S
硫酸铝	0.83	32	17	C25
硫酸锰	1.12			C27
硫酸钾	0.67~0.77			B46X
硫酸钠（见芒硝）				
硫酸盐（粉状的）	0.80~0.96		21	B25NW
硫酸盐（<12mm）	0.80~0.96		20	C25NS
硫酸盐（<76mm）	1.28~1.36		18	D25NS
硫酸铝纳	1.20	31	18	
硝酸钠	1.12~1.28	24	11	D25
硝酸钾	1.21			C16T
硫酸铜	1.20~1.36	31	17	D35
碳酸钡	1.15			A45
碳酸钾	0.81			B26
碳酸氢钠	0.66	42	23	A45Y
磷酸三钠（粒状）	0.96	26	11	B25
磷酸三钠（粉状）	0.80	40	25	B35
磷酸钠	0.80~1.04			
砷酸铅	1.15			B45R
氯化钾（球状）	1.92~2.08			C26T
硝石	1.28			
铸造型砂	1.28~1.44		24	B47
铸造落砂	1.44~1.60	39	22	D37

物料名称	堆积度（t/m³）	休止角（°）	倾斜角（°）	性质符号
干燥硅砂	1.44～1.60		10～15	B27
芯砂	1.04	41	26	B45X
铸造松散型砂	1.26～1.44			B47
铸造枯砂、旧砂芯	1.12～1.60			D37Z
碎砂石	1.36～1.41			D37
湿河砂	1.76～2.03	45	20～22	B47
干河砂	1.44～1.76	35	16～18	B37
砂浆、灰浆、泥浆	2.40			B46T
污水淤泥	0.64～0.80			E25TW
卵状砾石	1.44～1.60	30	12	D36
岸边砾石	1.44～1.60	38	20	
干的尖锐的砾石	1.44～1.60		15～17	D27
碎玻璃	1.28～1.92		20	D37Z
煅烧过的黏土	1.28～1.60			B37
干燥粉状黏土	1.60～1.92	35	20～22	C37
干燥块状黏土	0.96～1.20	35	18～20	B46
高岭黏土（≤76mm）	1.00	35	19	D36
干的硅藻土	0.48～0.56	23		B26
含油的硅藻土	0.96～1.04			B26
新鲜的滤油硅藻土	0.56～0.64	38	20	B26
灼烧过的滤油硅藻土	0.64			B26
硅藻土	0.18～0.22			A36MY
矾土	0.80～1.00	22	10～12	B27M
淀粉	0.40～0.80	24	12	B25
粉煤灰	0.64～0.72	42	20～25	A47
炉渣（干燥粒状）	0.96～1.04	25	13～16	C27
炉渣（湿的粒状）	1.44～1.60	45	20～22	B47
煤渣	0.64	35	20	D37T
焙粉	0.64～0.88		18	A25

附录二十八　　　　　　　　**粉状聚丙烯酰胺的质量标准**[18]

项目指标			优级品	一级品	合格品
外观			白色或浅黄色		
特性黏度 $[\eta]$（mL/g）			300～1540，根据聚丙烯酰胺命名的规定，按标准值进行分挡，小于300或大于1540，标准值允许偏差±10％以内		
水解度			根据聚丙烯酰胺命名的规定，按标准值进行分挡		
粒度（％）	2mm（10目）筛余物		0		
	0.64mm（20目）筛余物，<		10		
	0.11mm（120目）筛余物，>		90		
固含量（％），>			93	90	87
残留单体（％）	普通	非离子型，≤	0.2	0.5	1.5
		阴离子型，≤	0.2	0.5	1.0
	食品卫生级，≤		0.02	0.05	0.05
溶解速度（min）	普通型，≤		30	45	60
	速溶型，≤		5	45	15
黑点数（颗/g），≤			14	40	80
不溶物（％）	$[\eta]$≥1400mL/g	非离子型，≤	0.3	2.0	2.5
		阴离子型，≤	0.3	1.5	2.0
	$[\eta]$<1400mL/g		0.3	0.7	1.5

参 考 文 献

[1] 陈佳荣. 水化学. 北京：中国农业出版社，1993.

[2] G. M. 菲尔，J. C. 格业. 水处理原理. 林家濂，等译. 北京：中国建筑工业出版社，1974.

[3] 汤鸿霄，钱易，文湘华，等. 水体颗粒物和难降解有机物的特性与控制技术原理. 北京：中国环境科技出版社，2000.

[4] 巴耶娃. ЦНИИ型澄清器的调整工作. 水利电力部技术改进局，1958.

[5] М. С. 施克罗勃. 蒸汽动力设备的水处理. 鲁钟琪，译. 北京：电力工业出版社，1956.

[6] Е. Д. 巴宾科夫. 论水的混凝. 苏郭连起，译. 北京：中国建筑工业出版社，1982.

[7] 冯敏，等. 工业水处理技术. 北京：海洋出版社，1992.

[8] 高秀山，等. 火电厂循环冷却水处理. 北京：中国电力出版社，2001.

[9] 丁桓如. 水中有机物及吸附处理. 北京：清华大学出版社，2016.

[10] 林宜狮. 水的再生与回用. 钱易，等译. 北京：中国环境科学出版社，1989.

[11] 沈钟. 胶体与表面化学. 北京：化学工业出版社，1990.

[12] 武汉水利电力学院. 热力发电厂水处理. 北京：中国电力出版社，1983.

[13] 宋珊卿. 动力设备水处理手册. 中国电力出版社，1997.

[14] В. А. 拉宾诺维奇，等. 简明化学手册. 尹承烈，译. 北京：化学工业出版社，1977.

[15] 杨占琴，等. ×××电厂循环冷却排污水回收试验报告. 北京科建电力工程技术开发总公司，2002.

[16] Е. Ф. 库尔加耶夫. 水的澄清器. 黄元鼎，钱达中，袁果，译. 北京：电力工业出版社，1981.

[17] 方道斌，等. 丙烯酰胺聚合物. 北京：化学工业出版社，2006.

[18] 常青. 水处理絮凝学. 北京：化学工业出版社，2011.

[19] 杨占琴，等. 城市污水深度处理动态模拟试验报告. 北京沃特尔水工程有限公司，1998.

[20] 唐森本，等. 环境有机污染化学. 北京：冶金工业出版社，1995.

[21] 丹保宪仁. 电解铝凝胶的研究. 东北电力设计院，1983.

[22] 董烈钧. 电解铝凝聚试验研究. 东北电力设计院，1983.

[23] 惠兆华. 火力发电厂的污水回用. 华北电力设计院，1992.

[24] 严荣珍. 唐山西郊热电厂利用西郊污水处理厂出水作循环补充水的试验研究报告. 电力建设研究所，1993.

[25] 杨东方. 利用城市污水作为电厂循环冷却水的补充水研究报告. 西安热工研究院，1995.

[26] 杨占琴. 城市污水作为电厂循环冷却水补充水的试验研究. 北京沃特尔水工程公司，1997.

[27] 安丁年. 城市污水处理厂二级出水回用于工业的深度处理净化技术系统及其水质指标研究. 天津大学，1990.

[28] 郭俊文，等. 邯郸热电股份有限公司2×200MW机组循环冷却水系统防腐综合治理研究. 西安热工研究院，2005.

[29] 戴安邦，等. 无机化学教程. 北京：人民教育出版社，1962.

[30] 许保玖. 当代给水与废水处理原理讲义. 北京：清华大学出版社，1981.

[31] 中华人民共和国国家经济贸易委员会. 火力发电厂凝汽器管选材导则载参考标准（DL/T 712—2000）.

［32］　中华人民共和国国家质量监督检验检疫总局. 水处理剂聚丙烯酰胺（GB 17514—2008）.

［33］　国家建委建筑科学研究院城市建筑研究所. 城市给水净化经验. 北京：中国建筑工业出版社，1977.

［34］　D. A. Meier. 国外火电厂节约用水资料汇编. 零排放：水系统设计的一种方法. 宋姗卿，译. EPRI 1981，1993.

［35］　宋姗卿. 一个真正零排放电厂的水务管理和监督方案. 国外火电厂节约用水资料汇编，1993.

［36］　宋姗卿. 废水管理. 国外火电厂节约用水资料汇编，1993.

［37］　鞠喜云. 零排放水管理技术. 国外用水资料汇编，1993.

［38］　用化学沉淀法同时去除生产排水中的硅和硼. 美 IWC（国际水会议）.

［39］　王占生，等. 微污染水源饮用水处理. 北京：中国建筑工业出版社，1999.

［40］　宋姗卿. 一种新型的节水技术——分级冷却. 水利电力部科学技术情报研究所，1989.

［41］　鞠喜云. 双回路冷却塔（BCT）工艺——一种节水零排放冷却技术. 国外火电厂节约用水资料汇编，1993.

［42］　周雄. 中间试验范例——桑莱斯电站零排放 MCT 工艺. 国外火电厂节约用水资料汇编，1993.

［43］　华丽娟. 美国燃煤火力发电厂零排放的控制. 国外火电厂节约用水资料汇编，1993.

［44］　华丽娟. 石灰沉淀法水处理译文集：石灰沉淀法处理市政废水的研究. 水处理技术的进展，1981.

［45］　张行赫，丁华英. 低 pH 值冷却水石灰处理及 $CaCO_3$ 沉渣的回收与再利用. 电力建设研究所，1981.

［46］　А. Ц. 巴乌琳娜. 石灰沉淀法水处理译文集：采用石灰处理时其接触生成物性质的研究. 陈积福，译. 电力建设研究所，1981.

［47］　А·Ц·巴乌琳娜. 石灰沉淀法水处理译文集：对石灰处理及铁盐凝聚时生成的固体物质研究. 陈积福，译. 电力建设研究所，1981.

［48］　许保玖，安鼎年. 给水处理理论与设计. 北京：中国建筑工业出版社，1992.

［49］　郭亚兵. 沉降—浓缩理论及数学模型. 北京：化学工业出版社，2014.

［50］　武汉水利电力学院. 热力发电厂水处理. 北京：水利电力出版社，1984.

［51］　水电部规划院水处理设计调查组. 国外引进化肥设备水处理调查报告之一　美国部分. 1977.

［52］　西南电力设计院. 进口日本美国两套化肥设备水处理运行调查. 1980.

［53］　北京市政设计院. 机械加速澄清池. 全国通用给水排水标准图集，1980.

［54］　袁维颖，等. 英 PWT 公司进口石灰预处理装置的消化和研究. 华北电力设计院，1985.

［55］　杨占琴. 动态模拟试验报告. 北京沃特尔水工程公司，1997.

［56］　岳秀萍，等. 水处理滤料与填料. 北京：化学工业出版社，2011.

［57］　陈积福. 水处理设备配水计算. 北京：中国电力出版社，2015.

［58］　А. А. 加斯达尔斯基. 发电厂及工业锅炉过滤式给水处理设备. 张善道，译. 北京：电力工业出版社，1957.

［59］　李圭白，汤鸿霄. 煤、砂滤层反冲洗计算公式. 环境科学学报，1981，1（4）.

［60］　Zahid Amjad. 反渗透—膜技术·水化学和工业应用. 美殷琦，等译. 北京：化学工业出版社，1998.

［61］　张亚雷，等. 动态膜水处理新技术. 北京：科学出版社，2014.

［62］　曹勇锋，等. V 形滤池常用滤砂在给水处理中各参数的对比试验. 广东化工，2008，5.

［63］　王利平，等. 均质石英砂滤料过滤性能的试验研究. 西安建筑科技大学学报，1996，28（1）.

［64］　李亚峰，等. 均粒石英砂滤料过滤效果的生产试验与应用. 沈阳建筑大学学报，2007，32（4）.

［65］　丁华英，杨占琴，等. 变孔隙过滤器滤料性质的试验报告. 电力建设研究所，1982.

［66］ 李仲鲁. 变孔隙过滤技术. 1985.

［67］ E. 席勒，L. W. 贝勒丝陆华. 石灰. 武洞明，译. 北京：中国建筑工业出版社，1981.

［68］ 华丽娟. 石灰沉淀法水处理译文集：对石灰的新观点电力建设研究所，1981.

［69］ 张荣善. 散料输送与贮存. 北京：化学工业出版社，1994.

［70］ СПРАВоЧНИК ХИМИКА－ЭНИРГЕТИКА В. А. ГОЛУБЦОВА，1958.

［71］ 李孟. 水质工程学. 北京：清华大学出版社，2011.

［72］ 王东升. 微污染原水强化混凝技术. 北京：科学出版社，2009.

［73］ 刘茉娥. 膜分离技术. 北京：化学工业出版社，1998.

［74］ 许振良. 膜法水处理技术. 北京：化学工业出版社，2001.

［75］ 丁桓如. 超滤膜能去除水中有机物吗?. 上海电力学院水处理研究室，2016.

［76］ 邯郸热电厂. 针对超滤作用的现场测试. 2005.

［77］ 冯敏. 现代水处理技术. 北京：化学工业出版社，2012.

［78］ 华丽娟. 从石灰苏打软化污泥中回收钙与镁的意义. 石灰沉淀法水处理译文集，电力建设研究所. 1981.

［79］ 苗若愚. 给水排水常用数据手册. 北京：中国建筑工业出版社，1997.

［80］ 严瑞瑄. 水处理剂应用手册. 北京：化学工业出版社，2001.

［81］ 德格雷蒙. 水处理手册. 王业俊，等译. 北京：中国建筑工业出版社，1983.

［82］ 华丽娟. 活性炭在水处理中的应用技术. 日商独资闽东净水材料有限公司，1992.

［83］ 施燮钧. 热力发电厂水质净化. 北京：中国电力出版社，1989.

［84］ 张行赫，付宝珍. 邯郸热电厂深度处理污水 UF－RO 试验报告. 北京沃特尔水工程公司，2003.

［85］ John C. Crittenden，等. 水处理原理与设计：水处理技术及其集成与管道的腐蚀. 刘百仓，等译. 上海：华东理工大学出版社，2016.

后　　记

　　摘录顾准关于"科学精神"的论述：①承认人对自然、人类、社会的认识永无止境。②每一个时代的人，都在人类知识的宝库中加一点东西。③这些知识，没有尊卑贵贱之分。研究化粪池的人和研究国际关系、军事战略的人具有同等价值，具有同样的崇高性，清洁工人和科学家、将军也一样。④每一门知识的每一个进步，都是由小而大、由片面到全面的过程。前一时期不完备的知识 A，被后一时期的知识 B 所替代，第三个时期的更完备的知识，可以是从 A 的根子发展起来的。所以正确与错误的区分，永远不过是相对的。⑤每一门类的知识技术，在每一个时代都有一种统治的权威性的学说或工艺制度；但大家必须无条件地承认，唯有违反或超过这种权威的探索和研究，才能保证继续进步。所以，权威是不可以没有的，权威主义必须打倒。这一点，在哪一个领域都不例外。

　　本书抄录了大量前辈有关著述，为的是不让那些已经很少的关于石灰水处理技术的理论和经验遗失。作者所提出的一些观点和新的经验无论是 A 或 B，凡有用的只是"加一点东西"而已。

编著者

2018 年 1 月